新工科建设·电子信息类系列教材

信息论与编码

史治平 周 亮 徐政五 陈伟建 编 著

電子工業出版社
Publishing House of Electronics Industry
北京·BEIJING

内 容 简 介

本书系统地论述了信息论与编码的基本理论。全书包括 7 章和 4 个附录，第 1 章是绪论，包括信息的概念、信息论的研究内容及信息论的发展历程；第 2、3、4 章是信息论基础，包括信源及其熵、信道及其信道容量、率失真函数；第 5、6、7 章是信息编码，包括信源编码、信道编码和保密编码；最后的 4 个附录是预备知识，包括概率论基本公式、有限域、向量空间与矩阵等基础知识。本书理论联系实际，注重概念的理解与运用，加入了本领域一些最近的概念与技术，便于读者深入学习。另外，各章最后附有习题，便于教学与自学，同时加深读者对概念的理解。

本书可作为高等院校电子、信息、通信、计算机、自动化专业及相关专业本科生和研究生的教材，也可作为相关领域科技人员的参考书。

图书在版编目（CIP）数据

信息论与编码 / 史治平等编著. -- 北京 : 电子工业出版社, 2024. 6. -- ISBN 978-7-121-48090-4

Ⅰ. TN911.2

中国国家版本馆 CIP 数据核字第 2024D8Z212 号

责任编辑：赵玉山
印　　刷：大厂回族自治县聚鑫印刷有限责任公司
装　　订：大厂回族自治县聚鑫印刷有限责任公司
出版发行：电子工业出版社
　　　　　北京市海淀区万寿路 173 信箱　　　　邮编：100036
开　　本：787×1092　1/16　印张：18.25　字数：479 千字
版　　次：2024 年 6 月第 1 版
印　　次：2024 年 6 月第 1 次印刷
定　　价：69.00 元

凡所购买电子工业出版社图书有缺损问题，请向购买书店调换。若书店售缺，请与本社发行部联系，联系及邮购电话：（010）88254888，88258888。

质量投诉请发邮件至 zlts@phei.com.cn，盗版侵权举报请发邮件至 dbqq@phei.com.cn。

本书咨询联系方式：（010）88254172，zhangty@phei.com.cn。

前 言

信息论与编码是信息技术发展的基石，是现代信息人才必须掌握的基础知识。本书以党的二十大精神为指引，充分发挥教材的铸魂育人作用。

自从 1948 年香农的《通信的数学理论》一文发表以来，信息论与编码经历了 70 多年的发展，在这期间取得了非常丰硕的成果，特别是近期移动通信的快速发展，极大地促进了编码方法与信息理论的进步，这也是本书出版的原因之一，我们在经典信息论与编码的基础知识之外，增加了最近一些新的成果。

本书是由史治平教授等多位教授专家，根据多年的教学和科研经验，在原来教材和讲义的基础上编写而成的，全书包括 7 章和 4 个附录。

第 1 章由周亮教授组织编写。首先，通过讨论“什么是信息”和“信息是什么”这两个似乎等价的命题，使读者深刻理解信息的本原含义；其次，讨论“如何表达与更一般地处理信息”，使读者概要把握信息论的核心内容；再次，通过介绍经典信息论创建者香农在信息科技相关领域的“香农贡献”，使读者洞悉信息论与信息科技的原生关系；最后，通过简要介绍香农奖的奖励对象和奖励事件，使读者概要了解信息论的发展历程和发展状态。

第 2 章和第 7 章由徐政五教授组织编写。第 2 章在介绍信息量和熵等基本概念的基础上，给出了相对熵（KL 散度）等目前应用较广的一些概念和信息论不等式，对于读者深入理解信息论及其在机器学习等领域的应用具有重要的参考意义；第 7 章在介绍经典保密编码的基础上，给出了现代密码学的研究趋势。

第 3 章、第 6 章及附录由史治平教授组织编写。在第 6 章中，除了介绍经典的信道编码方法，还介绍了编码系统的性能度量方法，以及 Turbo 码、LDPC 码和极化码等编码领域的新成果，最后给出了信道编码在实际应用中的一些设计方法，对于读者学习信道编码及其应用具有重要意义。

第 4 章和第 5 章由陈伟建教授组织编写。在第 5 章中，除了介绍信道编码的基本概念、线性分组码和卷积码等经典信道编码方法，还介绍了 JPEG 图像编码与 H.264/AVC 视频编码等内容，这对于读者了解与学习信源编码在实际系统中的应用具有重要的参考意义。

全书由史治平教授统稿，参与编写的除周亮、徐政五、陈伟建等专家外，课程组的王文一、杨海芬、刘颖、胡杰、甘露、鲁晓倩、张花国、李万春、庄杰和庞宏等老师参与了本书的部分编写工作并提出了宝贵意见，王涛、王栋、包嘉筠、韩子钰、贾兴、宋国庆、刘昊等研究生参与了本书的校稿工作。

在本书的编写过程中，参阅了国内外一些经典著作和论文，均列于参考文献中，在此向所有作者表示衷心的感谢。本书的编写得到了学校相关部门和领导的大力支持，在此也表示衷心的感谢！

特别感谢电子工业出版社的工作人员，他们对本书的出版做了大量的工作并提出了宝贵意见，是他们的付出才使本书得以顺利出版！

由于作者水平有限，有关书中不妥之处，敬请读者批评指正。

编著者

2023 年 8 月于成都

目 录

第1章 绪论

信息论是人们在通信和信息处理（包括信息的感知与探测、表达与显示、传输与分发、记录与存储、推理与挖掘、保密与认证及授权等处理）的长期实践中，应用概率论等数学方法研究信息处理的一般规律的一门学问。1948年，美国学者香农（C.E.Shannon）发表的论文《通信的数学理论》，标志着信息论的正式诞生。今天，信息论的理念和方法已经渗透到几乎所有科技领域并且成为人们构建信息社会的科学基础。

首先，本章讨论“什么是信息”和“信息是什么”这两个似乎等价的命题，使读者深刻理解信息的本原含义；其次，讨论“如何表达与更一般地处理信息”，使读者概要把握信息论的核心内容；再次，通过介绍经典信息论创建者香农在信息科技相关领域的“香农贡献”，使读者洞悉信息论与信息科技的原生关系；最后，通过简要介绍香农奖的奖励对象和奖励事件，使读者概要了解信息论的发展历程和发展状态。

1.1 信息的概念

“什么是信息”“信息是什么”“信息如何影响了人们的什么变化”的命题解析及疑问解答是理解信息本原概念的自然入口。

1.1.1 信息科技促使人们对信息概念进行更深刻的剖析与理解

信息论（Information Theory，IT）无疑是最近一百多年来，尤其是移动互联网发展的近二十年来，影响人类和社会发展重大变革的一门科学理论。这一理论创新，以及它与其他领域的科技的融合，不仅促使人们获得了对认知途径与认知哲学的新理解，而且汇聚成了一股人们从未预想到的促进科技进步的力量，催生出了大量的以频谱（Spectrum）、芯片（Chip）、软件（Software）、数据（Data）、算法（Algorithm）、协议（Protocol）、系统（System）、网络（Network）和应用（Application）等为基本要素的ICT（Information and Communication Technology，信息与通信技术，或者Information and Computation Technology，信息与计算技术）体系，构建了当今信息社会的主要技术基础架构，并逐渐支撑起全球化的宏大数字经济体系和人类命运共同体家园，进而深刻影响到社会结构的变迁，甚至人类的思维与行为模式的演化。

如今，与ICT直接或者间接关联的技术、技术产品、技术服务及技术规范，已经全面渗透到了人们的工作与生活中。人们在此境遇中，或者受益颇丰，如热闹的微信朋友圈交流、无感的穿戴式健康监测、远程的视频会议对话、方便的手机支付等；或者烦扰纷杂，如垃圾广告骚扰、欺诈电话威胁等；或者成规立制，如遵循各种信息安全法规。

在人们亲身感受和经历的信息服务背后，是大量的ICT或ICT产品的支撑，如移动与卫星互联网（Mobile & Satellite Internet）、社交网与增值网（Social Networks & Value Added Networks）、多模态与泛在互联（Multimodal & Ubiquitous Inter-Connection）、集成电路与芯片（Integrated Circuits & Chips）、操作系统与编译系统（Operation System & Compiler System）、精简指令集计算机（Reduced Instruction Set Computer，RISC）、嵌入计算与多方计算（Embedded

Computation & Multi-Party Computation）、聊天生成型预训练变换模型（Chat Generative Pre-trained Transformer，ChatGPT）、人工智能与虚拟现实（Artificial Intelligence & Virtual Reality）、数字孪生与元宇宙（Digital Twin & Metaverse）、北斗导航（BeiDou Navigation）、敏捷交通（Agile Transportation）、智能驾驶（Intelligent Drive）、智慧城市（Smart City）、无纸化办公（Paperless Office）、远程医疗（Telemedicine）、网络游戏（Online Games）、网络购物（Online Shopping）、数字货币与微支付（Digital Currency & Micropayment）、区块链与数字化金融（Block Chain & Digital Finance）、智能制造与 3D 打印（Smart Manufacture & 3D Printing）、智能电网（Smart Grid）、天网监视（Skynet Monitoring）、信息与网络战（Info-War 或 Cyber War）。

对任何 ICT 的深入学习、研发与应用，都难以回避知晓或理解大量 ICT 名词所蕴含的学术与技术原理，如比特（Bit）、熵（Entropy）、容量（Capacity）、边界与极限（Bound & Limit）、算法（Algorithm）、迭代（Iteration）、复杂度（Complexity）、伪随机性（Pseudo-Randomness）、码（Code）与编码（Coding）、编程（Programming）、进程（Process）、波形（Waveform）、调制（Modulation）、检测（Detection）、信号（Signal）、校验（Check）、纠错（Error-Correction）、衰落（Fading）、散射（Scatter）、MIMO（Multiple-Input Multiple-Output）、滤波（Filtering）、反馈（Feedback）、前馈（Feedforward）、控制（Control）、优化（Optimization）、赛博空间（Cyberspace）、压缩（Compression）、模数转换器（Analog-to-Digital Converter，ADC）、杂凑或哈希（Hash）、密码（Cipher）、加密（Encryption）、签名（Signature）、网络共识（Network Consensus）、认证（Authentication）、呼叫（Call）、接入（Access）、多址接入（Multiple Access）、路由（Route）、交换（Switch）、调度（Schedule）、万维网（World Wide Web）、超文本（Hypertext）、语义（Semantics）、神经网络（Neural Network）、机器学习（Machine Learning）、联邦学习（Federated Learning）等。

各式各样的 ICT 概念与产品服务，艰深玄奥的信息科学原理与方法，在给人们带来科技福祉的同时，也给人们带来多种困扰，这些困扰的根源常常都是没有明确解释“信息是什么”。虽然，不少文献给出了林林总总的“什么是信息”的陈述，如“数据是信息”，再如“知识是信息”，还如“不明就里的原因是信息”，但是，在工程、科学、哲学、文学、艺术等领域的学者，仍然对信息的定义及属性进行更深入的争论、探索与论证，因此，有必要通过交流和研讨去逐渐形成关于信息基本概念的共识认知。

1.1.2 信息是特定信息场景中的“信息”

信息的本原意蕴需要结合信息处理场景的分析才更容易获得充分的理解。在尚未确定信息的明确定义之前，姑且称“信息处理”的对象为“信息”，进而分析信息处理涉及的几个必要条件或所涉要素。信息处理的第一个要素是信息场景，即信息处理总是在人、智慧生物、智能体与机器等关联对象所构成的场景中所展开的信息处理。信息处理的第二个要素是实施并完成整个信息处理的主体。实施并完成整个信息处理的主体还可以进一步细分为三类实体：一是实施并实现信息处理意图的实体（称为信息处理主体）；二是承载被处理信息的实体或者受制于信息处理结果的实体（称为信息处理客体）；三是呈现信息处理过程的媒体或者介质实体。信息处理的第三个要素是信息的价值，即实施信息处理的信息是对处理主体有价值的信息，而且应该是在处理前尚未知晓其内容和价值的信息。

根据信息处理场景的不同，需要处理的信息可能源自信息处理主体，也可能源自信息处理客体。信息处理的场景模型可以分为三类，即“信息发布与推送”、“信息探测与获取”和“信息传输与交互”，如图 1.1 中虚线上部分所示，这三类场景模型尽管已经是从实际工程与实际现象抽象出来的场景，但是还可以再抽象为信息论的一般模型描述，如图 1.1 中虚线下部分所示，其中，具有一定具象意义的各类“信息源（Sources of Information）”的再次抽象统称为“信源（Information Source）”。

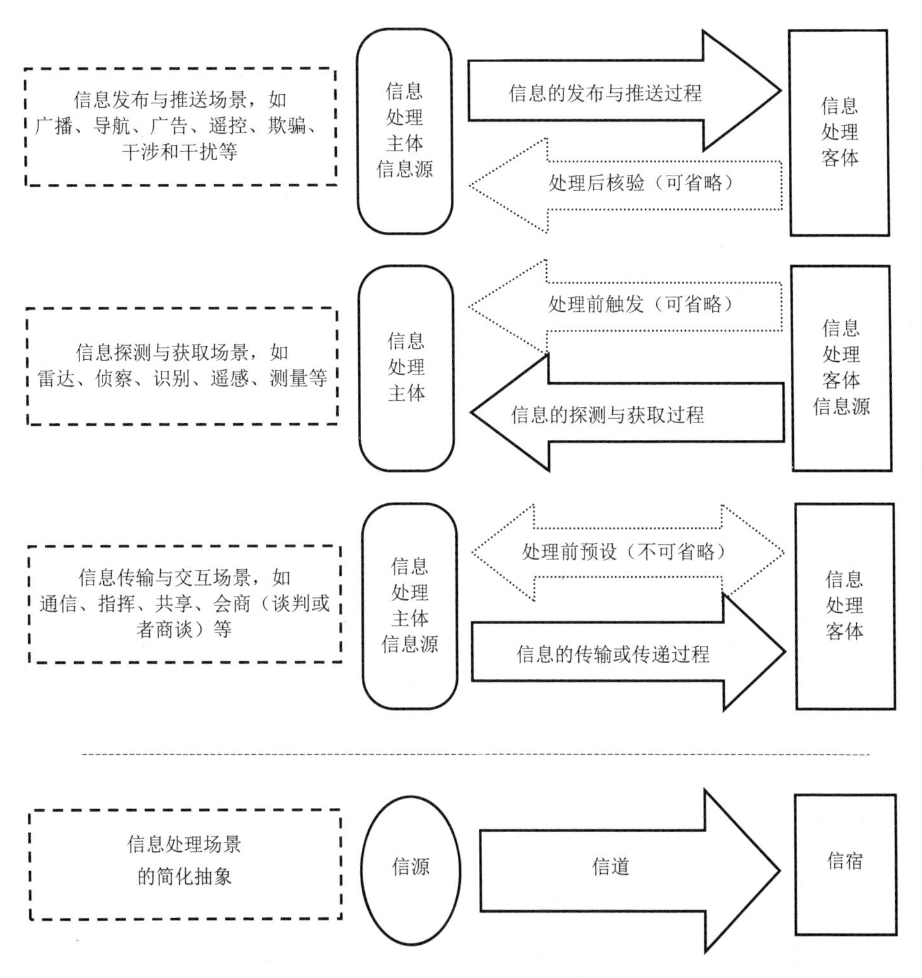

图 1.1 信息处理的场景模型及其抽象模型

第一类信息处理场景是可能需要信息处理结果核验反馈的信息发布与推送场景。此时信息的生成方（信息源）是信息处理主体，信息处理客体是对已生成并发布出来信息的接收、理解和响应方，或者说是信息生成处理结果的承载实体或受制实体。此场景的基本特征是主体推送主体信息给非特定客体。信息发布与推送场景的典型信息工程系统案例有广播、导航、广告、遥控、欺骗、干涉和干扰等。

第二类信息处理场景是可能需要信息处理触发的信息探测与获取场景。此时信息的生成方（信息源）是信息处理客体，信息处理主体则是信息探测与获取处理结果的承载实体。此场景的基本特征是由信息处理主体完成针对特定客体信息的探测与感知、保护与认证、利用与变换等。信息探测与获取场景的典型信息工程系统案例有雷达、侦察、识别、遥感、测量等。

第三类信息处理场景是需要信息处理预设的信息传输与交互场景。尽管在交互过程中存在信息处理主体与信息处理客体角色的互换可能，但仍称主导或者启动信息传输与交互的一方为“信息传输与交互处理”的主体。此场景的基本特征是在主客体共同遵循的协议控制（处理预设）下进行信息的传输与交互。信息传输与交互场景的典型信息工程系统案例有通信、指挥、共享、会商（谈判或者商谈）等。特别地，通信场景还可分为两个子类，即单向的信息传输场景和由相互反向的两个单向传输所构成的双向信息交互场景。

在人们的实际生活、生产、交流中，上述三类信息处理场景常常是独立地或者混合地呈现的，并且在信息处理中通过不同的信息载体形式（统称为消息）完成信息与语义的表达、传输及其他处理。具体的案例有：射电望远镜作为信息处理主体，被动接收太空粒子束并以此来探测与获取太空粒子束携带的关于宇宙天体（信息处理客体）的信息，此时信息表达形式（消息）可以是射电信号图谱；采用红外温度测试仪（信息处理主体）检测人体（信息处理客体）体温，此时信息表达形式（消息）可以是红外温度测试仪显示的温度数据；手机（信息处理主体）在进入基站覆盖范围时自动呼叫或触发基站接收手机自身的接入身份信息（如手机号）并由此触发实现手机在该地域的接入与注册，此时信息表达形式（消息）在无线传输过程中可以是无线电波承载的数据串；股票投资者（信息处理主体）受制于股市（信息处理客体）的变化趋势买或卖股票，此时信息表达形式（消息）可以是互联网上的网页页面；造谣者（信息处理主体）造谣蛊惑大众（信息处理客体）时的信息表达形式（消息）可以是发布在某个自媒体上的不实言论。

任何一类信息处理均需要通过一类信息载体的转换与传输来实现，而不论其处理过程是保真的传输，还是特定的转换。因此，不论信息源自哪里，任何信息系统场景都存在一个“信息传输”的共同特征。因此，将信息处理过程抽象建模为一个最简模型的过程是：信息由信息的发生源（称其为信源）发出，经由信息处理过程（称其为信道）传递或推送给信息处理的承载方或者接收方（称其为信宿）。这一信息处理场景的最简抽象模型如图 1.1 中虚线下部分所示。

1.1.3 信息的基本属性

根据信息处理系统（场景）的模型，可以发现信息处理的基本问题有：信息在哪里、信息像什么样、信息可怎么变、信息有什么用、信息可怎么用等。对此，数十年来逐渐成熟的信息论对信息的基本问题总结性地表述为信息的基本属性及其相应的分析。

归纳起来，信息处理的基本属性可以归纳为“老四性”与“新三性”。信息处理的“老四性”界定了信息论研究的基础范畴，分别介绍如下。

（1）可行性。

信息处理的可行性（Feasibility）主要着力于研究各种信息处理（包括获取与表征、传递与推送、存储和分享、安全与价值体现等）的可实现性和可操作性，并由此产生适应信息处理的各种消息样式。例如，数字语音通信（如 4G/5G 手机的语音通信）首先需要通过特定位宽 ADC 技术（如编码速率可达 23.85kbps 的自适应多速率宽带编码技术）将语音的音高、语调与语速等模拟语音信息表示为具有特定编码表示样式或格式的数字数据流消息或数据，再通过数字调制将其转换为适合空间传输的特定频谱无线电信号，最终实现语音信息的无线传输。这个处理过程中的特定位宽 ADC、特定编码表示样式或格式、特定频谱无线电信号等都是信息处理的可行性的呈现形式。

（2）有效性。

信息处理的有效性（Effectiveness）主要着力于研究和实现表征信息时所用消息符号数或消息开销如何达到最少。更广义的有效性是指各类信息处理的效能特性（包括能量利用效率和频谱利用效率等）。例如，一幅图像在转换为由 0 或 1 组成的二元数字阵列表示形式时，通过霍夫曼无失真编码数据压缩技术，或者通过 JPEG 或 H.263 等给定失真度限制的数据压缩技术，使得表示图像的比特数据量达到最小；再如，通过设计如 OFDM（正交频分复用）等高阶调制制式可以大幅度提高信息传输时的信号频谱利用率。

（3）可靠性。

信息处理的可靠性（Reliability）主要着力于研究和实现信息在变换和交互过程中，如何避免或者修复由于介质或信道固有的缺陷（常见的有自然界必然存在的热噪声干扰、电波传播的多径与衰落效应、物理带宽受限产生的符号间串扰等）所导致的信息变换差错，以及传输与交互差错。更广义的可靠性还包括信息系统处理信息的稳健性。例如，采用 Reed-Solomon 型的纠错码纠正数据在二维码、硬盘或光盘存储与读取过程中的数据差错；将 LDPC 码和极化码作为 5G（第五代移动通信）系统中信息传输的基础编码标准以保障无线移动通信的传输质量；信息网络在远程传输数据时，通过灵巧的和冗余的路由选择协议控制，实现不因个别网络节点的拥塞或部分链路的中断而影响网络中端到端的信息传输。

（4）安全性。

信息处理的安全性（Security）主要着力于研究和实现如何满足两个方面的基础性信息安全需求：一是信息的隐私保护，即在信息的获取、存储及传输过程中，信息不被泄露给非法的信息获取者；二是信息的授权认证，即在信息的获取、存储及传输过程中，信息不被非法的信息发送者篡改、伪造与重用。隐私保护案例有个人的银行密码在网络购物过程中不被除银行之外的第三者获悉。授权认证案例有网络的网关节点不响应恶意的请求接入呼叫，从而防御网络中的 DOS（拒绝服务）攻击。

信息处理的“新三性”是在现代信息科学背景下对信息本原属性的更深层次探索。

（1）本原性。

信息处理的本原性（Primitivity）主要着力于研究信息如何表现为物质（如量子）、生物（如 DNA）、社会（如家族）的某类本原属性。例如，探索量子信息的本质，尝试解释量子信息现象在物质运动规律中的作用；研究人或智慧生物的意识本原由什么样的信息驱动，力求解释人（大脑）的学习机理。

（2）时空性。

信息处理的时空性（Temporality and Spatiality）主要着力于研究信息在物理的时间与空间意义上或者在逻辑序贯意义上的变化规律。例如，研究两个不同时空参照系中，针对同源信息的处理机制因时空参照变化而导致的信息处理规律变化。再如，研究同一个信息源在不同的时间过程中的信息变化规律。

（3）效用性或者价值性或者赛博性。

信息处理的效用性（Function）或者价值性（Value）或者赛博性（Cybernetic）主要着力于研究信息对信息获得者的影响与控制作用，探索信息参量与非信息参量之间的关联关系。例如，统计分析国家的宏观经济政策作为一类信息如何影响投资人对股市波动的判断与决策，从而影响投资人在股票买卖过程中的实际收益。

事实上，不论是针对信息处理的基本“老四性”，还是针对信息处理的“新三性”，在理解信息论基础原理、把握信息论基本机理后，最为基础的问题都是信息是什么。

1.1.4 信息的香农定义与维纳定义

在信息论，以及信息论关联与应用理论的发展过程中，不同学科对“信息是什么”的解读有“统计”、“赛博”、“语义”和“哲学”等多个维度的解读，因此形成在不同学科背景下，对信息定义的不同认识、理解与界定。哲学家或许会说：“信息是认知对象的某类属性”；经济学家也许会说：“信息是一种资源或者资产”；物理与工程学家可能会说：“信息是处理实体对象的某类属性”。不论哪一类解读，根据信息处理场景的抽象模型分析，都可以明确信息具有两个明确特征：信息是未知量、信息有价值。事实上，信息理论的奠基人香农和维纳对信息的这两个特征，有不同的选择性侧重关注，下面分别归纳出信息的两种“哲学性”的定义。

（1）香农的信息定义：信息是信宿关于信源的不确定性。

（2）维纳的信息定义：信息是对信宿有效用的关于信源的不确定性。

根据维纳的信息定义，信宿状态（信宿体现的信息效用与信息行为表征）和信源状态（信源信息的语义表现形态）具有先验关联性，也与信息的传输过程（信道特征）具有直接的关联性。虽然对维纳提出的信息效用进行数学建模仍是当今的挑战性课题，但是维纳关于信息效用的思想提供了信息控制的哲学与概念基础，并始终影响着控制论、语义信息论及赛博理论的发展，因此，学术界尊称维纳为控制论及赛博学的创始人。

香农的信息定义具有两大独特之处。第一，它剥离了信宿状态与信源状态的直接（或者先验）关联关系。第二，它采用统计与概率方法描述信源和信道的不确定性。因此，可通过随机化处理方法将信源的输出过程建模为一个随机过程，将信道建模为对信源输出的一类随机变换，将信宿获取信息的过程建模为对信道随机变换结果的一种统计推理与判决过程。因此，香农信息论以概率论与数理统计为基本工具，构建起信源的信息发送、信道的消息传输和信宿的消息统计决策判决这三个既可以独立研究又可以相互关联研究的理论体系，形成经典信息论（或香农信息论）的核心理论框架。

香农信息论为信息处理的“老四性”与“新三性”的基本分析奠定基础的同时，也为其自身理论完备性的深化和独特研究问题的拓展提供了方向，催生或推进发展了信息科技的诸多理论，如信号探测与检测理论、信号调制与传输理论、数据压缩及多媒体数据处理理论、纠错编码理论、网络数据交换与分发理论、生物信息论、语义信息论、量子信息论、无线信息论、网络信息论、密码编码与密码分析理论，以及信息与信息系统安全理论等。

近代数学的发展与应用，使得更多的数学工具更广泛且更深刻地应用于事物与事件不确定性的描述。采用模糊数学描述和分析不确定性所建立起来的信息论称为模糊信息论。例如，采用数理逻辑和语言数据分析工具分析语义特征、语义传递及语义再现的信息理论称为语义信息论；采用随机矩阵和随机图为主要工具分析多个信源、信宿之间的各项信息处理特征所形成的信息理论称为多用户信息论或网络信息论。

1.2 信息论的研究内容

通过“如何处理信息”来了解香农信息论的核心内容是更容易掌握信息论精髓所在的一条途径。

信息处理的基础模式涉及信息的度量、表征、传输和安全 4 个方面，在统计信息论中具体的核心内容有：信息度量（Information Measurement）及信息熵（Entropy）；信息的消息表征（Information Description With Message）；数据压缩（Data Compression）；信息传输（Information Transmission）、信道容量（Channel Capacity）；信息的调制与编码（Modulation and Coding）转换与变换；信息安全（Information Security）及加密与认证（Encryption and Authentication）及应用。

需要注意的是，信息处理涉及的范围和途径均非常广泛，大量的信息处理模式是在信息处理的基础模式上拓展和衍生的。例如，如果分析对象信息是信源表现的信号频谱属性，那么傅里叶变换（包括离散傅里叶变换和快速傅里叶变换等）通过将信源信号（信号的时域函数形式）转换为另一种表征形式（频域函数形式），从而获得信源的频谱信息表征；而小波变换通过将信源信号转换为另一种表征形式（小波基底函数组上的加权合并形式），从而获得信源的频谱信息的另一种表征形式。此外，频谱信息的表征误差本质上源于表征方法及其缺陷。例如，做离散傅里叶变换时数据处理字长受到工程实现资源（如数据存储的空间和计算节拍或指令占据的时间等）的限制而不能任意大。

1.2.1 信息度量、信息熵与消息

统计信息论将信源表征为一个具有概率分布 $P(X)=\{p(x)|x\in X\}$ 的样本事件集合 X 或更完整的二元组 $\{X,P(X)\}$。对于有 n 个元素的离散集合 X，这个集合上的概率分布可表示为一个 2 行 n 列的类似矩阵形式，即

$$\begin{pmatrix} X \\ P(X) \end{pmatrix}=\begin{pmatrix} x_1 & x_2 & \cdots & x_n \\ p(x_1) & p(x_2) & \cdots & p(x_n) \end{pmatrix}$$

$$\begin{cases} p(x_1)+p(x_2)+\cdots+p(x_n)=1 \\ p(x_i)\geqslant 0,\ \ i=1,2,\cdots,n \end{cases}$$

式中，$p(x_i)=\Pr(x=x_i)$ 表示随机事件 $\{x\}$ 发生并导致样本结果 x_i 的概率。

为计量信源的信息量大小，对独立信源的信息量的计量方式做如下两个符合科学常理的假设。

（1）单调性：更小发生概率 $p(x)$ 的事件 $\{x\}$ 的不确定性度量值 $I(x)$ 更大，显然符合这个单调性的最简单的数学形式是倒数函数，即 $I(x)$ 正比于 $1/p(x)$。

（2）叠加性：两个独立随机事件 $\{x\}$ 和 $\{x'\}$ 同时发生的不确定性度量值 $I(xx')$ 等于各自不确定性的算术叠加，即 $I(xx')=I(x)+I(x')$。

因此，满足这两个假设的最简单的单一事件不确定性 $I(x)$ 的计量或计算形式可以拟定为概率倒数的对数，即

$$I(x)=\log_\alpha\left[\frac{1}{p(x)}\right]=-\log_\alpha\left[p(x)\right],\ \ p(x)>0$$

信源 $\{X,P(X)\}$ 的不确定性的总量 $H(X)$，称为信源的信息熵（简称“熵”）或者信源的信息量，显然，在统计意义上，信源的熵应该定义为信源的所有单一事件不确定性的概率期望。于是有：

对于离散信源（X 为可数离散集合），其熵 $H(X)$ 为

$$H(X)=\sum_{i=1}^{n}p(x_i)I(x_i)=-\sum_{i=1}^{n}p(x_i)\log_\alpha\left[p(x_i)\right]$$

对于连续信源（$p(x)$为可积连续函数），其熵$H(X)$为

$$H(X)=-\int_{x\in X} p(x)\log_{\alpha}\left[p(x)\right]\mathrm{d}x$$

其中，当对数计算的底α取值为2时，$H(X)$的计量单位名称为比特（bit），可以认为是每个消息比特所表征的信息比特数；当对数计算的底α取值为自然数$\mathrm{e}\approx 2.718281828459$时，$H(X)$的计量单位名称为奈特（nat）。

在单一信源的熵的基本计量方法基础上，针对非独立信源和多个信源的信息量，衍生出了互信息量、条件熵、交叉熵、相对熵或者KL散度、JS散度、Wasserstein距离等参量，用于分析各类信息事件的特征与性质。

特别地，对于$\left\{X,P(X)\middle|X=\{x_1,x_2,\cdots,x_n\}\right\}$和$\left\{Y,P(Y)\middle|Y=\{y_1,y_2,\cdots,y_m\}\right\}$，条件熵$H(Y|X)$、联合熵$H(XY)$和互信息量$I(X;Y)$（在信息处理后并通过处理结果$Y$观察时所获得的关于信源$X$的熵）的计算形式分别为

$$H(Y|X)=-\sum_{j=1}^{m}\sum_{i=1}^{n}p(x_iy_j)\log_{\alpha}\left[p(y_j\mid x_i)\right]$$

$$\begin{aligned}H(XY)&=-\sum_{j=1}^{m}\sum_{i=1}^{n}p(x_iy_j)\log_{\alpha}\left[p(x_iy_j)\right]\\&=H(X)+H(Y\mid X)\\&=H(Y)+H(X\mid Y)\end{aligned}$$

$$\begin{cases}I(X;Y)=H(X)+H(Y)-H(XY)\\\qquad\quad\;\;=H(X)-H(X\mid Y)\\I(X;Y)=I(Y;X)\\I(X;Y)\leqslant H(X)\\I(Y;X)\leqslant H(Y)\end{cases}$$

对于两个信源的熵概念分析可以推广到三个（甚至更多个）信源的熵及其相互关联的熵的分析。对于$\{X,P(X)\}$、$\{Y,P(Y)\}$和$\{Z,P(Z)\}$，主要的结论有

$$\begin{cases}I(X;YZ)=I(X;Y)+I(X;Z\mid Y)\\\qquad\qquad\;\;=I(X;Z)+I(X;Y\mid Z)\\I(YZ;X)=I(Y;X)+I(Z;X\mid Y)\end{cases}$$

特别地，如果信源X的信息处理结果是Y，以Y为信源并对其输出做信息处理，结果是Z，那么用信息处理结果Z评判原始信源X的信息处理效能，可以得到数据处理定理（信息处理总会导致对获取原始信息量的损失）描述为

$$\begin{cases}I(X;Z)=I(X;Y)+I(X;Z\mid Y)-I(X;Y\mid Z)\leqslant I(X;Y);\ \ I(X;Z\mid Y)=0\\I(X;Z)\leqslant I(Y;Z)\end{cases}$$

一般性地，抽象描述信源$\{X,P(X)\}$输出的样本参量$x\in X$事实上是一个变量，即随机变量，参量$x\in X$本身又称为表征信源输出的信源符号或者消息数据（Message Data）或者消息变量（Message Variable），简称为消息（Message）。

在理解“比特”概念时，需要区分数据（消息）比特和信息比特（或者比特数据量和比特信息量（这两个完全不同物理意义的参量。二元信源输出的二元符号应该称为消息比特（Message Bit）。当信源的熵达到最大时（如离散信源概率分布为均匀分布时），1个独立的消

息比特的信息量恰好等于 1 个信息比特的信息量。在信源建模时，描述信源原始输出的且未经任何处理的二元符号（原始的消息比特符号）称为信息比特（Information Bit）数据，对信息比特进行处理后的二元数据称为消息比特（Message Bit）数据。显然，1 个信息比特数据的信息量总是小于或等于 1 个信息比特的信息量。

因此，对信息的不同消息建模或表示，可形成信源的不同形式。

例如，由于任何计算机文件（如一份 Word 格式的文稿文件）数据的底层表达形式都是二进制数据，所以计算机文件处理系统可以认为在特定计算机存储区域中的这个文稿文件就是一个二元数据的压缩处理信源 $\left(X=\{0,1\},\ P(X)\right)$，消息 $x\in\{0,1\}$ 是一个有两种逻辑数据取值可能且其取值概率为 $p\left(x\right)$ 的二元离散随机符号变量，消息 $x=0$ 应该理解为信源输出是信息比特“0”时对应的消息符号 x 被赋值了逻辑数据 $\langle 0\rangle$ 或被赋值了整数数据 0，由原始的信息比特组成的原始文件在做压缩等处理后成为一个由消息比特组成的文件。

进一步通过计算机外部接口传输计算机中的一个已压缩的文件时，已压缩文件可视为信息传输的原始信源（文件信源）。对于传输而言，已压缩文件的数据比特就是作为文件信源的信息比特。

再进一步做文件的数据传输时，若采用二相相移键控（BPSK）载波调制进行传输，则文件信源则视为一个由两种传输信号组成的 BPSK 信源：

$$\left\{X,P(X)\right\}=\left\{\{0,1\},\{p(0),p(1)\}\right\}$$

根据通信原理，在发送文件信源的信息比特意义上，此 BPSK 信源有三种等价的抽象表达形式，分别是：①载波波形信源（其消息形式是持续时间为 T、载波频率为 ω_{c}，但初始相位 θ 分别为 0 和 π 的余弦函数 $s(t)$）；②载波相位信源（其消息形式是取值分别为 0 和 π 的相位 θ）；③相干传输条件下的等效基带幅值对极信源（其消息形式是取值分别为 $+A$ 和 $-A$ 的电平幅度 d）。这三种信源表达形式之间的具体关系为

$$\begin{aligned}&\left\{X,P(X)\right\}\\&\underset{\text{载波波形}}{\Leftrightarrow}\left\{S,P(S)\right\}=\left\{\left\{s(t)\middle|s(t)\in\left\{A\cos(\omega_{\mathrm{c}}t),A\cos(\omega_{\mathrm{c}}t+\pi)\right\},t\in\left[0,T\right]\right\},p_S(s(t))\right\}\\&\underset{\text{载波相位}}{\Leftrightarrow}\left\{\Theta,P(\Theta)\right\}=\left\{\left\{\theta\middle|\theta\in\{0,\pi\}\right\},p_\Theta(\theta)\right\}\\&\underset{\text{基带幅值}}{\Leftrightarrow}\left\{D,P(D)\right\}=\left\{\left\{d\middle|d\in\{+A,-A\}\right\},p_D(d)\right\}\end{aligned}$$

$$\begin{cases}p_X(x_0(t))=p_\Theta(\theta=0)=p_D(d=+A)\\p_X(x_1(t))=p_\Theta(\theta=\pi)=p_D(d=-A)\end{cases}$$

总之，熵是关于信源的不确定性、不可知度或信息量的一种正实数度量；消息则是信源信息的实体符号表现形式，表达信源原始信息的二元消息数据称为信息比特；表达同一信息的消息格式或形式可以不同；对信息的任何处理都必须通过对消息的处理来完成，但是消息处理总有处理误差，会造成对原始处理对象信息量的损失。

1.2.2 信息表征与数据压缩

消息对信息的表征效能涉及是否“保真”和是否“冗余”两个基本的概念与建模问题。

对于具有原始消息数据概率分布 $P(X)$ 的信源 $\left\{X,P(X)\right\}$，信源的输出是一个消息符号连续不断的消息数据流 $(x(n))$，$x(n)\in X$，$n=1,2,\cdots$。此时，信源“保真”的一个度量思路是，

根据表征此信源输出的另一个消息数据流 $(y(m))$ 进行统计拟合的概率分布 $P(Y)$ 是否与 $P(X)$ 完全相同，或者 $P(Y)$ 与 $P(X)$ 之间存在多大的偏差或统计距离（记为失真度），以及偏差的极限是多少。在具体的工程应用中，“保真”还涉及许多其他不同的“保真”度量指标，如语音质量的 MOS（Mean Opinion Score）评分、图像质量的峰值信噪比（Peak-Signal to Noise Ratio，PSNR）和数据传输的误码率等。

信源 $\{X,P(X)\}$ “冗余”的本质是信源的实际熵与其可能达到的最大熵之间的差距，“冗余”表现在数据量上是在容忍一定失真度的条件下，信源原始消息数据流（或数据文件）的数据量 $|(x(n))|=N$ 与表示此信息的消息数据流（或压缩文件）的数据量 $|(y(m))|=M$ 的数值比值 N/M 。这个比值在工程应用上称为编码压缩比。实现失真度为 0 的压缩方式为无失真压缩，如霍夫曼压缩算法是一种无失真压缩编码方法。

在提高保真性与降低冗余性的需求下，信息表征的理论基础由香农信源编码定理（又称为数据压缩定理或香农第一定理）给出，具体地，香农信源编码定理又细分为无失真信源编码定理和限失真信源编码定理。

对无失真信源编码定理的描述是：如果信源 $\{X,P(X)\}$ 的任意 N 长输出序列 $\boldsymbol{x}=(x(n))_{n=1}^{N}$ 均是独立同分布的平稳序列，则存在一种编码变换 $\phi[\bullet]$ 及对应的无失真解码逆变换 $\phi^{-1}[\bullet]$，使得全部可能编码序列 $\boldsymbol{y}=\left(y(m)\right)_{m=1}^{M}=\phi[\boldsymbol{x}]$ 的平均长度 $\bar{M}$ 满足

$$\begin{cases}\dfrac{\bar{M}}{N}\geqslant H(X)\\ \lim\limits_{N\to\infty}\dfrac{\bar{M}}{N}=H(X)\\ \boldsymbol{x}=\phi^{-1}[\boldsymbol{y}]=\phi^{-1}[\phi[\boldsymbol{x}]]\end{cases}$$

对于无失真信源编码定理的简单解释是：压缩编码序列长度的最小值等于压缩前序列长度乘以信源的熵。

当压缩编码变换的逆变换 $\tilde{\phi}^{-1}[\bullet]$ 会使原始数据 $\boldsymbol{x}$ 与解码数据 $\hat{\boldsymbol{x}}=\tilde{\phi}^{-1}[\phi[\boldsymbol{x}]]$ 存在误差或失真度（Distortion）$E[d(\boldsymbol{x},\hat{\boldsymbol{x}})]$ 时，需要设计一个称为率失真函数（Rate Distortion Function）的参量 $R(D)$ 来衡量误差带来的编解码信息损失度。记有误差的解码数据序列 $\hat{\boldsymbol{x}}$ 由某个假设信源 $\{\hat{X},P(\hat{X})\}$ 产生，再记以原始信源为条件的误差条件分布为 $P(\hat{X}\mid X)$，给定误差上限 D 时的误差互信息量为 $I(X;\hat{X})$，则设计率失真函数 $R(D)$ 为

$$R(D)=\min_{E[d(\boldsymbol{x},\hat{\boldsymbol{x}})]<D;\ P(\hat{X}|X)}\left\{I(X,\hat{X})\right\}$$

限失真信源编码定理指出了给定失真度限制条件下的编码方法的存在性，叙述为：记 q 元 M 长编码 ϕ 有全部 L 种编码结果（码字），编码码率为 $R=(\log_q L)/M$ ，那么，若 $R>R(D)$，则存在一种 q 元 M 长编码 ϕ 使得 $E[d(\boldsymbol{x},\hat{\boldsymbol{x}})]<D$；反之，任意一个满足 $E[d(\boldsymbol{x},\hat{\boldsymbol{x}})]<D$ 的 q 元 M 长编码 ϕ 必有 $R>R(D)$ 。

香农信源编码原理催生了无损压缩和有损压缩两大类数据编码压缩理论与方法、工业标准及商业产品的研究和开发。无损压缩算法的典型代表是在 1952 年提出的可达香农编码数据压缩理论极限的霍夫曼算法和 1984 年提出的实用化 LZW（Lempel-Ziv-Welch）算法（该算法已经成为软件压缩工具 ZIP/RAR 的核心部件）。有损压缩算法的典型代表是在 1992 年发布且

在 1994 年获得 ISO 10918-1 认定的专用于图像压缩的 JPEG（Joint Photographic Experts Group，联合图像专家小组）标准，以及在 2003 年由 ITU-T 和 ISO 共同组织的联合视频工作组（Joint Video Team，JVT）发布的专用于视频压缩的 H.264（或 ISO 14496-10）标准。尽管 H.264 的计算开销是 H.263/MPEG-4 的 6 倍，但是 H.264 在同带宽条件下的平均 PSNR 比 H.263 增加 3dB 以上。通常在商业应用中 1080P 高清视频的 PSNR 需要达到 40dB。

显然，建立在基本的压缩和解压缩方法上的各类文本图像和多媒体数据处理理论及技术（包括图像增强、图像识别和虚拟场景合成等）支撑了当今各类超媒体/大媒体处理技术和产品的发展。

1.2.3 信息传输、信道容量、调制与编码

信息表征和信息压缩是依靠消息变换的一类信息处理，信息传输依然是依靠消息传输实现的一类信息处理，涉及信道的消息传输、消息的编码与调制和消息的检测与译码三方面的处理机制。

信道传输特征由信道的熵特征确定。从信源 X 传输至信宿 Y 的信息量是 $H(X)-H(X|Y)$，即信道传输的信息量等于信宿关于信源的全部不确定性 $H(X)$ 减去获得信宿 Y 后遗留的关于信源的不确定性 $H(X|Y)$。于是，信息传输最基础的问题就是：能够设计与采用什么样的方法，并如何使得 $I(X;Y)=H(X)-H(X|Y)$ 达到最大？或者，设计什么样的机制，并如何最高效率地达到 $I(X;Y)$ 的某个参量界 $I_B(X;Y)$？解决这些疑问的原理和方法形成了以消息传输为基础的信息传输原理，主要的核心内容有信道容量、香农信道编码定理、香农限。

注意到，条件熵 $H(Y|X)$ 完全确定了信道上消息的传输特征，因此，促使 $I(X;Y)$ 极大化的途径只能是调整（事实上是编码与调制）信源的输出。为此，定义信道传输的最大信息量 $I_{\max}(X;Y)$ 为信道容量 C，即

$$
\begin{aligned}
C &= \max_{P(X)}\{I(X;Y)\} = \max_{P(X)}\{H(X)-H(X|Y)\} \\
&= I_{\max}(X;Y)
\end{aligned}
$$

$H(Y|X)$ 的不同物理实现对应不同的信道的信道容量的计算方法。记信道的输入、输出、加性干扰分别为 x、y、z，最常见的两类信道是：由信道转移概率 $p=p(y|x)$ 完全确定的二元对称信道（Binary Symmetric Channel，BSC），相应的信道容量为 C_{BSC}；由带宽 B、单边白噪声功率谱密度 N_0 和带内信号功率 S 确定的加性高斯白噪声（Additive White Gaussian Noise，AWGN）信道，相应的信道容量为 C_{AWGN}。这两个信道的基本特征模型分别为

$$
\text{BSC:}\quad \begin{cases} y=(x+z)\bmod 2,\quad x,z\in\mathbb{Z}=\{0,1\} \\ \Pr(z=1)=p \\ C_{\text{BSC}}=1+p\log_2 p+(1-p)\log_2(1-p) \quad \text{（信息比特/ 消息符号）} \end{cases}
$$

$$
\text{AWGN:}\quad \begin{cases} C_{\text{AWGN}}=B\log_2\left(1+\dfrac{S}{BN_0}\right)=B\log_2(1+\text{SNR}) \quad \text{（信息比特/ 秒）} \\ y(t)=x(t)+z(t),\quad t,x(t),z(t)\in\mathbb{R} \\ z(t)\sim N(\mu_z,\sigma_z^2)=N(0,N_0/2),\quad t\in\mathbb{R} \\ x(t)\sim N(\mu_x,\sigma_x^2)=N(0,S),\quad t\in\mathbb{R} \end{cases}
$$

式中，$z(t)\sim N\left(\mu_z,\sigma_z^2\right)$表示干扰波形$z(t)$在任意时间上的幅值分布均服从均值为$\mu$、方差（功率）为$\sigma^2$的高斯概率分布$N\left(\mu,\sigma^2\right)$；$\mathbb{R}$为实数域；$x(t)\sim N\left(\mu_x,\sigma_x^2\right)$含义类似。

纠错编码将二元信源输出的信息比特串（或分组）$\boldsymbol{x}=(x_1,x_2,\cdots,x_K)$编码为由$N$（$N\geqslant K$）个编码比特构成的码元符号串或码字$\boldsymbol{c}=(c_1,c_2,\cdots,c_K,c_{K+1},\cdots,c_N)=\phi[\boldsymbol{x}]$，并生成冗余编码码率为$R_\text{c}=K/N$的码字流。编码传输以码字$\boldsymbol{c}$为单位，将码元符号逐个地或者将码字整体地调制映射为传输所需的物理波形$s(t)=\psi\left[(c_1,c_2,\cdots,c_N)\right]$，从而传输携带$K$个信息比特的波形消息；接收机在获得$s(t)$对应的无记忆信道的采样输出$\boldsymbol{y}=(y_1,y_2,\cdots,y_N)$后，进行最大似然译码，即选择译码码字$\hat{\boldsymbol{c}}$或信源消息分组$\hat{\boldsymbol{x}}$，使得译码后的信息比特误码率（BER）极小，即

$$
\begin{aligned}
\hat{\boldsymbol{x}}&=\arg\max_{\boldsymbol{x};\boldsymbol{c}=\phi[\boldsymbol{x}]}\left\{p(\boldsymbol{y}\mid\boldsymbol{c})\right\}\underset{\text{信道无记忆}}{\Leftrightarrow}\arg\min_{\boldsymbol{x};\tilde{\boldsymbol{s}}=\psi[\phi[\boldsymbol{x}]]}\left\{d\left[\boldsymbol{y},\tilde{\boldsymbol{s}}\right]\right\}\\
&=\arg\min_{\boldsymbol{c}=(c_1,c_2,\cdots,c_N)=\phi[\boldsymbol{x}];i=1,2,\cdots,N}\left\{\Pr\left(\hat{c}_i\neq c_i\mid\boldsymbol{y}\right)\right\}\underset{\text{译码无差错扩散}}{\Leftrightarrow}\arg\min_{\boldsymbol{x}=(x_1,x_2,\cdots,x_K);i=1,2,\cdots,K}\left\{\Pr\left(\hat{x}_i=x_i\mid\boldsymbol{y}\right)\right\}\\
&=\arg\min_{\boldsymbol{x}=(x_1,x_2,\cdots,x_K);i=1,2,\cdots,K}\left\{\text{BER}\right\}
\end{aligned}
$$

式中，$\tilde{\boldsymbol{s}}$在$\boldsymbol{y}$为硬判决输出时表示码字$\boldsymbol{c}$，在$\boldsymbol{y}$为软判决输出时表示码字$\boldsymbol{c}$的调制信号的特征向量。

香农信道编码定理指出，如果编码码率$R_\text{c}\leqslant C_\text{BSC}$，那么存在一种二元分组纠错编码$\phi[\bullet]$，在码长$N\to\infty$时，采用最大似然译码输出的信息比特误码率$\text{BER}=p\left(\hat{x}\neq x\right)\to 0$；反之，如果$R_\text{c}>C_\text{BSC}$，那么不存在任何编码方式使得$\text{BER}\to 0$。

香农信道编码定理的理论价值在于，在有限能量E_s和有限带宽B等物理资源可用的条件下，实现无差错信息传输的唯一途径就是纠错编码。记E_b是折算到传输一个信息比特所需的能量，信息比特的传输速率为R_b（比特/秒），那么在理想信号波形（此时有信号功率$S=E_\text{s}R_\text{s}=E_\text{b}R_\text{b}$）和遵循香农信道编码定理（$R_\text{b}<C_\text{AWGN}$）的条件下，有

$$
\frac{C_\text{AWGN}}{B}=\log_2\left(1+\frac{S}{BN_0}\right)=\log_2\left(1+\frac{R_\text{b}}{B}\frac{E_\text{b}}{N_0}\right)\geqslant\frac{R_\text{b}}{B}=\eta
$$

式中，η为信息传输的谱效率，表示单位时间单位带宽内传输的信息比特量。根据上式可以得到

$$
\left(\frac{E_\text{b}}{N_0}\right)\geqslant\frac{2^\eta-1}{\eta}\xrightarrow[\eta\to 0]{}\ln 2\approx 0.6931
$$

$$
10\log_2\left(0.6931\right)\approx -1.59\text{（dB）}
$$

这个推论表明：$\left(E_\text{b}/N_0\right)_\text{min}\approx 0.6931$或者$-1.59$（dB）是传输1个信息比特所需的理想最小信噪比的极限，称为香农限（Shannon Limit）。每个具体的（由具体的编码方法和调制方法等确定）通信系统都有其自身传输1个信息比特的最小信噪比门限$\left(E_\text{b}/N_0\right)_\text{min}^\text{th}$，并且满足

$$
\left(E_\text{b}/N_0\right)_\text{min}^\text{th}\geqslant\left(E_\text{b}/N_0\right)_\text{min}\approx -1.59\text{（dB）}
$$

例如，对于采用了冗余编码码率$R_\text{c}\approx 0.5$的二元纠错编码、BPSK调制、AWGN信道传输、理想软判决解调及最大似然译码的信息传输系统，其$\left(E_\text{b}/N_0\right)_\text{min}^\text{th}\approx 0.187$（dB）。

BSC和AWGN信道上的信息传输原理是其他信道（如衰落信道和MIMO信道）上信息传输原理的基础。为更加完整与准确地描述或建模信道，衍生出诸如信道分布信息（Channel Distribution Information，CDI）、信道状态信息（Channel State Information，CSI）、信道中断容

量、巴塔恰亚距离（Bhattacharyya Distance）、外信息（Extrinsic Information）等新颖的信道特征分析方法。

为解决信道可靠性传输问题而产生的香农信道编码定理，极大地促进了纠错编码理论的研究并使其成为一门相对独立的学科。此外，它还将编码机理与其他信息处理机理融入而形成新的研究方向。重要的冗余或纠错编码机理、相应的纠错编码及译码方法有：奇偶校验码、循环冗余校验码、级联码、卷积码、RS 码、LDPC 码、Turbo 码、Polar（极化）码、伴随式译码、大数逻辑（门限）译码、Chase 译码、Viterbi（维特比）译码、BM 译码、BP 译码、SC 译码、列表（LIST）译码等。如今，信道编码技术不仅成为 5G 等现代通信系统的标准化应用，还成为几乎所有数据传输系统和数据存储系统为提高信息可靠性而必然采用的技术途径之一。

1.2.4　信息安全、加密与认证

信息处理的可信性需求主要有两个来源：一是在信息处理过程中，例如，信息表述会因为表述工具与手段的缺陷而导致表述信息的误差（典型表现形式为率失真值与量化噪声等），此外信息传输会因为信道自然存在的噪声与系统干扰而导致传输信息的误差（典型表现形式为 BER 等）；二是在信息传输过程中，例如，信息传输会因为传输过程受到信息系统外界的非法介入而导致两类信息安全威胁，一类是信息隐私安全威胁，即信源传递给信宿的信息可能被非法信宿获取，另一类是信息认证安全威胁，即信源获得的信息可能是非法信源提供的信息。

为应对这两类信息安全威胁，通常最可信的应对措施是加密（通过消息数据加密实现信息隐私保护）和签名（通过消息数据签名实现信息认证保护），加密和签名在信息安全支撑平台与信息安全业务服务系统中的角色与作用如图 1.2 所示。注意，在研讨信息安全时，通常假设信息处理过程（如信道）是无差错处理的过程，因此信道仅仅是一个加密处理过程 $y=\phi_K(x),\ x\in X, y\in Y$，或者签名处理过程 $y=[x,\psi_K(x)],\ x\in X, y\in Y$。

为应对信息隐私安全威胁，实现信息隐私保护的途径主要有信息数据加密、信息数据封装、信息数据隐匿和信息传输信道隔离与隐匿等。采用加密途径（相关加密算法有国际标准 AES 和中国标准 SM 系列等）实现信息隐私保护的原理性结构如图 1.2（a）所示，除需要优良的加密解密算法外，还需要有优良的密钥管理与密钥分配作为实现信息加密业务的支撑平台。

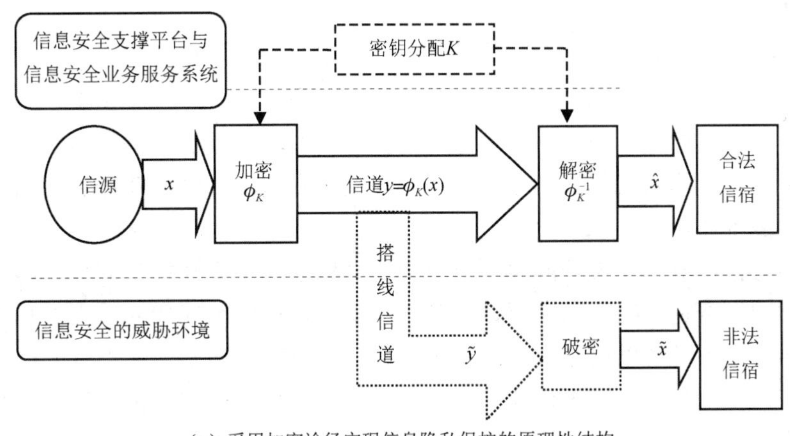

（a）采用加密途径实现信息隐私保护的原理性结构

图 1.2　加密和签名在信息安全支撑平台与信息安全业务服务系统中的角色与作用

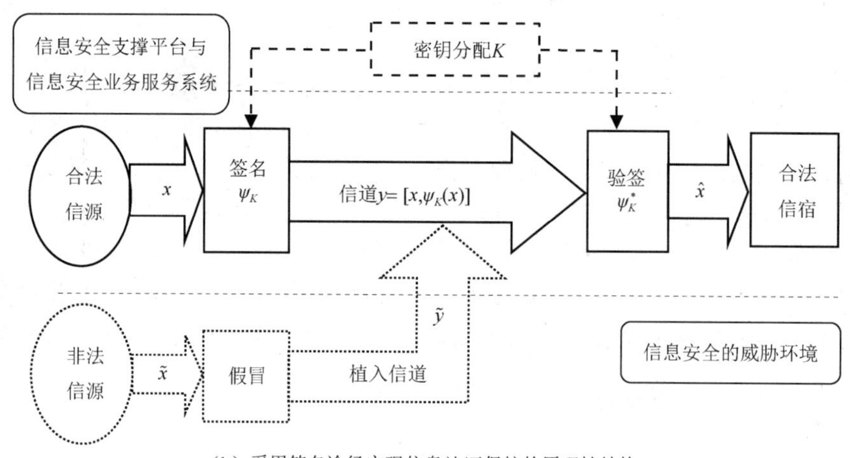

（b）采用签名途径实现信息认证保护的原理性结构

图 1.2 加密和签名在信息安全支撑平台与信息安全业务服务系统中的角色与作用（续）

为应对信息认证安全威胁，实现信息真实性与完整性保护的途径主要有数字签名、消息认证码、区块链等。采用签名途径实现信息认证保护的原理性结构如图 1.2（b）所示，除了需要优良的签名和验签算法，还需要有优良的密钥管理与密钥分配系统作为实现信息认证业务的支撑平台。

香农指出（香农保密定理）：一个加密体制$\left(X,Y,K,\{\phi_k|k\in K\}\right)$是完备保密体制的充分必要条件是：密文 y 的概率分布与明文 x 的选择无关，即尽管有确定性的加密计算过程 $y=\phi_K\left(x\right)$，$x\in X,y\in Y$，但是在统计上有 $P_r\left(y\right)=P_r\left(y|x\right)$，或者说密文变量 y 与明文变量 x 在加密算法 $\phi_K\left(\bullet\right)$ 的处理下表现为统计不相关。

根据香农保密定理获得设计安全密码体制的 5 项基本原则如下。

（1）密钥空间大于密文空间，密文空间大于明文（信息）空间，即$|K|\geqslant|Y|\geqslant|X|$。

（2）加密过程应该促使密文空间熵 $H\left(Y\right)$ 达到最大。

（3）密钥选择应该满足密钥空间熵 $H\left(K\right)$ 达到极大，且密钥空间熵大于密文空间熵，即 $H\left(K\right)\geqslant H\left(Y\right)$。

（4）最优的加密体制是“一次一密”，即每个信息数据的加密密钥都是在足够大的密钥空间中随机变化的一个密钥，即对明文流$\left(x_n\right)$有 $y_n=\phi_{K_n}\left(x_n\right)$ 且 $\phi_{K_n}\left(\bullet\right)\neq\phi_{K_{n'}}\left(\bullet\right)$，$n\neq n'$。

（5）可行的一类加密算法设计方案是“迭代加密”（或乘积密码），即对于每一迭代轮次的加密，即使轮计算算法相同，也必须采用不同的轮密钥，使得加密计算后的数据具有足够好的扩散性和混淆性。

香农对信息保密机制和机理的深刻分析使得密码设计首次从技艺演变为科学，由此舍弃了经典密码学中以直觉和经验为密码设计基础的理念，构筑了现代密码学的科学基石。需要注意的是，尽管密码学也以信息安全的实现和解析为目标，但密码学不是严格意义上的信息论的一个分支，特别是因为密码设计与解析还可采用其他学科的原理与手段，所以密码学是融入了信息论的理论与方法的一门独立学科的理论体系。

1.3　从“香农贡献”洞悉信息科技

信息科技是以信息论为核心理论基础，并采用电磁介质材料、计算芯片与软件，以及系统工程等技术为基本实现途径，面向信息处理及其应用的一类科技领域。信息科技将数码、计算、通信、网络、智能、信息安全等科技领域融为一体，形成了与材料、能源、生命、宇航等类似的现代科技体系中不可或缺的一个科技门类。在众多创建信息科技的学者中，香农无疑是现代统计信息论的最主要的奠基者。

香农于 1916 年 4 月 30 日诞生于美国密歇根州的 Petoskey 镇，逝世于 2001 年 2 月 24 日。展现香农的深邃目光的一张著名的照片如图 1.3 所示。香农在信息、通信、计算、智能等领域提出了诸多原创性的思想、理论和方法，当之无愧地成为“信息科技时代”的奠基人。因此，“饮水思源”地去了解“香农贡献”是深刻理解信息科技及其价值的一个重要途径。

图 1.3　香农的深邃目光

1.3.1　香农的信息科技创新贡献

香农的主要学术贡献如下。

1936 年，年仅 20 岁的香农在其硕士学位论文《继电器和开关电路的符号分析》中证明了用基于 1/0（开/关）两种状态的继电器电路可以模拟和完成任意的布尔逻辑运算，这是数字计算可行性的一个原创性证明，从一个侧面表现出对由冯·诺依曼和图灵等人建立的计算与计算机科学的贡献。

1940 年，香农的博士学位论文《理论遗传学的代数学》进一步将其硕士期间的研究思想和方法用于生物学研究，或许在那时就埋下了一颗生物信息学的种子。

20 世纪 40 年代中期，香农源于对投资的研究兴趣，设计了一个被后人称为“香农的恶魔”（Shannon’s Demon）的金融投资思想实验，从理论上证明即使没有正面的预期回报，也有可能获得一定的投资利润，这是信息经济学研究的初期尝试。

1945 年，香农提交给美国军方的机密报告《密码学的数学理论》及其于 1949 年公开发表的论文《保密系统的通信理论》，首次划时代地把密码学从直觉式的经验玄学演变成了一门严谨的科学，其中关于完备保密、一次一密、迭代与混淆原则等信息安全概念和准则，为现代分组密码算法和公开密钥密码算法的设计提供了重大启示。

1948 年，任职于贝尔实验室的香农发表了他经过十多年研究的划时代成果《通信的数学理论》，由此标志着信息论的诞生，其中原创的诸多概念和理论有比特、熵、信道容量、数字量化、信源编码、信道编码等。

1949 年，香农在其经典论文《噪声下的通信》中，针对奈奎斯特（Nyquist）、科特尔尼科夫（Kotelnikov）和惠特克（Whittaker）等人提出的关于信号采样率的设计及插值原理，给出了完美重构模拟信号的充分条件，此充分条件可以单独称为香农采样定理。香农采样定理与奈奎斯特采样机理合并称为奈奎斯特–香农采样定理，搭建起了连续空间与离散空间之间的完美桥梁。

1950 年，香农在其论文《编程计算机下棋》中提出了基于博弈论的最小最大（Minimax）算法，并依此设计了一台国际象棋机器。此论文成为人工智能领域的经典文献，为数十年后的人工智能国际象棋机器“深蓝”（Deep Blue）和围棋“阿尔法围棋”机器（Alpha Go）的研发提供了重要参考。

1951 年，香农将概率统计信源的研究方法用于人类自然语言研究（语言文字本是天然的信息源），发表了论文《书面英语的预测和熵》，可以说是开创了计算语言学的先河。

1951 年，香农发表论文揭秘了自己制造的“忒修斯”（Theseus）机器老鼠和相应的迷宫系统的设计内容。“忒修斯”通过其体内的磁铁和马达与隐藏在迷宫各处继电器相互作用，可完成特定的迷宫游走任务。“忒修斯”这个巧妙机电设计被视为现代计算机芯片的一种雏形。

1953 年，香农设计了一台称为“心灵阅读”（Mind Reading）的机器。它通过观察和分析游戏参与者在游戏过程中所做的各种选择的样本，来猜测当前游戏玩家的下一步选择。其逻辑设计被视为现代机器学习和人工智能的“前奏”。

1956 年，香农和人工智能的其他几位先驱在美国达特茅斯学院组织了一场名为“关于人工智能的达特茅斯暑期研究项目”的研讨会（史称“达特茅斯会议”），探讨如何促使机器来模拟人类的学习和其他智能，会上正式提出的“人工智能”（Artificial Intelligence）这一概念沿用至今。

1956 年，香农通过组合数学方法提出了零差错信道容量概念，并且进一步指出了：尽管零差错信道容量不会大于渐进无差错信道容量（“传统信道容量”），但是如果接收方能反馈一定信息给发送方，那么渐进无差错信道容量不会因反馈而增大，而零差错信道容量却可以增大。

1956 年，香农与麻省理工学院（MIT）的合作者认识到若已知每个有噪声链路的信道容量，那么可等价获得一条可达特定最大传输速率的无噪声路由。由此，应用网络流的最大流最小割定理，可以得到网络通信容量的可达上限。这一研究启发了李硕彦、杨伟豪和蔡宁等华人学者于 2003 年提出可达最大容量的线性网络编码方法，从而获得信息论研究又一划时代进展。

1961 年，香农通过考察无线通信网络的场景特征，发表了关于双向通信信道的论文 *Two-Way Communication Channels*，推进了存在互相干扰的多用户信息论的研究。

1.3.2 香农培养的后起之秀与留存后世的至理名言

香农一方面在信息科技创新上做出了卓越贡献，另一方面在信息科技人才培养上做出了卓越贡献。

香农于 1956 年从贝尔实验室回到麻省理工学院工作后，汇聚了后来香农奖（于 1972 年设立）早期得主 Robert M. Fano 和 Peter Elias 等人才，使得麻省理工学院成为全球信息科学研究的中心之一。目前，该中心的香农奖得主已达十余位，其中受到香农着力培养的 Robert G. Gallager 更是成为接手香农大旗的领军人物。

Robert G. Gallager 于 1963 年在其博士论文中提出的“LDPC 码”基本上成为现代通信系

统的标准配置。Robert G. Gallager 获得的奖项有 1990 年的国际电气电子工程师学会（IEEE）最高荣誉奖章、2003 年的马可尼奖、2020 年的日本国际奖。此外，Robert G. Gallager 迄今支持与培养出了多位香农奖的得主，典型人物有代数编码大师 Elwyn Berlekamp、无线通信大师暨第一位华人香农奖得主谢雅正（David Tse），以及首次理论证明可达香农限的"极化码"之父暨土耳其人 Erdal Arikan。

香农留给后世许多值得深思的理念，特别地，香农的一句至理名言是："I just wondered how things were put together（我特感奇妙的是事物因何如此汇聚一体）"。而今，作为读者的我们，可以认为答案是"信息"吗？

英国皇家学会（Royal Society）的著名传记作者 Ioan James 对香农的评价是："So wide were its repercussions that the theory was described as one of humanity's proudest and rarest creations, a general scientific theory that could profoundly and rapidly alter humanity's view of the world."

香农一生的学术研究和学术贡献几乎涉及信息科技的全部范畴，包括数码与多媒体科技、计算与生物及其智能科技、通信与信息系统科技、信息与赛博安全科技等。

香农创建的信息论称为香农信息论或狭义信息论，主要采用概率论与数理统计、组合数学等作为建模和分析工具，主要有熵、信源编码、信道容量、信道编码及信息完备保密等核心内容。同时，香农在多用户信息论或网络信息论等方向上也提出了不少真知灼见。自香农信息论建立并获得广泛应用以来，随着研究内容的不断深入和扩展，出现了算法信息论（Algorithmic Information Theory）、模糊信息论（Fuzzy Information Theory）、语义信息论（Semantic Information Theory）、电磁信息论（Electromagnetic Information Theory）、量子信息论（Quantum Information Theory）及生物信息学（Bioinformatics）等诸多新的信息论方向。

1.4　从香农奖看信息论的发展历程

香农奖，全称是"克劳德・E・香农奖"（Claude E. Shannon Award），是由 IEEE 信息论专业委员会主办的一个年度奖项，是对于在信息论、信息数学、通信工程和理论计算机科学交叉领域中对信息研究做出卓越贡献的人的褒奖。毫无疑问，香农奖是信息与通信理论领域的国际最高研究水准奖，被誉为"信息科学诺贝尔奖"。

香农奖的价值特征如同诺贝尔奖一样，尽管奖励的成果可能是略早时间的成就，但香农奖的奖励对象和奖励事迹仍然反映了信息科学在相应发展时代中的顶峰状态，因此，历年香农奖的罗列在一个侧面勾勒出一个信息论发展态势的图案，同时可以从"香农奖"所奖励的人与事中去感悟信息论的发展历程。表 1.1 列出了截至 2024 年的历年香农奖获得者及其获奖领域或主要事迹。

表 1.1　截至 2024 年的历年香农奖获得者及其获奖领域或主要事迹

时　间	获奖人姓名及所在机构	获奖领域或主要事迹
1972 年	香农 美国贝尔实验室	纪念特设
1974 年	David S. Slepian 美国贝尔实验室	作为香农与汉明（Hamming）在贝尔实验室的长期同事，提出相关信源的无噪声编码的原理与方法

续表

时　间	获奖人姓名及所在机构	获奖领域或主要事迹
1976 年	Robert M. Fano 美国麻省理工学院	提出 Shannon-Fano（香农-费诺）编码方法与 Fano（费诺）不等式，为霍夫曼码奠定理论基础；提出卷积码的时序译码方法；研究面向多用户需求的多任务计算机
1977 年	Peter Elias 美国麻省理工学院	提出卷积码的编码原理与方法；研究给定码长和码率的纠错码差错概率限；研究通用数据压缩算法
1978 年	Mark Semenovich Pinsker 苏联莫斯科科学院信息传输问题研究所	研究通信体系与纠错码的复杂性；提出动态系统具有零熵特征最大划分的 Pinsker 划分法
1979 年	Jacob Wolfowitz 美国伊利诺伊大学厄巴纳-香槟分校	研究统计决策理论、非参统计量分析及时序分析；给出香农编码定理强收敛性证明（香农仅仅证明了在传输速率大于信道容量时，分组差错概率不能趋于任意小，而 Wolfowitz 证明了其趋于 1。因而香农的原始结果又被称为编码的弱收敛定理或香农猜想）
1981 年	William Wesley Peterson 美国夏威夷大学	循环码构造和译码的主要贡献人之一；在程序语言和网络体系等方面也有突出贡献
1982 年	Irving S. Reed 美国南加利福尼亚大学	在多个领域做出突出贡献，如雷达信号检测、纠错码、RM 码、RS 码、计算机逻辑运算、第一代 RTL 语言等
1983 年	Robert G. Gallager 美国麻省理工学院	在多个领域做出突出贡献，如 LDPC 码、噪声信道的可靠性函数、多址通信等
1985 年	Solomon Golomb 美国南加利福尼亚大学	在多个领域做出突出先锋性贡献，如用数学方法解决数字通信难题、空间（火星）通信、扩频通信、雷达声呐与 GPS、伪随机移位寄存器序列设计、伪随机性定义、密码学等
1986 年	William Lucas Root 美国密歇根大学	雷达信号统计检测与分析方法的先驱；统计通信理论基础的奠基者之一
1988 年	James Massey 瑞士苏黎世联邦理工学院	在多个领域做出突出先锋性贡献，如编码理论与门限译码、密码学与流密码设计及其分析、伪随机序列重构、著名的 Berlekamp-Massey 算法等
1990 年	Thomas M. Cover 美国斯坦福大学	在多个领域做出突出先锋性贡献，如多用户广播信道及系统理论、Kolmogorov/Chaitin /Solomonoff 复杂性研究、通用信源编码和通用博弈理论、中继信道容量定理、分组传输网络的多描述编码等
1991 年	Andrew J. Viterbi 美国加利福尼亚大学圣迭戈分校	在多个领域做出突出先锋性贡献，如卷积码的 Viterbi 译码算法及纠错性能限、蜂窝移动通信与卫星通信容量、CDMA 体制、磁记录、语音识别、DNA 序列分析、创建 QUALCOMM 等
1993 年	Elwyn Berlekamp 美国加利福尼亚大学伯克利分校	在多个领域做出突出基础性贡献，如 Welch-Berlekamp 算法、Berlekamp-Massey 算法、有限域上多项式分解算法等
1994 年	Aaron D. Wyner 美国贝尔实验室	在多个领域做出突出基础性贡献，如多用户香农理论、率失真函数与具有边信息的信源编码、著名的搭线窃听信道、物理层完美通信安全等
1995 年	G. David Forney Jr 美国麻省理工学院/Codex 公司	在删除信道上的字数误差界、列表与判决反馈纠错体制，以及 Forney 算法等方面做出杰出贡献

续表

时　间	获奖人姓名及所在机构	获奖领域或主要事迹
1996 年	Imre Csiszár 匈牙利科学院阿尔弗雷德·雷尼数学研究所	在有通信约束下的假设检验和无线通信物理层安全等方面做出杰出贡献；提出“类型方法”用以证明离散信道编码定理且大量用于各种统计推理
1997 年	Jacob Ziv 以色列理工学院	著名的数据压缩 Ziv（LZ77 与 LZ78）算法发明人；广义信源编码、率失真函数及具有解码边信息的信源编码等理论的主要贡献人之一
1998 年	Neil J.A. Sloane 美国康奈尔大学/贝尔实验室	组合数学结合编码、纠错码设计及其球填充、博弈论纠错码、字典码，以及 Kerdock 等编码的主要贡献人之一
1999 年	Tadao Kasami 日本奈良先端科学技术大学院大学	纠错码及伪随机序列理论的重要贡献者之一；著名的 Cocke-Younger-Kasami 字符串检测算法发明人之一
2000 年	Thomas Kailath 美国斯坦福大学	在无带宽约束带反馈的加性噪声信道编码定理的证明、带反馈机制的通信系统、通用的噪声中随机信号估计与相关计算等方面做出杰出贡献
2001 年	Jack Keil Wolf 美国加利福尼亚大学圣迭戈分校	对通信和磁记录中的相关信源的无噪声编码理论做出杰出贡献
2002 年	Toby Berger 美国康奈尔大学	在量子率失真和量子远程状态制备，以及生物信息学方面做出杰出贡献
2003 年	Lloyd R. Welch 美国南加利福尼亚大学	提出二元序列的 MRRW 界；提出隐藏马尔可夫模型（HMM）的参数计算的 Baum-Welch 算法
2004 年	Robert J. McEliece 美国加利福尼亚理工学院	在一般线性码的译码复杂度、McEliece 密码系统、Galileo 卫星卷积编码器、非规则重复累积（IRA）码构造等方面做出杰出贡献
2005 年	Richard Blahut 美国伊利诺伊大学厄巴纳-香槟分校	在代数编码和数字变换技术的融合、信道容量计算、编码性能及率失真函数等方面做出杰出贡献
2006 年	Rudolf Ahlswede 德国比勒费尔德大学	在信道鉴识容量及其鉴别方法和有通信约束下的假设检验等方面做出杰出贡献
2007 年	Sergio Verdú 美国普林斯顿大学	给出有限码长时信道编码速率界、通用离散去噪方法、排队服务信道的比特容量分析
2008 年	Robert M. Gray 美国斯坦福大学	提出无遍历假设的信源编码定理，给出对于平稳离散随机过程的遍历性分解方法
2009 年	Jorma Rissanen 美国 IBM 加利福尼亚圣何塞阿尔马登实验室	提出最小描述长度（MDL）原理的形式化定义，形成归纳推理和算术编码的基础性原理
2010 年	Te Sun Han 日本电气通信大学	提出信息谱概念并获得应用；对干扰信道和搭线信道给出深刻分析
2011 年	Shlomo Shamai 以色列理工学院	获得多天线高斯广播信道的吞吐率界，以及 Gallager 限的多种变形结果
2012 年	Abbas El Gamal 美国斯坦福大学	在网络信息论、FPGA 构造设计、数字图像处理设备上做出突出贡献
2013 年	Katalin Marton 匈牙利科学院	给出 Sobolev 测度熵的创新研究成果
2014 年	János Körner 意大利罗马大学	在组合数学与计算机科学中应用信息论函数分析方法

续表

时　间	获奖人姓名及所在机构	获奖领域或主要事迹
2015 年	Robert Calderbank 美国杜克大学	空时码及栅格编码调制（TCM）技术的主要发明人之一
2016 年	Alexander S. Holevo 俄罗斯斯捷克洛夫数学研究所	革新关于量子信道与量子信息的统计分析方法
2017 年	谢雅正 美国斯坦福大学	完整阐明传输信道状态信息对传输可靠性的影响；给出无线网络信息流的深刻分析结果；提出 Grassmann 流形上的通信机理；提出线性多用户接收机结构
2018 年	Gottfried Ungerboeck 瑞士 IBM 苏黎世研究实验室	提出栅格编码调制机理和方法，证明多电平相位编码在无带宽增加条件下可获得编码增益
2019 年	Erdal Arikan 土耳其安卡拉比尔肯特大学	提出编码信道的极化机理，构造出理论可证明的 BSC 上逼近香农限的极化码的编码方法
2020 年	Charles H. Bennett 美国 IBM 托马斯·沃森研究中心	提出量子反香农定理，建立经典信道与量子信道之间的关系
2021 年	Alon Orlitsky 美国加利福尼亚大学圣迭戈分校	获得未知信源符号集上无记忆信源的通用压缩编码的新方法
2022 年	杨伟豪 中国香港中文大学	网络线性编码的发明人之一；提出分批稀疏码（BATs）；发现“Zhang-Yeung”不等式，证明一类非香农类型信息不等式的存在性
2023 年	Rüdiger Urbanke 瑞士洛桑联邦理工学院	纠错编码的迭代译码体制与方法及其在通信和存储等领域应用的最重要贡献人之一
2024 年	Andrew R Barron 美国耶鲁大学	统计信息论和统计推理领域的著名学者

习题

1.1　首先，解释为什么“什么是信息”与“信息是什么”不是完全等价的逻辑命题。然后，给出你自己关于“信息是什么”的理解。

1.2　信息论应该包含一些什么样的内容才能足以有理由被称为一个关于信息的理论？

1.3　为什么应该依据信息处理的场景特征去理解和解释信息的内涵与外延？

1.4　在从理论内涵到理论价值再到理论应用等至少三个层次上，分别分析信息产品与服务、信息科技与产业及信息理论三者之间具有什么样的关系。

1.5　在创建信息论的早期（1955 年以前）及最近 10 年这两个时间区间中，都有哪些科学家，以及他们的哪些科学创新成果是特别值得纪念的？为什么？

1.6　在当今社会的工作、娱乐和生活中，为什么人们的多数日常行为都与 ICT 的产品或服务无法完全脱离了？

第2章　信源及其熵

信息的可度量性和度量方法是研究信息处理的基础。香农以统计信息熵（信源所有单一不确定性事件发生的数学期望）作为信源的不确定性的度量并界定信息熵为信息量，开启了用熵作为工具分析研究各类信息属性的一条新路径。

本章首先根据信源发出的消息的类型，介绍信源的类型划分与准则；再以离散信源为主要基础，给出自信息量、互信息量、平均互信息量及熵等进行信息不确定性分析的具体基本度量；然后分别给出信息处理系统中离散信源与连续信源的各种熵及其性质；最后介绍信息论中的几个重要的不等式及其应用。

2.1　信源与信息度量的基本概念

信源是信息的产生源。信息是抽象的，但它可以通过消息来进行表达和传递。按照信源发出的消息在时间和幅度上的分布情况分类，可将信源分成离散信源、连续信源和半离散半连续信源。离散信源是指发出时间和幅度都是离散分布的离散消息的信源，如发出文字、数字等离散消息的信源。连续信源是指发出在时间和幅度上都是连续分布的连续消息（模拟消息）的信源，如发出语音、图像等连续消息的信源，连续信源也称为波形信源。半离散半连续信源是指发出的消息在时间和幅度上可以一个是离散的、另一个是连续的信源。例如，模拟信号在时间上抽样以后得到的信号在时间上是离散的，在幅度取值上是连续的。为了叙述方便，后续讨论中如果没有特殊说明，则信源均为时间离散信源。

离散信源可以进一步进行如下分类。

- 离散信源
  - 离散无记忆信源
    - 发出单个符号的无记忆信源
    - 发出符号序列的无记忆信源
  - 离散有记忆信源
    - 发出符号序列的有记忆信源
    - 发出符号序列的马尔可夫信源

下面分别对这4种离散信源进行介绍。

（1）离散无记忆信源。它发出的各符号是相互独立的，也就是信源发出的符号序列中的各符号之间没有统计关联性，各符号的出现概率是它自身的先验概率。发出单个符号的无记忆信源是指每次只发出一个符号代表一个消息的离散无记忆信源。发出符号序列的无记忆信源是指每次发出一组含两个以上符号的符号序列代表一个消息的离散无记忆信源。

（2）离散有记忆信源。它发出的各个符号的概率是有关联的。这种概率关联性可用两种方式表示：第一种方式是用信源发出的一个符号序列的整体概率（联合概率）反映有记忆信源的特征，即发出符号序列的有记忆信源；第二种方式是用信源发出的符号序列内各符号之间的条件概率来反映记忆特征，即发出符号序列的马尔可夫信源。

信息的度量方法有多种，最常用的度量方法源于香农信息论，该理论采用概率和随机过程等数学工具来描述和分析信息的不确定性。另外，还采用模糊数学描述和分析不确定性的模糊度量等。香农信息论中用随机变量或随机向量来描述信源输出的消息，也就是用概率空间来描述信源。下面以离散信源为例给出信息度量的各种概念与定义，包括自信息量与熵、互信息量与平均互信息量。

2.2 信息量与熵

一般信源可以用一个随机变量 X 和它的概率分布 $P(X)$ 来描述，而信源的不确定程度可以用这个概率分布的状态及其概率来描述。

设信源的数学模型为

$$\begin{pmatrix} X \\ P(X) \end{pmatrix} = \begin{pmatrix} x_1 & x_2 & \cdots & x_N \\ p(x_1) & p(x_2) & \cdots & p(x_N) \end{pmatrix}$$

其中，X 取值于集合 $\{x_1, x_2, \cdots, x_N\}$； $p(x_i) = P(X = x_i)$ 表示随机变量 X 发生某一结果 x_i 的概率，且 $\sum_{i=1}^{N} p(x_i) = 1$，而各状态是相互独立的。

信息论所关心的是这种随机变量的不确定性，正是这种不确定性，才驱使我们对随机变量进行观察和测量，并从中获取信息。

2.2.1 信息量

信息量定义为

$$I(\text{信息量})=\text{不确定程度的减少量}$$

也就是说，收信者收到一个消息后，所获得的信息量等于收到消息前后不确定程度的减少量。

1. 自信息量

定义 2.1 任意随机事件的自信息量定义为该事件发生概率的对数的负值。

设事件 x_i 的概率为 $p(x_i)$，则其自信息量定义为

$$I(x_i) \triangleq -\log p(x_i) \tag{2-2-1}$$

因为自信息量是取其概率的对数的负值，所以 $I(x_i)$ 是非负的。自信息量的单位与所用对数的底有关。通常取对数的底为 2，信息量的单位为比特。若取对数底为 e，则信息量的单位为奈特。当概率事件的概率很小时，特别是当 $p(x_i) = 10^{-b}$，b 是一个相当大的正整数时，为了运算方便，可以取 10 为对数底，信息量的单位是哈特莱，以纪念科学家哈特莱首次提出用对数值来度量信息。这三个信息量的单位之间的转换关系如下。

$$1\ \text{奈特} \approx 1.443\ \text{比特}$$

$$1\ \text{哈特莱} \approx 3.322\ \text{比特}$$

本书中，若不加说明，则一律取 2 为对数底，即 $\log_2$ 简记为 $\log$，信息量的单位为比特。

随机事件的不确定性在数量上等于其自信息量。因此，小概率事件所包含的不确定性高，其自信息量大；反之，大概率事件所包含的不确定性低，其自信息量小。

例 2.1 具有 4 个取值符号的随机变量 X，取值于集合 $\{x_1, x_2, x_3, x_4\}$，若各符号的概率相等，均为 1/4，按式（2-2-1）求得各符号的自信息量相等，为

$$I(x_1) = I(x_2) = I(x_3) = I(x_4) = -\log\frac{1}{4} = 2\ \text{（比特）}$$

再看单位，比特的含义是二进制数字，二进制数字只有两个，即 0 和 1。自信息量为 2 比特，意味着其不确定性可用 2 位二进制数字来度量。这与我们的常识是相符合的，因为要区分 4 个等概率出现的符号，可用二进制数字 0 和 1 来给它们编号，每个符号恰好需要 2 位二进制数字，即 00、01、10、11。如果计算自信息量时取 4 为对数底，则

$$I(x_1)=I(x_2)=I(x_3)=I(x_4)=-\log_4\frac{1}{4}=1$$

这意味着其不确定性只需 1 位四进制数字来度量。四进制数字有 4 个：0、1、2 和 3，给 4 个等概率出现的符号编号，每个符号恰好需要 1 位四进制数字即可。

2．联合自信息量

联合自信息量是自信息量的自然推广。如果我们考虑的随机变量 Z 是两个随机变量 X 和 Y 的联合，即 $Z=XY$，则其概率分布为

$$\{XY,P(XY)\}=\left\{(x_iy_j),p(x_iy_j)\mid i=1,2,\cdots,N;\ j=1,2,\cdots,M\right\} \tag{2-2-2}$$

且联合概率是完备的，即

$$\sum_{i=1}^{N}\sum_{j=1}^{M}p(x_iy_j)=1 \tag{2-2-3}$$

二维联合符号 (x_iy_j) 的自信息量称为联合自信息量，依照式（2-2-1），联合自信息量定义为

$$I(x_iy_j)=-\log p(x_iy_j) \tag{2-2-4}$$

它代表联合符号 (x_iy_j) 的先验不确定性。联合自信息量的单位与自信息量的单位一样，仍然与公式中对数的底有关。多维联合符号的自信息量定义公式可依照式（2-2-4）类推，如三维联合符号 $(x_iy_jz_k)$ 的自信息量为

$$I(x_iy_jz_k)=-\log p(x_iy_jz_k) \tag{2-2-5}$$

3．条件自信息量

对于联合随机变量 $XY=\left\{(x_iy_j)\mid i=1,2,\cdots,N;\ j=1,2,\cdots,M\right\}$，存在两种条件概率 $p(x_i\mid y_j)$ 和 $p(y_j\mid x_i)$，定义 x_i 在条件 y_j 下的条件自信息量为

$$I(x_i\mid y_j)=-\log p(x_i\mid y_j) \tag{2-2-6}$$

y_j 在条件 x_i 下的条件自信息量 $I(y_j\mid x_i)$ 可采用类似的定义。

条件自信息量的物理意义要根据具体情况来做出相应的解释。如果 X 是观察输入，Y 是观察输出，那么 $p(x_i\mid y_j)$ 就是后验概率，$I(x_i\mid y_j)$ 表示在观察到符号 y_j 的条件下 x_i 还剩下的不确定性。$p(y_j\mid x_i)$ 是转移概率，表示随机干扰的影响，因此，$I(y_j\mid x_i)$ 表示输入 x_i 且观察到 y_j 时干扰引入的不确定性。

例 2.2　甲在一个 8 行×8 列的方格棋盘上随意放入一枚棋子，在乙看来棋子落入的位置是不确定的。试问：

（1）在乙看来，棋子落入某方格的不确定性为多少？

（2）若甲告知乙棋子落入方格的行号，这时，在乙看来棋子落入某方格的不确定性为多少？

解：将棋盘的方格从第一行开始按顺序编号，得到一个序号集合$\{z_l \mid l=1,2,\cdots,64\}$，棋子落入的方格位置可以用取值于序号集合的随机变量Z来描述，即

$$Z=\{z_l \mid l=1,2,\cdots,64\}$$

（1）由于棋子落入任一方格都是等可能的，则

$$p(z_l)=\frac{1}{64}, \quad l=1,2,\cdots,64$$

棋子落入某方格的不确定性就是自信息量$I(z_l)$。

$$I(z_l)=-\log p(z_l)=-\log\frac{1}{64}=6 \text{（比特）}$$

（2）棋盘方格分为8行×8列，已知行号x_i（$i=1,2,\cdots,8$）后，棋子落入某方格的不确定性就是条件自信息量$I(z_l \mid x_i)$，它与条件概率$p(z_l \mid x_i)$有关，由于

$$p(z_l \mid x_i)=\frac{1}{8}, \quad l=1,2,\cdots,64, \quad i=1,2,\cdots,8$$

故

$$I(z_l \mid x_i)=-\log p(z_l \mid x_i)=-\log\frac{1}{8}=3 \text{（比特）}$$

由此可以看出，已知行号后，棋子位置的不确定性降低了一半，这与我们的常识是相符的。

例 2.3 某离散无记忆信源的概率分布为

$$\begin{pmatrix} X \\ P(X) \end{pmatrix}=\begin{pmatrix} x_1=0 & x_2=1 & x_3=2 & x_4=3 \\ 3/8 & 1/4 & 1/4 & 1/8 \end{pmatrix}$$

信源发出消息 202 120 130 213 001 203 210 110 321 010 021 032 011 223 210。求该消息的自信息量，以及消息中平均每个符号的自信息量。

解：先求信源符号的自信息量：

$$I(x_1)=\log\frac{1}{3/8}\approx 1.415 \text{（比特）}$$

$$I(x_2)=I(x_3)=\log\frac{1}{1/4}=2 \text{（比特）}$$

$$I(x_4)=\log\frac{1}{1/8}=3 \text{（比特）}$$

因为信源无记忆，即信源发出的符号串中各符号统计独立。因此，由自信息量的可加性可知，符号串的自信息量等于各符号的自信息量之和。数一下消息中各符号的个数，“0”有14个，“1”有13个，“2”有12个，“3”有6个，因此，整个消息的自信息量为

$$\begin{aligned} I &= 14I(x_1)+13I(x_2)+12I(x_3)+6I(x_4) \\ &= 14\times 1.415+13\times 2+12\times 2+6\times 3 \\ &= 87.81 \text{（比特）} \end{aligned}$$

还可计算出消息中平均每个符号的自信息量为

$$I/45=87.81\div 45\approx 1.95 \text{（比特）}$$

2.2.2 熵

自信息量$I(x_i)$（$i=1,2,\cdots$）是指某一信源X发出的某一消息符号x_i所含有的信息量。发

出的消息不同，它们所含有的信息量也就不同。因此，自信息量是一个随机变量，不能作为整个信源的信息测度。因此，我们引入了平均自信息量，即信息熵。

1．信息熵

定义 2.2　在集合 X 上，随机变量 $I(x_i)$ 的数学期望定义为平均自信息量，即

$$H(X) \triangleq E[I(x_i)] = E[-\log_r p(x_i)] = -\sum_{i=1}^{N} p(x_i)\log_r p(x_i) \tag{2-2-7}$$

称其为集合 X 的信息熵，简称为熵。

集合 X 的平均自信息量表示集合 X 中事件出现的平均不确定性，即在观测之前，集合 X 中每出现一个事件平均所需的信息量；或者说，在观测之后，集合 X 中每出现一个事件平均给出的信息量。也就是说，可通过随机试验获取信息，且该信息的数量恰好等于随机变量的熵。在这个意义上，可以把熵作为信息的量度。

熵的单位由自信息量的单位决定，若对数底分别选 $r = 2, \mathrm{e}, 10$，则熵的单位分别为比特/符号、奈特/符号和哈特莱/符号。

例 2.4　计算只能输出“1”和“0”两个消息（状态）的简单二元信源的熵。

解：（1）当“1”和“0”出现的概率相等，均为 1/2 时，即 $p(1) = p(0) = 1/2$ 时，信源的熵为

$$H(X) = \sum_{i=0}^{1} p(x_i)\log\left(\frac{1}{p(x_i)}\right) = \log\frac{1}{p} = \log 2 = 1 \text{（比特/符号）}$$

（2）当 $p(1) = 0$ 或 $p(0) = 1$ 时，信源的熵为

$$H(X) = -p(1)\log p(1) - p(0)\log p(0) = 0 \text{（比特/符号）}$$

（3）当 $p(0) = 0$ 或 $p(1) = 1$ 时，信源的熵为

$$H(X) = 0 \text{（比特/符号）}$$

二元信源的熵 $H(X)$ 与 $p(x_i)$ 的关系如图 2.1 所示。

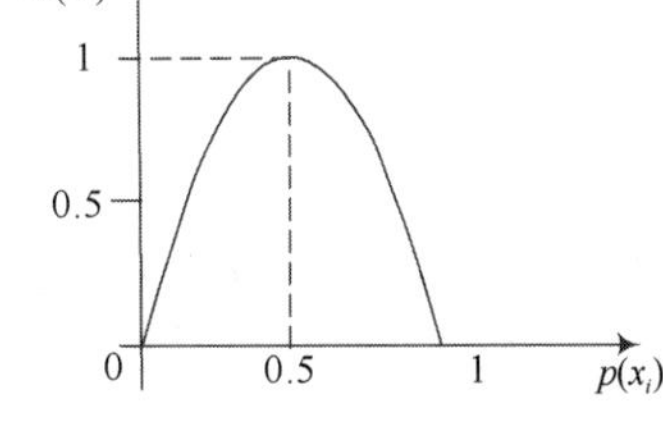

图 2.1　二元信源的熵 $H(X)$ 与 $p(x_i)$ 的关系

从图 2.1 中可知，当 $p(0) = 0$（或 $p(1) = 1$）和 $p(0) = 1$（或 $p(1) = 0$）时，$H(X) = 0$；当 $p(0) = p(1) = 1/2$ 时，$H(X)$ 出现最大值。

例 2.5　计算能输出 26 个英文字母的英文信源的熵。假定各字母等概率且相互独立。

解：利用式（2-2-7）得

$$H(X) = -\sum_{i=1}^{26}\frac{1}{26}\log\frac{1}{26}$$

$$= -\log\frac{1}{26} \approx 4.7 \text{（比特 / 符号）}$$

例 2.6　甲乙两地的天气预报情况如下：

（1）甲地天气为晴（占 4/8）、阴（占 2/8）、大雨（占 1/8）、小雨（占 1/8）；

（2）乙地天气为晴（占 7/8）、小雨（占 1/8）。

试比较两地天气的平均不确定性。

解：甲地天气的先验概率分布为

$$\begin{pmatrix} X \\ P(X) \end{pmatrix} = \begin{pmatrix} x_1 & x_2 & x_3 & x_4 \\ 4/8 & 2/8 & 1/8 & 1/8 \end{pmatrix}$$

其熵为

$$\begin{aligned} H(X) &= -\sum_{k=1}^{4} p(x_k)\log p(x_k) \\ &= -\frac{4}{8}\times\log\frac{4}{8} - \frac{2}{8}\times\log\frac{2}{8} - \frac{1}{8}\times\log\frac{1}{8} - \frac{1}{8}\times\log\frac{1}{8} \\ &= 1.75 \text{（比特/符号）} \end{aligned}$$

即甲地天气的平均不确定性为 1.75 比特/符号。

乙地天气的先验概率分布为

$$\begin{pmatrix} Y \\ P(Y) \end{pmatrix} = \begin{pmatrix} y_1 & y_2 \\ 7/8 & 1/8 \end{pmatrix}$$

其熵为

$$H(Y) = -\sum_{j=1}^{2} p(y_j)\log p(y_j) = -\frac{7}{8}\times\log\frac{7}{8} - \frac{1}{8}\times\log\frac{1}{8} \approx 0.544 \text{（比特/符号）}$$

即乙地天气的平均不确定性为 0.544 比特/符号。

比较两地天气的平均不确定性，因为 $H(X) > H(Y)$，所以甲地天气比乙地天气的不确定性要高。

2．条件熵

条件熵是在联合符号集合 XY 上的条件自信息量的联合概率加权统计平均值。在给定 y 条件下，x 的条件自信息量为 $I(x|y)$，进一步在给定 Y（各个 y）条件下，X 集合的条件熵 $H(X|Y)$ 定义为

$$\begin{aligned} H(X|Y) &\triangleq \sum_{XY} p(xy) I(x|y) \\ &= -\sum_{XY} p(xy)\log p(x|y) \end{aligned} \tag{2-2-8}$$

相应地，在给定 X（各个 x）条件下，Y 集合的条件熵 $H(Y|X)$ 为

$$\begin{aligned} H(Y|X) &\triangleq \sum_{XY} p(xy) I(y|x) \\ &= -\sum_{XY} p(xy)\log p(y|x) \end{aligned} \tag{2-2-9}$$

下面的推导可以说明求条件熵时，要用联合概率加权的理由。

取在一个 y 条件下，X 集合的条件熵 $H(X|y)$ 在 Y 集合上取数学期望，就得到条件熵 $H(X|Y)$，即

$$\begin{aligned} H(X|Y) &= \sum_{Y} p(y) H(X|y) \\ &= -\sum_{XY} p(y)p(x|y)\log p(x|y) \\ &= -\sum_{XY} p(xy)\log p(x|y) \end{aligned}$$

3．联合熵（共熵）

联合熵也称为共熵，是联合符号集合 XY 上的每个元素对 xy 的自信息量的概率加权统计平均值，即联合熵 $H(XY)$ 定义为

$$H(XY) \triangleq \sum_{XY} p(xy)I(xy) = -\sum_{XY} p(xy)\log p(xy) \tag{2-2-10}$$

联合熵 $H(XY)$ 与熵 $H(X)$ 及条件熵 $H(Y|X)$ 之间存在下列关系：

$$H(XY) = H(X) + H(Y|X) \tag{2-2-11}$$

式（2-2-11）可根据 $I(xy) = I(x) + I(y|x)$ 在联合符号集合 XY 上取统计平均值得出。相应地，联合熵、熵、条件熵还有下列关系：

$$H(XY) = H(Y) + H(X|Y) \tag{2-2-12}$$

$$H(XY) \leqslant H(X) + H(Y) \tag{2-2-13}$$

当且仅当 X 、Y 两个集合相互独立时，式（2-2-13）取等号，此时可得联合熵的最大值，即

$$H(XY)_{\max} = H(X) + H(Y) \tag{2-2-14}$$

$$H(X|Y) \leqslant H(X) \tag{2-2-15}$$

$$H(Y|X) \leqslant H(Y) \tag{2-2-16}$$

式（2-2-15）和式（2-2-16）的推导如下：

按熵的定义

$$\begin{aligned} H(XY) - H(X) - H(Y) &= -\sum_{i=1}^{N}\sum_{j=1}^{M} p(x_i y_j)\log p(x_i y_j) - \\ &\quad \left[-\sum_{i=1}^{N} p(x_i)\log p(x_i)\right] - \left[-\sum_{j=1}^{M} p(y_j)\log p(y_j)\right] \\ &= \sum_{i=1}^{N}\sum_{j=1}^{M} p(x_i y_j)\log\frac{p(x_i)p(y_j)}{p(x_i y_j)} \\ &\leqslant \sum_{i=1}^{N}\sum_{j=1}^{M} p(x_i y_j)\left[\frac{p(x_i)p(y_j)}{p(x_i y_j)} - 1\right] = 0 \end{aligned}$$

于是，得

$$H(XY) \leqslant H(X) + H(Y)$$

又考虑到

$$H(XY) = H(X) + H(Y|X) = H(Y) + H(X|Y)$$

所以

$$H(X|Y) \leqslant H(X)$$

$$H(Y|X) \leqslant H(Y)$$

这表明从平均意义上讲，条件熵在一般情形下总是小于无条件熵。从直观上说，由于事物之间总是有联系的，因此对 X 的了解总能降低 Y 的不确定性，同样，对 Y 的了解也会降低 X 的不确定性。

三维联合符号集合 XYZ 上的联合熵 $H(XYZ)$ 定义为

$$H(XYZ) \triangleq -\sum_{XYZ} p(xyz)\log p(xyz) \tag{2-2-17}$$

同样可以推导出熵的可加性公式

$$H(XYZ)=H(XY)+H(Z\mid XY)=H(X)+H(Y\mid X)+H(Z\mid XY) \tag{2-2-18}$$

根据熵与条件熵的关系，可得联合熵的性质为

$$H(XYZ)\leqslant H(X)+H(Y)+H(Z) \tag{2-2-19}$$

式（2-2-19）当且仅当X、Y、Z相互独立时，得联合熵最大值为

$$H(XYZ)_{\max}=H(X)+H(Y)+H(Z) \tag{2-2-20}$$

对于三维以上的联合符号集合，也可以采用类似的方式。还需指出，条件熵的条件越多，条件熵越小。例如，

$$H(Z\mid XY)\leqslant H(Z\mid Y)\leqslant H(Z) \tag{2-2-21}$$

4．相对熵

相对熵，也称为KL散度、KL距离。在信息系统中称为相对熵，在连续时间序列中称为随机性，在统计模型推断中称为信息增益，也称为信息散度。相对熵是两个概率分布P和Q差别的非对称性的度量。

相对熵是用来度量使用基于Q的分布来编码服从P的分布的样本所需的额外的平均比特数；相对熵是两个随机分布之间距离的度量；在统计学中，相对熵对应的是似然比的对数期望。

定义 2.3 两个概率密度函数$p(x)$和$q(x)$之间的相对熵或KL距离定义为

$$\begin{aligned}D(p\parallel q)&=\sum_{x\in X}p(x)\log\frac{p(x)}{q(x)}\\&=E_p\log\frac{p(X)}{q(X)}\end{aligned} \tag{2-2-22}$$

在上述定义中，我们约定$0\log\frac{0}{0}=0$，约定$0\log\frac{0}{q}=0$，$p\log\frac{p}{0}=\infty$（基于连续性）。因此，若存在字符$x\in X$使得$p(x)>0$，$q(x)=0$，则有$D(p\parallel q)=\infty$。

相对熵$D(p\parallel q)$度量当真实分布为P而假定分布为Q时的无效性。例如，已知随机变量的真实分布为P，可以构造平均描述长度为$-\sum_i p(x_i)\log p(x_i)$比特的码。但是，如果使用针对分布$Q$的编码，那么在平均意义上就需要$-\sum_i p(x_i)\log q(x_i)$比特来描述这个随机变量。在典型情况下，$P$表示数据的真实分布，$Q$表示数据的理论分布、估计的模型分布或$P$的近似分布。

下面证明相对熵总是非负的，而且，当且仅当$p=q$时为零。由于相对熵并不对称，也不满足三角不等式，因此它实际上并非两个分布之间的真实距离。但将相对熵视作分布之间的“距离”往往会很有用。

例 2.7 求证相对熵总是非负的。

证明：设$A=\{x:p(x)>0\}$为$p(x)$的支撑集，则

$$\begin{aligned}-D(p\parallel q)&=-\sum_{x\in A}p(x)\log\frac{p(x)}{q(x)}\\&=\sum_{x\in A}p(x)\log\frac{q(x)}{p(x)}\\&\leqslant\log\sum_{x\in A}p(x)\frac{q(x)}{p(x)}\end{aligned}$$

$$
\begin{aligned}
&= \log \sum_{x \in A} q(x) \\
&\leqslant \log \sum_{x \in X} q(x) \\
&= \log 1 \\
&= 0
\end{aligned} \tag{2-2-23}
$$

证明中的第一个不等式由 Jensen 不等式（在后续章节介绍）得到。由于 $\log t$ 是关于 t 的严格凸函数，当且仅当 $q(x)/p(x)$ 恒为常量（对于任意的 x，有 $p(x)=cq(x)$）时，式（2-2-23）中第一个不等式的等号成立。于是，$\sum_{x \in A} q(x) = c\sum_{x \in A} p(x) = c$。另外，只有当 $\sum_{x \in A} q(x) = \sum_{x \in X} q(x) = 1$ 时，式（2-2-23）中第二个不等式的等号才成立，这表明 $c=1$。因此，当且仅当 $p(x)=q(x)$ 时，对于任意的 x，有 $D(p\|q)=0$。

表达式 $D(p\|q)$ 要传递的信息所属的分布在前。相对熵一共涉及了两个分布：要传递的信息来自分布 P，信息传递的方式由分布 Q 决定。由相对熵的公式可知，分布 P 中可能性越大的事件，对 $D(p\|q)$ 影响力越大。如果想让 $D(p\|q)$ 尽量小，就要优先关注分布 P 中的常见事件（假设为 x），确保其在分布 Q 中不是特别罕见的。因为一旦事件 x 在分布 Q 中罕见，意味着在设计分布 Q 的信息传递方式时，没有着重优化传递事件 x 的成本，传递事件 x 所需的成本 $\log(1/Q(x))$ 会特别大。所以，当这一套传递方式被用于传递分布 P 时，我们会发现，传递常见事件需要的成本特别大，整体成本也就特别大。类似地，想让 $D(p\|q)$ 特别小，就要优先考虑分布 P 中的常见事件。这时分布 Q 中的常见事件就不再是我们的关注重点。

例 2.8　证明相对熵的链式法则

$$
D(p(xy)\|q(xy)) = D(p(x)\|q(x)) + D(p(y|x)\|q(y|x)) \tag{2-2-24}
$$

证明：

$$
\begin{aligned}
& D(p(xy)\|q(xy)) \\
&= \sum_x \sum_y p(xy) \log \frac{p(xy)}{q(xy)} \\
&= \sum_x \sum_y p(xy) \log \frac{p(x)p(y|x)}{q(x)q(y|x)} \\
&= \sum_x \sum_y p(xy) \log \frac{p(x)}{q(x)} + \sum_x \sum_y p(xy) \log \frac{p(y|x)}{q(y|x)} \\
&= D(p(x)\|q(x)) + D(p(y|x)\|q(y|x))
\end{aligned} \tag{2-2-25}
$$

下面定义相对熵的条件形式。

定义 2.4　对于联合概率密度函数 $p(xy)$ 和 $q(xy)$，条件相对熵定义如下。

$$
\begin{aligned}
D\big(p(y|x)\|q(y|x)\big) &= \sum_x p(x) \sum_y p(y|x) \log \frac{p(y|x)}{q(y|x)} \\
&= E_{p(xy)} \log \frac{p(y|x)}{q(y|x)}
\end{aligned} \tag{2-2-26}
$$

条件相对熵 $D\big(p(y|x)\|q(y|x)\big)$ 表示在已知随机变量 X 的值的情况下，随机变量 Y 的概率分布 $p(y|x)$ 相对于条件概率分布 $q(y|x)$ 的差异。这里，记号 $D\big(p(y|x)\|q(y|x)\big)$ 需要明确表示是对 y 给定 x 的条件下的相对熵，以区分边缘分布 $p(x)$ 和 $p(y)$ 无条件的相对熵 $D(p(x)\|q(x))$ 和 $D(p(y)\|q(y))$。

例 2.9 设 $\chi=\{0,1\}$，考虑 χ 上的两个分布 P 和 Q，计算相对熵。

解：设 $p(0)=1-r$， $p(1)=r$ 及 $q(0)=1-s$， $q(1)=s$，则

$$D(p\|q)=(1-r)\log\frac{1-r}{1-s}+r\log\frac{r}{s}$$

及

$$D(q\|p)=(1-s)\log\frac{1-s}{1-r}+s\log\frac{s}{r}$$

如果 $r=s$，那么 $D(p\|q)=D(q\|p)=0$。若 $r=1/3$， $s=1/4$，则可以计算得到

$$D(p\|q)=\frac{2}{3}\log\frac{2/3}{3/4}+\frac{1}{3}\log\frac{1/3}{1/4}=\frac{8}{3}-\frac{5}{3}\log 3\approx 0.0251 \text{（比特）}$$

$$D(q\|p)=\frac{3}{4}\log\frac{3/4}{2/3}+\frac{1}{4}\log\frac{1/4}{1/3}=\frac{7}{4}\log 3-\frac{11}{4}\approx 0.0237 \text{（比特）}$$

注意，一般 $D(p\|q)\neq D(q\|p)$。

5．交叉熵

在信息论中，基于相同事件测度的两个概率分布 P 和 Q 的交叉熵是指，当基于一个“非自然”(相对于“真实”分布而言）的概率分布进行编码时，在事件集合中唯一标识事件所需要的平均比特数。

符合分布 P 的某一事件 x 出现，传递这个信息所需的最小信息长度为自信息量，表达式为

$$I(x)=\log\frac{1}{p(x)} \tag{2-2-27}$$

从分布 P 中随机抽选一个事件，传递这个信息所需的最优平均信息长度为香农熵，表达式为

$$H(P)=\sum_{i=1}^{n}p(x_i)\log\frac{1}{p(x_i)} \tag{2-2-28}$$

用分布 Q 的最佳信息传递方式来传递分布 P 中随机抽选的一个事件，所需的平均信息长度为交叉熵，表达式为

$$H_Q(P)=\sum_{i=1}^{n}p(x_i)\log\frac{1}{q(x_i)} \tag{2-2-29}$$

在信息论中，以直接可解编码模式通过值 x_i 编码一个信息片段，使其能在所有可能的 X 集合中唯一标识该信息片段，这一过程可以被看作一种 X 上的隐式概率分布 $q(x_i)=2^{-l_i}$，从而使得 l_i 是 x_i 的编码位长度。因此，交叉熵可以看作每个信息片段在错误分布 Q 下的期望编码位长度，而信息实际分布为 P。这就是期望 E_p 基于 P 而不是基于 Q 的原因。

定义 2.5 两个概率密度函数 $p(x)$ 和 $q(x)$ 之间的交叉熵定义为

$$H(p,q)=\sum_{i=1}^{n}p(x_i)\log\frac{1}{q(x_i)} \tag{2-2-30}$$

交叉熵性质：可以理解为相对熵=交叉熵-熵。其中，相对熵表示使用基于 Q 的分布来编码服从 P 的分布的样本所需的额外的平均比特数；交叉熵表示使用基于 Q 的分布来编码服从 P 的分布的样本所需的平均比特数；熵表示使用基于 P 的分布来编码服从 P 的分布的样本所需的平均比特数。

$$
\begin{aligned}
D(p\|q) &= \sum_{i=1}^{n} p(x_i)\log\frac{p(x_i)}{q(x_i)} \\
&= \sum_{i=1}^{n} p(x_i)\log p(x_i) - \sum_{i=1}^{n} p(x_i)\log q(x_i) \\
&= \sum_{i=1}^{n} p(x_i)\log\frac{1}{q(x_i)} - H(X) \\
&= H(p,q) - H(X)
\end{aligned} \tag{2-2-31}
$$

2.2.3　熵的基本性质

下面给出熵的基本性质。

性质 1　熵函数具有非负性，即 $H(X)\geqslant 0$。

证明：因为随机变量 X 的熵 $H(X)$ 只是其概率分布 $p_1,p_2,\cdots,p_N$ 的函数，所以熵函数 $H(X)$ 又可记为

$$
\begin{aligned}
H(X) &= H(p_1,p_2,\cdots,p_N) \\
&\triangleq -\sum_{i=1}^{N} p_i \log p_i
\end{aligned} \tag{2-2-32}
$$

而 $0\leqslant p_i\leqslant 1$，故 $\log p_i\leqslant 0$，$H(X)\geqslant 0$，即证。

这表明确定性事件的熵最小。

另外，由于概率的完备性，$\sum\limits_{i=1}^{N} p_i = 1$，所以 $H(X)$ 实际上是 $N-1$ 元函数。

性质 2　若熵函数 $H(X)$ 是 $P(X)$ 的连续函数，则当各 $p(x_i)$ 相等时，它具有极值性，即

$$
H(p_1,p_2,\cdots,p_N)\leqslant H\left(\frac{1}{M},\frac{1}{M},\cdots,\frac{1}{M}\right) = \log M \tag{2-2-33}
$$

式中，M 是集合 X 的元素数目，这一结论称为最大离散熵定理。

证明：自然对数具有性质 $\ln\omega\leqslant\omega-1$，$\omega>0$，当且仅当 $\omega=1$ 时，该式取等号。

$$
\begin{aligned}
H(X)-\log M &= \sum_{X} p(x)\log\frac{1}{p(x)} - \sum_{X} p(x)\log M \\
&= \sum_{X} p(x)\log\frac{1}{Mp(x)}
\end{aligned}
$$

令 $\omega=\dfrac{1}{Mp(x)}$，引用 $\ln\omega\leqslant\omega-1$ 的关系，得

$$
\begin{aligned}
H(X)-\log M &\leqslant \sum_{X}\left[\frac{1}{M}-p(x)\right]\log \mathrm{e} \\
&= \left[\sum_{M}\frac{1}{M}-\sum_{X}p(x)\right]\log \mathrm{e}
\end{aligned}
$$

式中，方括号内的第一项和第二项均为 1，故得 $H(X)-\log M\leqslant 0$，移项后就得式（2-2-33）的结果。当且仅当 $\omega=\dfrac{1}{Mp(x)}=1$，即 $p(x)=\dfrac{1}{M}$ 时，式（2-2-33）等号成立。该式表明，在离散情况下，集合 X 中的各事件以等概率发生时，熵达到极大值，即 $\max\limits_{P(X)} H(X)=\log M$。

例 2.10 设二元信源和三元信源的概率分布分别为

$$\begin{pmatrix} X \\ P(X) \end{pmatrix} = \begin{pmatrix} x_1 & x_2 \\ p & 1-p \end{pmatrix}$$

$$\begin{pmatrix} X \\ P(X) \end{pmatrix} = \begin{pmatrix} x_1 & x_2 & x_3 \\ p_1 & p_2 & 1-p_1-p_2 \end{pmatrix}$$

试绘出二元信源和三元信源的熵函数图形。

解：二元信源的熵为

$$H(p,1-p) = -p\log p-(1-p)\log(1-p)$$

是关于 p 的一元函数，有时也记为 $h_2(p)$，如图 2.2（a）所示。

三元信源的熵为

$$H(p_1,p_2,1-p_1-p_2) = -p_1\log p_1 - p_2\log p_2 -(1-p_1-p_2)\log(1-p_1-p_2)$$

是关于 p_1 和 p_2 的二元函数，如图 2.2（b）所示。

从图 2.2（a）和图 2.2（b）可直观看出，熵函数是非负函数、上凸函数，并且在等概率时达到最大值。

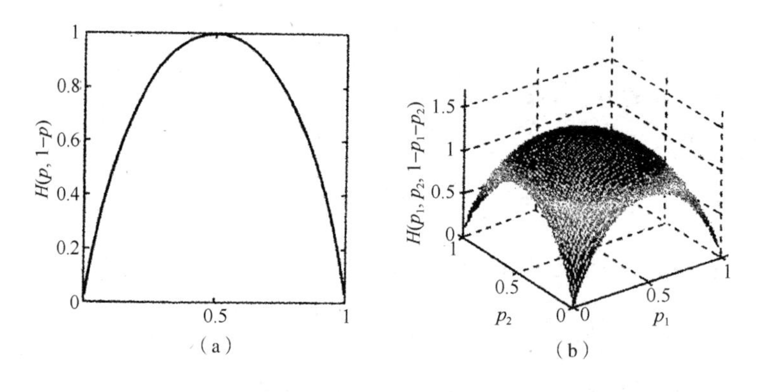

图 2.2 二元信源和三元信源的熵

性质 3 熵函数具有对称性，当概率向量 $\boldsymbol{P}=(p_1,p_2,\cdots,p_N)$ 中的各分量的次序任意变更时，熵值不变，即 $H_N(\boldsymbol{P})$ 关于概率向量 $\boldsymbol{P}$ 的分量对称。

熵函数的对称性说明熵仅与随机变量的总体结构有关，或者说信源的熵仅与信源总体的统计特性有关。如果某些信源总体的统计特性相同，不管其内部结构如何，这些信源的熵值都相同。

性质 4 熵函数具有扩展性，即

$$\lim_{\varepsilon\to 0} H_{N+1}(p_1,p_2,\cdots,p_N-\varepsilon,\varepsilon) = H_N(p_1,p_2,\cdots,p_N) \tag{2-2-34}$$

证明：因为

$$\lim_{\varepsilon\to 0}\varepsilon\log\varepsilon = 0$$

所以式（2-2-34）成立。

这一性质的含义是，若集合 X 有 N 个事件，另一集合 X' 有 $N+1$ 个事件，但集合 X' 和集合 X 相比，只是多了一个概率接近于零的事件，则这两个集合的熵值一样。换言之，一个事件的概率和其他事件相比很小时，它对于集合的熵值的贡献可以忽略不计。

性质 5 熵函数具有可加性，即可取值集合 X 被划分成 N 个子集，每个子集出现概率为

p_i，$i=1,2,\cdots,N$，其熵为 $H_N(p_1,p_2,\cdots,p_N)$。对每个子集进一步划分，例如，将第 i 个子集划分成 m_i 个小单元，使其中每个小单元出现概率为 p_iq_{ji}，$j=1,2,\cdots,m_i$，且 $\sum_{j=1}^{m_i}q_{ji}=1$，$i=1,2,\cdots,N$。这样集合 X 被划分成 $M=\sum_{i=1}^{N}m_i$ 个小单元。这时具有如下等式：

$$H_M(p_1q_{11},p_1q_{21},\cdots,p_1q_{m_1 1};p_2q_{12},p_2q_{22},\cdots,p_2q_{m_2 2};p_Nq_{1N},p_Nq_{2N},\cdots,p_Nq_{m_N N}) \quad (2\text{-}2\text{-}35)$$

其中

$$\sum_{i=1}^{N}p_i=1 \text{（}p_i\geqslant 0,\ i=1,2,\cdots,N\text{）}$$

$$\sum_{j=1}^{m_i}q_{ji}=1 \text{（}q_{ji}\geqslant 0,\ j=1,2,\cdots,m_i,\ i=1,2,\cdots,N\text{）}$$

$$M=\sum_{i=1}^{N}m_i$$

证明：

$$\begin{aligned}H_M&=-\sum_{i=1}^{N}\sum_{j=1}^{m_i}p_iq_{ji}\log p_iq_{ji}\\&=-\sum_{i=1}^{N}\left(\sum_{j=1}^{m_i}q_{ji}\right)p_i\log q_i-\sum_{i=1}^{N}\sum_{j=1}^{m_i}p_iq_{ji}\log q_{ji}\\&=H_N(p_1,p_2,\cdots,p_N)+\sum_{i=1}^{N}p_iH_{m_i}(q_{1i},q_{2i},\cdots,q_{m_i i})\end{aligned}$$

式（2-2-35）的物理意义是，先知道 $X=x_i$（$i=1,2,\cdots,N$）获得的平均信息量 $H_N(X)$，在这个条件（$X=x_i$）下，再知道 $Y=y_j$ 所获得的平均信息量 $\sum_i p_iH_{m_i}$，两者相加应等于同时知道 X 和 Y 所获得的平均信息量 H_M。

性质 6　熵函数具有确定性，即

$$H(1,0)=H(1,0,0)=H(1,0,0,0)=\cdots=H(1,0,0,\cdots,0)=0 \quad (2\text{-}2\text{-}36)$$

证明：在概率向量 $\boldsymbol{P}=(p_1,p_2,\cdots,p_N)$ 中，当其中某一分量 $p_{i_0}=1$，$p_{i_0}\log p_{i_0}=0$ 时，其他分量 $p_i=0$（$i\neq i_0$），$\lim_{p_i\to 0}p_i\log p_i=0$，故式（2-2-36）成立。

集合 X 中只要有一个事件为必然事件，则其余事件均为不可能事件。此时，集合 X 中每个事件对熵的贡献都为零，因此熵必为零。

性质 7　熵函数具有凸性，即 $H(\boldsymbol{P})$ 是 $\boldsymbol{P}$ 的上凸函数。

$H_N=H(p_1,p_2,\cdots,p_N)$ 是概率分布 $(p_1,p_2,\cdots,p_N)$ 的严格上凸函数，即对任何 α（$0<\alpha<1$）和两个概率向量 $\boldsymbol{P}_1$、$\boldsymbol{P}_2$，有

$$H_N(\alpha\boldsymbol{P}_1+(1-\alpha)\boldsymbol{P}_2)>\alpha H_N(\boldsymbol{P}_1)+(1-\alpha)H_N(\boldsymbol{P}_2) \quad (2\text{-}2\text{-}37)$$

证明（略）。

这里主要给出上凸函数的定义和 Jensen 不等式等相关内容。

设 $f(\boldsymbol{X})=f(\boldsymbol{x}_1,\boldsymbol{x}_2,\cdots,\boldsymbol{x}_N)$ 为一个多元函数。若对于任意一个小于 1 的正数 α（$0<\alpha<1$）和函数 $f(\boldsymbol{X})$ 定义域内的任意两个向量 $\boldsymbol{x}_1$、$\boldsymbol{x}_2$，有

$$f[\alpha \boldsymbol{x}_1 + (1-\alpha)\boldsymbol{x}_2] \geqslant \alpha f(\boldsymbol{x}_1) + (1-\alpha) f(\boldsymbol{x}_2) \tag{2-2-38}$$

则称 $f(\boldsymbol{X})$ 为定义域上的上凸函数。若式（2-2-38）中的不等式是严格不等式，即

$$f[\alpha \boldsymbol{x}_1 + (1-\alpha)\boldsymbol{x}_2] > \alpha f(\boldsymbol{x}_1) + (1-\alpha) f(\boldsymbol{x}_2), \quad \boldsymbol{x}_1 \neq \boldsymbol{x}_2 \tag{2-2-39}$$

则称 $f(\boldsymbol{X})$ 为定义域上的严格上凸函数。反之，若

$$f[\alpha \boldsymbol{x}_1 + (1-\alpha)\boldsymbol{x}_2] \leqslant \alpha f(\boldsymbol{x}_1) + (1-\alpha) f(\boldsymbol{x}_2) \tag{2-2-40}$$

或

$$f[\alpha \boldsymbol{x}_1 + (1-\alpha)\boldsymbol{x}_2] < \alpha f(\boldsymbol{x}_1) + (1-\alpha) f(\boldsymbol{x}_2), \quad \boldsymbol{x}_1 \neq \boldsymbol{x}_2 \tag{2-2-41}$$

则称 $f(\boldsymbol{X})$ 分别为定义域上的下凸函数和严格下凸函数。一元下凸函数和上凸函数示意图如图 2.3 所示。

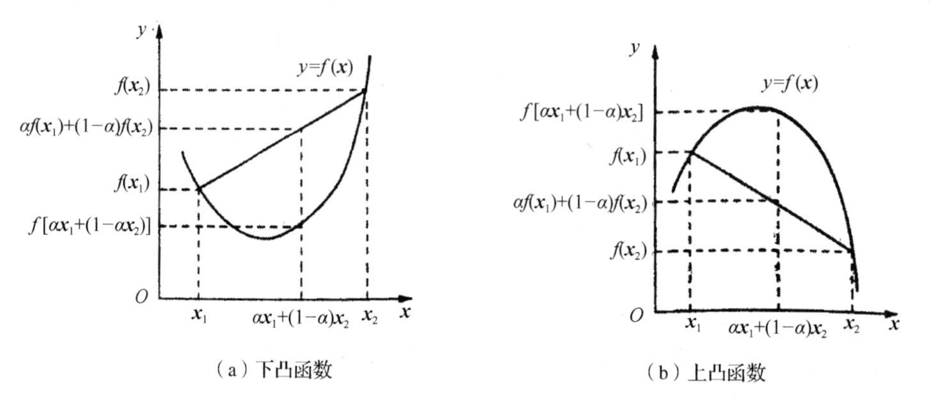

图 2.3 一元下凸函数和上凸函数示意图

由图 2.3（a）可知，由于 $0<\alpha<1$，设 $\boldsymbol{x}_1$ 和 $\boldsymbol{x}_2$ 为定义域中的任意两点。令

$$\boldsymbol{x} = \alpha \boldsymbol{x}_1 + (1-\alpha)\boldsymbol{x}_2$$

则必有 $\boldsymbol{x}_1 < \boldsymbol{x} < \boldsymbol{x}_2$。若

$$f[\alpha \boldsymbol{x}_1 + (1-\alpha)\boldsymbol{x}_2] \leqslant \alpha f(\boldsymbol{x}_1) + (1-\alpha) f(\boldsymbol{x}_2) \tag{2-2-42}$$

则意味着在区间 $(\boldsymbol{x}_1, \boldsymbol{x}_2)$ 内，函数曲线上任意一点处的函数值 $f(\boldsymbol{x}) = f[\alpha \boldsymbol{x}_1 + (1-\alpha)\boldsymbol{x}_2]$ 总是位于连接 $\boldsymbol{x}_1$ 和 $\boldsymbol{x}_2$ 两点函数值 $f(\boldsymbol{x}_1)$ 和 $f(\boldsymbol{x}_2)$ 的曲线的弦的下方。显然，由 $\boldsymbol{x}_1$ 和 $\boldsymbol{x}_2$ 的任意性可知，$f(\boldsymbol{x})$ 为定义域中的下凸函数。

若 $f(\boldsymbol{x})$ 为上凸函数，则 $-f(\boldsymbol{x})$ 便是下凸函数，反过来也成立。因此，我们通常只研究其中之一即可。

结论：若 $f(\boldsymbol{x})$ 是定义在区间 $[a,b]$ 上的实值上凸函数，则对于任意一组 $\boldsymbol{x}_1, \boldsymbol{x}_2, \cdots, \boldsymbol{x}_N \in [a,b]$，对 $\forall 0 \leqslant \lambda_k \leqslant 1$，$\sum_{k=1}^{N} \lambda_k = 1$，有

$$\sum_{k=1}^{N} \lambda_k f(\boldsymbol{x}_k) \leqslant f\left(\sum_{k=1}^{N} \lambda_k \boldsymbol{x}_k\right) \tag{2-2-43}$$

进一步地，若 $f(\boldsymbol{x})$ 是严格凸函数，则式（2-2-43）中的等式蕴含 $X = EX$ 的概率为 1（X 是常量）。这一结果被称为 Jensen 不等式，证明如下。

证明：对于两点分布，不等式变为

$$\lambda_1 f(\boldsymbol{x}_1) + \lambda_2 f(\boldsymbol{x}_2) \leqslant f(\lambda_1 \boldsymbol{x}_1 + \lambda_2 \boldsymbol{x}_2) \tag{2-2-44}$$

这由凸函数的定义可以直接得到。假定当分布点的个数为 $N-1$ 时，定义成立，此时记

$p'_k = p_k / (1-p_k)$， $k=1,2,\cdots,N-1$，则有

$$\begin{aligned}
\sum_{k=1}^{N}\lambda_k f(\boldsymbol{x}_k) &= \lambda_N f(\boldsymbol{x}_N) + (1-\lambda_N)\sum_{k=1}^{N-1}\lambda'_k f(\boldsymbol{x}_k) \\
&\leqslant \lambda_N f(\boldsymbol{x}_N) + (1-\lambda_N) f\left(\sum_{k=1}^{N-1}\lambda'_k f(\boldsymbol{x}_k)\right) \\
&\leqslant f\left(\lambda_N \boldsymbol{x}_N + (1-\lambda_N)\sum_{k=1}^{N-1}\lambda'_k \boldsymbol{x}_k\right) \\
&= f\left(\sum_{k=1}^{N}\lambda_k \boldsymbol{x}_k\right)
\end{aligned} \tag{2-2-45}$$

当取 $\boldsymbol{x}_k$ 为一个离散无记忆信源的信源符号，取 λ_k 为相应的概率时，显然满足式（2-2-43）的条件。

若将 $(\lambda_1,\lambda_2,\cdots,\lambda_N)$ 看成由概率值组成的概率向量，将 $(\boldsymbol{x}_1,\boldsymbol{x}_2,\cdots,\boldsymbol{x}_N)$ 看成随机向量 $\boldsymbol{X}$ 可能取的值，若 $f(\boldsymbol{X})$ 是上凸函数，则 Jensen 不等式可写成如下形式：

$$E[f(\boldsymbol{X})] \geqslant f[E(\boldsymbol{X})] \tag{2-2-46}$$

反之，若 $f(\boldsymbol{X})$ 是下凸函数，则 Jensen 不等式为

$$E[f(\boldsymbol{X})] \leqslant f[E(\boldsymbol{X})] \tag{2-2-47}$$

性质 8　条件熵小于无条件熵，即

$$H(X|Y) \leqslant H(X) \tag{2-2-48}$$

当且仅当 X 与 Y 相互独立时，等号成立。该不等式说明了条件作用使熵减少和信息不会有负面影响。

证明（略）。

从直观上讲，此性质说明知道另一随机变量 Y 的信息会降低 X 的不确定性。注意，这仅对平均意义成立。具体来说，$H(X|Y=y)$ 可能比 $H(X)$ 大或者小，或者两者相等，但在平均意义上，$H(X|Y)=\sum_y p(y)H(X|Y=y) \leqslant H(X)$。

进一步扩展，可以得到条件熵 $H(X_N|X_1\cdots X_{N-1})$ 随 N 的增加并非递增，即条件多的熵小于或等于条件少的熵。在平均意义上，增加条件会降低一定的不确定性。那么，序列 $\boldsymbol{X}=X_1X_2\cdots X_N$ 的联合熵随 N 的增加将如何增长？这就是熵的增长率，即熵率。

当极限存在时，序列 $\boldsymbol{X}=X_1X_2\cdots X_N$ 的熵率定义为

$$H_\infty = \lim_{N\to\infty}\frac{1}{N}H(X_1\cdots X_{N-1}X_N) \tag{2-2-49}$$

熵率也称为极限熵。

例 2.11　设 (X,Y) 符合表 2.1 的联合分布，则 $H(X)=H\left(\frac{1}{8},\frac{7}{8}\right)=0.544$（比特），$H(X|Y=1)=0$（比特），$H(X|Y=2)=1$（比特）。计算得 $H(X|Y)=\frac{3}{4}H(X|Y=1)+\frac{1}{4}H(X|Y=2)=0.25$（比特）。因此，当观察到 $Y=2$ 时，X 的不确定性提高了；而观察到 $Y=1$ 时，X 的不确定性降低了，但是在平均意义上，X 的不确定性是降低的。

表 2.1 X与Y的联合分布

X	Y	
	1	2
1	0	1/8
2	3/4	1/8

2.3 互信息量与平均互信息量

2.3.1 互信息量

1．互信息量的定义

如观察输入为x_i，$i=1,2,\cdots,N$，观察结果为y_j，$j=1,2,\cdots,M$。从y_j中会得到有关输入x_i的信息，记该信息为$I(x_i;y_j)$，称为x_i与y_j之间的互信息量，也称为事件信息。

$I(x_i;y_j)$应等于x_i在观察到y_j前后的不确定性之差，即x_i的先验不确定性$I(x_i)$减去x_i的后验不确定性$I(x_i|y_j)$：

$$I(x_i;y_j)=I(x_i)-I(x_i|y_j) \tag{2-3-1}$$

再由自信息量和条件自信息量的定义公式，不难推出互信息量的概率计算公式：

$$\begin{aligned}I(x_i;y_j)&=[-\log p(x_i)]-[-\log p(x_i|y_j)]\\&=\log\frac{p(x_i|y_j)}{P(x_i)}\\&=\log\frac{p(x_iy_j)}{p(x_i)p(y_j)}\end{aligned} \tag{2-3-2}$$

由互信息量的定义，还可引出另一个有用的概念——实在信息。如果x_i的后验概率$p(x_i|y_j)$为 1，则意味着收到y_j时就能完全肯定此时的输入是x_i。x_i的后验不确定性完全消除，即

$$I(x_i|y_j)=-\log p(x_i|y_j)=0\text{（比特）} \tag{2-3-3}$$

那么，从y_j中得到了x_i实有的全部信息，即x_i的实在信息

$$I(x_i;y_j)=I(x_i)-0=I(x_i) \tag{2-3-4}$$

式（2-3-4）说明，x_i的先验不确定性$I(x_i)$在数值上等于自身含有的实在信息。因此，在某些特定场合会把$I(x_i)$当作实在信息来加以解释。这或许是将其取名为“自信息量”的缘故之一。但是我们强调，信息与不确定性是两个不同的物理概念，$I(x_i)$不是信息，只是不确定性，互信息量$I(x_i;y_j)$才是信息，把$I(x_i)$当作信息只是说明一种数量上的相等关系。

符号x_i与符号对y_jz_k之间的互信息量定义为

$$I(x_i;y_jz_k)=\log\frac{p(x_i|y_jz_k)}{p(x_i)} \tag{2-3-5}$$

2．互信息量的性质

互信息量具有如下几条性质。

性质 1　互信息量具有互易性，即

$$I(x_i;y_j)=I(y_j;x_i) \tag{2-3-6}$$

式（2-3-6）的推导过程如下：

$$\begin{aligned}I(x_i;y_j)&=\log\frac{p(x_i\mid y_j)}{p(x_i)}=\log\frac{p(x_j\mid y_j)\cdot p(y_j)}{p(x_i)\cdot p(y_j)}\\&=\log\frac{p(x_iy_j)/p(x_i)}{p(y_j)}\\&=\log\frac{p(y_j\mid x_i)}{p(y_j)}\\&=I(y_j;x_i)\end{aligned}$$

由于互信息量的对称性，互信息量表明了两个随机事件 x_i 和 y_j 之间的统计约束程度。当后验概率 $p(x_i\mid y_j)$ 大于先验概率 $p(x_i)$ 时，互信息量 $I(x_i;y_j)$ 为正值，说明信宿收到的 y_j 提供了有关 x_i 的信息。这样，信宿对信源发出的符号消息 x_i 的不确定性降低了。

性质 2　独立变量的互信息量为 0。

事件之间存在互信息量，它与事件之间的统计相关。如果 x_i 和 y_j 统计独立，不难证明互信息量为 0。

$$I(x_i;y_j)=I(y_j;x_i)=0 \tag{2-3-7}$$

性质 3　互信息量可正可负。

当先验不确定性 $I(x_i)$ 大于后验不确定性 $I(x_i\mid y_j)$ 时，互信息量 $I(x_i;y_j)$ 为正，意味着 y_j 的出现有助于降低 x_i 的不确定性；当先验不确定性 $I(x_i)$ 小于后验不确定性 $I(x_i\mid y_j)$ 时，互信息量 $I(x_i;y_j)$ 为负，意味着 y_j 的出现不但未使 x_i 的不确定性降低，反而提高了 x_i 的不确定性，这通常是不利的。

这一性质比较特殊。前面定义的各种不确定性，以及后面定义的平均不确定性和平均互信息量，都是非负的。

性质 4　互信息量不可能大于符号的实在信息，即

$$I(x_i;y_j)=I(y_j;x_i)\leqslant\begin{cases}I(x_i)\\I(y_j)\end{cases} \tag{2-3-8}$$

由互信息量的定义，考虑条件自信息量的非负性，不难证明式（2-3-8）成立。互信息量的物理意义是：一个接收者获得的关于某个符号的信息量不可能大于该符号本身所携带的实在信息量。在信息论中，可以理解为：任何信息处理过程不能增加信息的总量，只能减少或保持不变。

例 2.12　设某地二月份天气的概率分布为

$$\begin{pmatrix}X\\P(X)\end{pmatrix}=\begin{pmatrix}x_1(\text{晴}) & x_2(\text{阴}) & x_3(\text{雨}) & x_4(\text{雪})\\ \frac{1}{2} & \frac{1}{4} & \frac{1}{8} & \frac{1}{8}\end{pmatrix}$$

某一天有人告诉你：“今天不是晴天”，把这句话作为收到的消息 x_1'。当收到 x_1' 后，各种天气的概率变成了后验概率。其中，$p(x_1\mid x_1')=0$，$p(x_2\mid x_1')=\frac{1}{2}$，$p(x_3\mid x_1')=\frac{1}{4}$，$p(x_4\mid x_1')=\frac{1}{4}$。

依据式（2-3-2），可以计算出 x_1' 事件与各天气事件之间的互信息量。对 x_1 事件，因为 $p(x_1|x_1')=0$，所以不必再考虑 x_1 与 x_1' 之间的互信息量。对 x_2、x_3、x_4 事件，可计算得 x_1' 与 x_2、x_3、x_4 的互信息量均为 1 比特。这表明 x_1' 分别给 x_2、x_3、x_4 提供了 1 比特的信息量。再从“今天不是晴天”这句话考虑，因 $p(x_1)=\frac{1}{2}$，得 $p(x_1')=1-p(x_1)=1-\frac{1}{2}=\frac{1}{2}$，所以 $I(x_1')=1$（比特）。例 2.12 说明信宿收到 x_1' 后，可以使 x_2、x_3、x_4 的不确定性各减少 1 比特。

3. 条件互信息量

条件互信息量的含义是在给定 z_k 条件下，x_i 与 y_j 之间的互信息量。条件互信息量 $I(x_i;y_j|z_k)$ 定义为

$$I(x_i;y_j|z_k)=\log\frac{p(x_i|y_jz_k)}{p(x_i|z_k)} \tag{2-3-9}$$

引用式（2-3-9），式（2-3-5）可写成

$$I(x_i;y_jz_k)=I(x_i;z_k)+I(x_i;y_j|z_k) \tag{2-3-10}$$

式（2-3-10）的推导过程如下：

$$\begin{aligned}I(x_i;y_jz_k)&=\log\frac{p(x_i|y_jz_k)}{p(x_i)}=\log\left[\frac{p(x_i|y_jz_k)}{p(x_i|z_k)}\cdot\frac{p(x_i|z_k)}{p(x_i)}\right]\\&=\log\frac{p(x_i|y_jz_k)}{p(x_i|z_k)}+\log\frac{p(x_i|z_k)}{p(x_i)}\\&=I(x_i;z_k)+I(x_i;y_j|z_k)\end{aligned}$$

式（2-3-10）表明，一个联合事件 y_jz_k 出现后所提供的有关 x_i 的信息量 $I(x_i;y_jz_k)$ 等于 z_k 事件出现后提供的有关 x_i 的信息量 $I(x_i;z_k)$，加上在给定 z_k 条件下 y_j 事件出现后所提供的有关 x_i 的信息量 $I(x_i;y_j|z_k)$。

在式（2-3-10）中，y_j 和 z_k 的位置可以互换，即

$$I(x_i;y_jz_k)=I(x_i;y_j)+I(x_i;z_k|y_j) \tag{2-3-11}$$

2.3.2 平均互信息量

前面所讨论的是单符号信源的情况，这是最简单的离散信源。由于事物是普遍联系的，因此对于两个随机变量 X 和 Y，它们之间在某种程度上也是相互联系的，如图 2.4 所示，X 与 Y 之间存在统计依赖关系。

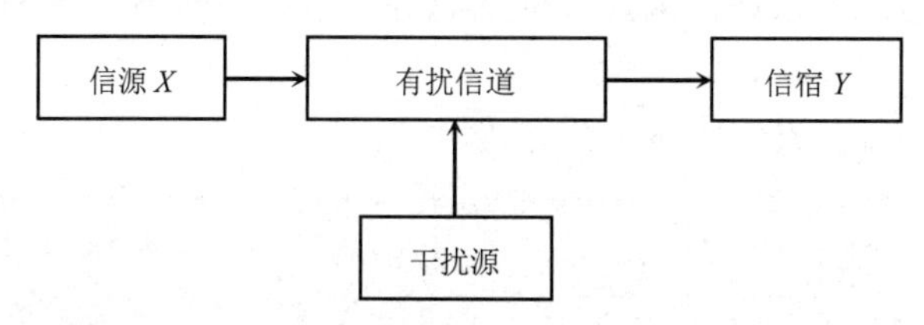

图 2.4 简单通信系统模型

1．平均互信息量的定义

互信息量 $I(x_i;y_i)$ 在集合 X 上的统计平均值为

$$I(X;Y=y_j)=\sum_X p(x|y_j)I(x;y_j)=\sum_X p(x|y_j)\log\frac{p(x|y_j)}{p(x)} \tag{2-3-12}$$

平均互信息量 $I(X;Y)$ 为 $I(X;y_j)$ 在集合 Y 上的概率加权统计平均值，即平均互信息量 $I(X;Y)$ 为

$$I(X;Y)=\sum_Y p(y)I(X;Y=y)=\sum_{XY} p(y)p(x|y)\log\frac{p(x|y)}{p(x)}$$

去除 y 的下标，互信息量 $I(X;Y)$ 的定义公式为

$$I(X;Y)=\sum_{XY} p(xy)\cdot I(x;y)=\sum_{XY} p(xy)\frac{p(x|y)}{p(x)} \tag{2-3-13}$$

当 X 和 Y 相互独立时， $p(xy)=p(x)p(y)$ ，此时有 $I(X;Y)=0$ 。

式（2-2-48）已表明，在获知一个随机变量（如 Y ）的取值的条件下的条件熵 $H(X|Y)$ 总是不大于另一个随机变量（如 X）的无条件熵 $H(X)$ ，即 $H(X|Y)\leqslant H(X)$ 。这说明 $H(X|Y)$ 表示已知 Y 的取值后 X “残留”的不确定性。这样，在了解 Y 以后， X 的不确定性的减少量为 $H(X)-H(X|Y)$，这个差值实际上也是已知 Y 的取值后所提供的有关 X 的信息。

于是，可定义离散随机变量 X 和 Y 之间的互信息量 $I(X;Y)$ 为

$$I(X;Y)=H(X)-H(X|Y) \tag{2-3-14a}$$

或定义互信息量 $I(Y;X)$ 为

$$I(Y;X)=H(Y)-H(Y|X) \tag{2-3-14b}$$

可以证明 $I(X;Y)=I(Y;X)$ 。

2．平均互信息量的性质

下面不加证明地列出平均互信息量的几条基本性质。

性质 1　平均互信息量具有非负性，即

$$I(X;Y)\geqslant 0 \tag{2-3-15}$$

性质 2　平均互信息量具有对称性，即

$$I(X;Y)=I(Y;X) \tag{2-3-16}$$

平均互信息量 $I(X;Y)$ 的对称性表示从集合 Y 中获得关于集合 X 的信息量等于从集合 X 中获得关于集合 Y 的信息量。当集合 X 和集合 Y 统计独立时，则有

$$I(X;Y)=I(Y;X)=0$$

这一性质意味着不能从一个集合获得另一个集合的任何信息。

性质 3　平均互信息量具有极值性，即

$$I(X;Y)\leqslant H(X) \tag{2-3-17}$$

$$I(X;Y)\leqslant H(Y) \tag{2-3-18}$$

性质 4　平均互信息量具有凸函数性：平均互信息量是信源概率分布 $p(x)$ 和信道转移概率 $p(y|x)$ 的凸函数，即

$$I[\alpha p_1(x)+\bar{\alpha}p_2(x)]\geqslant \alpha I[p_1(x)]+\bar{\alpha}I[p_2(x)] \tag{2-3-19a}$$

$$I[\alpha p_1(y_j \mid x_i)+\bar{\alpha} p_2(y_j \mid x_i)] \leqslant \alpha I[p_1(y_j \mid x_i)]+\bar{\alpha} I[p_2(y_j \mid x_i)] \tag{2-3-19b}$$

式中，$0<\alpha<1$，$0<\bar{\alpha}<1$，$\alpha+\bar{\alpha}=1$，$p(x)=\alpha p_1(x)+\bar{\alpha} p_2(x)$，$p(y \mid x)=\alpha p_1(y \mid x)+\bar{\alpha} p_2(y \mid x)$。

性质 5 平均互信息量与各类熵的关系如下：

平均互信息量与熵、条件熵的关系为

$$I(X;Y)=H(X)-H(X \mid Y) \tag{2-3-20}$$

$$I(X;Y)=H(Y)-H(Y \mid X) \tag{2-3-21}$$

平均互信息量与熵、联合熵的关系为

$$I(X;Y)=H(X)+H(Y)-H(XY) \tag{2-3-22}$$

平均互信息量$I(X;Y)$与各种熵的关系如图 2.5 所示。图 2.5 中两个长方形的长度分别代表熵$H(X)$和$H(Y)$，重叠部分的长度代表平均互信息量$I(X;Y)$，不重叠部分的长度分别代表条件熵$H(X \mid Y)$和$H(Y \mid X)$，总长度代表联合熵$H(XY)$。当集合X和集合Y统计独立时，$I(X;Y)=0$，得到

$$H(XY)_{\max}=H(X)+H(Y)$$

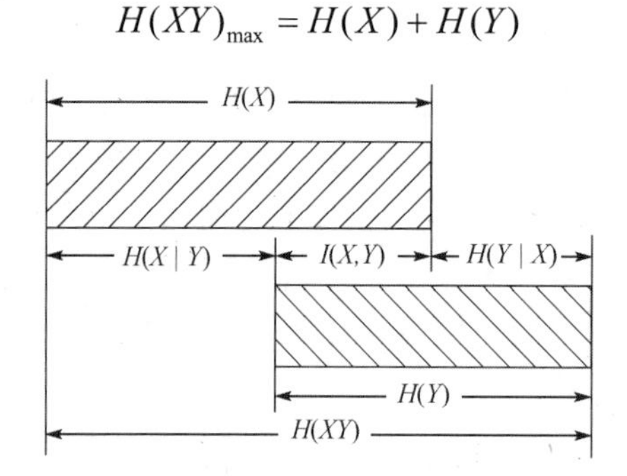

图 2.5 平均互信息量$I(X;Y)$与各种熵的关系

为了更便于理解，我们再把它们的关系列于表 2.2 中。

表 2.2 各种熵之间的关系

名 称	符 号	关 系	图示 （黑色部分代表不确定性）
熵	$H(X)$	$H(X)=H(X \mid Y)+I(X;Y) \geqslant H(X \mid Y)$ $H(X)=H(XY)-H(Y \mid X)$	X Y
	$H(Y)$	$H(Y)=H(Y \mid X)+I(X;Y) \geqslant H(Y \mid X)$ $H(Y)=H(XY)-H(X \mid Y)$	X Y
条件熵	$H(X \mid Y)$	$H(X \mid Y)=H(XY)-H(Y)=H(X)-I(X;Y)$	X Y
	$H(Y \mid X)$	$H(Y \mid X)=H(XY)-H(X)=H(Y)-I(X;Y)$	X Y
联合熵	$H(XY)=H(YX)$	$H(XY)=H(X)+H(Y \mid X)=H(Y)+H(X \mid Y)$ $=H(X)+H(Y)-I(X;Y)$ $=H(X \mid Y)+H(Y \mid X)+I(X;Y)$	X Y

续表

名　称	符　号	关　系	图示（黑色部分代表不确定性）
交互熵*	$I(X;Y)=I(Y;X)$	$I(X;Y)=H(X)-H(X\|Y)$ $=H(Y)-H(Y\|X)$ $=H(XY)-H(Y\|X)-H(X\|Y)$ $=H(X)+H(Y)-H(XY)$	X　Y

注：*指的是根据平均互信息量的对称性，即 $I(X;Y)=I(Y;X)$，导出的各种熵之间的交互关系。

最后，我们将上述关系推广到多个随机变量构成的概率分布之间的关系。假设，我们有 K 个随机变量 $X_1,X_2,\cdots,X_k$，其联合概率分布为

$p(x_1x_2\cdots x_i\cdots x_k)=p(X_1=x_1,X_2=x_2,\cdots,X_i=x_i,\cdots,X_k=x_k)$，则该 K 个随机变量的熵定义为

$$H(X_1X_2\cdots X_k)=-\sum_{j_1=1}^{n_1}\sum_{j_2=2}^{n_2}\cdots\sum_{j_k=1}^{n_k}p(x_{j_1}x_{j_2}\cdots x_{j_k})\log p(x_{j_1}x_{j_2}\cdots x_{j_k}) \tag{2-3-23}$$

将 $p(x_1x_2\cdots x_i\cdots x_k)$ 分解成

$$p(x_1x_2\cdots x_i\cdots x_k)=p(x_1)p(x_2|x_1)p(x_3|x_1x_2)\cdots p(x_k|x_1x_2\cdots x_{k-1}) \tag{2-3-24}$$

将式（2-3-24）代入式（2-3-23）中，得

$$\begin{aligned}H(X_1X_2\cdots X_k)&=H(X_1)+H(X_2|X_1)+H(X_3|X_1X_2)+\cdots+H(X_k|X_1X_2\cdots X_{k-1})\\&=\sum_{i=1}^{k}H(X_i|X_1X_2\cdots X_{i-1})\end{aligned} \tag{2-3-25}$$

性质 6　三维联合符号集合 XYZ 上的平均互信息量为

$$I(X;YZ)=I(X;Y)+I(X;Z|Y) \tag{2-3-26}$$

根据平均互信息量的对称性，由式（2-3-26）可得

$$I(YZ;X)=I(Y;X)+I(Z;X|Y) \tag{2-3-27}$$

$$I(X;YZ)=I(X;ZY)=I(X;Z)+I(X;Y|Z) \tag{2-3-28}$$

3. 平均互信息量的物理意义

我们要说明用式（2-3-20）和式（2-3-21）表示的平均互信息量 $I(X;Y)$ 的物理意义，为了解释方便，我们把这两个公式重新写一下：

$$I(X;Y)=H(X)-H(X|Y)$$

$$I(X;Y)=H(Y)-H(Y|X)$$

当信源符号集合为 X，信宿符号集合为 Y 时，平均互信息量 $I(X;Y)$ 表示在有扰离散信道上传输的平均信息量。信宿收到的平均信息量等于信源符号不确定性的平均减少量。

具体地说，第一个公式表明在有扰离散信道上，接收符号 y 提供的有关信源发出的符号 x 的平均信息量 $I(X;Y)$ 等于唯一地确定信源发出的符号 x 所需要的平均信息量 $H(X)$，减去收到符号 y 后要确定符号 x 所需要的平均信息量 $H(X|Y)$。条件熵 $H(X|Y)$ 可看作由于信道上存在干扰和噪声而损失掉的平均信息量。由于损失掉这一部分信息量，因此再要唯一确定信源发出的符号 x 就显得信息量不足。条件熵 $H(X|Y)$ 又可以看作信道上的干扰和噪声所造成的对信源发出的符号 x 的平均不确定性，故又称为疑义度。这里要注意 $I(X;Y)$ 和 $H(X|Y)$ 的区别。$I(X;Y)$ 是有扰离散信道上传输的平均信息量，而 $H(X|Y)$ 是在 Y 条件下唯一地确定

信源发出的符号 x 所需要的平均信息量。

第二个公式表明平均互信息量可看作在有扰离散信道上传递的消息，唯一地确定事实上接收符号 y 所需要的平均信息量 $H(Y)$，减去当信源发出的符号是已知的时确定接收符号 y 所需要的平均信息量 $H(Y|X)$。因此，条件熵 $H(Y|X)$ 可看作唯一地确定信道噪声所需要的平均信息量，故又称为噪声熵或散布度。

对于无扰离散信道，因为信道上没有噪声，所以信道不损失信息量，疑义度 $H(X|Y)$ 为零，噪声熵也为零。于是有

$$I(X;Y)=H(X)=H(Y) \tag{2-3-29}$$

还有一个极端情况是信道上噪声相当大，以致有 $H(X|Y)=H(X)$。在这种情况下，能传递的平均信息量为零。这说明信宿收到符号 y 后不能提供有关信源发出的符号 x 的任何信息量。对于这种信道，信源发出的信息量在信道上全部损失掉了，故称为全损离散信道。

2.4 离散信源的熵

2.4.1 单符号离散信源的熵

发出单个符号消息的离散无记忆信源的熵是一种最简单的情况。若信源发出 N 个不同符号 $x_1,x_2,\cdots,x_i,\cdots,x_N$，代表 N 种不同的消息，各符号的概率分别为 $p(x_1),p(x_2),\cdots,p(x_i),\cdots,p(x_N)$。无记忆信源发出这些符号的概率是相互独立的。该信源的熵可根据式（2-4-1）计算，即

$$H(X)=-\sum_{i=1}^{N}p(x_i)\log p(x_i) \tag{2-4-1}$$

当对数底取 2 时，信源的熵的单位为比特/符号。

2.4.2 多符号离散信源的熵

1. 发出符号序列消息的离散无记忆信源的熵

发出 K 重符号序列消息的离散无记忆信源的熵称为联合熵 $H(X^K)$，它与发出单个符号消息的离散无记忆信源的熵 $H(X)$ 有如下关系：

$$H(X^K)=KH(X)=K\cdot\left[-\sum_{i=1}^{N}p(x_i)\log p(x_i)\right] \tag{2-4-2}$$

当式（2-4-2）中对数底取 2 时，$H(X^K)$ 的单位为比特/符号序列。

2. 发出符号序列消息的离散有记忆信源的熵

发出 K 重符号序列消息的离散有记忆信源的熵称为联合熵 $H(X^K)$。当 $K=2$ 时，有 $H(X^2)=H(X)+H(X|X)$，因 $H(X|X)<H(X)$，故有 $H(X^2)<2H(X)$。推广到发出 K 重符号序列消息的离散有记忆信源的熵，有

$$H(X^K)=H(X)+H(X|X)+\cdots+H(X|\underbrace{XX\cdots X}_{(K-1)个}) \tag{2-4-3}$$

且有

$$H(X^K) < KH(X) \tag{2-4-4}$$

例 2.13　已知离散有记忆信源中各符号的概率分布为$\begin{pmatrix} X \\ P(X) \end{pmatrix} = \begin{pmatrix} x_0 & x_1 & x_2 \\ \frac{11}{36} & \frac{4}{9} & \frac{1}{4} \end{pmatrix}$。现有信源发出二重符号序列消息$(x_i, x_j)$，这两个符号的概率关联性用条件概率$p(x_j \mid x_i)$表示，并由表 2.3 给出。求该信源的熵$H(X^2)$。

表 2.3　二重符号的条件概率 $p(x_j \mid x_i)$

x_i	x_j		
	x_0	x_1	x_2
x_0	9/11	2/11	0
x_1	1/8	3/4	1/8
x_2	0	2/9	7/9

解：（1）条件熵为

$$\begin{aligned} H(X_2 \mid X_1) &= -\sum_{i=0}^{2}\sum_{j=0}^{2} p(x_i x_j) \cdot \log p(x_j \mid x_i) \\ &= 0.870 \text{（比特 / 符号序列）} \end{aligned}$$

（2）单符号信源的熵为

$$\begin{aligned} H(X_1) &= -\sum_{j=0}^{2} p(x_i) \log p(x_i) \\ &= 1.524 \text{（比特 / 符号序列）} \end{aligned}$$

（3）发出二重符号序列消息的信源的熵为

$$H(X^2) = H(X_1) + H(X_2 \mid X_1) = 1.542 + 0.870 = 2.412 \text{（比特 / 符号序列）}$$

（4）比较$H(X^2)$和$2H(X)$的值。

$$2H(X) = 2 \times 1.542 = 3.084 \text{（比特 / 符号序列）}$$

可见

$$H(H^2) < 2H(X)$$

2.4.3　马尔可夫信源的熵

结合马尔可夫信源，有必要介绍马尔可夫过程和马尔可夫链的基本知识。

1．马尔可夫过程

对于任意的大于 2 的自然数n，在连续的时间t轴上有n个不同时刻$t_1, t_2, \cdots, t_n$，满足$t_1 < t_2 < \cdots < t_n$，在t_n时刻的随机变量x_n与其前面$n-1$个时刻的随机变量$x_1, x_2, \cdots, x_{n-1}$的关系可用它们之间的条件概率密度函数来表示，且满足下式：

$$p(x_n, t_n \mid x_{n-1}, t_{n-1}, x_{n-2}, t_{n-2}, \cdots, x_1, t_1) = P(x_n, t_n \mid x_{n-1}, t_{n-1}) \tag{2-4-5}$$

则这种随机过程称为单纯马尔可夫过程（或一阶马尔可夫过程）。对这种马尔可夫过程而言，t_n时刻的随机变量x_n仅与它前面一个时刻的随机变量x_{n-1}有关，而与再前面时刻的随机变量无关。马尔可夫过程的时间域是一个连续的时间范围，随机变量t的幅度取值也是一个连续的范围。对于单纯马尔可夫过程，其联合概率密度函数满足下式：

$$p(x_1,x_2,\cdots,x_n,t_1,t_2,\cdots,t_n)=p(x_n,t_n\mid x_{n-1},t_{n-1})p(x_{n-1},t_{n-1}\mid x_{n-2},t_{n-2})\cdots p(x_2,t_2\mid x_1,t_1)p(x_1,t_1) \quad (2\text{-}4\text{-}6)$$

式（2-4-6）表明，单纯马尔可夫过程是由它的一维和二维概率密度函数来描述的随机过程。

k 阶马尔可夫过程的特征为

$$p(x_n,t_n\mid x_{n-1},t_{n-1},x_{n-2},t_{n-2},\cdots,x_1,t_1)=p(x_n,t_n\mid x_{n-1},t_{n-1},x_{n-2},t_{n-2},\cdots,x_{n-k},t_{n-k}) \quad (2\text{-}4\text{-}7)$$

2．马尔可夫链

当马尔可夫过程的随机变量幅度和时间参数均取离散值时，称为马尔可夫链。设随机过程在时间域$T=\{t_1,t_2,\cdots,t_{k-1},t_k,\cdots,t_{n-1},t_n\}$的$n$个离散时刻上的状态$x_k$（$k=1,2,3,\cdots,n$）都是离散型的随机变量，并且$x_k$有$M$个可能的取值$s_1,s_2,\cdots,s_M$，这$M$个取值构成一个状态空间$S$，即$S=\{s_1,s_2,\cdots,s_M\}$。在$n$个时刻上的$n$个状态构成一个随机序列$(x_1,x_2,\cdots,x_{k-1},x_k,\cdots,x_{n-1},x_n)$。对于这个随机序列，若有

$$\begin{aligned}&p(x_n=s_{i_n}\mid x_{n-1}=s_{i_{n-1}},x_{n-2}=s_{i_{n-2}},\cdots,x_1=s_{i_1})\\&=p(x_n=s_{i_n}\mid x_{n-1}=s_{i_{n-1}})\end{aligned} \quad (2\text{-}4\text{-}8)$$

则此序列称为单纯马尔可夫链（或一阶马尔可夫链）。单纯马尔可夫链在t_n时刻的取值$x_n=s_{i_n}$的概率仅与前一状态x_{n-1}有关，而与其他时刻的状态无关，它的记忆长度为两个时刻。若t_n时刻的取值$x_n=s_{i_n}$的概率与它前面k个时刻$t_{n-1},t_{n-2},\cdots,t_{n-k}$的状态有关，则称为$k$阶马尔可夫链，它的记忆长度为$k+1$个时刻。

单纯马尔可夫链在t_{k-1}时刻随机序列的取值$x_{k-1}=s_i$，而在下一个时刻t_k，随机序列的取值$x_k=s_j$，那么其条件概率为

$$p(j\mid i)=p(x_k=s_j\mid x_{k-1}=s_i) \quad (2\text{-}4\text{-}9)$$

因为$p(j\mid i)$仅取决于状态s_j和s_i，因此它称为由状态s_i向状态s_j转移的转移概率。

对于具有M个不同状态的信源，我们可以构建一个$M\times M$矩阵$\boldsymbol{P}$：

$$\boldsymbol{P}=\begin{bmatrix}p(1|1) & p(2|1) & \cdots & p(M|1)\\ p(1|2) & p(2|2) & \cdots & p(M|2)\\ \vdots & \vdots & & \vdots\\ p(1|M) & p(2|M) & \cdots & p(M|M)\end{bmatrix} \quad (2\text{-}4\text{-}10)$$

在转移矩阵中，每行元素代表从同一起始状态到M个不同的终止状态的转移概率，每列元素代表从M个不同的起始状态到同一终止状态的转移概率，显然有$\sum_{j=1}^{M}p(j\mid i)=1$，$i=1,2,\cdots,M$。单纯马尔可夫链在每次状态的转移过程中都发出一个符号，构成离散的马尔可夫信源。

k阶马尔可夫链的每个状态由k个符号组成。若信源的符号有D种，则该信源的状态数M为

$$M=D^k \quad (2\text{-}4\text{-}11)$$

转移概率的数目为

$$M'=D^{k+1} \quad (2\text{-}4\text{-}12)$$

马尔可夫链可以用香农线图表示。图2.6（a）～图2.6（c）分别为信源含两种字母（$D=2$）的一阶、二阶和三阶马尔可夫链的香农线图。图2.6（d）和图2.6（e）分别为$D=3$和$D=4$的一阶马尔可夫链的香农线图。在图2.6（c）中，信源发出符号B时，由状态（AAB）转移

到状态（ABB）。这个符号 B 加到原状态的末位，并把原状态的第一位符号挤出去。其他状态的变化过程类似。

马尔可夫信源的熵是条件熵。下面介绍计算这个信源的熵的方法。

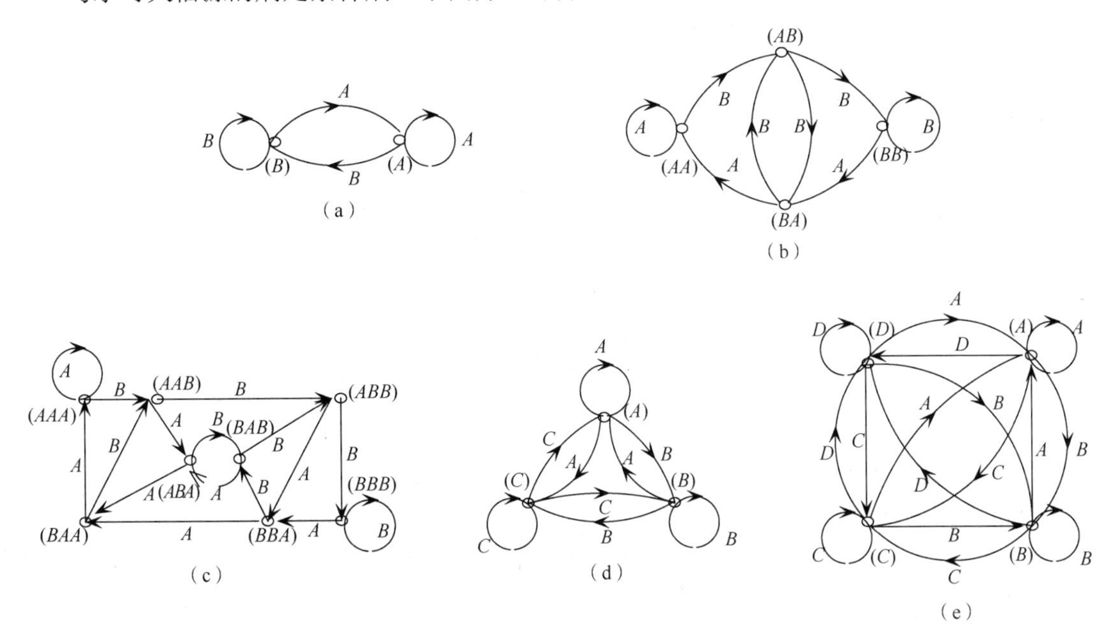

图 2.6　马尔可夫链的香农线图

由前一状态 E_i 发出符号 $a_{ij}^{(l)}$ 后转移到后一状态 E_j。假设在这个转移过程中能发出 L 种符号，则就有 L 条同方向的转移线，且各条转移线上的转移概率均为 $p_l(j|i)$，$l=1,2,\cdots,L$。那么，从状态 E_i 转移到状态 E_j 的总转移概率 $p(j|i)$ 为

$$p(j|i)=\sum_{i=1}^{L}p_l(j|i) \tag{2-4-13}$$

例 2.14　设信源符号为 $X\in\{a_1,a_2,a_3\}$，信源所处的状态为 $u\in S=\{S_1,S_2,S_3,S_4,S_5\}$，各状态之间的转移情况如图 2.7 所示。试求状态转移概率。

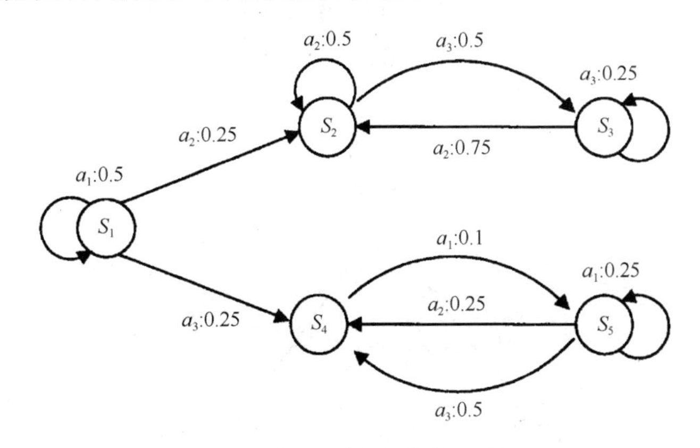

图 2.7　各状态之间的转移情况

解：由图 2.7 可知，各状态下发出符号的概率分别为

$$
\begin{array}{lll}
p(a_1 \mid S_1)=0.5 & p(a_2 \mid S_2)=0.5 & p(a_3 \mid S_3)=0.25 \\
p(a_1 \mid S_5)=0.25 & p(a_3 \mid S_2)=0.5 & p(a_2 \mid S_3)=0.75 \\
p(a_1 \mid S_4)=1 & p(a_2 \mid S_5)=0.25 & p(a_3 \mid S_5)=0.5 \\
p(a_2 \mid S_1)=0.25 & p(a_3 \mid S_1)=0.25 & \text{其他} p(a_k \mid S_i)=0
\end{array}
$$

可见，它们满足$\sum_{k=1}^{3} p(a_k \mid S_i)=1$，$i=1,2,3,4,5$。有

$$
\begin{aligned}
&p(u_l=S_2 \mid x_l=a_1, u_{l-1}=S_1)=0 \\
&p(u_l=S_1 \mid x_l=a_1, u_{l-1}=S_1)=1 \\
&p(u_l=S_2 \mid x_l=a_2, u_{l-1}=S_1)=1 \\
&p(u_l=S_2 \mid x_l=a_3, u_{l-1}=S_1)=0 \\
&\cdots
\end{aligned}
$$

根据上面的结果，可求得状态的一步转移概率为

$$
\begin{array}{lll}
p(S_1 \mid S_1)=0.5 & p(S_2 \mid S_2)=0.5 & p(S_3 \mid S_3)=0.25 \\
p(S_3 \mid S_2)=0.5 & p(S_2 \mid S_3)=0.75 & p(S_5 \mid S_4)=1 \\
p(S_5 \mid S_5)=0.25 & p(S_4 \mid S_5)=p(a_2 \mid S_5)+p(a_3 \mid S_5)=0.75 & \\
p(S_2 \mid S_1)=0.25 & p(S_4 \mid S_1)=0.25 & \text{其余} p(S_j \mid S_i)=0
\end{array}
$$

若从状态E_i转移到后一状态有多种可能性，则信源处于状态E_i时发出一个符号的平均不确定性为

$$
H(X \mid E_i)=-\sum_k p(a_k \mid E_i)\cdot \log p(a_k \mid E_i) \tag{2-4-14}
$$

再进一步，对前一状态E_i的全部可能性做统计平均，得出马尔可夫信源的熵H为

$$
H=\sum_i p(i)H(X \mid E_i)=-\sum_i p(i)\sum_k p(a_k \mid E_i)\log p(a_k \mid E_i) \tag{2-4-15}
$$

式中，$p(i)$是马尔可夫链的平稳分布。

需要注意的是，虽然马尔可夫信源发出的是符号序列消息，但由式（2-4-14）计算的信源的熵的单位是比特/符号。

例 2.15 图 2.8 所示的三状态马尔可夫信源的转移概率矩阵为

$$
\boldsymbol{P}=\begin{bmatrix} 0.1 & 0 & 0.9 \\ 0.5 & 0 & 0.5 \\ 0 & 0.2 & 0.8 \end{bmatrix}
$$

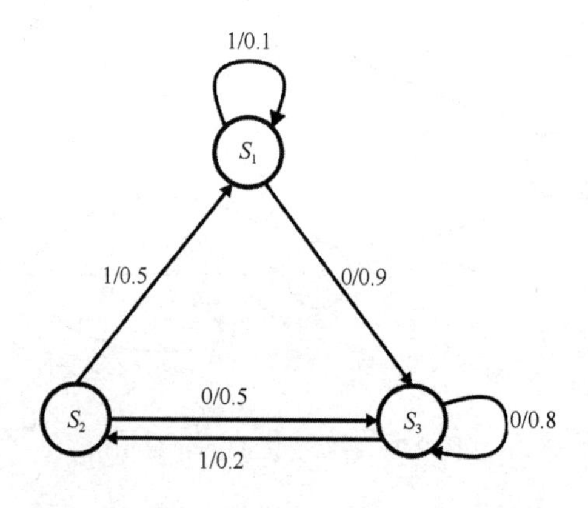

图 2.8 三状态马尔可夫信源的状态转移图

设平稳分布的概率向量为 $\boldsymbol{S}=\begin{pmatrix}S_1 & S_2 & S_3\end{pmatrix}$，则

$$\boldsymbol{S}\times\boldsymbol{P}=\boldsymbol{S}\text{，}\quad \sum_{i=1}^{3}S_i=1,\ S_i\geqslant 0$$

解得

$$S_1=5/59,\ S_2=9/59,\ S_3=45/59$$

在 S_i 状态下每输出一个符号的平均信息量为

$$H(X\mid S_1)=0.1\times\log\frac{1}{0.1}+0.9\times\log\frac{1}{0.9}$$
$$=H(0.1)=0.469\ \text{（比特 / 符号）}$$
$$H(X\mid S_2)=H(0.5)=1\ \text{（比特 / 符号）}$$
$$H(X\mid S_3)=H(0.2)=0.722\ \text{（比特 / 符号）}$$

对三个状态做统计平均后得到信源每输出一个符号的信息量，即马尔可夫信源的熵为

$$H=\sum_{i=1}^{3}S_iH(X\mid S_i)=0.743\ \text{（比特/符号）}$$

2.4.4　离散信源的时间熵

1．发出单个符号消息的离散无记忆信源的时间熵

信源的时间熵是指在单位时间内信源发出的平均信息量（熵）。这里的单位时间是秒或其他特定的时间单位。

已知离散无记忆信源的各个符号的概率分布为 $\begin{pmatrix}X\\P(X)\end{pmatrix}=\begin{pmatrix}x_1, & x_2, & \cdots, & x_i, & \cdots, & x_N\\ p(x_1), & p(x_2), & \cdots, & p(x_i), & \cdots, & p(x_N)\end{pmatrix}$。一般情况下，信源发出的各个符号的占有时间（时间长度）是不同的，可假设符号 x_1 的长度为 b_1，符号 x_2 的长度为 b_2，…，符号 x_i 的长度为 b_i，…，符号 x_N 的长度为 b_N。这些长度的单位均是秒。那么，信源各个符号的平均长度 $\bar{b}$ 是各个 b_i 的概率加权平均值，即

$$\bar{b}=\sum_{i=1}^{N}p(x_i)b_i \tag{2-4-16}$$

式（2-4-16）中 $\bar{b}$ 的单位是秒/符号。这样，所讨论的信源的时间熵为

$$H_t=\frac{H(X)}{\bar{b}}=-\frac{\sum\limits_{i=1}^{N}p(x_i)\log p(x_i)}{\sum\limits_{i=1}^{N}p(x_i)b_i}\quad\text{（比特 / 秒）} \tag{2-4-17}$$

若信源发出的各个符号的时间长度相同，均为 b 秒，则直接可得 $\bar{b}=b$。又若信源每秒内平均发出 n 个符号，则有 $n=\dfrac{1}{b}$，n 的单位为符号/秒。此时，该信源的时间熵为

$$H_t=nH(X)=-n\sum_{i=1}^{N}p(x_i)\log p(x_i)\ \text{（比特 / 秒）} \tag{2-4-18}$$

2．发出符号序列消息的离散无记忆信源的时间熵

发出 K 重符号序列消息的离散无记忆信源的熵已由式（2-4-2）给出，即 $H(X^K)=$

$KH(X)$，单位为比特/符号序列。K 重符号序列消息的平均长度 $\overline{B}$ 为信源各个符号的平均长度 $\overline{b}$ 的 K 倍，即

$$\overline{B} = K\overline{b} = K\sum_{i=1}^{N} p(x_i)b_i \text{ （秒）} \tag{2-4-19}$$

所以这种信源的时间熵 H_t 为

$$H_t = \frac{H(X^K)}{\overline{B}} = \frac{KH(X)}{K\overline{b}} = \frac{H(X)}{\overline{b}} \text{ （比特/秒）} \tag{2-4-20}$$

可见，这种信源的时间熵在数值上与上面一种信源的时间熵相同。若该信源在每秒内平均发出 n 个 K 重符号序列消息，则有

$$n = \frac{1}{\overline{B}} = \frac{1}{K\overline{b}} \text{ （符号序列/秒）} \tag{2-4-21}$$

此时，该信源的时间熵又可表示为

$$H_t = nH(X^K) = nKH(X) \text{ （比特/秒）} \tag{2-4-22}$$

3．发出符号序列消息的离散有记忆信源的时间熵

发出符号序列消息的离散有记忆信源的时间熵的计算方法与上一种信源相类似，其差别仅是 $H(X^K) \neq KH(X)$，即

$$H_t = \frac{H(X^K)}{\overline{B}} = \frac{H(X^K)}{K\overline{b}} \text{ （比特/秒）} \tag{2-4-23}$$

若该信源在每秒内平均发出 n 个 K 重符号序列消息，则同样有 $n = \frac{1}{\overline{B}}$（符号序列/秒），此时，该信源的时间熵又可表示为

$$H_t = nH(X^K) \text{ （比特/秒）} \tag{2-4-24}$$

4．发出符号序列消息的马尔可夫信源的时间熵

发出符号序列消息的马尔可夫信源的熵可用式（2-4-14）计算。从 E_i 状态转移到 E_j 状态时，信源发出的符号 $a_{ij}^{(l)}$ 的长度为 $b_{ij}^{(l)}$ 秒，该符号的转移概率为 $p_l(j|i)$，那么信源发出的所有符号的平均长度 $\overline{b}$ 为

$$\overline{b} = \sum_i p(i)\sum_j p(j|i)\sum_{l=1}^{L} p_l(j|i)b_{ij}^{(l)} \text{ （秒/符号）} \tag{2-4-25}$$

由式（2-4-22）和式（2-4-25）可计算马尔可夫信源的时间熵为

$$H_t = \frac{H}{\overline{b}} = -\frac{-\sum_i p(i)\sum_k p(a_k|i)\log p(a_k|i)}{\sum_i p(i)\sum_j p(j|i)\sum_{l=1}^{L} p_l(j|i)b_{ij}^{(l)}} \text{ （比特/秒）} \tag{2-4-26}$$

2.5 连续信源的熵

2.5.1 单符号连续信源的熵

连续随机变量可以通过离散化，用离散随机变量来逼近，也就是说，连续随机变量可以

认为是离散随机变量的极限情况，我们从这个角度来讨论连续随机变量的熵。

假设连续随机变量 X 的概率密度函数为 $p(x)$，把随机变量 X 的取值区间 $[a,b]$ 分割成 n 个小区间，若每个小区间等宽 $\varDelta=(b-a)/n$，则 X 处于第 i 个小区间的概率 P_i 为

$$\begin{aligned}P_i&=P\{a+(i-1)\varDelta\leqslant x\leqslant a+i\varDelta\}\\&=\int_{a+(i-1)\varDelta}^{a+i\varDelta}p(x)\mathrm{d}x\\&=p(x_i)\varDelta,\ i=1,2,\cdots,n\end{aligned} \tag{2-5-1}$$

式中，x_i 是从 $a+(i-1)\varDelta$ 到 $a+i\varDelta$ 的某一个值。当 $p(x)$ 是 x 的连续函数时，由积分中值定理可知，必然存在一个 x_i 值使得式（2-5-1）成立。于是，可以用取值为 x_i（$i=1,2,\cdots,n$）的离散随机变量 X_n 来逼近连续随机变量 X。

连续随机变量 X 被量化成离散信源 X_n：

$$\begin{pmatrix}X_n\\P(X_n)\end{pmatrix}=\begin{pmatrix}x_1, & x_2, & \cdots, & x_n\\p(x_1)\varDelta, & p(x_2)\varDelta, & \cdots, & p(x_n)\varDelta\end{pmatrix} \tag{2-5-2}$$

且

$$\sum_{i=1}^{n}p(x_i)\varDelta=\sum_{i=1}^{n}\int_{a+(i-1)\varDelta}^{a+i\varDelta}p(x)\mathrm{d}x=\int_a^b p(x)\mathrm{d}x=1 \tag{2-5-3}$$

这时离散信源 X_n 的熵为

$$\begin{aligned}H(X_n)&=-\sum_i p_i\log p_i\\&=-\sum_i p(x_i)\varDelta\log[p(x_i)\varDelta]\\&=-\sum_i p(x_i)\varDelta\log p(x_i)-\sum_i p(x_i)\varDelta\log\varDelta\end{aligned} \tag{2-5-4}$$

由式（2-5-4）可见，当 $n\to\infty$，$\varDelta\to0$ 时，离散随机变量 X_n 趋近于连续随机变量 X，而离散信源 X_n 的熵 $H(X_n)$ 的极限值就是连续信源的熵。

$$\begin{aligned}H(X)&=\lim_{n\to\infty}H(X_n)\\&=-\lim_{\varDelta\to0}\sum_i p(x_i)\varDelta\log p(x_i)-\lim_{\varDelta\to0}(\log\varDelta)\sum_i p(x_i)\varDelta\\&=-\int_a^b p(x)\log p(x)\mathrm{d}x-\lim_{\varDelta\to0}\log\varDelta\end{aligned} \tag{2-5-5}$$

一般情况下，式（2-5-5）中第一项的值为定值。当 $\varDelta\to0$ 时，第二项的值趋于无穷大。一般将第二项称为绝对熵，即

$$H_0(X)=-\sum_i p(x_i)[\log\varDelta]\varDelta \tag{2-5-6}$$

由于在实际问题中常常讨论的是熵之间的差值的问题，只要二者离散逼近时所取得的间隔一致，二者之间的无穷大项（绝对熵）就会互相抵消掉，因此在定义连续信源的熵时把第二项（绝对熵）舍去，定义连续信源的熵为

$$H_{\mathrm{c}}(X)\triangleq-\int_{-\infty}^{\infty}p(x)\log p(x)\mathrm{d}x \tag{2-5-7}$$

这样定义的熵，称为连续随机变量的微分熵。

连续随机变量的微分熵具有离散熵的主要特性，即可加性，但不具有非负性，因为它略去了一个无穷大的正值。

例 2.16 假设 X 是在区间 (a,b) 上服从均匀分布的随机变量，求 X 的微分熵。

解：X 的概率密度函数为

$$p_X(x)=\begin{cases}\dfrac{1}{b-a}, & x\in(a,b)\\ 0, & x\notin(a,b)\end{cases}$$

于是计算得

$$\begin{aligned}H_c(X)&=\int_a^b\frac{1}{b-a}\log(b-a)\mathrm{d}x\\&=\log(b-a)\text{（比特/自由度）}\end{aligned}$$

若 $b-a<1$，则 $H_c(X)<0$。微分熵小于零这一事实并不表明连续随机变量的不确定性可以为负数，因为微分熵定义中忽略了一个无穷大项。所以，连续随机变量的微分熵具有相对性，即当两个或多个随机变量相互比较时，微分熵反映了它们的相对不确定性。

为了说明必须小心地应用连续随机变量微分熵的公式，下面举一个例子。有一个连续信源，它的输出信号服从图 2.9（a）所示的概率密度分布，其熵为

$$H(X)=-\int_{-\infty}^{\infty}p(x)\log p(x)\mathrm{d}x=-\int_1^3(1/2)\log(1/2)\mathrm{d}x=1\text{（比特）}$$

若将这个信源的输出信号放大 2 倍，则信号放大 2 倍后的概率密度分布如图 2.9（b）所示，其熵为

$$H(X)=-\int_{-\infty}^{\infty}p(x)\log p(x)\mathrm{d}x=-\int_2^6(1/4)\log(1/4)\mathrm{d}x=2\text{（比特）}$$

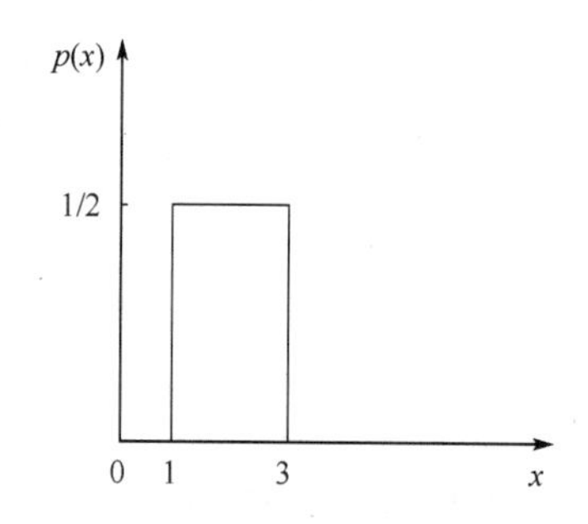

（a）一个信源的输出信号的概率密度分布

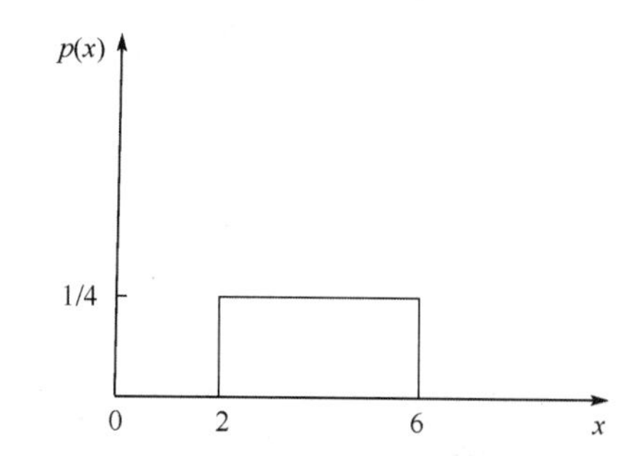

（b）信号放大2倍后的概率密度分布

图 2.9 信号的概率密度分布

一个信号被放大后，其信息量是不可能增加的。上述两种情况中，信源的绝对熵并没有改变。只是第二种情况的微分熵比第一种情况的微分熵小了 1 比特。因为第二种情况下 $\mathrm{d}x_2$ 是第一种情况下 $\mathrm{d}x_1$ 的两倍。因此

$$\log\frac{1}{\mathrm{d}x_2}=\log\frac{1}{2\mathrm{d}x_1}=\log\frac{1}{2}+\log\frac{1}{\mathrm{d}x_1}=-1+\log\frac{1}{\mathrm{d}x_1}$$

尽管如此，在我们所要考虑的有关熵的差的情况下，使用熵的定义 $-\int_{-\infty}^{\infty}p(x)\log p(x)\mathrm{d}x$ 不会引起任何麻烦。

下面计算几种特殊连续信源的熵。

1. 均匀分布的连续信源的熵

一维连续随机变量 X 在区间 $[a,b]$ 内均匀分布时，其概率密度函数为

$$p(x)=\begin{cases}\dfrac{1}{b-a}, & a\leqslant x\leqslant b\\ 0, & x>b,\ x<a\end{cases} \tag{2-5-8}$$

则一维连续信源的熵为

$$H_c(X)=-\int_R p(x)\log p(x)\mathrm{d}x=\log(b-a) \tag{2-5-9}$$

对于 N 维连续信源，若其输出 N 维向量 $\boldsymbol{X}=(X_1X_2\cdots X_N)$，其分量分别在 $[a_1,b_1],[a_2,b_2],\cdots,[a_N,b_N]$ 的区域内均匀分布，则 N 维联合概率密度函数为

$$p(x)=\begin{cases}\dfrac{1}{\prod\limits_{i=1}^{N}(b_i-a_i)}, & x\in\prod\limits_{i=1}^{N}(b_i-a_i)\\ 0, & x\notin\prod\limits_{i=1}^{N}(b_i-a_i)\end{cases} \tag{2-5-10}$$

由此可求得 N 维连续信源的微分熵为

$$\begin{aligned}H_c(\boldsymbol{X})&=-\int_{a_N}^{b_N}\cdots\int_{a_1}^{b_1}p(\boldsymbol{x})\log p(\boldsymbol{x})\mathrm{d}\boldsymbol{x}\\&=-\int_{a_N}^{b_N}\cdots\int_{a_1}^{b_1}\frac{1}{\prod\limits_{i=1}^{N}(b_i-a_i)}\log\frac{1}{\prod\limits_{i=1}^{N}(b_i-a_i)}\mathrm{d}x_1\mathrm{d}x_2\cdots\mathrm{d}x_N\\&=\log\prod_{i=1}^{N}(b_i-a_i)\\&=\sum_{i=1}^{N}H(X_i)\end{aligned} \tag{2-5-11}$$

可见，N 维区域体积内均匀分布的连续信源的微分熵就是 N 维区域体积的对数，也等于各变量 X_i 在各自取值区间 $[a_i,b_i]$ 内均匀分布时的微分熵 $H_c(X_i)$ 之和。因此，无记忆连续信源和无记忆离散信源一样，其微分熵也满足

$$H_c(\boldsymbol{X})=H(X_1X_2\ \cdots X_N)=\sum_{i=1}^{N}H_c(X_i) \tag{2-5-12}$$

例 2.17　设连续随机变量 X 的概率密度函数为

$$p(x)=\begin{cases}1/(b-a), & x\in[a,b]\\ 0, & x\notin[a,b]\end{cases}$$

服从均匀分布，求微分熵。

解：由微分熵定义公式很容易求出 X 的微分熵：

$$H_c(X)=-\int_a^b\frac{1}{b-a}\log\frac{1}{b-a}\mathrm{d}x=\log(b-a)$$

如果 $b-a<1$，则 $H_c(X)<0$，微分熵变为负值。因此，微分熵不具备非负性。

2．高斯分布的连续信源的熵

基本高斯信源是指信源输出的一维随机变量 X 的概率密度函数是正态分布的，即

$$p(x)=\frac{1}{\sqrt{2\pi\sigma^2}}\exp\left[-\frac{(x-m)^2}{2\sigma^2}\right] \tag{2-5-13}$$

式中，m 是 X 的均值；σ^2 是 X 的方差。一维正态分布的概率密度函数如图 2.10 所示。

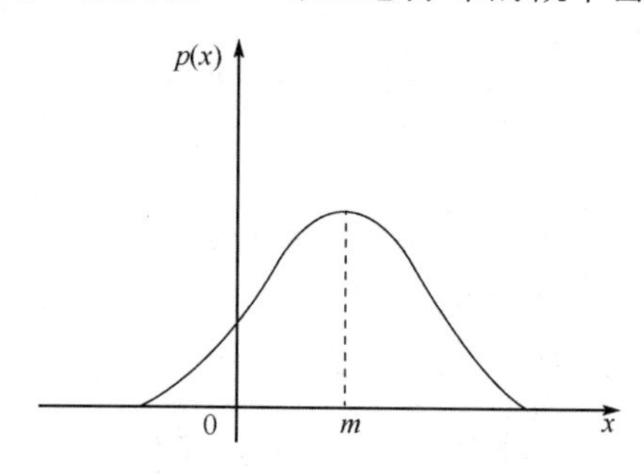

图 2.10　一维正态分布的概率密度函数

$$m = E[X] = \int_{-\infty}^{\infty} xp(x)\mathrm{d}x \tag{2-5-14}$$

$$\sigma^2 = E[(X-m)^2] = \int_{-\infty}^{\infty} (x-m)^2 p(x)\mathrm{d}x \tag{2-5-15}$$

这个连续信源的熵为

$$\begin{aligned} H_{\mathrm{c}}(X) &= -\int_{-\infty}^{\infty} p(x)\log p(x)\mathrm{d}x \\ &= -\int_{-\infty}^{\infty} p(x)\log\left\{\frac{1}{\sqrt{2\pi\sigma^2}}\exp\left[-\frac{(x-m)^2}{2\sigma^2}\right]\right\}\mathrm{d}x \\ &= -\int_{-\infty}^{\infty} p(x)\left(-\log\sqrt{2\pi\sigma^2}\right)\mathrm{d}x + \int_{-\infty}^{\infty} p(x)\left[\frac{(x-m)^2}{2\sigma^2}\right]\mathrm{d}x\cdot\log\mathrm{e} \\ &= \log\sqrt{2\pi\sigma^2} + \frac{1}{2}\log\mathrm{e} \end{aligned} \tag{2-5-16}$$

式（2-5-15）和式（2-5-16）中，$\int_{-\infty}^{\infty} p(x)\mathrm{d}x = 1$，$\int_{-\infty}^{\infty}(x-m)^2 p(x)\mathrm{d}x = \sigma^2$。由式（2-5-16）可知，高斯分布的连续信源的熵与均值没有关系，只与方差 σ^2 有关。当均值为 0 时，X 的方差 σ^2 就等于信源输出的平均功率 P。由式（2-5-16）得

$$H_{\mathrm{c}}(X) = \frac{1}{2}\log 2\pi\mathrm{e}P \tag{2-5-17}$$

在介绍离散信源的熵时我们就讲过，熵描述的是信源的总体特性。由图 2.10 可知，当均值 m 变化时，只是 $p(x)$ 的对称中心在横轴上发生平移，曲线的形状没有任何变化。也就是说，均值 m 对高斯信源的总体特性没有任何影响。但是，若 X 的方差 σ^2 不同，则曲线的形状随之改变。所以，高斯分布的连续信源的熵与方差有关而与均值无关。这是信源的熵的总体特性的再度体现。

如果 N 维连续信源输出的 N 维连续随机向量 $\boldsymbol{X} = (X_1 X_2 \cdots X_N)$ 是正态分布的，则称此信源是 N 维高斯信源。令随机向量的每个变量 X_i 的均值为 m_i，各变量之间的联合二阶中心矩为

$$\mu_{ij} = E[(X_i - m_i)(X_j - m_j)]，\ i, j=1,2,\cdots,N \tag{2-5-18}$$

构成一个 $N\times N$ 阶矩阵 $\boldsymbol{C}$，即

$$C=\begin{bmatrix}\mu_{11} & \mu_{12} & \cdots & \mu_{1N}\\ \mu_{21} & \mu_{22} & \cdots & \mu_{2N}\\ \vdots & \vdots & & \vdots\\ \mu_{N1} & \mu_{N2} & \cdots & \mu_{NN}\end{bmatrix} \tag{2-5-19}$$

$\boldsymbol{C}$ 又称为协方差矩阵，其中当 $i=j$ 时，$\mu_{ii}=\sigma_i^{\ 2}$ 为每个变量的方差，μ_{ij} 为变量 X_i 和 X_j 之间的协方差，描述两个变量之间的依赖关系，所以有 $\mu_{ij}=\mu_{ji}$，$i\neq j$。用 $|\det \boldsymbol{C}|$ 表示这样的行列式，$|\boldsymbol{C}|_{ij}$ 表示元素 μ_{ij} 的代数余因子，则向量 $\boldsymbol{X}$ 的概率密度函数为

$$p(\boldsymbol{x})=\frac{1}{(2\pi)^{1/2}|\det \boldsymbol{C}|^{1/2}}\exp\left[-\frac{1}{2|\det \boldsymbol{C}|}\sum_{i=1}^{N}\sum_{j=1}^{N}|\boldsymbol{C}|_{ij}(x_i-m_i)(x_j-m_j)\right] \tag{2-5-20}$$

于是，可以计算得 N 维高斯信源的微分熵为

$$\begin{aligned}H_{\rm c}(\boldsymbol{X})&=-\int_{-\infty}^{\infty}p(\boldsymbol{x})\log p(\boldsymbol{x})\mathrm{d}\boldsymbol{x}\\ &=-\int_R\cdots\int p(\boldsymbol{x})\log\left\{\frac{1}{(2\pi)^{N/2}|\det \boldsymbol{C}|^{1/2}}\right.\\ &\quad\left.\exp\left[-\frac{1}{2|\det \boldsymbol{C}|}\sum_{i=1}^{N}\sum_{j=1}^{N}|\det \boldsymbol{C}|_{ij}(x_i-m_i)(x_j-m_j)\right]\right\}\mathrm{d}x_1\mathrm{d}x_2\cdots\mathrm{d}x_N\\ &=\log(2\pi)^{N/2}|\det \boldsymbol{C}|^{1/2}+\frac{N}{2}\log \mathrm{e}\\ &=\frac{1}{2}\log\left[(2\pi\mathrm{e})^N|\det \boldsymbol{C}|\right]\end{aligned} \tag{2-5-21}$$

如果 N 维高斯随机向量的协方差 $\mu_{ij}=0$，$i\neq j$（各变量之间不相关），那么各变量 X_i 之间一定统计独立，则 $\boldsymbol{C}$ 为对角线矩阵，并有

$$|\det \boldsymbol{C}|=\prod_{i=1}^{N}\sigma_i^{\ 2} \tag{2-5-22}$$

所以，N 维无记忆高斯信源的熵，即 N 维统计独立的正态分布随机向量的微分熵为

$$H_{\rm c}(\boldsymbol{X})=\frac{N}{2}\log 2\pi\mathrm{e}(\sigma_1^2\sigma_2^2\cdots\sigma_N^2)^{1/N}=\sum_{i=1}^{N}H(X_i) \tag{2-5-23}$$

当 $N=1$，即 X 为一维随机变量时，式（2-5-23）变成式（2-5-17），这就是高斯信源的熵。当 $N=2$ 时，设协方差矩阵为

$$\boldsymbol{C}=\begin{bmatrix}\sigma_1^{\ 2} & \sigma_1\sigma_2\rho\\ \sigma_1\sigma_2\rho & \sigma_2^{\ 2}\end{bmatrix} \tag{2-5-24}$$

式中，ρ（$0\leqslant\rho\leqslant 1$）是相关系数，那么

$$\begin{aligned}H_{\rm c}(X_1X_2)&=\frac{1}{2}\log\sigma_1^{\ 2}\sigma_2^{\ 2}(1-\rho^2)+\log(2\pi\mathrm{e})\\ &=\frac{1}{2}\log(2\pi\mathrm{e}\sigma_1^{\ 2})+\frac{1}{2}\log(2\pi\mathrm{e}\sigma_2^{\ 2})+\log\sqrt{1-\rho^2}\\ &=H_{\rm c}(X_1)+H_{\rm c}(X_2)+\log\sqrt{1-\rho^2}\end{aligned} \tag{2-5-25}$$

于是可得

$$I(X_1;X_2)=H_c(X_1)+H_c(X_2)-H_c(X_1X_2)=-\log\sqrt{1-\rho^2} \tag{2-5-26}$$

当$\rho=0$时，$I(X_1;X_2)=0$，表示两个随机变量相互独立，它们的平均互信息量为零。当$\rho=1$时，$I(X_1;X_2)$为无穷大，原因在于，当$\rho=1$时，两个随机变量之间有确定的线性关系，它们的平均互信息量等于其中一个随机变量的熵，而连续随机变量的绝对熵是无穷大的。

3. 指数分布的连续信源的熵

若一维随机变量X的取值区间是$[0,\infty]$，其概率密度函数为

$$p(x)=\frac{1}{m}\exp\left(-\frac{x}{m}\right),\quad x\geqslant 0 \tag{2-5-27}$$

则称X代表的单变量连续信源为指数分布的连续信源。其中，常数m是随机变量X的数学期望，即

$$E(X)=\int_0^\infty xp(x)\mathrm{d}x=\int_0^\infty x\frac{1}{m}\exp\left(-\frac{x}{m}\right)\mathrm{d}x=m \tag{2-5-28}$$

指数分布的连续信源的熵为

$$\begin{aligned}H_c(X)&=-\int_0^\infty p(x)\log p(x)\mathrm{d}x\\&=-\int_0^\infty p(x)\log\left(\frac{1}{m}\mathrm{e}^{-\frac{x}{m}}\right)\mathrm{d}x\end{aligned}$$

式中

$$\log x=\log \mathrm{e}\ln x$$

有

$$\begin{aligned}H_c(X)&=\log m\int_0^\infty p(x)\mathrm{d}x+\frac{\log \mathrm{e}}{m}\int_0^\infty xp(x)\mathrm{d}x\\&=\log m\mathrm{e}\end{aligned} \tag{2-5-29}$$

式中，$\int_0^\infty p(x)\mathrm{d}x=1$。

式（2-5-29）说明，指数分布的连续信源的熵只取决于数学期望。这一点很容易理解，因为指数分布函数的数学期望决定函数的总体特性。

2.5.2 连续信源的熵的性质

性质 1 可加性：任意两个相互关联的连续信源X和Y，有

$$H_c(XY)=H_c(X)+H_c(Y|X)=H_c(Y)+H_c(X|Y) \tag{2-5-30}$$

性质 2 上凸性：连续信源的差熵是其概率密度函数$p(x)$的上凸函数，即对于任意两个概率密度函数$p_1(x)$和$p_2(x)$及任意$0<\theta<1$，有

$$H_c[\theta p_1(x)+(1-\theta)p_2(x)]\geqslant\theta H_c[p_1(x)]+(1-\theta)H_c[p_2(x)] \tag{2-5-31}$$

性质 3 差熵可取负值。

连续信源的熵在某些情况下，可以得出其值为负值。

性质 4 极值性（连续信源的最大熵定理）：连续信源的差熵具有极值性，与离散信源在等概率时取极大值不同的是，连续信源在不同的限制条件下，其最大熵是不同的。

定理 2.1（峰值功率受限条件下连续信源的最大熵定理） 假定一个连续信源输出信号的

幅度被限定在$[a,b]$区域内，则当输出信号的概率密度函数是均匀分布的概率密度函数时，信源具有最大熵，其值为$\log(b-a)$。

证明如下：假设$q(x)$为信源输出的任意概率密度函数，有$\int_a^b q(x)\mathrm{d}x=1$。$p(x)$为均匀分布的概率密度函数，满足$p(x)=\frac{1}{b-a}$和$\int_a^b p(x)\mathrm{d}x=1$。

$$
\begin{aligned}
&H_{\mathrm{c}}[X,q(x)]-H_{\mathrm{c}}[X,p(x)]\\
&=-\int_a^b q(x)\log q(x)\mathrm{d}x+\int_a^b p(x)\log p(x)\mathrm{d}x\\
&=-\int_a^b q(x)\log q(x)\mathrm{d}x-\left[\log(b-a)\int_a^b p(x)\mathrm{d}x\right]\\
&=-\int_a^b q(x)\log q(x)\mathrm{d}x-\left[\log(b-a)\int_a^b q(x)\mathrm{d}x\right]\\
&=-\int_a^b q(x)\log q(x)\mathrm{d}x+\int_a^b q(x)\log p(x)\mathrm{d}x\\
&=\int_a^b q(x)\log\frac{p(x)}{q(x)}\mathrm{d}x\leqslant\log\left[\int_a^b q(x)\frac{p(x)}{q(x)}\mathrm{d}x\right]=0
\end{aligned}
\tag{2-5-32}
$$

式（2-5-32）由 Jensen 不等式得出，故有

$$
H_{\mathrm{c}}[X,q(x)]\leqslant H_{\mathrm{c}}[X,p(x)] \tag{2-5-33}
$$

当且仅当$q(x)=p(x)$时等号才成立。

式（2-5-33）说明了在信源输出信号的幅度受限条件下（或峰值功率受限条件下），任何概率密度函数的熵必定小于或等于均匀分布的概率密度函数的熵，即当概率密度函数服从均匀分布时，差熵达到最大值，即$\log(b-a)$。

定理 2.2（平均功率受限条件下连续信源的最大熵定理） 若一个连续信源输出信号的平均功率被限定为P，则其输出信号的幅度的概率密度函数是高斯分布的概率密度函数时，信源有最大的熵，其值为$\frac{1}{2}\log(2\pi\mathrm{e}P)$。

证明：

假设$q(x)$为信源输出的任意概率密度函数，其方差受限，所以要满足$\int_{-\infty}^{\infty}q(x)\mathrm{d}x=1$和$\int_{-\infty}^{\infty}(x-m)^2q(x)\mathrm{d}x=\sigma^2$。$p(x)$是方差为$\sigma^2$的正态分布的概率密度函数，即满足$\int_{-\infty}^{\infty}p(x)\mathrm{d}x=1$和$\int_{-\infty}^{\infty}(x-m)^2p(x)\mathrm{d}x=\sigma^2$。

证明如下：

$$
\begin{aligned}
\int_{-\infty}^{\infty}q(x)\log\frac{1}{p(x)}\mathrm{d}x&=-\int_{-\infty}^{\infty}q(x)\log\left[\frac{1}{\sqrt{2\pi\sigma^2}}\mathrm{e}^{-\frac{(x-m)^2}{2\sigma^2}}\right]\mathrm{d}x\\
&=-\int_{-\infty}^{\infty}q(x)\log\frac{1}{\sqrt{2\pi\sigma^2}}\mathrm{d}x+\int_{-\infty}^{\infty}q(x)\frac{(x-m)^2}{2\sigma^2}\mathrm{d}x\cdot\log\mathrm{e}\\
&=\frac{1}{2}\log(2\pi\mathrm{e}\sigma^2)\\
&=H_{\mathrm{c}}[X,p(x)]
\end{aligned}
\tag{2-5-34}
$$

所以

$$
\begin{aligned}
H_c[X,q(x)]-H_c[X,p(x)] &= -\int_{-\infty}^{\infty} q(x)\log q(x)\mathrm{d}x - \int_{-\infty}^{\infty} q(x)\log\frac{1}{p(x)}\mathrm{d}x \\
&= \int_{-\infty}^{\infty} q(x)\log\frac{p(x)}{q(x)}\mathrm{d}x
\end{aligned}
\tag{2-5-35}
$$

根据 Jensen 不等式得

$$
H_c[X,q(x)]-H_c[X,p(x)] \leqslant \log\int_{-\infty}^{\infty} q(x)\frac{p(x)}{q(x)}\mathrm{d}x = \log 1 = 0 \tag{2-5-36}
$$

所以得 $H[X,q(x)] \leqslant H[X,p(x)]$，当且仅当 $q(x)=p(x)$ 时等号成立。

也就是说，连续信源的输出信号平均功率受限时，只有当信源服从高斯分布时，才会有最大的熵值。

定理 2.3（均值受限条件下连续信源的最大熵定理） 对于输出非负消息且均值受限的一维连续信源，当输出信号的概率密度函数服从指数分布时，其微分熵达到最大值。

证明如下：把一维连续信源 X 在取值空间为 $(0,+\infty)$，均值限定为 m（$m>0$）的指数分布的概率密度函数记为 $p(x)$，满足

$$
\int_0^{\infty} p(x)\mathrm{d}x = 1 \tag{2-5-37}
$$

$$
\int_0^{\infty} xp(x)\mathrm{d}x = m \tag{2-5-38}
$$

设一维连续信源 X 的取值空间为 $(0,+\infty)$，均值限定为 m（$m>0$）。若 $q(x)$ 是满足均值限定条件的、除指数分布外的任一概率密度函数，满足

$$
\int_0^{\infty} q(x)\mathrm{d}x = 1 \tag{2-5-39}
$$

$$
\int_0^{\infty} xq(x)\mathrm{d}x = m \tag{2-5-40}
$$

因为有

$$
\begin{aligned}
-\int_0^{\infty} q(x)\log p(x)\mathrm{d}x &= -\int_0^{\infty} q(x)\log\left(\frac{1}{m}\mathrm{e}^{-\frac{x}{m}}\right)\mathrm{d}x \\
&= \log m\int_0^{\infty} q(x)\mathrm{d}x + \frac{\log\mathrm{e}}{m}\int_0^{\infty} xq(x)\mathrm{d}x \\
&= \log m\int_0^{\infty} p(x)\mathrm{d}x + \frac{\log\mathrm{e}}{m}\int_0^{\infty} xp(x)\mathrm{d}x \\
&= -\int_0^{\infty} p(x)\log p(x)\mathrm{d}x \\
&= H_c[X,p(x)]
\end{aligned}
\tag{2-5-41}
$$

所以有

$$
\begin{aligned}
H_c[X,q(x)]-H_c[X,p(x)] &= -\int_0^{\infty} q(x)\log q(x)\mathrm{d}x + \int_0^{\infty} q(x)\log p(x)\mathrm{d}x \\
&= \int_0^{\infty} q(x)\log\frac{p(x)}{q(x)}\mathrm{d}x \leqslant \log\left[\int_0^{\infty} q(x)\frac{p(x)}{q(x)}\mathrm{d}x\right] = 0
\end{aligned}
\tag{2-5-42}
$$

从而有

$$
H_c[X,q(x)] \leqslant H_c[X,p(x)] \tag{2-5-43}
$$

这就是说，输出非负消息且均值限定的一维连续信源 X，当输出信号的概率密度函数服从指数分布时，其微分熵 $H_c(X)$ 达到最大值 $\log(\mathrm{e}m)$，且其值只取决于限定的均值 m。

2.5.3　多符号连续信源的熵

微分熵的概念可推广到多个连续随机变量，于是有联合微分熵和条件微分熵，它们与普通微分熵一样，都只具有相对意义。以下讨论两个连续随机变量的联合微分熵和条件微分熵的定义公式。多于两个连续随机变量的情形可类推。

连续随机变量 X 和 Y 的联合微分熵 $H_c(XY)$ 的定义公式为

$$H_c(XY) = -\int_{-\infty}^{\infty}\int_{-\infty}^{\infty} p_{XY}(xy)\log p_{XY}(xy)\mathrm{d}x\mathrm{d}y \tag{2-5-44}$$

连续随机变量 X 和 Y 的条件微分熵 $H_c(X|Y)$ 的定义公式为

$$H_c(X|Y) = -\int_{-\infty}^{\infty}\int_{-\infty}^{\infty} p_{XY}(xy)\log p_{X|Y}(x|y)\mathrm{d}x\mathrm{d}y \tag{2-5-45}$$

各类微分熵之间存在与离散熵相类似的关系，如恒等关系：

$$H_c(XY) = H_c(X) + H_c(Y|X) = H_c(Y) + H_c(X|Y) \tag{2-5-46}$$

不等关系：

$$\begin{cases} H_c(X|Y) \leqslant H_c(X) \\ H_c(Y|X) \leqslant H_c(Y) \\ H_c(XY) \leqslant H_c(X) + H_c(Y) \end{cases} \tag{2-5-47}$$

式中，等号成立的充分必要条件是 X 与 Y 统计独立。

证明式（2-5-46）：

$$\begin{aligned} H_c(XY) &= -\iint p(xy)\log p(xy)\mathrm{d}x\mathrm{d}y \\ &= -\int p(x)\int p(y|x)[\log p(x) + \log p(y|x)]\mathrm{d}x\mathrm{d}y \\ &= -\int p(x)\log p(x)\mathrm{d}x\int p(y|x)\mathrm{d}y - \int p(x)\mathrm{d}x\int p(y|x)\log p(y|x)\mathrm{d}y \\ &= H_c(X) + H_c(Y|X) \end{aligned}$$

同理可得

$$H_c(XY) = H_c(Y) + H_c(X|Y) \tag{2-5-48}$$

$\boldsymbol{X}^n = X_1X_2\cdots X_n$ 是一个 n 维随机向量，其 n 维联合概率密度函数为 $p(x_1x_2\cdots x_n)$，那么 n 维随机向量的微分熵的定义公式为

$$H_c(X_1X_2\cdots X_n) = \iint\cdots\int p(x_1x_2\cdots x_n)\log\frac{1}{p(x_1x_2\cdots x_n)}\mathrm{d}x_1\mathrm{d}x_2\cdots\mathrm{d}x_n \tag{2-5-49}$$

任意两个连续随机变量 X 和 Y 之间的平均互信息量 $I(X;Y)$ 的计算公式为

$$\begin{aligned} I(X;Y) &= \int_{-\infty}^{\infty}\int_{-\infty}^{\infty} p_{XY}(xy)\log\frac{p_{XY}(xy)}{p_X(x)p_Y(y)}\mathrm{d}x\mathrm{d}y \\ &= \int_{-\infty}^{\infty}\int_{-\infty}^{\infty} p_{XY}(xy)\log\frac{p_{X|Y}(x|y)}{p_X(x)}\mathrm{d}x\mathrm{d}y \end{aligned} \tag{2-5-50}$$

式（2-5-50）可通过离散化取极限的方法严格推出，是精确的，并没有舍弃无穷大项取相对值，因此采用与离散情形下相同的符号，即 $I(X;Y)$。

由此可推出平均互信息量与微分熵之间的关系，即

$$I(X;Y) = H_c(X) - H_c(X|Y) \tag{2-5-51}$$

平均互信息量概念本身就具有相对意义，求平均互信息量时，实际连续随机变量微分熵中的无穷大项相互抵消了，只剩下有限值相减。

连续情况下的平均互信息量仍具有类似离散情况下平均互信息量的一些基本性质。

性质 1 非负性，即

$$I(X;Y) \geqslant 0 \tag{2-5-52}$$

性质 2 对称性，即

$$I(X;Y) = H_c(X) - H_c(X|Y) = H_c(Y) - H_c(Y|X) = I(Y;X) \tag{2-5-53}$$

性质 3 凸函数性，即连续随机变量之间的平均互信息量 $I(X;Y)$ 是输入连续随机变量 X 的概率密度函数 $p(x)$ 的上凸函数，也是连续信道转移概率密度函数 $p(y|x)$ 的下凸函数。

具体证明过程与离散情况类似，此处不再证明。

例 2.18 XY 是二维正态随机变量，$E[X]=E[Y]=0$，$\mathrm{Var}[X]=\sigma_1^2$，$\mathrm{Var}[Y]=\sigma_2^2$，$\rho=\dfrac{E[XY]}{\sigma_1\sigma_2}$，求 $H_c(X)$、$H_c(X|Y)$、$H_c(X;Y)$。

解：根据概率论知识可知，联合概率密度函数为

$$p_{XY}(xy) = \frac{1}{2\pi\sigma_1\sigma_2\sqrt{1-\rho^2}} \mathrm{e}^{(-x^2/\sigma_1^2 + y^2/\sigma_2^2 - 2\rho xy/\sigma_1\sigma_2)/2(1-\rho)^2}$$

由此可求出边缘密度和条件密度分别为

$$p_X(x) = \int_{-\infty}^{\infty} p_{XY}(xy)\mathrm{d}y = \frac{1}{\sqrt{2\pi\sigma_1^2}} \mathrm{e}^{-x^2/2\sigma_1^2}$$

$$p_Y(y) = \int_{-\infty}^{\infty} p_{XY}(xy)\mathrm{d}x = \frac{1}{\sqrt{2\pi\sigma_2^2}} \mathrm{e}^{-y^2/2\sigma_2^2}$$

$$p_{X|Y}(x|y) = p_{XY}(xy)/p_Y(y) = \frac{1}{\sqrt{2\pi\sigma_1^2(1-\rho^2)}} \mathrm{e}^{-\left(x-\frac{\sigma_1}{\sigma_2}\rho y\right)^2/2\sigma_1^2(1-\rho^2)}$$

再由微分熵的定义公式，得

$$H_c(X) = \log\sqrt{2\pi \mathrm{e}\sigma_1^2}$$

$$H_c(X|Y) = \log\sqrt{2\pi \mathrm{e}\sigma_1^2(1-\rho^2)}$$

于是

$$I(X;Y) = H_c(X) - H_c(X|Y) = \log\sqrt{1/(1-\rho^2)}$$

2.5.4 熵功率

由 2.5.2 节中的连续信源的最大熵定理可知，在信号平均功率受限时，高斯随机变量的熵最大。假定高斯随机变量的平均功率为 σ^2，那么此时高斯随机变量的熵为

$$H_c(X) = \frac{1}{2}\log(2\pi \mathrm{e}\sigma^2) \tag{2-5-54}$$

在平均功率给定时，任何一个随机变量的熵一定会比式（2-5-54）计算出来的小。为此引入“熵功率”的概念。若平均功率为 σ^2 的非高斯信源的熵为 $h(X)$，也称熵为 $h(X)$ 的高斯信源的平均功率为熵功率 $\bar{\sigma}^2$，即任何一个连续随机变量 X 的熵功率为

$$\bar{\sigma}^2 = \frac{1}{2\pi \mathrm{e}} \mathrm{e}^{2H_c(X)} \tag{2-5-55}$$

因此，熵功率给出了随机变量功率的一个上界。

$$\bar{\sigma}^2 = \frac{1}{2\pi e} e^{2H_c(X)} \leqslant \sigma^2 \tag{2-5-56}$$

值得注意的是，当信源为高斯随机变量时，其熵功率就是其平均功率。

熵功率的大小可以表示信源剩余度的大小。如果熵功率等于信源的平均功率，就表示信号没有剩余。熵功率和信源的平均功率相差越大，说明信号的剩余度越大。所以，信源的平均功率和熵功率之差 $(P-\bar{P})$ 称为连续信源的剩余度。只有高斯分布的信源的熵功率等于实际平均功率，其剩余度为零。

假设有两个统计独立的连续型随机变量 X 和 Z，它们的和 $Y = X + Z$ 也是连续型随机变量。若这两个随机变量 X 和 Z 的均值均为零，平均功率分别为 σ_X^2、σ_Z^2，则和变量 Y 的均值为零，平均功率为

$$\sigma_Y^2 = \sigma_X^2 + \sigma_Z^2 \tag{2-5-57}$$

即

$$\begin{aligned}\sigma_Y^2 &= E[Y^2] = E[(X+Z)^2] = E[X^2] + E[Z^2] + 2E[XZ] \\ &= E[X^2] + E[Z^2] = \sigma_X^2 + \sigma_Z^2\end{aligned} \tag{2-5-58}$$

但是随机变量 Y 的微分熵却不一定是随机变量 X 和 Z 的微分熵之和，它满足熵功率不等式：

$$e^{2H_c(X+Z)} \geqslant e^{2H_c(X)} + e^{2H_c(Z)} \tag{2-5-59}$$

即

$$\sigma_{X+Z}^2 \leqslant \sigma_X^2 + \sigma_Z^2 \tag{2-5-60}$$

只有当 X 和 Z 是统计独立的高斯随机变量时，式（2-5-60）中的等号才成立。式（2-5-60）说明，两个统计独立的噪声之和的熵功率一般大于两个噪声的熵功率之和。下面通过具体的例子来说明上述说法。

若 X 和 Z 是统计独立的高斯随机变量，则

$$\bar{\sigma}_X^2 = \sigma_X^2 = \frac{1}{2\pi e} e^{2H_c(X)} \tag{2-5-61}$$

$$\bar{\sigma}_Z^2 = \sigma_Z^2 = \frac{1}{2\pi e} e^{2H_c(Z)} \tag{2-5-62}$$

因为两个统计独立正态分布的随机变量之和仍然是正态分布的随机变量，所以

$$\bar{\sigma}_Y^2 = \sigma_Y^2 = \frac{1}{2\pi e} e^{2H_c(X+Z)} \tag{2-5-63}$$

根据式（2-5-58）可得

$$\bar{\sigma}_Y^2 = \bar{\sigma}_X^2 + \bar{\sigma}_Z^2 \tag{2-5-64}$$

但是如果随机变量 X 和 Z 仍然彼此独立，并且均值均为零，平均功率分别为 P_X 和 P_Z，但不再满足高斯分布，那么此时式（2-5-61）和式（2-5-62）不再成立。虽然熵功率仍然分别为

$$\bar{\sigma}_X^2 = \frac{1}{2\pi e} e^{2H_c(X)}$$

$$\bar{\sigma}_Z^2 = \frac{1}{2\pi e} e^{2H_c(Z)}$$

$$\bar{\sigma}_Y^2 = \frac{1}{2\pi e} e^{2H_c(X+Z)}$$

但是此时

$$\bar{\sigma}_Y^2 < \sigma_X^2 \tag{2-5-65}$$

$$\overline{\sigma}_Y^2 \neq \overline{\sigma}_X^2 + \overline{\sigma}_Z^2 \tag{2-5-66}$$

例 2.19 已知一个信源的输出信号的概率密度函数满足拉普拉斯分布 $p(x)=\dfrac{1}{2}\mathrm{e}^{-|x|}$，求其熵功率。

解：由于随机变量满足拉普拉斯分布 $p(x)=\dfrac{1}{2}\mathrm{e}^{-|x|}$，所以存在：

$$E(X)=\int_{-\infty}^{+\infty} xp(x)\mathrm{d}x=0$$

$$D(X)=\int_{-\infty}^{+\infty} x^2 p(x)\mathrm{d}x=2$$

$$\begin{aligned}H_{\mathrm{c}}(X)&=-\int_{-\infty}^{+\infty} p(x)\log p(x)\mathrm{d}x\\&=-\int_{-\infty}^{+\infty}\frac{1}{2}\mathrm{e}^{-|x|}\log\left(\frac{1}{2}\mathrm{e}^{-|x|}\right)\mathrm{d}x\\&=1+\log\mathrm{e}\end{aligned}$$

由熵功率的定义可知所求输出信号的熵功率为

$$\sigma^2=\frac{1}{2\pi\mathrm{e}}\mathrm{e}^{2H_{\mathrm{c}}(X)}=\frac{1}{2\pi\mathrm{e}}\mathrm{e}^{2(1+\log\mathrm{e})}$$

2.6 信息论不等式及其应用

在信息论中有许多不等式，它们在实际生活中得到了广泛的应用。下面介绍信息论中的几个重要的不等式及其应用。

2.6.1 对数和不等式及其应用

现在证明关于对数函数上凸性，它可以应用于熵的凸函数性质的证明。

定理 2.4（**对数和不等式**） 对于非负数 $a_1,a_2,\cdots,a_n$ 和 $b_1,b_2,\cdots,b_n$，有

$$\sum_{i=1}^{n} a_i\log\frac{a_i}{b_i}\geqslant\left(\sum_{i=1}^{n}a_i\right)\log\frac{\sum\limits_{i=1}^{n}a_i}{\sum\limits_{i=1}^{n}b_i} \tag{2-6-1}$$

当且仅当 $\dfrac{a_i}{b_i}=C$ 时，等号成立。

证明：假定 $a_i>0$，$b_i>0$。由于对任意的正数 t 有 $f''(t)=\dfrac{1}{t}\log\mathrm{e}>0$，可知函数 $f(t)=t\log t$ 严格凸，因此由 Jensen 不等式，有

$$\sum_{i=1}^{n}\alpha_i f(t_i)\geqslant f\left(\sum_{i=1}^{n}\alpha_i t_i\right) \tag{2-6-2}$$

式中，$\alpha_i\geqslant 0$，$\sum\limits_{i=1}^{n}\alpha_i=1$。令 $\alpha_i=\dfrac{b_i}{\sum\limits_{j=1}^{n}b_j}$，$t_i=\dfrac{a_i}{b_i}$，可得

$$\sum_{i=1}^{n} a_i \log \frac{a_i}{b_i} \geqslant \left(\sum_{i=1}^{n} a_i\right) \log \frac{\sum_{i=1}^{n} a_i}{\sum_{i=1}^{n} b_i} \tag{2-6-3}$$

这就是对数和不等式。

下面给出相对熵的下凸性、熵的上凸性，以及平均互信息量的凸函数性质证明。

相对熵的下凸性： 证明 $D(p\|q)$ 关于 (p,q) 是下凸的，即如果 (p_1,q_1) 和 (p_2,q_2) 为两对概率密度函数，则对所有的 $0 \leqslant a \leqslant 1$，有

$$D((\lambda p_1 + (1-\lambda)p_2)\|(\lambda q_1 + (1-\lambda)q_2)) \leqslant \lambda D(p_1\|q_1) + (1-\lambda)D(p_2\|q_2) \tag{2-6-4}$$

证明：将对数和不等式应用于式（2-6-4）左边的每一项：

$$\begin{aligned} &(ap_1(x)+(1-a)p_2(x))\log\frac{ap_1(x)+(1-a)p_2(x)}{aq_1(x)+(1-a)q_2(x)} \\ &\leqslant ap_1(x)\log\frac{ap_1(x)}{aq_1(x)} + (1-a)p_2(x)\log\frac{(1-a)p_2(x)}{(1-a)q_2(x)} \\ &= aD(p_1\|q_1) + (1-a)D(p_2\|q_2) \end{aligned} \tag{2-6-5}$$

熵的上凸性： $H(p)$ 是关于 p 的上凸函数。

其证明可由 D 的下凸性直接得到。

定理 2.5（平均互信息量的凸函数性质）　设 $(X,Y) \sim p(xy) = p(x)p(y|x)$。如果固定 $p(y|x)$，则平均互信息量 $I(X;Y)$ 是关于 $p(x)$ 的上凸函数；如果固定 $p(x)$，则平均互信息量 $I(X;Y)$ 是关于 $p(y|x)$ 的下凸函数。

证明：为了证明第一部分，将平均互信息量展开：

$$I(X;Y) = H(Y) - H(Y|X) = H(Y) - \sum_x p(x)H(Y|X=x) \tag{2-6-6}$$

如果固定 $p(y|x)$，则 $p(y)$ 是关于 $p(x)$ 的线性函数。因而，关于 $p(y)$ 的下凸函数 $H(Y)$ 也是关于 $p(x)$ 的下凸函数。上式中的 $\sum_x p(x)H(Y|X=x)$ 是关于 $p(x)$ 的线性函数。因此，它们的差仍是关于 $p(x)$ 的上凸函数。

为证明第二部分，先固定 $p(x)$，并考虑两个不同的条件分布 $p_1(y|x)$ 和 $p_2(y|x)$。相应的联合分布分别为 $p_1(xy) = p(x)p_1(y|x)$ 和 $p_2(xy) = p(x)p_2(y|x)$，且各自的边际分布分别是 $p(x)$、$p_1(y)$ 和 $p(x)$、$p_2(y)$。考虑条件分布

$$p_\lambda(y|x) = \alpha p_1(y|x) + (1-\alpha)p_2(y|x) \tag{2-6-7}$$

它是 $p_1(y|x)$ 和 $p_2(y|x)$ 的组合，其中 $0 \leqslant \lambda \leqslant 1$。相应的联合分布也是对应的两个联合分布的组合：

$$p_\lambda(xy) = \alpha p_1(xy) + (1-\alpha)p_2(xy) \tag{2-6-8}$$

Y 的分布也是一个组合：

$$p_\lambda(y) = \alpha p_1(y) + (1-\alpha)p_2(y) \tag{2-6-9}$$

因此，如果设 $q_\lambda(xy) = p(x)p_\lambda(y)$ 为边际分布的乘积，则有

$$q_\lambda(xy) = \alpha q_1(xy) + (1-\alpha)q_2(xy) \tag{2-6-10}$$

由于平均互信息量是联合分布和边际分布乘积的相对熵，因此有

$$I(X;Y) = D(p_\alpha(xy)\|q_\alpha(xy)) \tag{2-6-11}$$

相对熵$D(p\|q)$为关于二元对(p,q)的下凸函数，由此可知，平均互信息量是条件分布的下凸函数。

2.6.2 数据处理不等式

数据处理不等式可以说明，不存在对数据的优良操作能使从数据中所获得的推理得到改善。

定义 2.6 如果Z的条件分布仅依赖于Y的分布，而与X是条件独立的，则称随机变量X、Y、Z依序构成马尔可夫链（记为$X \to Y \to Z$）。具体地讲，若X、Y、Z的联合概率密度函数可写为

$$p(xyz) = p(x)p(y|x)p(z|y) \tag{2-6-12}$$

则X、Y、Z构成马尔可夫链$X \to Y \to Z$。

定理 2.6（数据处理不等式） 若$X \to Y \to Z$，则有$I(X;Y) \geqslant I(X;Z)$。

证明：由链式法则，将平均互信息量以两种不同方式展开：

$$\begin{aligned} I(X;Y,Z) &= I(X;Z) + I(X;Y|Z) \\ &= I(X;Y) + I(X;Z|Y) \end{aligned} \tag{2-6-13}$$

由于在给定Y的情况下，X与Z是条件独立的，因此有$I(X;Z|Y)=0$。又由于$I(X;Y|Z) \geqslant 0$，因此有

$$I(X;Y) \geqslant I(X;Z) \tag{2-6-14}$$

当且仅当$I(X;Y|Z)=0$（$X \to Y \to Z$构成马尔可夫链）时，等号成立。类似地，可以证明$I(Y;Z) \geqslant I(X;Z)$。

推论 1 特别地，如果$Z = g(Y)$，则$I(X;Y) \geqslant I(X;g(Y))$。这说明数据$Y$的函数不会增加关于$X$的信息量。

推论 2 如果$X \to Y \to Z$，则$I(X;Y|Z) \leqslant I(X;Y)$。

证明：由式（2-6-13）及利用$I(X;Z|Y)=0$（马尔可夫性），$I(X;Z) \geqslant 0$，有

$$I(X;Y|Z) \leqslant I(X;Y) \tag{2-6-15}$$

于是，通过观察随机变量Z，可以看到X与Y的依赖程度会有所降低（或保持不变）。注意，当X、Y、Z不构成马尔可夫链时，有可能$I(X;Y|Z) \geqslant I(X;Y)$。例如，设$X$、$Y$是相互独立的二元随机变量，$Z = X + Y$，则$I(X;Y)=0$，但$I(X;Y|Z) = H(X|Z) - H(X|YZ) = H(X|Z)=p(Z=1)H(X|Z=1)=1/2$（比特）。

2.6.3 数据处理定理

对于收到的消息，通常要用处理器对其做处理，以使消息变换成更有用的形式。图 2.11 展示了消息通过两级处理器的情况。输入消息集合为X，第一级处理器的输出消息集合为Y，第二级处理器的输出消息集合为Z，并假设在Y条件下，X与Z相互独立。

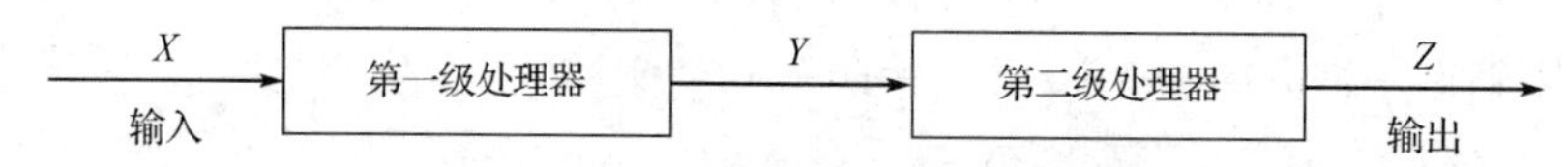

图 2.11 两级处理器示意图

定理 2.7（数据处理定理） 当消息通过多级处理器时，随着处理器数量的增多，输入消

息与输出消息之间的平均互信息量趋于变小。对于图 2.11 所示的两级处理器的情况，有

$$I(X;Z) \leqslant I(Y;Z) \tag{2-6-16}$$

$$I(X;Z) \leqslant I(X;Y) \tag{2-6-17}$$

证明：由式（2-3-26）和式（2-3-28），得

$$I(X;Z) = I(X;Y) + I(X;Z|Y) - I(X;Y|Z) \tag{2-6-18}$$

在式（2-3-27）中替代集合符号（X 替代Y，Y 替代Z，Z 替代X），得

$$I(XY;Z) = I(X;Z) + I(Y;Z|X) \tag{2-6-19}$$

将式（2-6-19）右边的X和Y互换位置，得

$$I(XY;Z) = I(Y;Z) + I(X;Z|Y) \tag{2-6-20}$$

由式（2-6-19）和式（2-6-20）得

$$I(X;Z) = I(Y;Z) + I(X;Z|Y) - I(Y;Z|X) \tag{2-6-21}$$

因为已假设在Y条件下X与Z相互独立，所以有$I(X;Z|Y)=0$，而$I(X;Y|Z)$和$I(Y;Z|X)$均为非负量，因此就得出式（2-6-16）和式（2-6-17）的结果。

式（2-6-16）表明，级联处理器输入消息与输出消息之间的平均互信息量不会超过输出消息与中间消息之间的平均互信息量。式（2-6-17）表明，级联处理器输入消息与输出消息之间的平均互信息量也不会超过输入消息与中间消息之间的平均互信息量。数据处理定理说明，消息处理器会把消息（数据）变换成更有用的形式，但决不会创造出新的信息，使信息量增大。

2.6.4　费诺不等式

假定知道随机变量Y，想进一步推测与之相关的随机变量X的值。费诺不等式将推测的随机变量X的误差概率与它的条件熵$H(X|Y)$联系在一起。在香农信道容量定理的逆定理证明过程中，费诺不等式起到了至关重要的作用。我们希望仅当条件熵$H(X|Y)$较小时，能以较低的误差概率估计随机变量X，费诺不等式正好量化了这个想法。假定要估计的随机变量X具有概率密度函数$p(x)$。我们观察与随机变量X相关的随机变量Y，相应的条件分布为$p(y|x)$，通过Y计算函数$g(Y)=\hat{X}$，其中$\hat{X}$是对X的估计值，其取值空间为$\mathscr{X}$，对$X \neq \hat{X}$的概率设一个下界。注意到$X \to Y \to \hat{X}$形成马尔可夫链。定义误差概率为

$$p_{\mathrm{e}} = \Pr\left\{X \neq \hat{X}\right\} \tag{2-6-22}$$

定理 2.8（费诺不等式）　对任何满足$X \to Y \to \hat{X}$的估计量$\hat{X}$，设$p_{\mathrm{e}} = \Pr\{X \neq \hat{X}\}$，有

$$H(p_{\mathrm{e}}) + p_{\mathrm{e}} \log|\mathscr{X}| \geqslant H(X|\hat{X}) \geqslant H(X|Y) \tag{2-6-23}$$

上述不等式可以减弱为

$$1 + p_{\mathrm{e}} \log|\mathscr{X}| \geqslant H(X|Y) \tag{2-6-24}$$

或

$$p_{\mathrm{e}} \geqslant \frac{H(X|Y)-1}{\log|\mathscr{X}|} \tag{2-6-25}$$

由式（2-6-23）可知，$p_{\mathrm{e}}=0$，从而可推出$H(X|Y)=0$。

证明：定义一个误差随机变量

$$E = \begin{cases} 1 & 如果 X \neq \hat{X} \\ 0 & 如果 X = \hat{X} \end{cases} \tag{2-6-26}$$

利用熵的链式法则将 $H(E,X|\hat{X})$ 以两种不同方式展开，有

$$H(E,X|\hat{X}) = H(X|\hat{X}) + H(E|X,\hat{X}) = \underbrace{H(E|\hat{X})}_{\leqslant H(p_e)} + \underbrace{H(X|E,\hat{X})}_{\leqslant p_e \log|\mathscr{X}|} \tag{2-6-27}$$

由于条件作用使熵减小，可知 $H(E|\hat{X}) \leqslant H(E) = H(p_e)$。因为 E 是 X 和 $\hat{X}$ 的函数，所以条件熵 $H(E|X,\hat{X})$ 等于 0。又因为 E 是二元随机变量，所以 $H(E) = H(p_e)$。对于剩余项 $H(X|E,\hat{X})$ 可以界定如下：

$$H(X|E,\hat{X}) = \Pr(E=0)H(X|\hat{X},E=0) + \Pr(E=1)H(X|\hat{X},E=1) \leqslant (1-p_e)0 + p_e \log|\mathscr{X}|$$

上述不等式成立是因为当 $E=0$ 时，$X=\hat{X}$；当 $E=1$ 时，条件熵的上界为 X 的可能取值个数的对数值。综合这些结果，可得

$$H(p_e) + p_e \log|\mathscr{X}| \geqslant H(X|\hat{X}) \tag{2-6-28}$$

因为 $X \to Y \to \hat{X}$ 构成马尔可夫链，由数据处理不等式可知 $I(X;\hat{X}) \leqslant I(X;Y)$，所以 $H(X|\hat{X}) \geqslant H(X|Y)$。于是有

$$H(p_e) + p_e \log|\mathscr{X}| \geqslant H(X|\hat{X}) \geqslant H(X|Y) \tag{2-6-29}$$

推论 1 对于任意两个随机变量 X 和 Y，设 $p = \Pr(X \neq Y)$，则

$$H(p_e) + p\log|\mathscr{X}| \geqslant H(X|Y) \tag{2-6-30}$$

证明：只需在费诺不等式中令 $\hat{X} = Y$ 即可。

对于任意两个随机变量 X 和 Y，如果估计量 $g(Y)$ 在集合 $\mathscr{X}$ 中取值，那么可以在不等式中将 $\log|\mathscr{X}|$ 替换为 $\log(|\mathscr{X}|-1)$，从而获得更好的结果。$\mathscr{Y}$ 代表随机变量 Y 的支撑集，$\mathscr{X}$ 代表随机变量 X 的支撑集。

推论 2 设 $p_e = \Pr(X \neq \hat{X})$，$\hat{X}$：$\mathscr{Y} \to \mathscr{X}$，则

$$H(p_e) + p_e \log(|\mathscr{X}|-1) \geqslant H(X|Y) \tag{2-6-31}$$

证明：该推论的证明过程与定理 2.8 的证明过程相比，除下面的式子外没有变化。

$$H(X|E,\hat{X}) = \Pr(E=0)H(X|\hat{X},E=0) + \Pr(E=1)H(X|\hat{X},E=1) \leqslant (1-p_e)0 + p_e \log(|\mathscr{X}|-1)$$

式（2-6-31）成立是因为当 $E=0$ 时，$X=\hat{X}$；当 $E=1$ 时，X 的可能取值个数为 $|\mathscr{X}|-1$，因而条件熵的上界为 $\log(|\mathscr{X}|-1)$，即 X 的可能取值个数的对数值。由此可获得一个更好的不等式。

例 2.20 设 (X,Y) 的联合分布如表 2.4 所示，设 $\hat{X}(Y)$ 为 X 的估计量（基于 Y），$p_e = \Pr(\hat{X}(Y) \neq X)$，估计出该题的费诺不等式。

表 2.4 (X,Y) 的联合分布

X	Y	
	a	b
1	1/6	1/12
2	1/12	1/6
3	1/12	1/12

解：根据费诺不等式 $p_e \geqslant \dfrac{H(X|Y)-1}{\log|\mathscr{X}|}$ 可知：

$$
\begin{aligned}
H(X|Y) &= H(X|Y=a)\Pr(y=a)+H(X|Y=b)\Pr(y=b)+H(X|Y=c)\Pr(y=c)\\
&= H\left(\frac{1}{2},\frac{1}{4},\frac{1}{4}\right)\Pr(y=a)+H\left(\frac{1}{2},\frac{1}{4},\frac{1}{4}\right)\Pr(y=b)+H\left(\frac{1}{2},\frac{1}{4},\frac{1}{4}\right)\Pr(y=c)\\
&= H\left(\frac{1}{2},\frac{1}{4},\frac{1}{4}\right)(\Pr(y=a)+\Pr(y=b)+\Pr(y=c))\\
&= H\left(\frac{1}{2},\frac{1}{4},\frac{1}{4}\right)\\
&= 1.5\ （比特/符号）
\end{aligned}
$$

因此

$$p_{\mathrm{e}} \geqslant \frac{1.5-1}{\log 3} \approx 0.316$$

如果我们使用上面提到的更好的不等式形式来计算，可得

$$p_{\mathrm{e}} \geqslant \frac{1.5-1}{\log 2} = 0.5$$

习题

2.1　盒中有 6 只硅管，4 只锗管，试求：

（1）一次取出 2 只都是硅管的概率和该事件的自信息量。

（2）连续取出 2 只硅管的概率和该事件的自信息量。

（3）连续取出 2 只晶体管，1 只是硅管，1 只是锗管的概率和该事件的自信息量。

（4）取 1 只，放回去，再取 1 只都是硅管的概率和该事件的自信息量。

（5）取 3 次（每次 1 只，放回去），有 2 次是硅管的概率和该事件的自信息量。

（6）连取 3 次（每次 1 只，不放回去），有 2 只是硅管的概率和该事件的自信息量。

（7）连取 3 次（每次 1 只，不放回去），都是硅管的概率和该事件的自信息量。

2.2　同时掷两个正常的骰子，也就是各面呈现的概率都是 1/6，求：

（1）“3 和 5 同时出现”这件事的自信息量。

（2）“两个 1 同时出现”这件事的自信息量。

（3）“两个点数的各种组合（无序对）”这件事的熵或平均信息量。

（4）“两个点数之和（2,3,…,12 构成的子集）”这件事的熵。

（5）“两个点数中至少有一个是 1”这件事的自信息量。

2.3　有两个试验 X 和 Y，已给出 $X=\{x_1,x_2,x_3\}$，$Y=\{y_1,y_2,y_3\}$，联合概率 $p(x_iy_j)=p_{ij}$。

（1）如果有人告诉你 X 和 Y 的试验结果，那么你得到的平均信息量是多少？

（2）如果有人告诉你 Y 的试验结果，那么你得到的平均信息量是多少？

（3）在已知 Y 的试验结果的情况下，如果有人告诉你 X 的试验结果，那么你得到的平均信息量是多少？

$$\begin{bmatrix} p_{11} & p_{12} & p_{13} \\ p_{21} & p_{22} & p_{23} \\ p_{31} & p_{32} & p_{33} \end{bmatrix} = \begin{bmatrix} 7/24 & 1/24 & 0 \\ 1/24 & 1/4 & 1/24 \\ 0 & 1/24 & 7/24 \end{bmatrix}$$

2.4 某一无记忆信源的符号集合为[0, 1]，已知 $p(0)=1/4$，$p(1)=3/4$。

（1）求符号的平均熵。

（2）有 100 个符号构成的序列，求某一特定序列（如有 m 个“0”和 $100-m$ 个“1”）的自信息量的表达式和序列的熵。

2.5 每帧电视图像可以认为由 3×10^5 个独立变化的像素组成，每个像素又取 128 个不同的亮度电平，并设亮度是等概率出现的。试问每帧图像含有多少信息量？现假设有一个广播员，在约 10000 个汉字中选 1000 个字来口述这一帧电视图像，试问若要恰当地描述此帧图像，广播员在口述中需要多少个汉字？

2.6 设离散无记忆信源为

$$[X,P]=\begin{bmatrix} a_1 & a_2 & a_3 & a_4 & a_5 & a_6 \\ 0.2 & 0.19 & 0.18 & 0.17 & 0.16 & 0.17 \end{bmatrix}$$

求该信源的熵，并解释为什么 $H(X)>\log 6$ 不能满足信源的极值性。

2.7 有两个二元随机变量 X 和 Y，它们的联合概率如题 2.7 表所示，并定义另一随机变量 $Z=XY$（一般乘积）。试计算：

题 2.7 表 (X,Y) 的联合概率

Y	X	
	0	1
0	1/8	3/8
1	3/8	1/8

（1）$H(X)$、$H(Y)$、$H(Z)$、$H(XZ)$、$H(YZ)$ 和 $H(XYZ)$。

（2）$H(X|Y)$、$H(Y|X)$、$H(X|Z)$、$H(Z|X)$、$H(Y|Z)$、$H(Z|Y)$、$H(X|YZ)$ 和 $H(Z|XY)$。

（3）$I(X;Y)$、$I(X;Z)$、$I(Y;Z)$、$I(X;Y|Z)$、$I(Y;Z|X)$ 和 $I(X;Z|Y)$。

2.8 一个信源发出二重符号序列消息（i,j），其中，第一个符号 i 可以是 A、B、C 中的任意一个；第二个符号 j 可以是 D、E、F、G 中的任意一个。已知各个符号的概率和条件概率如题 2.8 表所示，求这个信源的熵（联合熵 $H(IJ)$）。

题 2.8 表 各个符号的概率和条件概率

$p(i)$		A	B	C
		1/2	1/3	1/6
$p(j\|i)$	D	1/4	3/10	1/6
	E	1/4	1/5	1/2
	F	1/4	1/5	1/6
	G	1/4	3/10	1/6

2.9 在一个二元信道中，信源的消息集合 $X=\{0,1\}$，且 $p(1)=p(0)$，信宿的消息集合 $Y=\{0,1\}$，信道传输概率 $p(1|0)=1/4$，$p(0|1)=1/8$。求：

（1）在接收端收到 $y=0$ 后，接收端所提供的关于传输消息 x 的平均条件互信息量 $I(X;y=0)$。

（2）该情况所能提供的平均互信息量 $I(X;Y)$。

2.10　对任意概率分布的随机变量，证明下述不等式成立。

（1）$H(X|Y)+H(Y|Z)\geqslant H(X|Z)$

（2）$\dfrac{H(X|Y)}{H(XY)}+\dfrac{H(Y|Z)}{H(YZ)}\geqslant\dfrac{H(X|Z)}{H(XZ)}$

2.11　若三个随机变量 X、Y、Z，有 $X+Y=Z$ 成立，其中 X 和 Y 独立，试证：

（1）$H(X)\leqslant H(Z)$

（2）$H(Y)\leqslant H(Z)$

（3）$H(X,Y)\geqslant H(Z)$

（4）$I(X;Z)=H(Z)-H(Y)$

（5）$I(XY;Z)=H(Z)$

（6）$I(X;YZ)=H(Z)$

（7）$I(Y;Z|X)=H(Y)$

（8）$I(X;Y|Z)=H(X|Z)=H(Y|Z)$

2.12　假如一个字符发射器，随机发出 0 和 1 两种字符，真实发出概率分布为 A，但实际不知道 A 的具体分布。通过观察，得到概率分布 B 和 C，各个分布的具体情况如下：

$$A(0)=1/2,\ A(1)=1/2$$
$$B(0)=1/4,\ B(1)=3/4$$
$$C(0)=1/8,\ C(1)=7/8$$

分别计算 A 和 B、A 和 C 的相对熵。

2.13　假设通信发送端信源 P 的真实分布为 $\{1,0,0,0\}$，接收端事先并不知道 P 的真实分布，通过统计分析得到两种预测分布结果：$Q_1\{0.7,0.15,0.1,0.05\}$ 和 $Q_2\{0.6,0.2,0.1,0.1\}$，试从交叉熵角度评估两种预测结果。

2.14　在例 2.7 中我们用 Jensen 不等式证明了相对熵的非负性。试用对数和不等式再次证明，并写出等号成立的条件。

2.15　设 $\Pr(X=i)=p_i$，$i=1,2,\cdots,m$，且 $p_1\geqslant p_2\geqslant p_3\geqslant\cdots\geqslant p_m$，那么 X 的最小误差概率估计量为 $\hat{X}=1$，此时产生的误差概率为 $P_e=1-p_1$。试在约束条件 $1-p_1=p_e$ 下最大化 $H(p)$，由此根据 H 求得 p_e 的取值范围。

2.16　设有一个二元一阶马尔可夫信源，其信源符号为 $X\in(0,1)$，条件概率为

$$p(0|0)=0.25,\ p(0|1)=0.50,\ p(1|0)=0.75,\ p(1|1)=0.50$$

画出状态图并求出各符号稳态概率。

2.17　一阶马尔可夫信源有三个符号 $\{u_1,u_2,u_3\}$，转移概率为

$$p(u_1|u_1)=1/2,\ p(u_2|u_1)=1/2,\ p(u_3|u_1)=0,\ p(u_1|u_2)=1/3,$$
$$p(u_2|u_2)=0,\ p(u_3|u_2)=2/3,\ p(u_1|u_3)=1/3,\ p(u_2|u_3)=2/3,$$
$$p(u_3|u_3)=0$$

画出状态图并求出各符号稳态概率。

2.18　一阶马尔可夫信源的状态图如题 2.18 图所示，该信源的符号集合为 $\{0,1,2\}$。

（1）求信源平稳后的概率分布 $p(0)$、$p(1)$ 和 $p(2)$。

（2）求此信源的熵。

（3）近似认为此信源为无记忆信源时，符号的概率分布等于平稳分布，求近似信源的熵 $H(X)$ 并与 H_∞ 进行比较。

（4）一阶马尔可夫信源符号 P 取何值时，H_∞ 取最大值，当 $P=0$ 或 $P=1$ 时结果如何？

2.19　一阶马尔可夫信源的状态图如题 2.19 图所示，该信源的符号集合为$\{0,1,2\}$。

（1）求信源平稳后的概率分布。

（2）求信源的熵 H_∞。

（3）求当 $p=0$ 或 $p=1$ 时信源的熵，并说明理由。

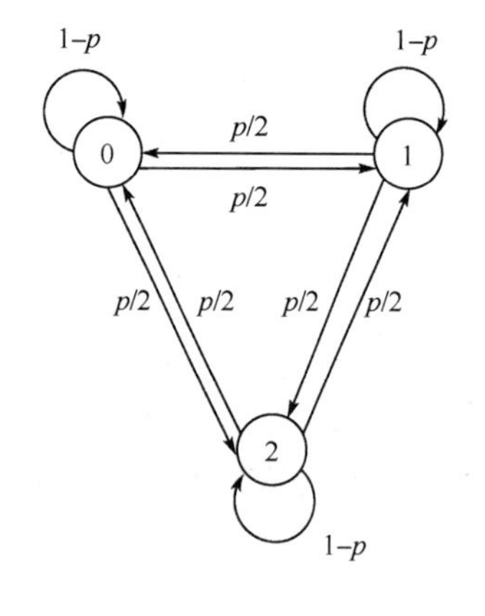

题 2.18 图

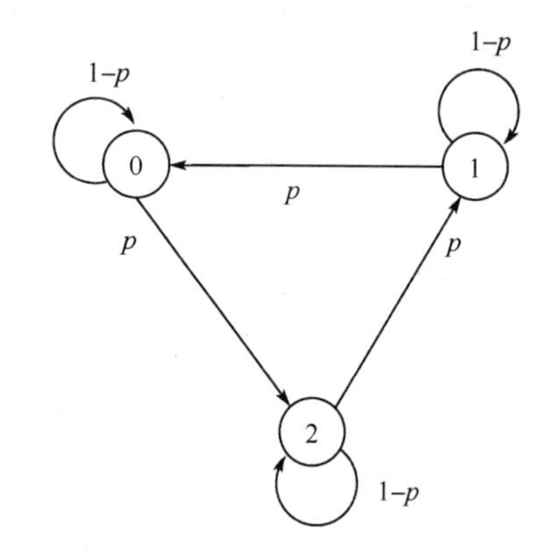

题 2.19 图

2.20　求均值为 m、方差为 σ^2 的高斯信源的熵。

2.21　两个一维随机变量的概率密度函数 $p(x)$ 分别如题 2.21 图（a）和题 2.21 图（b）所示，试问哪一个熵大？

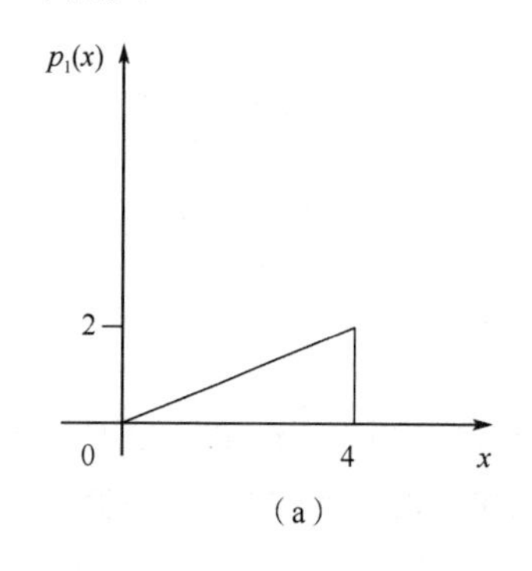

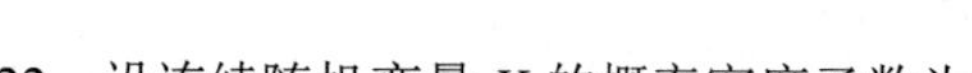

（a）　（b）

题 2.21 图

2.22　设连续随机变量 X 的概率密度函数为

$$p_X(x)=\begin{cases} bx^2, & 0\leqslant x\leqslant a \\ 0, & \text{其他} \end{cases}$$

（1）求 X 的熵。

（2）求 $Y=X+A$（$A>0$）的熵。

（3）求 $Y=2X$ 的熵。

2.23　给定语音信号 X 的概率密度函数为 $p(x)=\frac{1}{2}\lambda \mathrm{e}^{-\lambda|x|}$，$-\infty < x < +\infty$，求微分熵 $H_c(X)$，并证明它小于相同方差的正态变量的微分熵。

2.24　设给定两个随机变量 X_1 和 X_2，它们的联合概率密度函数为

$$p(x_1x_2)=\frac{1}{2\pi}\mathrm{e}^{-(x_1^2+x_2^2)/2}\text{，}\quad -\infty < x_1,\ x_2 < +\infty$$

求随机变量 $Y = X_1 + X_2$ 的概率密度函数，并计算 $H_c(Y)$。

2.25　设某连续信道，其特性如下：

$$p(y|x)=\frac{1}{a\sqrt{3\pi}}\mathrm{e}^{-\left(y-\frac{1}{2}x\right)^2/3a^2}\text{，}\quad -\infty < x,\ y < +\infty$$

而信道输入变量的概率密度函数为 $p(x)=\frac{1}{2a\sqrt{\pi}}\mathrm{e}^{-(x^2/4a^2)}$

试计算：

（1）信源的微分熵 $H_c(X)$。

（2）平均互信息量 $I(X;Y)$。

第3章　信道及其信道容量

信道是以消息形式（电磁信号波形、规范格式数据或者语法约束的语言文字等）传输与存储信息的媒介或通道。由于通道的物理属性（如噪声干扰和带宽受限）或语义属性（如翻译语义变化）等非理想性限制，信息的传输与存储存在差错或损失。信道容量是在信源输出分布可变的条件下的信息传输的最大速率，是通信系统的一个极限性能指标。

本章首先讨论信道及其信道容量的基本概念；然后讨论不同信道的信道容量及其计算方法，主要包括单符号离散信道及其信道容量、多符号离散信道及其信道容量、单符号连续信道和多符号连续信道及其信道容量；最后介绍 MIMO 信道和多址接入信道及其信道容量。

3.1　信道及其信道容量的基本概念

3.1.1　信道的数学模型及其分类

实际通信信道的种类各种各样，如电信道、声信道和光信道等。这些信道可以采用信道输入符号与输出符号，以及它们之间的统计依赖关系进行描述。信源输出的是携带信息的消息，而消息必须转换为能在信道中传输或存储的符号，才能通过信道传送到收信者。并且在传递过程中，由于干扰或噪声的影响，通过信道的符号产生错误或失真，使得信道的输入符号和输出符号之间没有确定的函数关系，而是统计依赖关系。因此，可以通过研究输入符号和输出符号之间的统计依赖关系研究信道。根据符号和信道的不同特点，信道可以按照以下方式分类。

1．根据输入符号和输出符号的特点分类

（1）离散信道。离散信道的输入符号和输出符号在时间和幅度上都是离散的。

（2）连续信道。连续信道的输入符号和输出符号在时间上是离散的，在幅度上是连续的。

（3）半离散半连续信道。半离散半连续信道的输入符号和输出符号中一个是离散的，另一个是连续的。

（4）波形信道。波形信道的输入符号和输出符号在时间和幅度上都是连续的。

2．根据信道中噪声的种类分类

（1）随机差错信道。在随机差错信道中，噪声独立随机影响每个传输信号，如高斯白噪声信道。

（2）突发差错信道。在突发差错信道中，噪声之间是相关的，导致错误信号成串出现，如衰落信道、码间干扰信道。

3．根据信道的参数统计特性分类

（1）恒参信道。恒参信道的统计特性不随时间变化，如卫星信道可近似看成恒参信道。

（2）随参信道。随参信道的统计特性随时间变化，如短波信道和散射信道。

4. 根据信道的记忆特性分类

（1）无记忆信道。输出仅仅与当前输入有关，而与过去输入无关的信道称为无记忆信道。
（2）有记忆信道。输出不仅与当前输入有关，还与过去输入有关的信道称为有记忆信道。

5. 根据信道输入随机变量和输出随机变量的个数分类

（1）单符号信道。单符号信道是输入和输出都只有一个符号的信道，输入和输出都用一个随机变量来表示。

（2）多符号信道。多符号信道是输入和输出有多个符号的信道，输入和输出都用随机变量序列或随机向量来表示。

另外，信道还可以根据用户数量分为单用户信道和多用户信道。在实际系统中，一个信道可以同时具有多种属性，最简单的信道是单符号离散信道。

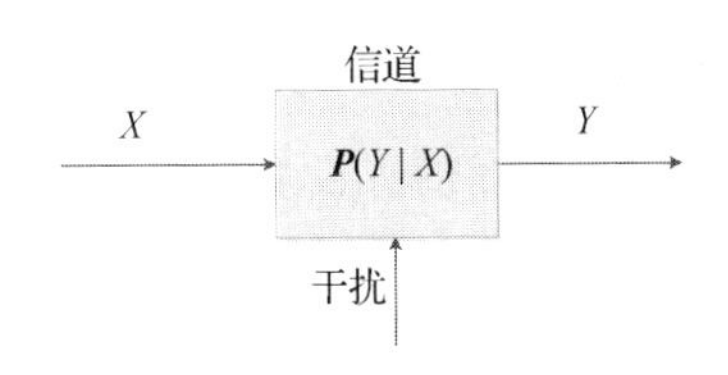

图 3.1　单符号离散信道的数学模型

单符号离散信道的数学模型如图 3.1 所示，用数学符号表示为 $\{X,\boldsymbol{P}(Y|X),Y\}$，随机变量 X 表示信道的输入，取值于集合 $\{x_1,x_2,\cdots,x_n\}$，随机变量 Y 表示信道的输出，取值于集合 $\{y_1,y_2,\cdots,y_m\}$，信道的统计特性由条件概率组成的信道转移矩阵 $\boldsymbol{P}(Y|X)$ 描述，即

$$\boldsymbol{P}(Y|X)=\begin{bmatrix} p(y_1|x_1) & p(y_2|x_1) & \cdots & p(y_m|x_1) \\ p(y_1|x_2) & p(y_2|x_2) & \cdots & p(y_m|x_2) \\ \vdots & \vdots & & \vdots \\ p(y_1|x_n) & p(y_2|x_n) & \cdots & p(y_m|x_n) \end{bmatrix}$$

另外，信道可以看成一个变换器。它将输入事件 $\{X=x\}$ 变换成输出事件 $\{Y=y\}$。输入事件用随机变量 X 表示，输出事件用随机变量 Y 表示，x 变成 y 的可能性用条件概率 $p(y|x)$ 表示。

3.1.2　信道容量的定义

假设信源的熵为 $H(X)$，如果信道没有噪声或干扰，那么在信道输出端接收到的信息量是 $H(X)$，但由于信道中噪声或干扰的存在，输出端接收到的信息量只能是 $I(X;Y)$。因此，$I(X;Y)$ 也可以看作信道的符号信息传输速率 R（也称为信息率），如式（3-1-1）所示，信息率 R 的单位是比特/符号。

$$R=I(X;Y)=H(X)-H(X|Y) \tag{3-1-1}$$

如果传输一个符号平均需要的时间是 t 秒，则单位时间的信息率如式（3-1-2）所示，单位是比特/秒。

$$R_t=\frac{1}{t}I(X;Y)=\frac{1}{t}H(X)-\frac{1}{t}H(X|Y)\ \text{（比特/秒）} \tag{3-1-2}$$

根据平均互信息量的性质可知，$I(X;Y)$ 的大小与输入符号的概率分布 $P(X)$ 和信道转移矩阵 $\boldsymbol{P}(Y|X)$ 有关。对于固定的信道转移矩阵 $\boldsymbol{P}(Y|X)$，$I(X;Y)$ 是 $P(X)$ 的上凸函数，因此总能找到一种概率分布 $P(X)$，使得 $I(X;Y)$ 最大，该最大值就是信道所能传送的最大信息量，称为信道容量（Channel Capacity），即

$$C = \max_{P(X)}\{R\} = \max_{P(X)}\{I(X;Y)\} \text{（比特 / 符号）} \tag{3-1-3}$$

与 R 对应，C 的单位是比特/符号，是信道上每传送一个符号所能携带的比特数。与 R_t 对应，定义时间上的信道容量为

$$C_t = \frac{1}{t}\max_{P(X)}\{R\} = \frac{1}{t}\max_{P(X)}\{I(X;Y)\} \text{（比特 / 秒）} \tag{3-1-4}$$

C_t 的单位是比特/秒，是信道的最大传输速率，与信道容量对应的输入符号的概率分布称为最佳输入分布。

这里需要注意的是，信道容量是描述信道特性的参量，只与信道的统计特性有关。根据信道容量的定义可以看出，信道容量 C 或 C_t 是最佳输入分布下信道的信息率，当信道输入符号的概率分布调整好后，C 或 C_t 就与信道输入符号的概率分布 $P(X)$ 无关，而只与信道转移矩阵 $\boldsymbol{P}(Y|X)$ 有关，所以信道容量是表示信道特性的参量，与信道输入符号的概率分布无关，但是信息传输能力能否达到最大，则取决于信道输入符号的概率分布。因此，信源的输出需要与信道的输入相匹配，这种匹配包括符号匹配和信息匹配。

（1）符号匹配是指信源的输出符号是信道能够传输的符号，即要求信源符号集合就是信道的入口符号集合或入口符号集合的子集，这是实现信息传输的必要条件，否则就不可能通过信道实现符号的传输。这种匹配可以通过在信源与信道之间加入编码器实现，也可以通过信源压缩编码一步完成。

（2）信息匹配是指信息率上的匹配，也就是说，对于某一信道，只有当信道输入符号的概率分布 $P(X)$ 满足一定条件时才能达到信道容量 C。换句话说，就是只有特定的信源才能使某一信道的信息率达到最大。一般情况下，信源与信道连接时，信息率 $R=I(X;Y)$ 并未达到最大，即信道没有得到充分利用。当信源与信道连接时，若信息率达到了信道容量，则称信源与信道匹配；否则，认为信道有冗余。信道的冗余度定义为：信道绝对冗余度 $=C-I(X;Y)$。其中，C 是该信道的信道容量；$I(X;Y)$ 是信源通过该信道实际传输的平均信息量。冗余度大，说明信源与信道的匹配程度低，信道的信息传输能力未得到充分的利用；冗余度小，说明信源与信道的匹配程度高，信道的信息传输能力得到较充分的利用。一般来说，实际信源的概率分布不是信道的最佳输入分布，所以 $I(X;Y) \leqslant C$，冗余度不为零，但是信道的冗余度越小，通信系统的信息传输能力越强。

另外，对于恒参信道，由于信道的统计特性不变，因此其信道容量是一个定值。对于随参信道，由于表示信道特性的参数是随时间变化的，因此其信道容量是一个随机变量，随参信道通常用中断容量和遍历容量描述。在随参信道进行信息传输时，若信道瞬时容量小于用户要求的速率，则信道会发生中断事件，发生这个事件的概率称为中断概率，这个用户要求的速率称为对应于中断概率的中断容量。除了中断容量，随参信道常用遍历容量来衡量系统的整体性能，遍历容量通常是通过对随机信道容量的所有可能的值求平均值来获得的。

3.2 单符号离散信道及其信道容量

虽然从数学方法上，信道容量的计算是求平均互信息量的最大值，但是一般信道容量的计算问题还是比较复杂的。下面首先介绍几种特殊的单符号离散信道及其信道容量，然后介

绍对称离散信道和准对称离散信道及其信道容量，最后介绍一般离散无记忆信道及其信道容量。

3.2.1　特殊的单符号离散信道及其信道容量

1. 无噪无损信道及其信道容量

无噪无损信道的输入和输出之间有确定的一一对应关系，即 $y = f(x)$，其信道转移概率为

$$p(y|x) = \begin{cases} 1 \ , y = f(x) \\ 0 \ , y \neq f(x) \end{cases} \tag{3-2-1}$$

例如，图 3.2（a）所示的信道中，输入符号和输出符号一一对应，即

$$p(y_j | x_i) = p(x_i | y_j) = \begin{cases} 0, i \neq j \\ 1, i = j \end{cases} \quad (i, j = 1, 2, \cdots) \tag{3-2-2}$$

它的信道转移矩阵是单位矩阵

$$\begin{bmatrix} 1 & 0 & \cdots & 0 \\ 0 & 1 & \cdots & 0 \\ \vdots & \vdots & & \vdots \\ 0 & 0 & \cdots & 1 \end{bmatrix}$$

在无噪无损信道中，由于信道的损失熵 $H(X|Y)$ 和信道的噪声熵 $H(Y|X)$ 均为 0，所以这类信道的平均互信息量为

$$I(X;Y) = H(X) = H(Y) \tag{3-2-3}$$

它表示接收到输出符号后，平均获得的信息量就是信源发出的每个符号所含有的平均信息量，信道中无噪声损失。并且由于噪声熵为 0，输出信源的不确定性也没有增加，该信道的信道容量

$$C = \max_{P(X)} \{I(X;Y)\} = \max_{P(X)} \{H(X)\} = \log n \tag{3-2-4}$$

式（3-2-4）中假设输入信源的符号共有 n 个。此类信道的输入和输出之间有确定的一一对应关系，故 $n = m$（m 为输出信源的符号数）。显然，只有当输入信源等概率分布时，此信道的信息率达到极大值。

2. 无噪有损信道及其信道容量

这类信道的前向转移概率 $p(y_j | x_i)$ 等于 0 或 1，即输出是输入的确定函数，但不是一一对应关系，而是多对一关系，因此，后向转移概率 $p(x_i | y_j)$ 不等于 0 或 1，这类信道如图 3.2（b）所示。

这类信道的噪声熵 $H(Y|X) = 0$，而信道疑义度，即损失熵 $H(X|Y) \neq 0$。这类信道接收到输出符号后不能完全消除对输入符号的不确定性，信息有损失，但输出符号的平均不确定性由于噪声熵为 0 而没有增加，所以这类信道称为无噪有损信道，也称为确定信道，其平均互信息量为

$$I(X;Y) = H(Y) < H(X)$$

信道容量为

$$C = \max_{P(X)}\{I(X;Y)\} = \max_{P(X)}\{H(Y)\} = \log m \tag{3-2-5}$$

式（3-2-5）中假设输出信源的符号集合有 m 个符号，其等概率时 $H(Y)$ 最大，且一定能找到一种最佳的输入分布使得输出符号达到等概率分布，这种最佳分布可能不是唯一的。例如，对于图 3.2（b），其信道容量是 1 比特/符号，要达到这一信道容量，对应的信宿概率分布是 $p(y_1) = p(y_2) = 1/2$，对应的信源概率分布可以由前向转移概率和信宿概率分布组成的如下方程组得到。

$$p(y_1) = p(x_1)\times p(y_1 | x_1) + p(x_2)\times p(y_1 | x_2) + p(x_3)\times p(y_1 | x_3)$$
$$p(y_2) = p(x_4)\times p(y_2 | x_4) + p(x_5)\times p(y_2 | x_5)$$

$$\to p(y_1) = p(x_1)\times 1 + p(x_2)\times 1 + p(x_3)\times 1$$
$$\to p(y_2) = p(x_4)\times 1 + p(x_5)\times 1$$

此时使得 $p(y_1) = p(y_2) = 1/2$ 的达到信道容量的信源概率分布 $\left[p(x_i), \sum_{i=1}^{5} p(x_i) = 1 \right]$ 存在，但是不唯一。

3．有噪无损信道及其信道容量

有噪无损信道是输入一个 X 值对应几个输出 Y 值，且每个 X 值所对应的 Y 值不重合，如图 3.2（c）所示。在这类信道中，输入符号通过传输变成若干输出符号，它们虽然不具有一一对应关系，但这些输出符号仍然可以分成互不相交的一些集合。在这类信道中，前向转移概率 $p(y_i | x_i)$ 不为 0 或 1，故信道的噪声熵 $H(Y|X) \neq 0$，但后向转移概率 $p(x_i | y_i)$ 等于 0 或 1，故信道疑义度，即损失熵 $H(X|Y) = 0$。因此有 $I(X;Y) = H(X)$，这类信道的信道容量为

$$C = \max_{P(X)}\{I(X;Y)\} = \max_{P(X)}\{H(X)\} = \log n \tag{3-2-6}$$

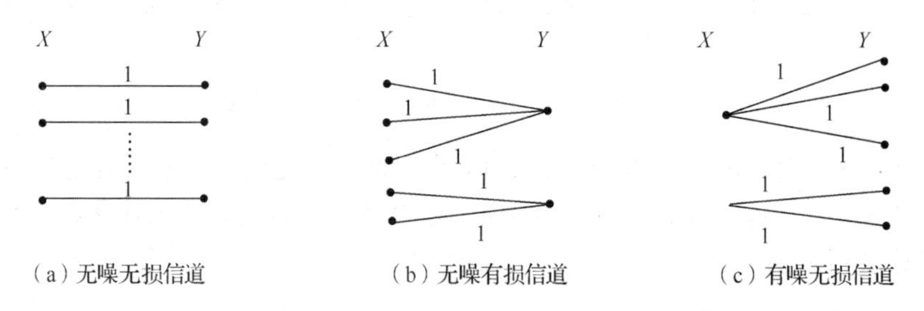

（a）无噪无损信道　（b）无噪有损信道　（c）有噪无损信道

图 3.2　几种特殊的单符号离散信道

综上三种情况，如果严格区分的话，无损信道为损失熵（信道疑义度）等于 0 的信道；无噪信道为噪声熵等于 0 的信道。求这三类信道的信道容量的问题，已经从求平均互信息量 $I(X;Y)$ 的极值问题转化为求 $H(X)$ 或 $H(Y)$ 的极值问题。

3.2.2　对称离散信道及其信道容量

1．强对称离散信道及其信道容量

如果单符号离散信道 $\{X, \boldsymbol{P}(Y|X), Y\}$ 的随机输入变量 X 和输出变量 Y 取值的集合均由 n 个不同的符号组成，每个符号的正确传递概率是 p，错误传递概率是 $\bar{p} = 1-p$，其他 $n-1$ 个

符号的错误传递概率为 $\frac{\bar{p}}{n-1}$，则信道转移矩阵为 $n\times n$ 阶的对称矩阵，即

$$\boldsymbol{P}(Y|X)=\begin{bmatrix} p & \frac{\bar{p}}{n-1} & \cdots & \frac{\bar{p}}{n-1} \\ \frac{\bar{p}}{n-1} & p & \cdots & \frac{\bar{p}}{n-1} \\ \vdots & \vdots & & \vdots \\ \frac{\bar{p}}{n-1} & \frac{\bar{p}}{n-1} & \cdots & p \end{bmatrix}$$

这种信道称为强对称离散信道或均匀信道。信道转移矩阵中不仅每行之和等于 1，每列之和也等于 1。而在一般信道转移矩阵中，每列之和不一定等于 1。

强对称离散信道的信道容量为

$$C=\max_{P(X)}\{I(X;Y)\}=\max_{P(X)}\{H(Y)-H(Y|X)\}$$

式中，条件熵 $H(Y|X)=-\sum_X p(x_i)\sum_Y p(y_j|x_i)\log(y_j|x_i)=\sum_X p(x_i)H(Y|X=x_i)$。

而 $H(Y|X=x_i)=-p\log p-(n-1)\times\left(\frac{\bar{p}}{n-1}\log\frac{\bar{p}}{n-1}\right)$。由于信道的对称性，不同行的元素均是同样元素的不同排列，当 x_i 不同时，$H(Y|X=x_i)$ 只是求和顺序不同，求和结果完全相同，于是得信道容量为

$$C=\max_{P(X)}\left\{H(Y)+p\log p+\bar{p}\log\frac{\bar{p}}{n-1}\right\}$$

上述问题就变成了求一种输入分布使得 $H(Y)$ 取极值的问题了，由于输出符号集合一共有 n 个符号，因此当信道输出符号等概率分布时，$H(Y)$ 达到极大值 $\log n$。

如果信道输入符号等概率分布，即 $p(x_i)=1/n$，则

$$p(y_j)=\sum_i p(x_i)p(y_j|x_i)=\frac{1}{n}\sum_i p(y_j|x_i)$$

当信道转移矩阵强对称时，信道输出符号等概率分布（当 $p(x_1)=p(x_2)=\cdots=p(x_n)=1/n$ 时，$p(y_j)=1/n$，$j=1,2,\cdots,n$）即对于强对称离散信道，当信道输入符号等概率分布时，信道输出符号也一定是等概率分布的。因此强对称离散信道的信息率可达最大值，其信道容量为

$$C=\log n+p\log p+\bar{p}\log\frac{\bar{p}}{n-1} \tag{3-2-7}$$

2．对称离散信道及其信道容量

对于单符号离散信道的信道转移矩阵

$$\boldsymbol{P}(Y|X)=\begin{bmatrix} p(y_1|x_1) & p(y_2|x_1) & \cdots & p(y_m|x_1) \\ p(y_1|x_2) & p(y_2|x_2) & \cdots & p(y_m|x_2) \\ \vdots & \vdots & & \vdots \\ p(y_1|x_n) & p(y_2|x_n) & \cdots & p(y_m|x_n) \end{bmatrix}$$

如果每行都是同一集合 $Q\in\{q_1,q_2,\cdots,q_m\}$ 中各元素的不同排列，则称该矩阵为行可排列的矩阵。如果每列都是同一集合 $P\in\{p_1,p_2,\cdots,p_n\}$ 中各元素的不同排列，则称该矩阵为列可排列的矩阵。如果行和列都是可排列的，则称该矩阵为可排列的矩阵。如果一个矩阵具有可排列

性，则它表示的信道称为对称信道。

对于对称离散信道，若$m<n$，则$Q\subset P$；若$m>n$，则$P\subset Q$。因为矩阵中每个元素既是行集合Q中的元素，也是列集合P中的元素，故当$m\neq n$时，Q和P两个集合中，一个必定是另一个的子集。而当$m=n$时，Q和P是同一个集合。

例如，$\boldsymbol{P}_1(Y|X)=\begin{bmatrix}\frac{1}{3} & \frac{1}{3} & \frac{1}{6} & \frac{1}{6}\\ \frac{1}{6} & \frac{1}{6} & \frac{1}{3} & \frac{1}{3}\end{bmatrix}$是一个对称离散信道转移矩阵。在$\boldsymbol{P}_1(Y|X)$中，$Q=\left\{\frac{1}{3}\ \ \frac{1}{3}\ \ \frac{1}{6}\ \ \frac{1}{6}\right\}$行可排列，$P=\left\{\frac{1}{3}\ \ \frac{1}{6}\right\}$列可排列。

对称离散信道的信道容量为

$$C=\max_{p(x_i)}\{I(X;Y)\}=\max_{P(X)}\{H(Y)-H(Y|X)\}=\max_{P(X)}\left\{H(Y)-\sum_{X}p(x_i)H(Y|X=x_i)\right\}$$

根据平均互信息量的定义，上式可以写成

$$\begin{aligned}C&=\max_{P(X)}\{I(X;Y)\}=\max_{P(X)}\left\{H(Y)+\sum_{i=1}^{n}\sum_{j=1}^{m}p(x_i)p(y_j|x_i)\log p(y_j|x_i)\right\}\\&=\max_{P(X)}\left\{H(Y)-\sum_{i=1}^{n}p(x_i)H_{mi}\right\}\end{aligned}$$

式中，$H_{mi}=H(Y|X=x_i)=\sum_{i=1}^{n}p(y_j|x_i)\log p(y_j|x_i)$，类比强对称离散信道的情况，$H_{mi}$也是一个与输入$X$无关的常数，故对应的信道容量为

$$C=\max_{P(X)}\{H(Y)-H_{mi}\}\tag{3-2-8}$$

当信道转移矩阵对称时，容易证明：若信道输入符号等概率分布，则信道输出符号也是等概率分布的，也就是说，当$p(x_1)=p(x_2)=\cdots=p(x_n)=1/n$时，可得$p(y_j)=1/m$。因此，对称离散信道的信息率可达最大值，其信道容量为

$$C=\log m+\sum_{j=1}^{m}q_j\log q_j\tag{3-2-9}$$

3．二元对称信道及其信道容量

当$n=2$时，对称离散信道称为二元对称信道（BSC），设信道的输入概率空间（信源的分布）是$\begin{pmatrix}X\\P(X)\end{pmatrix}=\begin{pmatrix}0 & 1\\q & \overline{q}\end{pmatrix}$，其中，$\overline{q}=1-q$，信道的转移概率是$p$，如图 3.3 所示，记$\overline{p}=1-p$，则信道的平均互信息量为$I(X;Y)=H(q\overline{p}+\overline{q}p)-H(p)$。

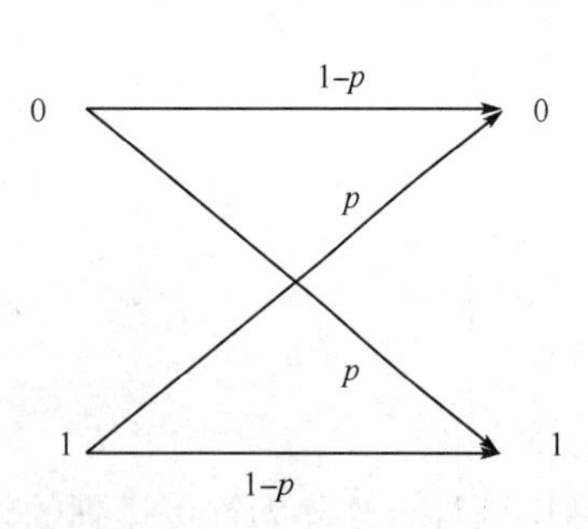

图 3.3　二元对称信道

当信道固定时，$I(X;Y)$是信源概率分布q的上凸函数，如图 3.4 所示。从图 3.4 中可以看出，当二元对称信道的信道转移矩阵固定后，输入变量的概率分布不同，信道接收端平均每个符号获得的信息量也就不同。只有当输入变量等概率分布时，信道接收端平均每个符号获得的信息量才最大。

当信源固定时，$I(X;Y)$ 是信道转移概率 p 的下凸函数。当信源等概率分布时，$I(X;Y)$ 的值等于信道容量 $C=1-H(p)$，如图 3.5 所示。从图 3.5 中可以看出，当 $p=0$ 时，信道转移概率是 0，无差错，信道容量达到最大，每符号 1 比特，输入端的信息全部传输至接收端。当 $p=1/2$ 时，错误率与正确率相同，从接收端得不到关于输入端的任何信息，互信息量为 0，即信道容量为 0。当 p 的取值在 $(1/2,1]$ 时，可在二元对称信道的接收端颠倒 0 和 1，使信道容量关于 $p=1/2$ 点中心对称。

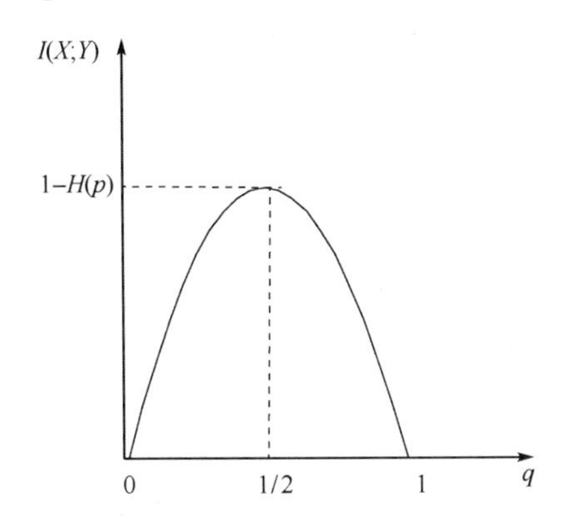

图 3.4　信道固定时二元对称信道的平均互信息量

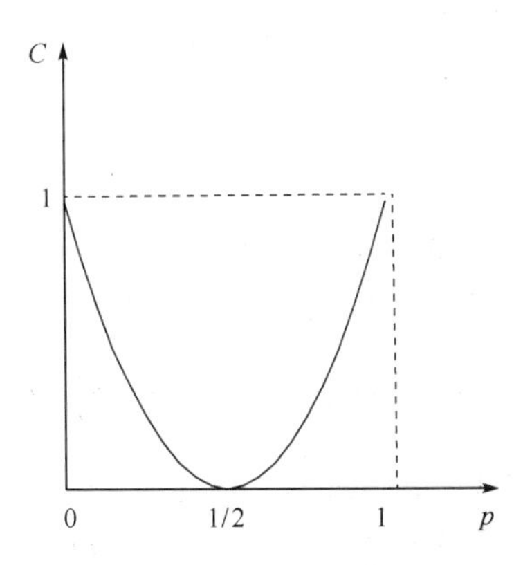

图 3.5　信源固定时二元对称信道的信道容量

例 3.1　已知二元对称信道的信道转移矩阵为

$$\boldsymbol{P}(Y|X)=\begin{bmatrix}0.9 & 0.1\\ 0.1 & 0.9\end{bmatrix}$$

求信道容量 C 及达到 C 的信源概率分布 $P(X)$。

解：根据二元对称信道的信道容量表达式，可知

$$C=\log 2+0.9\log 0.9+0.1\log 0.1\approx 0.531 \text{（比特/符号）}$$

此时

$$p(x_1=0)=p(x_2=1)=\frac{1}{2}$$

例 3.2　已知二元输入-四元输出的对称离散信道的信道转移矩阵如下：

$$\boldsymbol{P}(Y|X)=\begin{bmatrix}1/3 & 1/6 & 1/6 & 1/3\\ 1/6 & 1/3 & 1/3 & 1/6\end{bmatrix}$$

求信道容量 C 及达到 C 的信源概率分布 $P(X)$。

解：根据对称离散信道的信道容量表达式，可知

$$C=\log 4+2\times\frac{1}{3}\log\frac{1}{3}+2\times\frac{1}{6}\log\frac{1}{6}\approx 0.082 \text{（比特/符号）}$$

此时

$$p(x_1=0)=p(x_2=1)=\frac{1}{2}$$

3.2.3　准对称离散信道及其信道容量

假设一个 n 行 m 列单符号离散信道转移矩阵 $\boldsymbol{P}$ 是行可排列、列不可排列的，若信道转移矩阵 $\boldsymbol{P}$ 的列可以划分成若干个互不相交的子集 B_k，由 B_k 组成的矩阵 $\boldsymbol{P}_k$ 具有可排列性，则称

信道转移矩阵 $\boldsymbol{P}$ 所对应的信道是准对称离散信道。

根据准对称离散信道的定义可以看出，准对称离散信道转移矩阵中每行的元素相同，是行可排列的，但是每列的元素不相同，是列不可排列的，因此 $H(Y)$ 的最大值可能小于 Y 等概率时的熵。在一般情况下，可以根据平均互信息量是输入符号概率的上凸函数的性质，以及信道容量的定义，通过引入拉格朗日乘子法解极值问题，求得输入符号概率和最大互信息量，从而得到准对称离散信道的信道容量。

可以证明，准对称离散信道的信道容量的输入分布是等概率分布，准对称离散信道的信道容量的表达式为

$$C=\log n-H(q_1,q_2,\cdots,q_m)-\sum_{k=1}^{r}N_k\log M_k \tag{3-2-10}$$

式中，n 是输入符号集合的个数；$(q_1,q_2,\cdots,q_m)$ 是准对称离散信道转移矩阵中的一行元素；r 是互不相交的子集的个数；N_k 是第 k 个子矩阵中的一行元素之和；M_k 是第 k 个子矩阵中的一列元素之和；$H(q_1,q_2,\cdots,q_m)=-\sum_{i=1}^{m}q_i\log q_i$ 。

例 3.3 请判断下列信道转移矩阵 $\boldsymbol{P}$ 所对应的信道是否是准对称离散信道。

解：信道转移矩阵 $\boldsymbol{P}$ 可以划分成两个子矩阵 $\boldsymbol{P}_1$ 和 $\boldsymbol{P}_2$，它们满足对称性，所以信道转移矩阵 $\boldsymbol{P}$ 所对应的信道是准对称离散信道。

$$\boldsymbol{P}(Y|X)=\begin{bmatrix}1/2 & 1/4 & 1/8 & 1/8\\ 1/4 & 1/2 & 1/8 & 1/8\end{bmatrix}\quad \boldsymbol{P}_1(Y|X)=\begin{bmatrix}1/2 & 1/4\\ 1/4 & 1/2\end{bmatrix}\quad \boldsymbol{P}_2(Y|X)=\begin{bmatrix}1/8 & 1/8\\ 1/8 & 1/8\end{bmatrix}$$

例 3.4 求例 3.3 中信道转移矩阵 $\boldsymbol{P}$ 所对应的信道的信道容量。

解：
$$\begin{aligned}C&=\log 2-H(1/2,1/4,1/8,1/8)-(1/2+1/4)\log(1/2+1/4)-\\&\quad(1/8+1/8)\log(1/8+1/8)\\&\approx 1-\frac{1}{2}-\frac{1}{2}-\frac{3}{4}+0.3113+\frac{1}{2}=-0.75+0.3113+0.5=0.0613\text{（比特 / 符号）}\end{aligned}$$

例 3.5 求下列信道转移矩阵 $\boldsymbol{P}$ 所对应的信道的信道容量。

$$\boldsymbol{P}(Y|X)=\begin{bmatrix}1/3 & 1/3 & 1/6 & 1/6\\ 1/6 & 1/3 & 1/6 & 1/3\end{bmatrix}$$

解：该矩阵可以分解成以下 3 个对称矩阵：

$$\boldsymbol{P}_1(Y|X)=\begin{bmatrix}1/3 & 1/6\\ 1/6 & 1/3\end{bmatrix}\quad \boldsymbol{P}_2(Y|X)=\begin{bmatrix}1/3\\ 1/3\end{bmatrix}\quad \boldsymbol{P}_3(Y|X)=\begin{bmatrix}1/6\\ 1/6\end{bmatrix}$$

利用准对称离散信道的信道容量表达式，可得

$$\begin{aligned}C&=\log 2-H(1/3,1/3,1/6,1/6)-(1/3+1/6)\log(1/3+1/6)-\\&\quad(1/3)\log(1/3+1/3)-(1/6)\log(1/6+1/6)\\&\approx 0.041\text{（比特/符号）}\end{aligned}$$

另外，也可以根据 $I(X;Y)=H(Y)-H(Y|X)$ 计算准对称离散信道的信道容量 C。这时可以首先根据信道输入消息的概率分布 $P(X)$（等概率分布）和信道转移矩阵 $\boldsymbol{P}(Y|X)$，求出联合概率 $P(XY)$，再根据 $p(y_j)=\sum_{i=1}^{m}p(x_iy_j)$，求出各个 $p(y_j)$，最后由 $I(X;Y)=H(Y)-H(Y|X)$ 得到 $I(X;Y)$，这个值就是平均互信息量的极大值，在数值上等于信道容量 C。

二元删除信道如图 3.6 所示，其信道转移矩阵表示为

$$\boldsymbol{P}(Y\mid X)=\begin{bmatrix}1-p-q & q & p\\ p & q & 1-p-q\end{bmatrix}$$

根据式（3-2-10）可得对应信道的信道容量为

$$\begin{aligned}C&=1-H(1-p-q,\ q,p)-(1-q)\log(1-q)-q\log 2q\\&=1+(1-p-q)\log(1-p-q)+q\log q+p\log p-(1-q)\log(1-q)-q\log 2q\\&=p\log p+(1-p-q)\log(1-p-q)+(1-q)-(1-q)\log(1-q)\\&=p\log p+(1-p-q)\log(1-p-q)+(1-q)\log\frac{2}{1-q}\end{aligned}\tag{3-2-11}$$

当 $p=0$ 时，信道转移矩阵为

$$\boldsymbol{P}(Y\mid X)=\begin{bmatrix}1-q & q & 0\\ 0 & q & 1-q\end{bmatrix}$$

对应信道称为二元纯删除信道，如图 3.7 所示。根据准对称离散信道的信道容量公式，可得二元纯删除信道的信道容量为

$$\begin{aligned}C&=\log 2-H(1-q,q,0)-(1-q)\log(1-q)-q\log 2q\\&=(1-q)\log(1-q)+(1-q)\log\frac{2}{1-q}\\&=1-q\end{aligned}\tag{3-2-12}$$

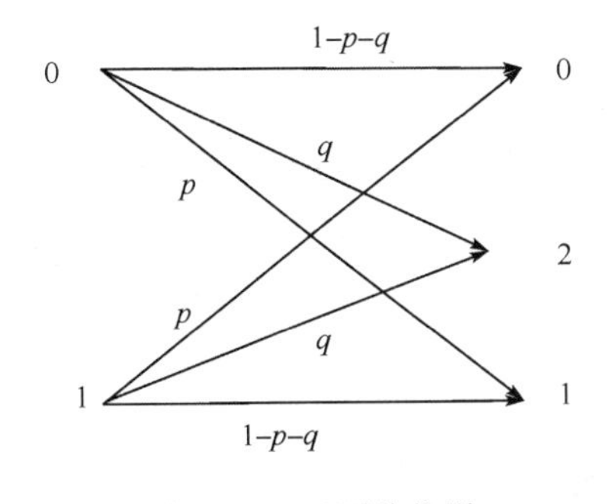

图 3.6　二元删除信道

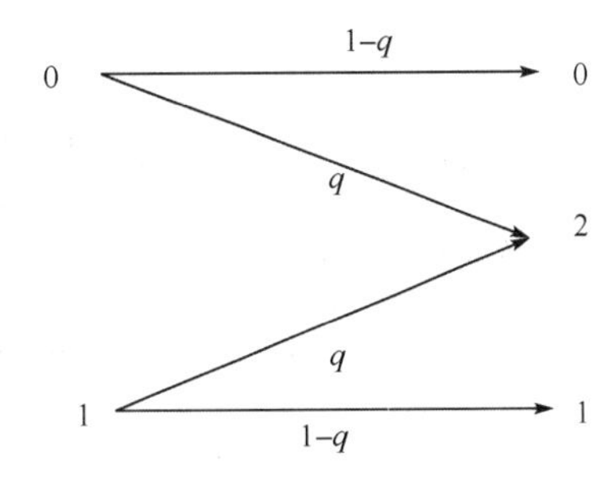

图 3.7　二元纯删除信道

3.2.4　一般离散无记忆信道及其信道容量

以输入符号概率分布为自变量求函数 $I(X;Y)$ 极大值，即求信道容量问题，从数学上看是一个规划问题。

对于一般离散无记忆信道而言，求其信道容量，就是在信道固定的条件下，对所有可能的输入符号概率分布，求平均互信息量的极大值。由于 $I(X;Y)$ 是输入符号概率分布的上凸函数，所以极大值一定存在。

因为 $I(X;Y)$ 是 n 个变量 $\{p(x_1),p(x_2),\cdots,p(x_n)\}$ 的多元函数，并满足

$$\sum_{i=1}^{n}p(x_i)=1\tag{3-2-13}$$

所以可以用拉格朗日乘子法来计算这个条件极值，引入拉格朗日函数

$$\varPhi=I(X;Y)-\lambda\left[\sum_{i=1}^{n}p(x_i)-1\right]\tag{3-2-14}$$

式中，λ 为拉格朗日乘子。令上述函数关于 $p(x_i)$ 的导数为 0，即

$$\frac{\partial \Phi}{\partial p(x_i)}=\frac{\partial\left\{I(X;Y)-\lambda\left[\sum_{i=1}^{n}p(x_i)-1\right]\right\}}{\partial p(x_i)}=0 \tag{3-2-15}$$

由于

$$\frac{\partial p(y_j)}{\partial p(x_k)}=\frac{\partial}{\partial p(x_k)}\sum_{i=1}^{n}p(x_i)p(y_j|x_i)=p(y_j|x_k),\quad k=1,2,\cdots,n$$

故

$$\begin{aligned}&\frac{\partial}{\partial p(x_k)}\left[-\sum_{j=1}^{m}p(y_j)\log p(y_j)\right]\\&=-\sum_{j=1}^{m}[p(y_j|x_k)\log p(y_j)+\log \mathrm{e}p(y_j|x_k)],\quad k=1,2,\cdots,n\end{aligned}$$

从而有

$$\begin{aligned}&\frac{\partial}{\partial p(x_k)}\left\{\sum_{i=1}^{n}\sum_{j=1}^{m}p(x_i)p(y_j|x_i)\log p(y_j|x_i)-\lambda\left[\sum_{i=1}^{n}p(x_i)-1\right]\right\}\\&=\sum_{j=1}^{m}p(y_j|x_k)\log p(y_j|x_k)-\lambda,\quad k=1,2,\cdots,n\end{aligned}$$

即

$$-\sum_{j=1}^{m}[p(y_j|x_k)\log p(y_j)+\log \mathrm{e}p(y_j|x_k)]+\sum_{j=1}^{m}p(y_j|x_k)\log p(y_j|x_k)-\lambda=0,$$
$$k=1,2,\cdots,n$$

$$\begin{aligned}&\sum_{j=1}^{m}[-p(y_j|x_k)\log p(y_j)+p(y_j|x_k)\log p(y_j|x_k)]\\&=\sum_{j=1}^{m}p(y_j|x_k)\log\frac{p(y_j|x_k)}{p(y_j)}=\log \mathrm{e}+\lambda,\quad k=1,2,\cdots,n\end{aligned}$$

整理得

$$\sum_{k=1}^{n}p(x_k)\sum_{j=1}^{m}p(y_j|x_k)\log\frac{p(y_j|x_k)}{p(y_j)}=\sum_{k=1}^{n}p(x_k)[\log \mathrm{e}+\lambda],\quad k=1,2,\cdots,n \tag{3-2-16}$$

式中，$\log \mathrm{e}+\lambda$ 为平均互信息量的极大值，即

$$C=\log \mathrm{e}+\lambda \tag{3-2-17}$$

将式（3-2-17）代入式（3-2-16）中得

$$\begin{aligned}&\sum_{j=1}^{m}p(y_j|x_k)\log p(y_j|x_k)=\sum_{j=1}^{m}p(y_j|x_k)\log p(y_j)+C\\&=\sum_{j=1}^{m}p(y_j|x_k)[\log p(y_j)+C]=\sum_{j=1}^{m}p(y_j|x_k)\beta_j,\quad k=1,2,\cdots,n\end{aligned}$$

令

$$\beta_j=\log p(y_j)+C \tag{3-2-18}$$

再由式（3-2-18）得

$$p(y_j)=2^{\beta_j-C} \tag{3-2-19}$$

将式（3-2-19）两边关于 j 求和

$$\sum_{j=1}^{m}p(y_j)=\sum_{j=1}^{m}2^{\beta_j-C}=2^{-C}\sum_{j=1}^{m}2^{\beta_j}=1 \tag{3-2-20}$$

易得

$$2^C=\sum_{j=1}^{m}2^{\beta_j}$$

则

$$C=\log\left(\sum_{j=1}^{m}2^{\beta_j}\right) \tag{3-2-21}$$

对于一般离散信道，当 $n=m$ 并且信道转移矩阵是非奇异矩阵时，信道容量的计算步骤如下。

（1）由 $\sum_{j=1}^{m}p(y_j|x_i)\beta_j=\sum_{j=1}^{m}p(y_j|x_i)\log p(y_j|x_i)$，$i=1,2,\cdots,n$，求 β_j，$j=1,2,\cdots,m$。

（2）由 $C=\log\left(\sum_{j=1}^{m}2^{\beta_j}\right)$，求 C。

（3）由 $p(y_j)=2^{\beta_j-C}$，求 $p(y_j)$，$j=1,2,\cdots,m$。

（4）由 $p(y_j)=\sum_{i=1}^{n}p(x_i)p(y_j|x_i)$，求 $p(x_i)$，$i=1,2,\cdots,n$。

需要强调指出的是，在第（2）步信道容量 C 被求出后，计算并没有结束，必须解出相应的 $p(x_i)$，并确认所有的 $p(x_i)$ 都大于 0 时，所求的 C 才存在。因为在求偏导时只要求概率和为 1，并没有要求其大于 0。

另外需要注意的是，当 $n<m$ 时，第（1）步计算比较困难。即使已经求出解，也无法保证求得的输入符号概率都大于或等于 0。因此，必须进行反复试算，但这会使运算变得非常复杂。近年来，人们采用计算机，运用迭代算法求解。离散无记忆信道（DMC）容量的迭代算法是 1972 年由 Blahut 和 Arimoto 分别独立提出的一种算法，现在称为 Blahut-Arimoto 算法。它是一种有效的数值算法，能以任意给定的精度及有限步数算出任意离散无记忆信道的信道容量。通常情况下，利用 $I(X;Y)$ 最大化计算离散无记忆信道的信道容量，信道输入符号的概率空间 $\{p(x_i)\}$ 必须满足的充分必要条件是

$$\begin{cases} I(x_i;Y)=C\text{，对于所有满足 } p(x_i)>0 \text{ 条件的} i \\ I(x_i;Y)\leqslant C\text{，对于所有满足 } p(x_i)=0 \text{ 条件的} i \end{cases} \tag{3-2-22}$$

也就是说，当信道平均互信息量达到信道容量时，信道的每个输入符号 x_i 对输出 Y 都提供相同的互信息量，其中 $p(x_i)>0$。这个充分必要条件也可以做如下直观理解：假如在给定的某种输入符号分布下，有一个输入符号 $x=x_i$ 对输出 Y 所提供的平均互信息量 $I(x_i;Y)$ 比其他输入符号所提供的大，那么在传输的过程中就可以更多地使用这个符号，这样就增大了 x_i 出现的概率 $p(x_i)$，从而导致加权平均后的 $I(X;Y)=\sum_{i}p(x_i)I(x_i;Y)$ 增大。但是，根据平均互

信息量的定义，增大 x_i 出现的概率 $p(x_i)$ 就会改变输入符号的分布，使得 x_i 对输出 Y 所提供的平均互信息量 $I(x_i;Y)=\sum_j p(y_i\mid x_j)\log\dfrac{p(x_i\mid y_j)}{p(x_i)}$ 减小，而其他输入符号对应的平均互信息量增大。因此，经过这样的不断调整输入符号的概率分布，最终可以使每个概率不为零的输入符号对输出 Y 所提供的平均互信息量相同，即对于所有满足 $p(x_i)>0$ 的输入符号 x_i，$I(x_i;Y)=C$。采用这种方法计算信道容量，通常得到的最佳分布不一定是唯一的，只需使平均互信息量最大且满足式（3-2-22）的充分必要条件即可。

3.3 多符号离散信道及其信道容量

前面讨论的离散信道是输入和输出都是单个随机变量的信道。然而一般离散信道的输入和输出却是一系列时间（或空间）离散的随机变量，即随机向量。信源和信宿用随机向量表示，分别记为 $\boldsymbol{X}$ 和 $\boldsymbol{Y}$，信道特性用向量条件概率分布描述，用 $\boldsymbol{P}(\boldsymbol{Y}\mid\boldsymbol{X})$ 表示。

3.3.1 多符号离散信道的数学模型

多符号离散信道的输入和输出均为两个以上的随机变量，构成随机变量序列（随机向量）。信源和信宿用随机变量序列表示，分别记为 $\boldsymbol{X}$ 和 $\boldsymbol{Y}$，其中 $\boldsymbol{X}=X_1X_2\cdots X_N$，$X_i\in\{x_1,x_2,\cdots,x_n\}$，$i=1,2,\cdots,n$，$\boldsymbol{Y}=Y_1Y_2\cdots Y_M$，$Y_i\in\{y_1,y_2,\cdots,y_m\}$，$j=1,2,\cdots,m$，则信源 $\boldsymbol{X}$ 有 n^N 个不同的序列 $\boldsymbol{\alpha}_i$，$i=1,2,\cdots,n^N$，信宿 $\boldsymbol{Y}$ 有 m^M 个不同的序列 $\boldsymbol{\beta}_j$，$j=1,2,\cdots,m^M$。

多符号离散信源 $\boldsymbol{X}$ 的数学模型可描述为

$$\begin{pmatrix}\boldsymbol{X}\\ P(\boldsymbol{X})\end{pmatrix}=\begin{pmatrix}\boldsymbol{\alpha}_1 & \boldsymbol{\alpha}_2 & \cdots & \boldsymbol{\alpha}_{n^N}\\ p(\boldsymbol{\alpha}_1) & p(\boldsymbol{\alpha}_2) & \cdots & p(\boldsymbol{\alpha}_{n^N})\end{pmatrix},\quad \sum_{i=1}^{n^N}p(\boldsymbol{\alpha}_i)=1,\quad 0\leqslant p(\boldsymbol{\alpha}_i)\leqslant 1 \tag{3-3-1}$$

多符号离散信宿 $\boldsymbol{Y}$ 的数学模型可描述为

$$\begin{pmatrix}\boldsymbol{Y}\\ P(\boldsymbol{Y})\end{pmatrix}=\begin{pmatrix}\boldsymbol{\beta}_1 & \boldsymbol{\beta}_2 & \cdots & \boldsymbol{\beta}_{m^M}\\ p(\boldsymbol{\beta}_1) & p(\boldsymbol{\beta}_2) & \cdots & p(\boldsymbol{\beta}_{m^M})\end{pmatrix},\quad \sum_{j=1}^{m^M}p(\boldsymbol{\beta}_j)=1,\quad 0\leqslant p(\boldsymbol{\beta}_j)\leqslant 1 \tag{3-3-2}$$

多符号离散信道的数学模型可以用序列（向量）条件概率分布描述为

$$\begin{gathered}\begin{pmatrix}\boldsymbol{Y}\\ P(\boldsymbol{Y}|\boldsymbol{X})\end{pmatrix}=\begin{pmatrix}\boldsymbol{\beta}_1|\boldsymbol{\alpha}_1 & \cdots & \boldsymbol{\beta}_j|\boldsymbol{\alpha}_i & \cdots & \boldsymbol{\beta}_{m^M}|\boldsymbol{\alpha}_{n^N}\\ p(\boldsymbol{\beta}_1|\boldsymbol{\alpha}_1) & \cdots & p(\boldsymbol{\beta}_j|\boldsymbol{\alpha}_i) & \cdots & p(\boldsymbol{\beta}_{m^M}|\boldsymbol{\alpha}_{n^N})\end{pmatrix}\\ 0\leqslant p(\boldsymbol{\beta}_j|\boldsymbol{\alpha}_i)\leqslant 1,\quad \sum_{j=1}^{m^M}p(\boldsymbol{\beta}_j|\boldsymbol{\alpha}_i)=1\end{gathered} \tag{3-3-3}$$

也可以用信道转移矩阵描述为

$$\boldsymbol{P}(Y_1Y_2\cdots Y_M|X_1X_2\cdots X_N)=\begin{bmatrix}p(\boldsymbol{\beta}_1|\boldsymbol{\alpha}_1) & p(\boldsymbol{\beta}_2|\boldsymbol{\alpha}_1) & \cdots & p(\boldsymbol{\beta}_{m^M}|\boldsymbol{\alpha}_1)\\ p(\boldsymbol{\beta}_1|\boldsymbol{\alpha}_2) & p(\boldsymbol{\beta}_2|\boldsymbol{\alpha}_2) & \cdots & p(\boldsymbol{\beta}_{m^M}|\boldsymbol{\alpha}_2)\\ \vdots & \vdots & & \vdots\\ p(\boldsymbol{\beta}_1|\boldsymbol{\alpha}_{n^N}) & p(\boldsymbol{\beta}_2|\boldsymbol{\alpha}_{n^N}) & \cdots & p(\boldsymbol{\beta}_{m^M}|\boldsymbol{\alpha}_{n^N})\end{bmatrix} \tag{3-3-4}$$

式中，信道转移矩阵中每行元素之和等于 1。

3.3.2　多符号离散信道的信道容量

为了得到多符号离散信道的信道容量，下面先计算多符号离散信道的平均互信息量。用向量 $\boldsymbol{X}$ 和 $\boldsymbol{Y}$ 代替单符号离散信道中的随机变量 X 和 Y，得到 $\boldsymbol{Y}$ 对 $\boldsymbol{X}$ 的多符号离散信道的平均互信息量：

$$I(\boldsymbol{X};\boldsymbol{Y})=\sum_{i=1}^{n^N}\sum_{j=1}^{m^M}p(\boldsymbol{\alpha}_i\boldsymbol{\beta}_j)I(\boldsymbol{\alpha}_i;\boldsymbol{\beta}_j)=\sum_{i=1}^{n^N}\sum_{j=1}^{m^M}p(\boldsymbol{\alpha}_i\boldsymbol{\beta}_j)\log\frac{p(\boldsymbol{\alpha}_i|\boldsymbol{\beta}_j)}{p(\boldsymbol{\alpha}_i)} \tag{3-3-5}$$

同理，也可以得到 $\boldsymbol{X}$ 对 $\boldsymbol{Y}$ 的多符号离散信道的平均互信息量定义为

$$I(\boldsymbol{Y};\boldsymbol{X})=\sum_{i=1}^{n^N}\sum_{j=1}^{m^M}p(\boldsymbol{\alpha}_i\boldsymbol{\beta}_j)I(\boldsymbol{\beta}_j;\boldsymbol{\alpha}_i)=\sum_{i=1}^{n^N}\sum_{j=1}^{m^M}p(\boldsymbol{\alpha}_i\boldsymbol{\beta}_j)\log\frac{p(\boldsymbol{\beta}_j|\boldsymbol{\alpha}_i)}{p(\boldsymbol{\beta}_j)} \tag{3-3-6}$$

由于 $p(\boldsymbol{\alpha}_i|\boldsymbol{\beta}_j)=p(\boldsymbol{\alpha}_i\boldsymbol{\beta}_j)/p(\boldsymbol{\beta}_j)$，则根据式（3-3-5）很容易推出

$$I(\boldsymbol{X};\boldsymbol{Y})=\sum_{i=1}^{n^N}\sum_{j=1}^{m^M}p(\boldsymbol{\alpha}_i\boldsymbol{\beta}_j)I(\boldsymbol{\alpha}_i;\boldsymbol{\beta}_j)=\sum_{i=1}^{n^N}\sum_{j=1}^{m^M}p(\boldsymbol{\alpha}_i\boldsymbol{\beta}_j)\log\frac{p(\boldsymbol{\alpha}_i\boldsymbol{\beta}_j)}{p(\boldsymbol{\alpha}_i)p(\boldsymbol{\beta}_j)} \tag{3-3-7}$$

与单符号离散信道类似，容易证明，式（3-3-5）、式（3-3-6）和式（3-3-7）是等效的。

根据信道容量的定义，多符号离散信道的信道容量为

$$C=\max_{p(\boldsymbol{\alpha}_i)}\left\{I(\boldsymbol{X};\boldsymbol{Y})\right\},\ i=1,2,\cdots,n^N \tag{3-3-8}$$

多符号离散信道的信道容量的计算比较复杂，特别是有记忆的离散序列信道的信道容量的计算，至今没有有效的求解方法。下面主要讨论几种特殊的多符号离散信道的信道容量。

3.3.3　离散无记忆信道的 N 次扩展信道的信道容量

多符号离散扩展信道相当于单符号离散信道在 N 个不同时刻连续运用了 N 次，这种信道称为单符号离散信道的 N 次扩展信道，这时 $M=N$，即 $\boldsymbol{X}=X_1X_2\cdots X_N$，$\boldsymbol{Y}=Y_1Y_2\cdots Y_N$，其数学模型如图 3.8 所示。单符号离散信道的 N 次扩展信道中，k 时刻的输出 Y_k 与 k 时刻之前的输入 $X_1X_2\cdots X_{k-1}$ 和输出 $Y_1Y_2\cdots Y_{k-1}$，以及 k 时刻之后的输入 $X_{k+1}X_{k+2}\cdots X_N$ 之间的依赖关系不同，形成的多符号离散扩展信道的性质也不同。

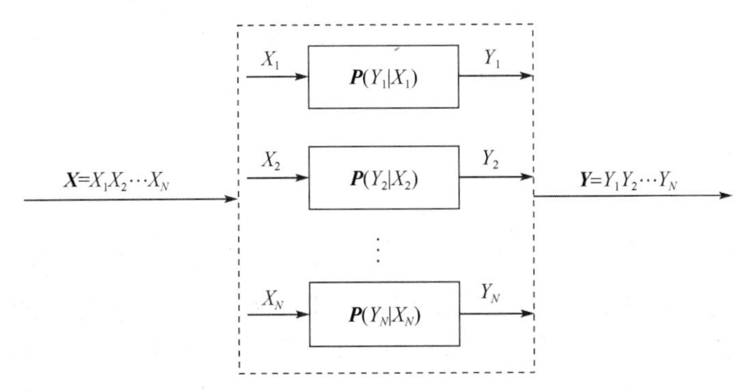

图 3.8　单符号离散信道的 N 次扩展信道的数学模型

如果多符号离散扩展信道的转移概率满足以下关系：

$$p(\boldsymbol{\beta}_j|\boldsymbol{\alpha}_i)=p(y_{j_1}y_{j_2}\cdots y_{j_N}|x_{i_1}x_{i_2}\cdots x_{i_N})=p(y_{j_1}|x_{i_1})p(y_{j_2}|x_{i_2})\cdots p(y_{j_N}|x_{i_N}) \tag{3-3-9}$$

$$i=1,2,\cdots,n^N,\ j=1,2,\cdots,m^N,\ i_1,i_2,\cdots,i_N=1,2,\cdots,n,\ j_1,j_2,\cdots,j_N=1,2,\cdots,m$$

则称这种扩展信道为离散无记忆信道的 N 次扩展信道，因此这种信道的数学模型也可以用图 3.9 表示。

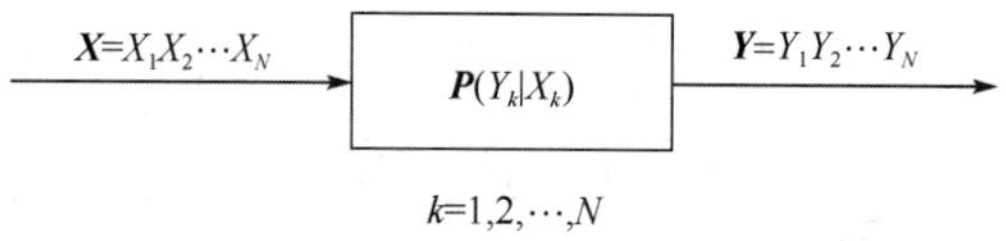

$\boldsymbol{X}=X_1X_2\cdots X_N$ → $\boldsymbol{P}(Y_k|X_k)$ → $\boldsymbol{Y}=Y_1Y_2\cdots Y_N$

$k=1,2,\cdots,N$

图 3.9 离散无记忆信道的 N 次扩展信道的数学模型

如果信源是离散无记忆信源的 N 次扩展信源，扩展信源中的随机变量 X_i 都取自且取遍于同一符号集合 $\{x_1,x_2,\cdots,x_n\}$，并具有相同的概率分布 $\{p(x_1),p(x_2),\cdots,p(x_n)\}$，则这种离散无记忆信道的 N 次扩展信道的平均互信息量满足以下关系：

$$\begin{aligned}
&I(Y_1Y_2\cdots Y_N;X_1X_2\cdots X_N)=-\sum_{j=1}^{m^N}p(\boldsymbol{\beta}_j)\log(\boldsymbol{\beta}_j)+\sum_{i=1}^{n^N}\sum_{j=1}^{m^N}p(\boldsymbol{\alpha}_i\boldsymbol{\beta}_j)\log p(\boldsymbol{\beta}_j|\boldsymbol{\alpha}_i)\\
&=-\sum_{j_1=1}^{m}\sum_{j_2=1}^{m}\cdots\sum_{j_N=1}^{m}p(y_{j_1}y_{j_2}\cdots y_{j_N})\log p(y_{j_1}y_{j_2}\cdots y_{j_N})+\\
&\sum_{i_1=1}^{n}\sum_{i_2=1}^{n}\cdots\sum_{i_N=1}^{n}\sum_{j_1=1}^{m}\sum_{j_2=1}^{m}\cdots\sum_{j_N=1}^{m}p(x_{i_1}x_{i_2}\cdots x_{i_N}y_{j_1}y_{j_2}\cdots y_{j_N})\log p(y_{j_1}y_{j_2}\cdots y_{j_N}|x_{i_1}x_{i_2}\cdots x_{i_N})\\
&=-\sum_{j_1=1}^{m}\sum_{j_2=1}^{m}\cdots\sum_{j_N=1}^{m}p(y_{j_1})p(y_{j_2})\cdots p(y_{j_N})\log p(y_{j_1})p(y_{j_2})\cdots p(y_{j_N})+\\
&\sum_{i_1=1}^{n}\sum_{i_2=1}^{n}\cdots\sum_{i_N=1}^{n}\sum_{j_1=1}^{m}\sum_{j_2=1}^{m}\cdots\sum_{j_N=1}^{m}p(x_{i_1}y_{j_1})p(x_{i_2}y_{j_2})\cdots p(x_{i_N}y_{j_N})\log p(x_{i_1}|y_{j_1})p(x_{i_2}|y_{j_2})\cdots p(x_{i_N}|y_{j_N})\\
&=-\sum_{j_1=1}^{m}\sum_{j_2=1}^{m}\cdots\sum_{j_N=1}^{m}p(y_{j_1})p(y_{j_2})\cdots p(y_{j_N})\log p(y_{j_1})-\cdots-\sum_{j_1=1}^{m}\sum_{j_2=1}^{m}\cdots\sum_{j_N=1}^{m}p(y_{j_1})p(y_{j_2})\cdots p(y_{j_N})\log p(y_{j_N})+\\
&\sum_{i_1=1}^{n}\sum_{i_2=1}^{n}\cdots\sum_{i_N=1}^{n}\sum_{j_1=1}^{m}\sum_{j_2=1}^{m}\cdots\sum_{j_N=1}^{m}p(x_{i_1}y_{j_1})p(x_{i_2}y_{j_2})\cdots p(x_{i_N}y_{j_N})\log p(x_{i_1}|y_{j_1})+\cdots+\\
&\sum_{i_1=1}^{n}\sum_{i_2=1}^{n}\cdots\sum_{i_N=1}^{n}\sum_{j_1=1}^{m}\sum_{j_2=1}^{m}\cdots\sum_{j_N=1}^{m}p(x_{i_1}y_{j_1})p(x_{i_2}y_{j_2})\cdots p(x_{i_N}y_{j_N})\log p(x_{i_N}|y_{j_N})\\
&=H(Y_1)+\cdots+H(Y_N)-H(Y_1|X_1)-\cdots-H(Y_N|X_N)\\
&=I(Y_1;X_1)+\cdots+I(Y_N;X_N)\\
&=NI(Y_k;X_k)\quad ,\ k=1,2,\cdots,N
\end{aligned} \tag{3-3-10}$$

式中，$I(X_k;Y_k)$ 表示第 k 个（或 k 时刻）单符号离散信道的平均互信息量。从式（3-3-10）可以看出，在离散无记忆信道的 N 次扩展信道中，如果信源是离散无记忆信源的 N 次扩展信源，则信道总的平均互信息量是单符号离散信道的平均互信息量的 N 倍。因为离散无记忆信道的 N 次扩展信道可以用 N 个单符号离散信道来等效，这 N 个信道之间没有任何关系，若输入端的 N 个随机变量之间也没有任何关系，则相当于 N 个毫无关系的单符号离散信道在分别传送各自的信息量，所以在扩展信道的输出端得到的平均互信息量必然是单个信道的 N 倍。因此，

我们可以得到离散无记忆信道的 N 次扩展信道的信道容量为

$$C = \max_{P(X_1X_2\cdots X_N)}\left\{I(Y_1Y_2\cdots Y_N;X_1X_2\cdots X_N)\right\} = \max_{P(X_k)}\left\{NI(Y_k;X_k)\right\} = NC_k，\ k=1,2,\cdots,N$$

如果单符号离散信道的信道容量为 C，则其 N 次扩展信道的信道容量为

$$C^N = \max_{P(X)}\left\{I(Y^N;X^N)\right\} = NC \tag{3-3-11}$$

需要注意的是，对于一般的多符号离散扩展信道，若 $M=N$，即 $\boldsymbol{X}=X_1X_2\cdots X_N$，$\boldsymbol{Y}=Y_1Y_2\cdots Y_N$，则多符号离散扩展信道的平均互信息量与单符号离散信道的平均互信息量之间的关系如下。

（1）如果信道是无记忆的，即式（3-3-9）成立，则 $I(\boldsymbol{X};\boldsymbol{Y})\leqslant\sum_{k=1}^{N}I(X_k;Y_k)$。

（2）如果信源是无记忆的，即 $P(\boldsymbol{X})=\prod_{k=1}^{N}p(X_k)$，则 $I(\boldsymbol{X};\boldsymbol{Y})\geqslant\sum_{k=1}^{N}I(X_k;Y_k)$。

（3）如果信源和信道都是无记忆的，则 $I(\boldsymbol{X};\boldsymbol{Y})=\sum_{k=1}^{N}I(X_k;Y_k)$。

以上结果可以从熵的角度理解。

如果信道是无记忆的，则可以证明

$$H(\boldsymbol{Y}|\boldsymbol{X}) = \sum_{k=1}^{N}H(Y_k|X_k)$$

进一步

$$I(\boldsymbol{X};\boldsymbol{Y}) = H(\boldsymbol{Y}) - H(\boldsymbol{Y}|\boldsymbol{X}) = H(Y_1Y_2\cdots Y_N) - \sum_{k=1}^{N}H(Y_k|X_k)$$

应用熵的性质：

$$H(Y_1Y_2\cdots Y_N)\leqslant\sum_{k=1}^{N}H(Y_k)$$

则

$$I(\boldsymbol{X};\boldsymbol{Y}) = H(Y_1Y_2\cdots Y_N) - \sum_{k=1}^{N}H(Y_k|X_k)\leqslant\sum_{k=1}^{N}H(Y_k) - \sum_{k=1}^{N}H(Y_k|X_k) = \sum_{k=1}^{N}I(X_k;Y_k) \tag{3-3-12a}$$

如果信源是无记忆的，则可以证明信宿也是无记忆的，即

$$H(\boldsymbol{Y}) = \sum_{k=1}^{N}H(Y_k)$$

应用熵的性质：

$$H(\boldsymbol{Y}|\boldsymbol{X})\leqslant\sum_{k=1}^{N}H(Y_k|X_k)$$

$$I(\boldsymbol{X};\boldsymbol{Y}) = \sum_{k=1}^{N}H(Y_k) - H(\boldsymbol{Y}|\boldsymbol{X})\geqslant\sum_{k=1}^{N}H(Y_k) - \sum_{k=1}^{N}H(Y_k|X_k) = \sum_{k=1}^{N}I(X_k;Y_k) \tag{3-3-12b}$$

如果信源和信道都是无记忆的，即

$$H(\boldsymbol{Y}|\boldsymbol{X}) = \sum_{k=1}^{N}H(Y_k|X_k)，\quad H(\boldsymbol{Y}) = \sum_{k=1}^{N}H(Y_k)$$

则

$$I(\boldsymbol{X};\boldsymbol{Y})=\sum_{k=1}^{N}H(Y_k)-H(\boldsymbol{Y}\mid\boldsymbol{X})=\sum_{k=1}^{N}H(Y_k)-\sum_{k=1}^{N}H(Y_k\mid X_k)=\sum_{k=1}^{N}I(X_k;Y_k) \quad (3\text{-}3\text{-}12c)$$

当信源是离散无记忆信源的 N 次扩展信源，信道是离散无记忆信道的 N 次扩展信道时，式（3-3-12c）就可以写成式（3-3-10）的形式。

3.3.4 独立并联信道的信道容量

如果在离散无记忆信道的 N 次扩展信道中，信道的输入随机变量序列和输出随机变量序列中的各随机变量分别取值于不同的符号集合，则称这种信道为独立并联信道。其中，信道转移概率满足式（3-3-9），输入随机变量序列 $\boldsymbol{X}=X_1X_2\cdots X_N$ 中的随机变量 $X_k\in\{x_{1k},x_{2k},\cdots,x_{nk}\}$，$k=1,2,\cdots,N$，输出随机变量序列 $\boldsymbol{Y}=Y_1Y_2\cdots Y_N$，$Y_k\in\{y_{1k},y_{2k},\cdots,y_{mk}\}$，$k=1,2,\cdots,N$。

如果用 C^N 表示 N 个独立并联信道的信道容量，C_k 表示第 k 个单符号离散无记忆信道的信道容量，则根据式（3-3-12a）可知，一般情况下的独立并联信道的信道容量满足以下关系：

$$C^N\leqslant\sum_{k=1}^{N}C_k \quad (3\text{-}3\text{-}13)$$

若输入信道的 N 个随机变量相互独立，且达到各自信道容量的最佳输入概率分布时，C^N 达到最大值，即

$$C_{\max}^N=\sum_{k=1}^{N}C_k \quad (3\text{-}3\text{-}14)$$

从以上论述可以看出，独立并联信道可以看成是离散无记忆信道的 N 次扩展信道的推广，同时可以把离散无记忆信道的 N 次扩展信道看成是独立并联信道的特例。另外，独立并联信道的条件还可以进一步推广到输入随机变量取值于不同的符号集合，并且各集合的元素个数也不同；同样，输出随机变量也取值于不同的符号集合，并且各集合的元素个数也不同。

3.3.5 串联信道的信道容量

在实际通信中往往会出现串联信道的情况，如微波中继接力通信就是一种串联信道。另外，对于接收的信号我们常常需要进行适当的处理，这种处理系统一般也可以看成是一种信道，它与前面传输数据的信道一起形成了一个串联信道。例如，在从卫星到地面的传输过程中，从卫星到地面接收站可以看成是一个离散信道，其输入符号为 0 和 1 的二元码，输出符号为一系列不同幅度的数值。地面接收站的判决器可以看成是另一个信道，判决器根据接收到的一系列脉冲的振幅，判断卫星发送的是哪一个输出符号，当脉冲振幅大于门限时，判决为“1”，反之，判决为“0”。所以从卫星到判决器的输出可以看成是两个信道的串联。下面讨论研究串联信道的互信息量问题。

考虑一个单符号离散信道Ⅰ，输入变量为 X，对应的取值集合为 $\{x_1,x_2,\cdots,x_n\}$，输出变量为 Y，对应的取值集合为 $\{y_1,y_2,\cdots,y_m\}$；并设另一个单符号离散信道Ⅱ，输入变量为 Y，输出变量为 Z，Z 对应的取值集合为 $\{z_1,z_2,\cdots,z_l\}$。两级串联信道的结构如图 3.10 所示。信道Ⅰ的转移矩阵为 $\boldsymbol{P}(Y\mid X)$，而信道Ⅱ的转移矩阵一般与前面的符号 X 和 Y 有关，所以记为 $\boldsymbol{P}(Z\mid XY)$。

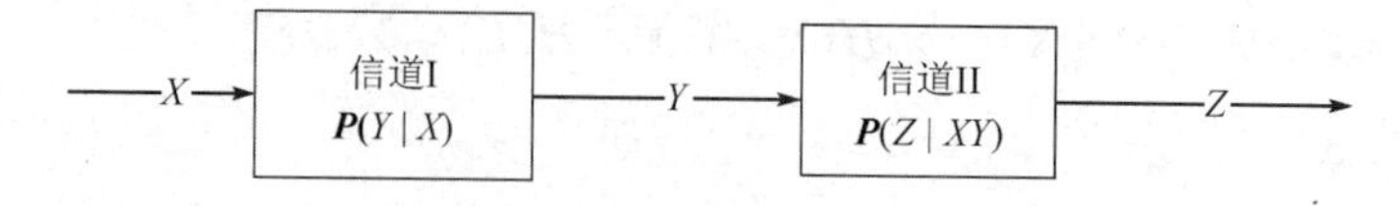

图 3.10 两级串联信道的结构

如果信道Ⅱ的转移矩阵只和输入变量Y有关，而与信道Ⅰ的输入变量X无关，即满足

$$\boldsymbol{P}(Z \mid YX)=\boldsymbol{P}(Z \mid Y)\ （对所有 x、y、z） \tag{3-3-15}$$

则称这两个信道的输入变量和输出变量X、Y、Z组成的序列构成了一条马尔可夫链。

两级串联信道的等价信道如图 3.11 所示，其输入变量为X，取值为$\{x_1,x_2,\cdots,x_n\}$，输出变量为Z，取值为$\{z_1,z_2,\cdots,z_l\}$，信道转移概率为

$$p(z_k \mid x_i)=\sum_{j=1}^{m} p(y_j \mid x_i)p(z_k \mid x_i y_j)\quad (x_i \in X,\ y_j \in Y,\ z_k \in Z) \tag{3-3-16}$$

则总的信道转移矩阵为

$$[\boldsymbol{P}(Z \mid X)]_{n\times l}=[\boldsymbol{P}(Y \mid X)]_{n\times m}\cdot[\boldsymbol{P}(Z \mid XY)]_{m\times l} \tag{3-3-17}$$

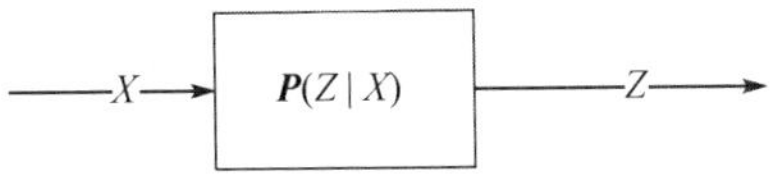

X → $\boldsymbol{P}(Z \mid X)$ → Z

图 3.11　两级串联信道的等价信道

当X、Y、Z满足式（3-3-15）时，总的信道转移概率为

$$p(z_k \mid x_i)=\sum_{j=1}^{m} p(y_j \mid x_i)p(z_k \mid y_j)\ (x_i \in X,\ y_j \in Y,\ z_k \in Z) \tag{3-3-18}$$

对应的信道转移矩阵为

$$[\boldsymbol{P}(Z \mid X)]_{n\times l}=[\boldsymbol{P}(Y \mid X)]_{n\times m}\cdot[\boldsymbol{P}(Z \mid Y)]_{m\times l} \tag{3-3-19}$$

在一般串联信道中，随机变量Z往往只依赖于信道Ⅱ的输入变量Y，不直接与变量X发生关系，即随机变量Z仅仅通过变量Y依赖于变量X，所以串联信道的输入变量和输出变量之间组成一条马尔可夫链。根据数据处理定理，若X、Y、Z组成了一条马尔可夫链，则有$I(X;Z)\leqslant I(X;Y)$和$I(X;Z)\leqslant I(Y;Z)$。由$I(X;Z)\leqslant I(X;Y)$可以推得$H(X \mid Z)\geqslant H(X \mid Y)$。因此，对于一系列不涉及原始信源数据处理的系统，即一系列串联信道，其结构如图 3.12 所示，平均互信息量之间的关系如式（3-3-20）所示。

$$H(X)\geqslant I(X;Y)\geqslant I(X;Z)\geqslant I(X;W)\geqslant\cdots \tag{3-3-20}$$

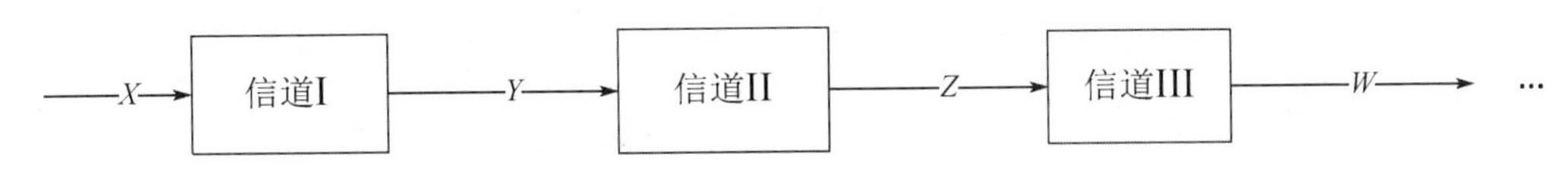

图 3.12　一系列串联信道的结构

在任何信息传输系统中，最后获得的信息至多是信源所提供的信息。若在传输过程中丢失一些信息，之后的系统不论如何处理，如果不触及丢失信息过程的输入端，就不能再恢复已丢失的信息。这就是信息不增性原理。根据信道容量的定义，信道容量是平均互信息量的最大值，两级串联信道和N级串联信道的信道容量分别为

$$C_{(\mathrm{I},\mathrm{II})}=\max_{P(X)} I(X;Z)$$

$$C_{(\mathrm{I},\mathrm{II},\cdots,N)}=\max_{P(X)} I(X;X_N)$$

这里的X_N表示第N级级联信道的输出符号。根据信道容量的定义及式（3-3-20）可知，串联的无源数据处理信道越多，其信道容量（最大信息率）可能越小，当串联的信道数无穷大时，信道容量就可能趋近于零。

例 3.6 有两个信道的信道转移矩阵分别为$\begin{bmatrix}1/3 & 1/3 & 1/3\\ 0 & 1/2 & 1/2\end{bmatrix}$和$\begin{bmatrix}1 & 0 & 0\\ 0 & 2/3 & 1/3\\ 0 & 1/3 & 2/3\end{bmatrix}$，它们的串联信道如图 3.13 所示。

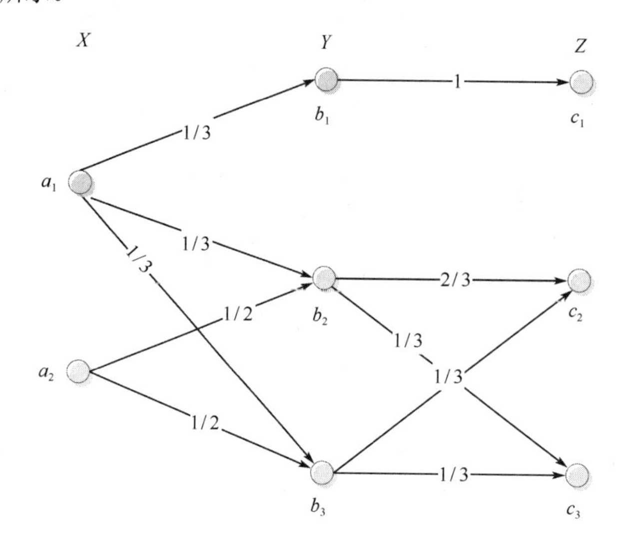

图 3.13　某串联信道

对于满足马尔可夫链的 X、Y、Z 串联信道，它们总的信道转移矩阵等于两个信道的信道转移矩阵的乘积，即

$$\boldsymbol{P}(Z|X)=\boldsymbol{P}(Y|X)\cdot\boldsymbol{P}(Z|Y)$$

总的信道转移矩阵中每个元素满足

$$p(z_k|x_i)=\sum_{j=1}^{m}p(y_j|x_i)p(z_k|y_j)$$

则该串联信道中总的信道转移矩阵为

$$\boldsymbol{P}(Z|X)=\begin{bmatrix}1/3 & 1/3 & 1/3\\ 0 & 1/2 & 1/2\end{bmatrix}\cdot\begin{bmatrix}1 & 0 & 0\\ 0 & 2/3 & 1/3\\ 0 & 1/3 & 2/3\end{bmatrix}=\begin{bmatrix}1/3 & 1/3 & 1/3\\ 0 & 1/2 & 1/2\end{bmatrix}$$

可见，该串联信道满足

$$\boldsymbol{P}(Y|X)=\boldsymbol{P}(Z|X)$$

进而根据概率关系可得

$$\boldsymbol{P}(X|Z)=\boldsymbol{P}(X|Y)$$

由之前讨论可知

$$I(X;Z)=I(X;Y)$$

在这个例子中，我们可以看到，符号通过第二级信道传输后，虽然没有增加信息量，但是也没有增加信息损失。因此，若要使符号通过第二级信道传输后获得 X 的平均互信息保持不变，除了通过一一对应的无噪信道，也可以使串联后总的信道矩阵等于第一级信道矩阵。

3.4　连续信道及其信道容量

连续信源的微分熵虽然可正可负，但是连续信源之间的平均互信息量仍然是非负的，并且可以证明它是信源概率密度函数 $p(x)$ 的上凸函数，与离散信道类似，连续信道的互信息量是两个微分熵之差，给定信道转移概率密度函数 $p(y|x)$ 的平均互信息量的最大值就是信道容量。

3.4.1　单符号连续信道及其信道容量

单符号连续信道就是输入变量和输出变量都是单个连续型随机变量的信道。单符号连续信道的数学模型可表示为 $\{X, p(y|x), Y\}$，其中，X 为单变量连续信源，Y 为单变量连续信宿，信道统计特性用信道转移概率密度函数 $p(y|x)$ 表示，且 $\int_R p(y|x)\mathrm{d}y = 1$。

与单符号离散情况类似，可以定义 X 对 Y 的平均互信息量为

$$I_\mathrm{c}(Y;X) = H_\mathrm{c}(Y) - H_\mathrm{c}(Y|X) \tag{3-4-1}$$

同理，也可以定义 Y 对 X 的平均互信息量为

$$I_\mathrm{c}(X;Y) = H_\mathrm{c}(X) - H_\mathrm{c}(X|Y) \tag{3-4-2}$$

仿照离散信道的情况，我们定义单符号连续信道的信道容量 C 为信源 X 取某一概率密度函数 $p(x)$ 时，平均互信息量的最大值，即

$$C = \max_{p(x)}\{R\} = \max_{p(x)}\{I_\mathrm{c}(X;Y)\} \tag{3-4-3}$$

一般连续信道的信道容量并不容易计算，本书主要研究加性信道。加性信道就是噪声对输入的干扰作用表现为噪声和输入的线性叠加，即 $Y = X + N$，其中，输入 X 的概率密度函数为 $p(x)$，输出 Y 的概率密度函数为 $p(y)$，噪声 N 的概率密度函数为 $p(n)$。当 X 和 N 相互独立时，根据坐标变换可知，加性信道的转移概率密度函数 $p(y|x) = p(n)$，则加性信道的信道容量计算如下。

由于

$$\begin{aligned} H_\mathrm{c}(Y|X) &= -\iint_{XY} p(x)p(y|x)\log p(y|x)\mathrm{d}x\mathrm{d}y == -\iint_{XN} p(x)p(n)\log p(n)\mathrm{d}x\mathrm{d}n \\ &= -\int_N p(n)\log p(n)\mathrm{d}n = H_\mathrm{c}(N) \end{aligned} \tag{3-4-4}$$

因此信道容量为

$$\begin{aligned} C &= \max_{p(x)}\{I_\mathrm{c}(Y;X)\} = \max_{p(x)}\{H_\mathrm{c}(Y) - H_\mathrm{c}(Y|X)\} \\ &= \max_{p(x)}\{H_\mathrm{c}(Y) - H_\mathrm{c}(N)\} = \max_{p(x)}\{H_\mathrm{c}(Y)\} - H_\mathrm{c}(N) \end{aligned} \tag{3-4-5}$$

对于不同的限制条件，连续随机变量具有不同的最大熵值，所以加性信道的信道容量取决于噪声 N（信道）的统计特性和输入随机变量所受的限制条件。如果噪声 N 是均值为 0、方差为 σ^2 的高斯噪声，则称该加性信道为高斯加性信道。对于高斯加性信道，有

$$\begin{aligned} H_\mathrm{c}(N) &= -\int_{-\infty}^{\infty} p(n)\log\left(\frac{1}{\sqrt{2\pi\sigma^2}}\mathrm{e}^{-\frac{n^2}{2\sigma^2}}\right)\mathrm{d}n = \log\mathrm{e}\int_{-\infty}^{\infty} p(n)\frac{n^2}{2\sigma^2}\mathrm{d}n + \log\sqrt{2\pi\sigma^2}\int_{-\infty}^{\infty} p(n)\mathrm{d}n \\ &= \frac{1}{2}\log(2\pi\mathrm{e}\sigma^2) \end{aligned} \tag{3-4-6}$$

可以证明，当输入 X 服从均值为 0、方差为 σ_X^2 的高斯分布时，高斯加性信道的输出 Y 服

从均值为 0、方差为$\sigma_Y^2=\sigma_X^2+\sigma^2$的高斯分布，若已知输入$X$的平均功率被限定为$P_X$，噪声$N$的平均功率为$P_N$，则可取输出$Y$的平均功率为

$$P_Y=\sigma_Y^2=\sigma_X^2+\sigma^2=P_X+P_N \tag{3-4-7}$$

根据第 2 章中的平均功率受限条件下连续信源的最大熵定理可知，当输出Y服从均值为 0、方差为$\sigma_Y^2=P_Y$的高斯分布时信源具有最大熵，即

$$\max_{p(x)}\{H_c(Y)\}=\frac{1}{2}\log(2\pi e\sigma_Y^2)=\frac{1}{2}\log(2\pi eP_Y) \tag{3-4-8}$$

结合式（3-4-5），高斯加性信道的信道容量为

$$\begin{aligned}C&=\max_{p(x)}\{H_c(Y)\}-H_c(N)=\frac{1}{2}\log(2\pi eP_Y)-\frac{1}{2}\log(2\pi eP_N)=\frac{1}{2}\log\frac{P_Y}{P_N}\\&=\frac{1}{2}\log\left(\frac{P_X+P_N}{P_N}\right)=\frac{1}{2}\log\left(1+\frac{P_X}{P_N}\right)=\frac{1}{2}\log\left(1+\frac{P_X}{\sigma^2}\right)\end{aligned} \tag{3-4-9}$$

式（3-4-9）成立的条件是$p(x)$服从均值为 0、方差为σ_X^2的高斯分布。其中，$\dfrac{P_X}{P_N}$为信噪功率比。

3.4.2 多符号无记忆高斯加性信道及其信道容量

这里讨论一种多符号无记忆高斯加性信道的信道容量，该信道的取值是连续的，但是在时间上是离散的。假设连续信源输出的K个符号组成一个随机序列$\boldsymbol{X}=X_1X_2\cdots X_K$作为信道的输入，信道的输出也是一个随机序列$\boldsymbol{Y}=Y_1Y_2\cdots Y_K$，该信道是一个无记忆高斯加性信道，即$\boldsymbol{Y}=\boldsymbol{X}+\boldsymbol{N}$，其中，$\boldsymbol{N}=N_1N_2\cdots N_K$是均值为 0 的高斯噪声，表示各单元时刻$1,2,\cdots,K$上的噪声。由于信道无记忆，所以有$p(\boldsymbol{y}|\boldsymbol{x})=\prod_{k=1}^{K}p(y_k|x_k)$，高斯加性信道中噪声随机序列的各时刻分量是统计独立的，即$p(\boldsymbol{n})=p(\boldsymbol{y}|\boldsymbol{x})=\prod_{k=1}^{K}p(n_k)$，各分量都是均值为 0、方差为$\sigma_k^2$的高斯变量。所以，多符号无记忆高斯加性信道等价于$K$个独立的并联高斯加性信道，如图 3.14 所示。

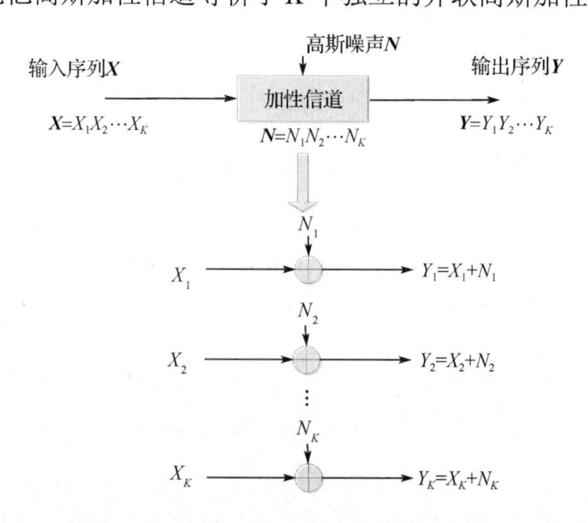

图 3.14 多符号无记忆高斯加性信道等价于K个独立的并联高斯加性信道

对于多符号无记忆高斯加性信道有

$$I(\boldsymbol{X};\boldsymbol{Y}) \leqslant \sum_{k=1}^{K} I(X_K;Y_K) = \sum_{k=1}^{K} \frac{1}{2}\log\left(1+\frac{P_k}{\sigma_k^2}\right)$$

则

$$C = \max_{p(x)}\left\{I(\boldsymbol{X};\boldsymbol{Y})\right\} = \sum_{k=1}^{K} \frac{1}{2}\log\left(1+\frac{P_k}{\sigma_k^2}\right) \tag{3-4-10}$$

式中，σ_k^2 是第 k 个单元时刻高斯噪声的方差，均值为 0。因此当且仅当输入随机向量 $\boldsymbol{X}$ 中各分量统计独立，且是均值为 0、方差为 P_k 的高斯变量时，才能达到此信道容量。式（3-4-10）既是多符号无记忆高斯加性信道的信道容量，也是 K 个独立的并联高斯加性信道的信道容量。

3.4.3 限带高斯白噪声加性波形信道及其信道容量

高斯白噪声加性波形信道是经常假设的一种时间和幅度上都连续的信道，加入信道的噪声是均值为 0、双边功率谱密度为 $N_0/2$ 的加性高斯白噪声 $n(t)$。假设频带受限信道的带宽为 B，低频限带高斯白噪声的各样本值彼此统计独立，则在 $[0,T]$ 时刻内，根据奈奎斯特采样定理可以将限带高斯白噪声过程分解成 K 维独立的随机序列，其中 $K=2BT$。根据多符号无记忆高斯加性信道的信道容量的计算公式可知：

$$C = \frac{1}{2}\sum_{k=1}^{K}\log\left(1+\frac{P_k}{\sigma_k^2}\right) \tag{3-4-11}$$

式中，σ_k^2 是每个噪声分量的方差，$\sigma_k^2 = P_n = \frac{N_0}{2}\times 2B\times T\frac{1}{2BT} = \frac{N_0}{2}$；$P_k$ 是每个输入信号样本值的平均功率，设输入信号的平均功率受限于 P_{S}，则 $P_k = P_{\mathrm{S}}T/(2BT) = \frac{P_{\mathrm{S}}}{2B}$。信道容量为

$$C = \frac{K}{2}\log\left(1+\frac{P_{\mathrm{S}}}{2B\times\frac{N_0}{2}}\right) = \frac{K}{2}\log\left(1+\frac{P_{\mathrm{S}}}{N_0B}\right) = BT\log\left(1+\frac{P_{\mathrm{S}}}{N_0B}\right) \tag{3-4-12}$$

要使信道传输的信息达到信道容量，必须使输入信号 $x(t)$ 具有均值为 0、平均功率为 P_{S} 的高斯白噪声的特性。否则，传送的信息率将低于信道容量，信道得不到充分的利用。

高斯白噪声加性波形信道单位时间的信道容量为

$$C_t = \lim_{T\to\infty}\frac{C}{T} = B\log\left(1+\frac{P_{\mathrm{S}}}{N_0B}\right) = B\log(1+\mathrm{SNR}) \text{（比特/秒）} \tag{3-4-13}$$

式中，P_{S} 是输入信号的平均功率；N_0B 是高斯白噪声在带宽 B 内的平均功率（功率谱密度为 $N_0/2$），$\mathrm{SNR} = \frac{P_{\mathrm{S}}}{N_0B}$ 是信噪比。式（3-4-13）就是著名的香农公式，表明了信道容量与信噪比和带宽的关系。

香农公式表明，如果信道的频带受限于 B（单位为 Hz），信道噪声为加性高斯白噪声，双边功率谱密度为 $N_0/2$，噪声功率为 N_0B，输入信号的平均功率受限于 P_{S}，信道的信噪比为 $P_{\mathrm{S}}/(N_0B)$，则当信道输入信号是平均功率受限的高斯白噪声信号时，信道中的信息率可以达到式（3-4-13）的信道容量，这是高斯信道可靠通信时信息率的上限值。而常用的实际信道一般为非高斯加性波形信道，其噪声熵比高斯噪声的小，信道容量以高斯加性信道的信道容

量为下限值。所以香农公式也适用于其他一般非高斯加性波形信道，由香农公式得到的值是其信道容量的下限值。

例 3.7 已知高斯加性信道的带宽为 3×10^3Hz，最大信息率为 1.5×10^4 比特/秒，求信噪比；如果将信噪比降低到 8.45dB，求保持同样最大信息率的带宽。

解：根据香农公式，有

$$C_t = B\log\left(1+\frac{P_X}{P_N}\right) = 3\times10^3\times\log\left(1+\frac{P_X}{P_N}\right) = 1.5\times10^4$$

从而

$$\log\left(1+\frac{P_X}{P_N}\right) = \frac{1.5\times10^4}{3\times10^3} = 5$$

故

$$\frac{P_X}{P_N} = 2^5 - 1 = 32 - 1 = 31$$

即

$$10\lg\frac{P_X}{P_N} = 10\lg 31 \approx 14.9\text{（dB）}$$

当信噪比降到 8.45dB 时，有 $10\lg\frac{P_X}{P_N} = 8.45$ （dB），即 $\lg\frac{P_X}{P_N} = \frac{8.45}{10} = 0.845$；$\frac{P_X}{P_N} = 10^{0.845} \approx 7$，

根据香农公式，有

$$C_t = B\log\left(1+\frac{P_X}{P_N}\right) = B\log(1+7) = 1.5\times10^4；\quad B = \frac{1.5\times10^4}{\log 8} = \frac{1.5\times10^4}{3} = 5\times10^3\text{（Hz）}$$

根据香农公式，我们可以得到以下重要的结论。

（1）如果带宽 B 固定，信噪比与信道容量 C_t 呈对数关系，因此增加信噪比可以增大信道容量 C_t，但是当信道容量 C_t 增大到一定程度后就趋于缓慢，说明提高输入信号的功率或降低噪声功率都有助于信道容量的增大，但该方法是有限的。

（2）如果输入信号的平均功率 P_S 固定，增加信道的带宽也可以增大信道容量，但到了一定阶段后增大非常缓慢，这是因为，随着带宽 B 的增加，加性高斯白噪声功率 N_0B 也随之提高，并且 $B\to\infty$ 时，$C_t\to C_\infty$，这时根据 $\ln(1+x)\approx x$ （x 很小时）可求出 C_∞，即

$$\begin{aligned} C_\infty &= \lim_{B\to\infty} C_t = \lim_{B\to\infty}\frac{P_S}{N_0}\frac{N_0B}{P_S}\log\left(1+\frac{P_S}{N_0B}\right) = \lim_{x\to0}\frac{P_S}{N_0}\log(1+x)^{1/x} \\ &= \lim_{x\to0}\frac{P_S}{N_0\ln2}\ln(1+x)^{1/x} = \frac{P_S}{N_0\ln2}\text{（比特 / 秒）} \end{aligned} \tag{3-4-14}$$

从式（3-4-14）中可以看出，即使带宽无限增加，信道容量仍然是有限的，特别是当 $C_\infty=1$ 比特/秒时，$P_S/N_0=\ln2\approx-1.6$ dB。换句话说，当带宽不受限制时，传送 1 比特信息，信噪比最低只需 – 1.6dB，这个信噪比就是香农限，是高斯加性信道正确传输 1 比特需要的最小值，是所有编码方式所能达到的理论极限。为了保证可靠通信，实际通信的信噪比往往都大于这个值。

（3）当信道容量 C_t 保持一定时，带宽 B 和信噪比是可以互换的。如果传输带宽较大，那么在保持信号功率不变的情况下，可以提高系统的抗噪声能力。无线通信的扩频通信系统利

用了这个原理，将传输的信号进行扩频，使之远远大于原始信号带宽，从而达到提高系统的抗干扰能力的目的。

3.5　MIMO 信道和多址接入信道及其信道容量

MIMO（Multiple-Input Multiple-Output，多输入/多输出）系统和多址接入系统是现代无线通信中两类重要的通信方式，下面讨论这两种信道及其信道容量。

3.5.1　MIMO 信道及其信道容量

MIMO 系统是指在发射端和接收端都同时使用多个天线的通信系统，收发之间具有多个信道，是第四代移动通信（4G）系统和第五代移动通信（5G）系统的关键技术。与前面介绍的独立并联信道不同，MIMO 系统中每个信道的输出都与所有信道的输入信号有关，信道的输出是由多个信道的输入信号经过各自路径的线性叠加。下面首先给出 MIMO 系统的信道模型和信号模型，进而分析其信道容量的计算。

图 3.15 是 MIMO 系统的信道模型示意图，假设发射端有 N_t 根发射天线，接收端有 N_r 根接收天线，x_j（$j=1,2,\cdots,N_t$）表示第 j 根发射天线发射的信号，y_i（$i=1,2,\cdots,N_r$）表示第 i 根接收天线接收的信号，h_{ij} 表示从第 j 根发射天线到第 i 根接收天线的信道衰落系数。在接收端，噪声信号 n_i 是统计独立的零均值复高斯变量，不同时刻的噪声信号间相互独立，同时与发射信号独立，每根接收天线的噪声信号功率都为 σ^2。MIMO 系统的信号模型可以表示为

$$\begin{bmatrix} y_1 \\ y_2 \\ \vdots \\ y_{N_r} \end{bmatrix} = \begin{bmatrix} h_{11} & h_{12} & \cdots & h_{1N_t} \\ h_{21} & h_{22} & \cdots & h_{2N_t} \\ \vdots & \vdots & & \vdots \\ h_{N_r1} & h_{N_r2} & \cdots & h_{N_rN_t} \end{bmatrix} \begin{bmatrix} x_1 \\ x_2 \\ \vdots \\ x_{N_t} \end{bmatrix} + \begin{bmatrix} n_1 \\ n_2 \\ \vdots \\ n_{N_t} \end{bmatrix} \tag{3-5-1}$$

写成矩阵形式为

$$\boldsymbol{y} = \boldsymbol{H}\boldsymbol{x} + \boldsymbol{n}$$

式中，$\boldsymbol{H}$ 是一个 $N_t \times N_r$ 的复数矩阵，称为信道矩阵。

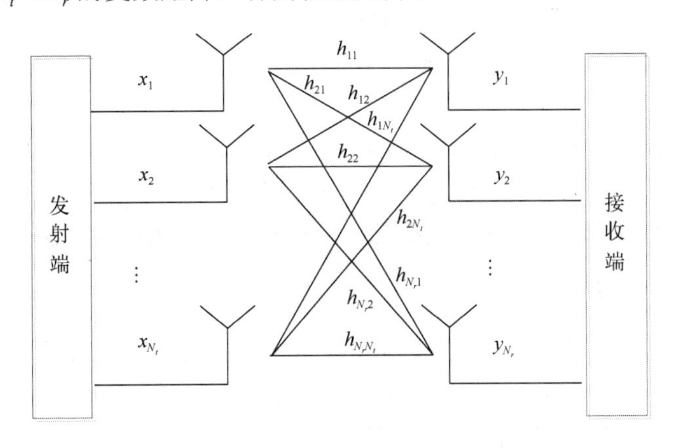

图 3.15　MIMO 系统的信道模型示意图

无线 MIMO 系统将多径无线信道与发射、接收视为一个整体进行优化，利用多天线提供的发射分集和接收分集，在不增加系统带宽和总的天线发射功率的情况下，可以有效地对抗无线信道的衰落现象，大幅度提高系统的频谱利用率和信道容量。下面讨论 MIMO 信道的信道容量。

1．确定性 MIMO 信道

如果信道矩阵 $\boldsymbol{H}$ 是一个确定（不变的）的常量，且收发两端都拥有 $\boldsymbol{H}$，则称这种 MIMO 信道为确定性 MIMO 信道。

当发射端不知道信道状态信息（CSI）时，系统的最优方案是各天线等功率发射信号。如果发射信号是零均值独立同分布的高斯变量，P_t 是总发射功率，各天线以相等的功率 P_t / N_t 发射信号，且信道是无记忆的，接收端的噪声信号 n_i 是统计独立的零均值复高斯变量，不同时刻的噪声信号间也相互独立，且与发射信号独立，每根接收天线的噪声信号功率都为 σ^2，每根接收天线的接收功率都等于总发射功率，每根接收天线的平均信噪比为 $\mathrm{SNR} = P_t / \sigma^2$，则确定性 MIMO 信道的信道容量可以表示为

$$C = \log\left[\det\left(\boldsymbol{I}_{N_r} + \frac{1}{N_t}\frac{P_t}{\sigma^2}\boldsymbol{H}\boldsymbol{H}^{\mathrm{H}}\right)\right] \tag{3-5-2}$$

式中，H 表示矩阵进行 Hermitian 转置；det 表示求矩阵的行列式，获得此容量的发送信号是循环对称复高斯随机向量。对信道矩阵 $\boldsymbol{H}$ 进行奇异值分解，可以写为 $\boldsymbol{H}=\boldsymbol{U}\boldsymbol{D}\boldsymbol{V}^{\mathrm{H}}$。其中，$\boldsymbol{U}_{N_r \times N_r}$ 和 $\boldsymbol{V}_{N_t \times N_t}$ 是酉矩阵，即满足 $\boldsymbol{U}\boldsymbol{U}^{\mathrm{H}}=\boldsymbol{I}_{N_r \times N_r}$，$\boldsymbol{V}\boldsymbol{V}^{\mathrm{H}}=\boldsymbol{I}_{N_t \times N_t}$；$\boldsymbol{D}$ 是对角矩阵，对角线以外的元素都是 0，对角线上的非零元素是 $\{\lambda_1, \lambda_2, \cdots, \lambda_k\}$，$\lambda_1 \geqslant \lambda_2 \geqslant \cdots \geqslant \lambda_k \geqslant 0$ 是信道相关矩阵 $\boldsymbol{H}\boldsymbol{H}^{\mathrm{H}}$ 的非零特征值。K 表示信道矩阵 $\boldsymbol{H}$ 的秩。这样，MIMO 信道的信道容量可以进一步写成式（3-5-3）的形式。

$$C = \sum_{k=1}^{K}\log\left[\det\left(1+\frac{\lambda_k}{N_t}\frac{P_t}{\sigma^2}\right)\right] = \log\prod_{k=1}^{K}\left(1+\frac{\lambda_k}{N_t}\frac{P_t}{\sigma^2}\right) \tag{3-5-3}$$

通常情况下，信道相关矩阵 $\boldsymbol{H}\boldsymbol{H}^{\mathrm{H}}$ 的非零特征值个数 $K \leqslant \min(N_r, N_t)$，因此可以获得 MIMO 信道的信道容量的上限。在 MIMO 系统中，如果接收端知道信道矩阵的精确信息，那么 MIMO 信道可以看成 $\min(N_r, N_t)$ 个独立的并行信道，其信道容量等价于 $\min(N_r, N_t)$ 个并列 SISO 信道的信道容量之和，并随着天线数量的增加以 $\min(N_r, N_t)$ 线性增大。因此，MIMO 信道的信道容量是随着天线数量的增加而线性增大的，在不增加带宽和天线发射功率的情况下，频谱利用率可以成倍提高。

如果发射端已知信道状态信息，则可以运用注水法（Water Filling，根据某种准则和信道状况对发射功率进行自适应分配，通常是给状况好的信道多分配功率，给状况差的信道少分配功率，从而最大化传输速率）将总发射功率分配到各发射天线，利用容量公式进行计算。

2．随机 MIMO 信道

与确定性 MIMO 信道相对应，随机 MIMO 信道是指信道矩阵 $\boldsymbol{H}$ 是复随机变量的 MIMO 信道。随机 MIMO 信道的信道容量是平均信道容量，也称为遍历容量。如果发射端各天线等功率发射信号，则随机 MIMO 信道的平均信道容量可以表示为

$$C_{\text{avg}} = E_H\left\{\log\left[\det\left(\boldsymbol{I}_{N_r} + \frac{1}{N_t}\frac{P_t}{\sigma^2}\boldsymbol{H}\boldsymbol{H}^{\mathrm{H}}\right)\right]\right\} \tag{3-5-4}$$

通常情况下，随机 MIMO 信道的信道容量计算困难，且只能通过数值仿真的方法获得。

3.5.2　多址接入信道及其信道容量

在前面讨论的信道中，不论是单符号信道还是多符号信道，都是只有一个发送用户和一个接收用户的信道，这种信道称为单用户信道。而在实际应用中，为了提高通信效率，往往允许有多个发送用户和多个接收用户，这种信道称为多用户信道。单用户通信系统解决的是两个用户之间的信息传输问题，多用户通信系统研究的是多个用户之间信息相互传递的问题。研究多用户通信系统信息传输的理论，称为多用户信息论。

与单用户信道的信道容量不同，多用户信道上传送消息所允许的信息率是用二维或多维空间的区域表示的，多用户信道的信道容量是这个区域的界限。一般多用户信道的信道容量计算比较困难，最简单的多址接入信道是只有两个输入端和一个输出端的多址接入信道，其模型如图 3.16 所示。在多址接入信道中，多个用户的信息经过编码后，送入同一信道传输，在接收端由一个译码器译码后分别发送给不同的用户，下面以两用户多址接入信道为例讨论多址接入信道的信道容量的计算方法。

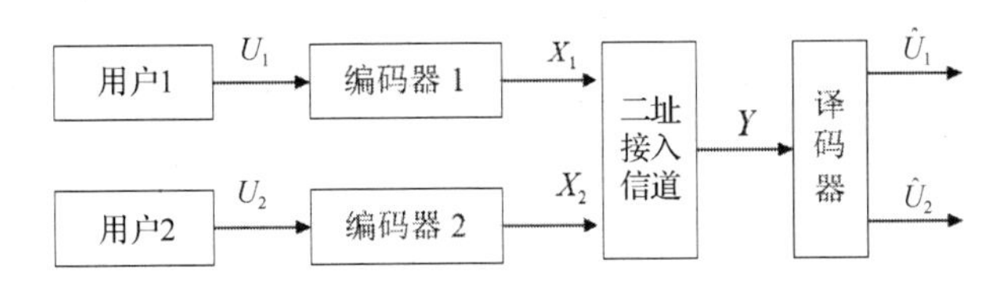

图 3.16　两用户多址接入信道模型

设 X_1 和 X_2 分别为信道的两个输入随机变量，X_1 取值于集合 $\{x_{11}, x_{21}, \cdots, x_{k_1 1}\}$，$X_2$ 取值于集合 $\{x_{12}, x_{22}, \cdots, x_{k_2 2}\}$，输出随机变量 Y 取值于集合 $\{y_1, y_2, \cdots, y_m\}$，则 $P(Y \mid X_1 X_2)$ 取值于 $\{p(y_j \mid x_{i1} x_{i2}), (j = 1, 2, \cdots, m;\ i1 = 11, 21, \cdots, k_1 1;\ i2 = 12, 22, \cdots, k_2 2)\}$ 表示信道的条件转移概率分布。两个用户发送端编码器分别将两路原始信源符号 U_1 和 U_2 编码成适合于信道传输的符号 X_1 和 X_2，接收端通过译码器将信道输出随机变量 Y 译成与发送端对应的两路符号 $\hat{U}_1$ 和 $\hat{U}_2$。用 $R_1 = I(X_1; Y)$ 表示从 Y 中获得的关于 X_1 的平均互信息量。如果已知 X_2，那么

$$R_1 = I(X_1; Y) \leqslant \max_{P(X_1)P(X_2)} \{I(X_1; Y \mid X_2)\} \tag{3-5-5}$$

根据信道容量的定义，当两个编码器的输出 X_1 和 X_2 达到最合适的概率分布时，式（3-5-5）不等号右端的平均条件互信息量达到的最大值就是条件信道容量，即

$$C_1 = \max_{P(X_1)P(X_2)} \{I(X_1; Y \mid X_2)\} \tag{3-5-6}$$

根据式（3-5-5）和式（3-5-6）可得

$$R_1 \leqslant C_1 \tag{3-5-7}$$

同理，也可以得到

$$C_2 = \max_{P(X_1)P(X_2)} \{I(X_2; Y \mid X_1)\} \tag{3-5-8}$$

与

$$R_2 = I(X_2;Y) \leqslant \max_{P(X_1)P(X_2)} \{I(X_2;Y|X_1)\} = C_2 \tag{3-5-9}$$

根据平均互信息量的知识可知，从 Y 中获得的关于 X_1X_2 的平均互信息量为

$$I(X_1X_2;Y) = I(X_1;Y) + I(X_2;Y \mid X_1) \tag{3-5-10}$$

根据式（3-5-9）可知，两用户多址接入信道的总信道容量为

$$\begin{aligned} C_{12} &= \max_{P(X_1)P(X_2)} \{I(X_1X_2;Y)\} = \max_{P(X_1)P(X_2)} \{I(X_1;Y) + I(X_2;Y \mid X_1)\} \\ &\geqslant I(X_1;Y) + \max_{P(X_1)P(X_2)} \{I(X_2;Y \mid X_1)\} \geqslant I(X_1;Y) + I(X_2;Y) = R_1 + R_2 \end{aligned} \tag{3-5-11}$$

也就是说

$$C_{12} \geqslant R_1 + R_2 \tag{3-5-12}$$

当 X_1 和 X_2 相互独立时，可以证明 C_1、C_2 和 C_{12} 之间满足不等式

$$\max\{C_1, C_2\} \leqslant C_{12} \leqslant C_1 + C_2 \tag{3-5-13}$$

由式（3-5-13）易知

$$\max\{C_{12}\} = C_1 + C_2 \tag{3-5-14}$$

归纳起来，两用户多址接入信道的信息率和信道容量之间满足如下条件：

$$\begin{cases} R_1 \leqslant C_1 \\ R_2 \leqslant C_2 \\ R_1 + R_2 \leqslant C_{12} \end{cases} \tag{3-5-15}$$

当 X_1 和 X_2 相互独立时，满足式（3-5-13）。以上条件确定的 R_1 和 R_2 的取值范围可以用图 3.17 中的一个截角四边形（图中阴影部分）表示，其外围封闭线（二维空间中阴影部分的界限）就是两用户多址接入信道的信道容量，具体说明如下。

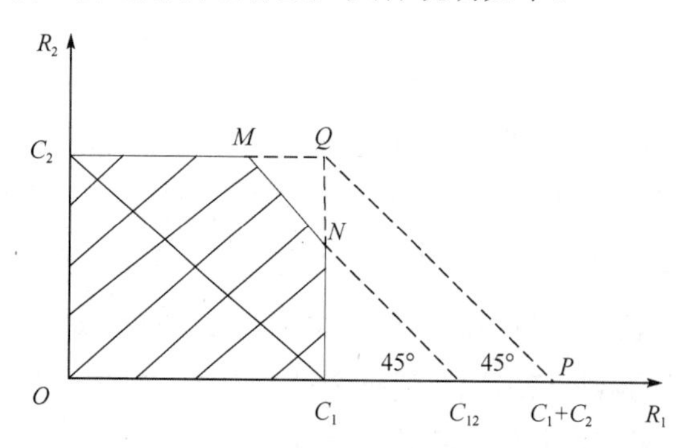

图 3.17 两用户多址接入信道的信道容量示意图

图 3.17 中的阴影区是由两个坐标轴和线段 C_2M、MN、NC_1 围成的一个截角四边形，线段 MN 与横纵坐标轴的夹角都是 45°，并且在两个坐标轴的值都是 C_{12}，因此线段 MN 的方程是 $R_1 + R_2 = C_{12}$，图中阴影区域内的任何一点都满足式（3-5-15）的限制条件；由于线段 C_1C_{12} 与线段 NC_1 相等，也就是说 C_1C_{12} 表示 R_2 的实际取值，所以线段 MN 只能在线段 QP 的左边，最多与之重叠，这在几何上体现了 $C_{12} \leqslant C_1 + C_2$ 的条件；为了满足 $C_{12} \geqslant \max\{C_1, C_2\}$ 的条件，线段 MN 与横轴的交点 C_{12} 必须在点 C_1 的右边（当 $C_1 \geqslant C_2$ 时），或者与纵轴的交点必须在点 C_2 的上方（当 $C_2 \geqslant C_1$ 时）。

在这里，需要注意的是，式（3-5-6）、式（3-5-8）和式（3-5-11）三个公式对输入概率分

布 $P(X_1)$ 和 $P(X_2)$ 的要求不一定相同。如果不同的话，则需要对所有可能的 $P(X_1)$ 和 $P(X_2)$ 分别计算出 C_1、C_2 和 C_{12}，形成多个像图 3.17 那样的截角四边形，包含这些截角四边形的凸区域，即两用户多址接入信道的信息率取值区域，该区域的上界为信道容量。

两用户多址接入信道的结论很容易推广到多用户多址接入信道，其模型如图 3.18 所示。

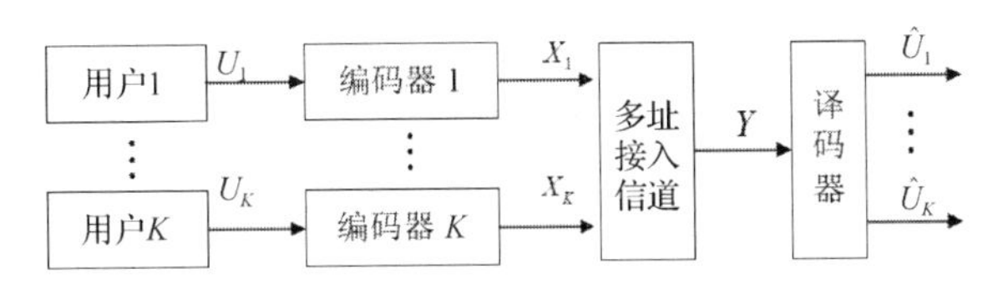

图 3.18　多用户多址接入信道模型

如果信道有 K 个输入和 1 个输出，且第 r 个编码器输出消息的信息率为 R_r，相应的条件信道容量为 C_r，总的信道容量为 C_{sum}，则多用户多址接入信道的信息率和信道容量之间满足的限制条件为

$$\begin{cases} R_r \leqslant C_r = \max\limits_{P(X_1)\cdots P(X_K)} \{I(X_r;Y \mid X_1 \cdots X_{r-1}X_{r+1} \cdots X_K)\} \\ \sum\limits_{r=1}^{K} R_r \leqslant C_{\text{sum}} = \max\limits_{P(X_1)\cdots P(X_K)} \{I(X_1 \cdots X_K;Y)\} \end{cases} \tag{3-5-16}$$

如果输入信道的所有信源相互独立，则

$$\sum_{r=1}^{K} C_r \geqslant C_{\text{sum}} \geqslant \max_r \{C_r\} \tag{3-5-17}$$

式（3-5-16）和式（3-5-17）这些限制条件在 N 维空间中规定了一个截去角的多面体，这个多面体内就是信道允许的多用户多址接入信道的信息率，多面体的上界就是多用户多址接入信道的信道容量。

习题

3.1　证明具有扩展功能的信道（一个输入 X 对应多个输出 Y，且不同的输入对应的输出不同），有 $H(Y)-H(X)=H(Y|X)$。

3.2　计算下列信道转移矩阵所对应的信道的信道容量。

（1）$$\boldsymbol{P}_1 = \begin{array}{c} \\ x_1 \\ x_2 \\ x_3 \\ x_4 \end{array}\begin{array}{c} \begin{matrix} y_1 & y_2 & y_3 & y_4 \end{matrix} \\ \begin{bmatrix} 0 & 1 & 0 & 0 \\ 1 & 0 & 0 & 0 \\ 0 & 0 & 0 & 1 \\ 0 & 0 & 1 & 0 \end{bmatrix} \end{array}$$

（2）$$\boldsymbol{P}_2 = \begin{array}{c} \\ x_1 \\ x_2 \\ x_3 \end{array}\begin{array}{c} \begin{matrix} y_1 & y_2 & y_3 & y_4 & y_5 & y_6 & y_7 & y_8 & y_9 & y_{10} \end{matrix} \\ \begin{bmatrix} 0.1 & 0.2 & 0.3 & 0.4 & 0 & 0 & 0 & 0 & 0 & 0 \\ 0 & 0 & 0 & 0 & 0.2 & 0.8 & 0 & 0 & 0 & 0 \\ 0 & 0 & 0 & 0 & 0 & 0 & 0.4 & 0.3 & 0.2 & 0.1 \end{bmatrix} \end{array}$$

3.3　设二元对称信道的信道转移矩阵为 $\begin{bmatrix} 3/4 & 1/4 \\ 1/4 & 3/4 \end{bmatrix}$。

（1）若 $p(0)=2/3$，$p(1)=1/3$，求 $H(X)$、$H(X|Y)$、$H(Y|X)$ 和 $I(X;Y)$。

（2）求该信道的信道容量及达到信道容量时的输入概率分布。

3.4　已知二元有噪和删除信道如题 3.4 图所示。

（1）求该信道的信道容量。

（2）当 $\varepsilon=0$ 时为删除信道，求其信道容量。

（3）当 ρ=0 时为二元对称信道，求其信道容量。

（4）对比分析 $\varepsilon=0.125$ 时的二元对称信道和 ρ=0.5 时的删除信道，哪个更好？

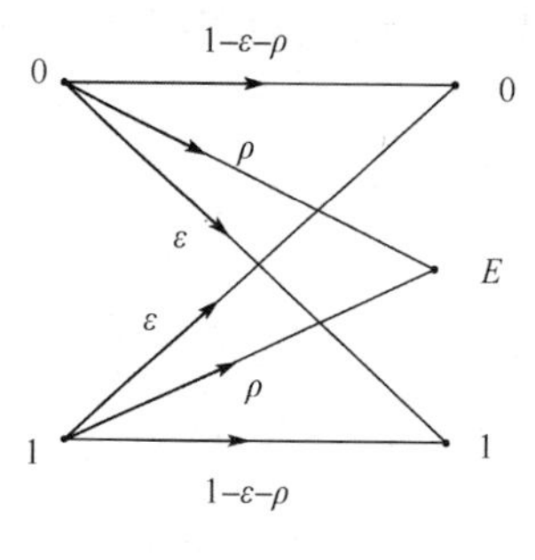

题 3.4 图

3.5 求下列各离散信道（其信道转移矩阵 $\boldsymbol{P}(Y\mid X)$ 如题 3.5 图所示）的信道容量。

X	Y	
	0	1
0	1	0
1	s	$1-s$

（a）Z信道

X	Y		
	0	E	1
0	$1-s_1-s_2$	s_1	s_2
1	s_2	s_1	$1-s_1-s_2$

（b）可抹信道

X	Y	
	0	1
0	1/2	1/2
1	1/4	3/4

（c）非对称信道

X	Y			
	0	1	2	3
0	1/3	1/3	1/6	1/6
1	1/3	1/6	1/6	1/3

（d）准对称信道

题 3.5 图

3.6 设二元对称信道是无记忆信道，信道转移矩阵为 $\begin{bmatrix}\bar{p} & p\\ p & \bar{p}\end{bmatrix}$，其中，$p>0$，$\bar{p}<1$，$p+\bar{p}=1$，$\bar{p}>>p$。试写出 $N=3$ 次扩展无记忆信道的信道转移矩阵 $\boldsymbol{P}$ 及信道容量。

3.7 设某高斯加性信道，输入变量、输出变量和噪声随机变量 X、Y、N 之间的关系为 Y=$X+N$，且 $E[N^2]$=σ^2。试证明：当信源是均值为 $E[X]=0$、方差为 σ_X^2 的高斯随机变量时，信道传输能力达到其信道容量 C，且 $C=\dfrac{1}{2}\log\left(1+\dfrac{\sigma_X^2}{\sigma^2}\right)$。

3.8 设高斯白噪声加性信道中，信道带宽为 3kHz，如果{(信号功率+噪声功率)/噪声功率}=10dB，那么该信道的最大信息率 C_t 为多少？

3.9 在图像传输中，每帧约有 2.25×10^6 个像素。为了能很好地重现图像，每个像素的亮度分为 16 个电平，并假设亮度电平等概率分布。如果信噪功率比为 20dB，那么每分钟传送一帧图像所需的信道带宽是多少？

第4章　率失真函数

由于现实世界总是存在针对消息与信号的分辨率限制等非理想特性，如目前 ADC 技术的分辨率还难以大幅度超过 24 比特/采样、人眼具有“视觉暂留性”等，因此人们需要容忍在探测、感知与展现等信息处理中，尤其是对连续原始信源的处理中，难以避免的信息失真或损失。1959 年，香农发表了论文《保真度准则下的离散信源编码定理》，定义了率失真函数 $R(D)$，还指出，在允许失真度 D 的前提下，信源输出码率可压缩到 $R(D)$ 值。特别地，控制了允许失真度 D 的信源处理输出形成再生信源，而信源数据处理过程则形成试验信道。率失真理论是数模转换与量化机理、数据与频带压缩方法，以及图像压缩标准（如 H.263 等）的理论基础。

本章主要讨论信息的失真理论，首先给出率失真函数的基本概念，然后分别讨论离散信源和连续信源的率失真函数。

4.1　率失真函数的基本概念

4.1.1　试验信道

1．离散信源的试验信道

先考虑单符号信源。设信源 X 的概率分布为 $\begin{pmatrix} X \\ P(X) \end{pmatrix} = \begin{pmatrix} x_1 & x_2 & \cdots & x_n \\ p(x_1) & p(x_2) & \cdots & p(x_n) \end{pmatrix}$，通过构造的数据处理信道，得到再生信源 $\hat{X}$ 的概率分布 $\begin{pmatrix} \hat{X} \\ P(\hat{X}) \end{pmatrix} = \begin{pmatrix} \hat{x}_1 & \hat{x}_2 & \cdots & \hat{x}_m \\ p(\hat{x}_1) & p(\hat{x}_2) & \cdots & p(\hat{x}_m) \end{pmatrix}$。数据处理信道的信道转移矩阵和反向信道转移矩阵分别表示为 $\boldsymbol{P}(\hat{X}|X) = \begin{bmatrix} p(\hat{x}_1|x_1) & p(\hat{x}_2|x_1) & \cdots & p(\hat{x}_m|x_1) \\ p(\hat{x}_1|x_2) & p(\hat{x}_2|x_2) & \cdots & p(\hat{x}_m|x_2) \\ \vdots & \vdots & & \vdots \\ p(\hat{x}_1|x_n) & p(\hat{x}_2|x_n) & \cdots & p(\hat{x}_m|x_n) \end{bmatrix}$，$\boldsymbol{P}(X|\hat{X}) = \begin{bmatrix} p(x_1|\hat{x}_1) & p(x_2|\hat{x}_1) & \cdots & p(x_n|\hat{x}_1) \\ p(x_1|\hat{x}_2) & p(x_2|\hat{x}_2) & \cdots & p(x_n|\hat{x}_2) \\ \vdots & \vdots & & \vdots \\ p(x_1|\hat{x}_m) & p(x_2|\hat{x}_m) & \cdots & p(x_n|\hat{x}_m) \end{bmatrix}$。

对于构造的数据处理信道和再生信源，为了简化表述，这里取 $m = n$。

1）失真函数

对于信源 X 与再生信源 $\hat{X}$ 的每对符号 x_i 和 $\hat{x}_j$，给定一个非负函数：

$$d(x_i, \hat{x}_j) \geqslant 0,\ \ i, j = 1, 2, \cdots, n \tag{4-1-1}$$

称 $d(x_i, \hat{x}_j)$ 为失真函数，用来表示信源 X 发出的符号 x_i 与再生信源 $\hat{X}$ 再现的符号 $\hat{x}_j$ 之间的失真或误差。所有失真函数均可以表示为

$$\boldsymbol{d}(X, \hat{X}) = \begin{bmatrix} d(x_1, \hat{x}_1) & d(x_1, \hat{x}_2) & \cdots & d(x_1, \hat{x}_n) \\ d(x_2, \hat{x}_1) & d(x_2, \hat{x}_2) & \cdots & d(x_2, \hat{x}_n) \\ \vdots & \vdots & & \vdots \\ d(x_n, \hat{x}_1) & d(x_n, \hat{x}_2) & \cdots & d(x_n, \hat{x}_n) \end{bmatrix} \tag{4-1-2}$$

常用的失真函数是汉明失真，即

$$d(x_i,\hat{x}_j)=\begin{cases}0, & i=j\\ 1, & i\neq j\end{cases}\qquad i,j=1,2,\cdots,n \tag{4-1-3}$$

汉明失真中，当$i=j$时，x_i与$\hat{x}_j$之间无失真；当$i\neq j$时，x_i与$\hat{x}_j$之间有失真且不考虑失真大小。所有汉明失真均可以表示为

$$\boldsymbol{d}(X,\hat{X})=\begin{bmatrix}0 & 1 & \cdots & 1\\ 1 & 0 & \cdots & 1\\ \vdots & \vdots & & \vdots\\ 1 & 1 & \cdots & 0\end{bmatrix} \tag{4-1-4}$$

2）平均失真度

一般情况下，考虑的失真或误差是平均意义上的失真或误差。为了表示信源X发出的符号x_i与再生信源$\hat{X}$再现的符号$\hat{x}_j$之间的平均失真或平均误差，定义失真函数的数学期望为平均失真度，即

$$\bar{D}=E[d(x_i,\hat{x}_j)]=\sum_{i=1}^{n}\sum_{j=1}^{n}p(x_i\hat{x}_j)d(x_i,\hat{x}_j) \tag{4-1-5}$$

由于$p(x_i\hat{x}_j)=p(x_i)p(\hat{x}_j\mid x_i)=p(\hat{x}_j)p(x_i\mid\hat{x}_j)$，因此平均失真度与所引入的数据处理信道有关。

如果失真函数是汉明失真，则平均失真度为

$$\bar{D}=\sum_{i=1}^{n}\sum_{\substack{j=1\\ j\neq i}}^{n}p(x_i\hat{x}_j) \tag{4-1-6}$$

3）保真度准则

对于平均失真度$\bar{D}$，给定一个非负的允许失真度$D\geqslant 0$，即

$$\bar{D}=\sum_{i=1}^{n}\sum_{j=1}^{n}p(x_i\hat{x}_j)d(x_i,\hat{x}_j)\leqslant D \tag{4-1-7}$$

称$\bar{D}\leqslant D$为保真度准则。一般尽量取$\bar{D}=D$。保真度准则与所引入的数据处理信道有关。

4）试验信道

定义所有满足保真度准则$\bar{D}\leqslant D$的数据处理信道为D失真许可的试验信道，简称试验信道。试验信道的信道转移矩阵为

$$\boldsymbol{P}_D(\hat{X}\mid X)=\left\{\boldsymbol{P}(\hat{X}\mid X),\bar{D}\leqslant D\right\} \tag{4-1-8}$$

或者反向信道转移矩阵为

$$\boldsymbol{P}_D(X\mid\hat{X})=\left\{\boldsymbol{P}(X\mid\hat{X}),\bar{D}\leqslant D\right\} \tag{4-1-9}$$

强调一下，试验信道是满足保真度准则$\bar{D}\leqslant D$的数据处理信道的集合。而且，这个集合与允许失真度D的取值有关，D越大，集合也越大。

再考虑N次扩展信源。N次扩展信源X^N的概率分布为$P(X)^N$，通过构造的N次扩展数据处理信道，得到N次扩展再生信源$\hat{X}^N$的概率分布$P(\hat{X})^N$。N次扩展数据处理信道的信道转移矩阵为$\boldsymbol{P}(\hat{X}^N\mid X^N)$，反向信道转移矩阵为$\boldsymbol{P}(X^N\mid\hat{X}^N)$。重复上述讨论。

2. 连续信源的试验信道

先考虑单符号信源。设信源 X 的概率密度函数为 $p(x)$，$x\in[a,b]$，通过构造的数据处理信道，得到再生信源 $\hat{X}$ 的概率密度函数 $p(\hat{x})$，$\hat{x}\in[c,d]$，以及数据处理信道的转移概率密度函数 $p(\hat{x}\mid x)$，$x\in[a,b]$，$\hat{x}\in[c,d]$，或者反向转移概率密度函数 $p(x\mid\hat{x})$，$x\in[a,b]$，$\hat{x}\in[c,d]$。对于构造的数据处理信道和再生信源，一般取 $[a,b]=[c,d]$。

1）失真函数

对于信源 X 与再生信源 $\hat{X}$ 的每对符号 x 和 $\hat{x}$，给定一个非负函数：

$$d(x,\hat{x})\geqslant 0,\quad x,\hat{x}\in[a,b] \tag{4-1-10}$$

称 $d(x,\hat{x})$ 为失真函数，用来表示信源 X 发出的符号 x 与再生信源 $\hat{X}$ 再现的符号 $\hat{x}$ 之间的失真或误差。

常用的失真函数是平方误差失真：

$$d(x,\hat{x})=(x-\hat{x})^2,\quad x,\hat{x}\in[a,b] \tag{4-1-11}$$

当 $\hat{x}=x$ 时无失真，当 $\hat{x}\neq x$ 时有失真且相差越大，失真越大。

2）平均失真度

为了表示信源 X 发出的符号 x 与再生信源 $\hat{X}$ 再现的符号 $\hat{x}$ 之间的平均失真或平均误差，定义失真函数的数学期望为平均失真度，即

$$\bar{D}=E[d(x,\hat{x})]=\int_a^b\int_c^d p(x\hat{x})d(x,\hat{x})\mathrm{d}x\mathrm{d}\hat{x} \tag{4-1-12}$$

由于 $p(x\hat{x})=p(x)p(\hat{x}\mid x)=p(\hat{x})p(x\mid\hat{x})$，因此平均失真度与所引入的数据处理信道有关。

如果失真函数是平方误差失真，则平均失真度为

$$\bar{D}=\int_a^b\int_a^b(x-\hat{x})^2p(x\hat{x})\mathrm{d}x\mathrm{d}\hat{x} \tag{4-1-13}$$

3）保真度准则

对于平均失真度 $\bar{D}$，给定一个非负的允许失真度 $D\geqslant 0$，即

$$\bar{D}=\int_a^b\int_c^d p(x\hat{x})d(x,\hat{x})\mathrm{d}x\mathrm{d}\hat{x}\leqslant D \tag{4-1-14}$$

称 $\bar{D}\leqslant D$ 为保真度准则。保真度准则也与所引入的数据处理信道有关。

4）试验信道

定义所有满足保真度准则 $\bar{D}\leqslant D$ 的数据处理信道为 D 失真许可的试验信道，简称试验信道。试验信道的转移概率密度函数为

$$p_D(\hat{x}\mid x)=\left\{p(\hat{x}\mid x),\bar{D}\leqslant D\right\} \tag{4-1-15}$$

或者反向转移概率密度函数为

$$p_D(x\mid\hat{x})=\left\{p(x\mid\hat{x}),\bar{D}\leqslant D\right\} \tag{4-1-16}$$

强调一下，试验信道是满足保真度准则 $\bar{D}\leqslant D$ 的数据处理信道的集合。而且，这个集合与允许失真度 D 的取值有关，D 越大，集合也越大。

再考虑 N 次扩展信源。N 次扩展信源 X^N 的概率密度函数为 $p(x)^N$，通过构造的 N 次扩展数据处理信道，得到 N 次扩展再生信源 $\hat{X}^N$ 的概率密度函数 $p(\hat{x})^N$。N 次扩展数据处理信道的转移概率密度函数为 $p(\hat{x}^N\mid x^N)$，反向转移概率密度函数为 $p(x^N\mid\hat{x}^N)$。重复上述讨论。

4.1.2 率失真函数的定义

1. 离散信源率失真函数的定义

先考虑单符号信源。设信源 X 的熵为 $H(X)=-\sum_{i=1}^{n}p(x_i)\log p(x_i)$，取失真函数为汉明失真，$\boldsymbol{d}(X,\hat{X})=\begin{bmatrix}0 & 1 & \cdots & 1\\ 1 & 0 & \cdots & 1\\ \vdots & \vdots & & \vdots\\ 1 & 1 & \cdots & 0\end{bmatrix}$，试验信道的噪声熵为 $H(\hat{X}\mid X)=-\sum_{i=1}^{n}\sum_{j=1}^{n}p(x_i\hat{x}_j)\log p_D(\hat{x}_j\mid x_i)$，试验信道的损失熵为 $H(X\mid\hat{X})=-\sum_{i=1}^{n}\sum_{j=1}^{n}p(x_i\hat{x}_j)\log p_D(x_i\mid\hat{x}_j)$，信源 X 和再生信源 $\hat{X}$ 的联合熵为 $H(X\hat{X})=-\sum_{i=1}^{n}\sum_{j=1}^{n}p(x_i\hat{x}_j)\log p(x_i\hat{x}_j)$，再生信源 $\hat{X}$ 的熵为 $H(\hat{X})=-\sum_{j=1}^{n}p(\hat{x}_j)\log p(\hat{x}_j)$。

1）平均互信息量

平均互信息量 $I(X;\hat{X})$ 是试验信道传输的平均信息量，也是在保真度准则下再生信源 $\hat{X}$ 所含信源 X 的平均信息量。

平均互信息量可由再生信源 $\hat{X}$ 的熵减去试验信道的噪声熵得到

$$I(X;\hat{X})=H(\hat{X})-H(\hat{X}\mid X) \tag{4-1-17}$$

也可由信源 X 的熵减去试验信道的损失熵得到

$$I(X;\hat{X})=H(X)-H(X\mid\hat{X}) \tag{4-1-18}$$

还可由信源 X 的熵加上再生信源 $\hat{X}$ 的熵减去信源 X 和再生信源 $\hat{X}$ 的联合熵得到

$$I(X;\hat{X})=H(X)+H(\hat{X})-H(X\hat{X}) \tag{4-1-19}$$

平均互信息量 $I(X;\hat{X})$ 是信源概率 $P(X)$、试验信道的信道转移矩阵 $\boldsymbol{P}_D(\hat{X}\mid X)$ 或反向信道转移矩阵 $\boldsymbol{P}_D(X\mid\hat{X})$、允许失真度 D 三类变量的函数。在给定信源概率 $P(X)$ 和允许失真度 D 条件下，平均互信息量 $I(X;\hat{X})$ 是试验信道的信道转移矩阵 $\boldsymbol{P}_D(\hat{X}\mid X)$ 或反向信道转移矩阵 $\boldsymbol{P}_D(X\mid\hat{X})$ 的函数。

平均互信息量 $I(X;\hat{X})$ 对于试验信道的信道转移矩阵 $\boldsymbol{P}_D(\hat{X}\mid X)$ 或反向信道转移矩阵 $\boldsymbol{P}_D(X\mid\hat{X})$，具有非负、严格下凸等性质。

2）率失真函数

由于在给定信源概率 $P(X)$ 和允许失真度 D 条件下，平均互信息量严格下凸，因此可以通过选择试验信道的信道转移矩阵 $\boldsymbol{P}_D(\hat{X}\mid X)$ 或反向信道转移矩阵 $\boldsymbol{P}_D(X\mid\hat{X})$，使平均互信息量达到最小。定义该最小平均互信息量为率失真函数：

$$R(D)=\min_{\boldsymbol{P}_D(\hat{X}\mid X)}\left\{I(X;\hat{X})\right\} \tag{4-1-20}$$

或

$$R(D)=\min_{\boldsymbol{P}_D(X\mid\hat{X})}\left\{I(X;\hat{X})\right\} \tag{4-1-21}$$

进一步，率失真函数可以表示为

$$R(D) = \min_{P_D(\hat{X}|X)} \left\{ H(\hat{X}) - H(\hat{X} \mid X) \right\} \tag{4-1-22}$$

也可以表示为

$$R(D) = \min_{P_D(X|\hat{X})} \left\{ H(X) - H(X \mid \hat{X}) \right\} = H(X) - \max_{P_D(X|\hat{X})} \left\{ H(X \mid \hat{X}) \right\} \tag{4-1-23}$$

还可以表示为

$$R(D) = \min_{P_D(\hat{X}|X)} \left\{ H(X) + H(\hat{X}) - H(X\hat{X}) \right\} \tag{4-1-24}$$

或

$$R(D) = \min_{P_D(X|\hat{X})} \left\{ H(X) + H(\hat{X}) - H(X\hat{X}) \right\} \tag{4-1-25}$$

率失真函数 $R(D)$ 是满足保真度准则下再生信源 $\hat{X}$ 所含信源 X 的平均信息量的最小平均互信息量。换句话说，在所有满足保真度准则下再生信源 $\hat{X}$ 所含信源 X 的平均信息量的平均互信息量中，率失真函数 $R(D)$ 对平均互信息量需求最小。

率失真函数 $R(D)$ 是信源概率 $P(X)$、允许失真度 D 两类变量的函数。在给定信源概率 $P(X)$ 条件下，率失真函数 $R(D)$ 是允许失真度 D 的函数。

再考虑 N 次扩展信源。设 N 次扩展信源 X^N 的熵为 $H(X^N) = NH(X)$，同样取失真函数为汉明失真，$\boldsymbol{d}(X,\hat{X}) = \begin{bmatrix} 0 & 1 & \cdots & 1 \\ 1 & 0 & \cdots & 1 \\ \vdots & \vdots & & \vdots \\ 1 & 1 & \cdots & 0 \end{bmatrix}$，$N$ 次扩展试验信道的噪声熵为 $H(\hat{X}^N \mid X^N) = NH(\hat{X} \mid X)$，$N$ 次扩展再生信源 $\hat{X}^N$ 的熵为 $H(\hat{X}^N) = NH(\hat{X})$，$N$ 次扩展试验信道的损失熵为 $H(X^N \mid \hat{X}^N) = NH(X \mid \hat{X})$，$N$ 次扩展信源 X^N 和 N 次扩展再生信源 $\hat{X}^N$ 的联合熵为 $H(X^N\hat{X}^N) = NH(X\hat{X})$。得到平均互信息量 $I(X^N;\hat{X}^N) = NI(X;\hat{X})$，率失真函数 $R(ND) = \min\limits_{P_{ND}(\hat{X}^N|X^N)} \{I(X^N;\hat{X}^N)\} = N \min\limits_{P_D(\hat{X}|X)} \{I(X;\hat{X})\} = NR(D)$。

2. 连续信源率失真函数的定义

先考虑单符号信源。设信源 X 的差熵为 $h(X) = -\int_a^b p(x)\log p(x)\mathrm{d}x$，取失真函数为平方误差失真，$d(x,\hat{x}) = (x-\hat{x})^2$，试验信道的噪声差熵为 $h(\hat{X} \mid X) = -\int_a^b \int_a^b p(x\hat{x})\log p_D(\hat{x} \mid x)\mathrm{d}x\mathrm{d}\hat{x}$，再生信源 $\hat{X}$ 的差熵为 $h(\hat{X}) = -\int_a^b p(\hat{x})\log p(\hat{x})\mathrm{d}\hat{x}$，试验信道的损失差熵为 $h(X \mid \hat{X}) = -\int_a^b \int_a^b p(x\hat{x})\log p_D(x \mid \hat{x})\mathrm{d}x\mathrm{d}\hat{x}$，信源 X 和再生信源 $\hat{X}$ 的联合差熵为 $h(X\hat{X}) = -\int_a^b \int_a^b p(x\hat{x})\log p(x\hat{x})\mathrm{d}x\mathrm{d}\hat{x}$。

1）平均互信息量

平均互信息量 $I(X;\hat{X})$ 是试验信道传输的平均信息量，也是保真度准则下再生信源 $\hat{X}$ 所含信源 X 的平均信息量。

平均互信息量可由再生信源 $\hat{X}$ 的差熵减去试验信道的噪声差熵得到

$$I(X;\hat{X}) = h(\hat{X}) - h(\hat{X} \mid X) \tag{4-1-26}$$

也可由信源 X 的差熵减去试验信道的损失差熵得到

$$I(X;\hat{X})=h(X)-h(X\mid\hat{X}) \tag{4-1-27}$$

还可由信源 X 的差熵加上再生信源 $\hat{X}$ 的差熵减去信源 X 和再生信源 $\hat{X}$ 的联合差熵得到

$$I(X;\hat{X})=h(X)+h(\hat{X})-h(X\hat{X}) \tag{4-1-28}$$

平均互信息量 $I(X;\hat{X})$ 是信源概率密度函数 $p(x)$、试验信道的转移概率密度函数 $p_D(\hat{x}\mid x)$ 或反向转移概率密度函数 $p_D(x\mid\hat{x})$、允许失真度 D 三类变量的函数。在给定信源概率密度函数 $p(x)$、允许失真度 D 条件下，平均互信息量 $I(X;\hat{X})$ 是试验信道的转移概率密度函数 $p_D(\hat{x}\mid x)$ 或反向转移概率密度函数 $p_D(x\mid\hat{x})$ 的函数。

平均互信息量 $I(X;\hat{X})$ 对于试验信道的转移概率密度函数 $p_D(\hat{x}\mid x)$ 或反向转移概率密度函数 $p_D(x\mid\hat{x})$，具有非负、严格下凸等性质。

2）率失真函数

由于在给定信源概率密度函数 $p(x)$、允许失真度 D 条件下，平均互信息量严格下凸，可以通过选择试验信道的转移概率密度函数 $p_D(\hat{x}\mid x)$ 或反向转移概率密度函数 $p_D(x\mid\hat{x})$，使平均互信息量达到最小。定义该最小平均互信息量为率失真函数：

$$R(D)=\min_{p_D(\hat{x}|x)}\left\{I(X;\hat{X})\right\} \tag{4-1-29}$$

或

$$R(D)=\min_{p_D(x|\hat{x})}\left\{I(X;\hat{X})\right\} \tag{4-1-30}$$

进一步，率失真函数可以表示为

$$R(D)=\min_{p_D(\hat{x}|x)}\left\{h(\hat{X})-h(\hat{X}\mid X)\right\} \tag{4-1-31}$$

也可以表示为

$$R(D)=\min_{p_D(x|\hat{x})}\left\{h(X)-h(X\mid\hat{X})\right\}=h(X)-\max_{p_D(x|\hat{x})}\left\{h(X\mid\hat{X})\right\} \tag{4-1-32}$$

还可以表示为

$$R(D)=\min_{p_D(\hat{x}|x)}\left\{h(X)+h(\hat{X})-h(X\hat{X})\right\} \tag{4-1-33}$$

或

$$R(D)=\min_{p_D(x|\hat{x})}\left\{h(X)+h(\hat{X})-h(X\hat{X})\right\} \tag{4-1-34}$$

率失真函数 $R(D)$ 是满足保真度准则下再生信源 $\hat{X}$ 所含信源 X 的平均信息量的最小平均互信息量。换句话说，在所有满足保真度准则下再生信源 $\hat{X}$ 所含信源 X 的平均信息量的平均互信息量中，率失真函数 $R(D)$ 对平均互信息量需求最小。

率失真函数 $R(D)$ 是信源概率密度函数 $p(x)$、允许失真度 D 两类变量的函数。在给定信源概率密度函数 $p(x)$ 条件下，率失真函数 $R(D)$ 是允许失真度 D 的函数。

再考虑 N 次扩展信源。设 N 次扩展信源 X^N 的差熵为 $h(X^N)=Nh(X)$，同样取失真函数为平方误差失真，$d(x,\hat{x})=(x-\hat{x})^2$，$N$ 次扩展试验信道的噪声差熵为 $h(\hat{X}^N\mid X^N)=Nh(\hat{X}\mid X)$，$N$ 次扩展再生信源 $\hat{X}^N$ 的差熵为 $h(\hat{X}^N)=Nh(\hat{X})$，N 次扩展试验信道的损失差熵为 $h(X^N\mid\hat{X}^N)=Nh(X\mid\hat{X})$，$N$ 次扩展信源 X^N 和 N 次扩展再生信源 $\hat{X}^N$ 的联合差熵为 $h(X^N\hat{X}^N)=Nh(X\hat{X})$。得到平均互信息量 $I(X^N;\hat{X}^N)=NI(X;\hat{X})$，率失真函数 $R(ND)=$

$\min\limits_{p_{ND}(\hat{x}^N|x^N)}\left\{I(X^N;\hat{X}^N)\right\} = N\min\limits_{p_D(\hat{x}|x)}\left\{I(X;\hat{X})\right\} = NR(D)$ 。

3．信道容量与率失真函数

在数学意义上，求解信道容量 C 和率失真函数 $R(D)$ 都是求平均互信息量极值的问题。有相仿之处，常称为对偶问题。两者对比如下。

（1）平均互信息量 $I(X;Y)$ 是信源概率 $P(X)$ 或信源概率密度函数 $p(x)$ 的严格上凸函数，其极值为最大值。信道容量 C 就是在固定传输信道的情况下，求平均互信息量 $I(X;Y)$ 对信源概率 $P(X)$ 或信源概率密度函数 $p(x)$ 的极值问题，即 $C=\max\limits_{P(X)}\left\{I(X;Y)\right\}$ 或 $C=\max\limits_{p(x)}\left\{I(X;Y)\right\}$ 。

同时，平均互信息量 $I(X;Y)$ 又是传输信道的信道转移矩阵 $\boldsymbol{P}(Y\mid X)$ 或转移概率密度函数 $p(y\mid x)$ 的严格下凸函数，极值为最小值。求解率失真函数 $R(D)$ 就是在固定信源的情况下，求平均互信息量 $I(X;\hat{X})$ 对试验信道的信道转移矩阵 $\boldsymbol{P}_D(\hat{X}\mid X)$ 或转移概率密度函数 $p_D(\hat{x}\mid x)$ 的极值问题，即 $R(D)=\min\limits_{P_D(\hat{X}|X)}\{I(X;\hat{X})\}$ 或 $R(D)=\min\limits_{p_D(\hat{x}|x)}\{I(X;\hat{X})\}$ 。

（2）信道容量 C 一旦求出，就只与传输信道的信道转移矩阵 $\boldsymbol{P}(Y\mid X)$ 或转移概率密度函数 $p(y\mid x)$ 有关，反映传输信道特性，与信源特性无关；率失真函数 $R(D)$ 一旦求出，就只与信源概率 $P(X)$ 或信源概率密度函数 $p(x)$ 有关，反映信源特性，与试验信道特性无关。

（3）信道容量为了解决通信的可靠性问题，通过增加冗余来实现信道编码的码率界限，是传输的理论基础；率失真函数 $R(D)$ 为了解决通信的有效性问题，通过减少冗余来实现信源编码的码率界限，是限失真压缩的理论基础。

4.1.3　率失真函数的性质

考虑单符号信源 X 的率失真函数 $R(D)$ 作为允许失真度 D 的函数的性质。

1．$D_{\min}$ 与 $R(D_{\min})$

离散信源的最小允许失真度及率失真函数为

$$D_{\min}=\sum_{i=1}^{n}p(x_i)\min_{j}\left\{d(x_i,\hat{x}_j)\right\}=0 \text{ 且 } R(D_{\min})=R(0)=H(X) \tag{4-1-35}$$

连续信源的最小允许失真度及率失真函数为

$$D_{\min}=\int_a^b p(x)\min_{\hat{x}}\left\{d(x,\hat{x})\right\}\mathrm{d}x\to 0 \text{ 且 } \lim_{D_{\min}\to 0}R(D_{\min})\to\infty \tag{4-1-36}$$

对离散信源的率失真函数的性质证明如下：

$$D_{\min}=\bar{D}_{\min}=\min\left\{\sum_{i=1}^{n}\sum_{j=1}^{n}p(x_i)p(\hat{x}_j\mid x_i)d(x_i,\hat{x}_j)\right\}=\sum_{i=1}^{n}p(x_i)\min\left\{\sum_{j=1}^{n}p(\hat{x}_j\mid x_i)d(x_i,\hat{x}_j)\right\}$$

对于汉明失真，选择试验信道 $P_{D_{\min}}(\hat{x}_j\mid x_i)=\begin{cases}1, & i=j\\ 0, & i\neq j\end{cases}\quad i,j=1,2,\cdots,n$ 。

$$D_{\min}=\sum_{i=1}^{n}p(x_i)\min_{j}\left\{d(x_i,\hat{x}_j)\right\}=\sum_{i=1}^{n}p(x_i)\times 0=0$$

$$p(\hat{x}_j)=\sum_{i=1}^{n}p(x_i)p_{D_{\min}}(x_j\mid x_i)=p(x_j),\ \ j=1,2,\cdots,n$$

$$R(D_{\min}) = R(0) = \min_{P_{D_{\min}}(\hat{X}|X)} \left\{ H(\hat{X}) - H(\hat{X} \mid X) \right\} = H(X)$$

证毕。

2．$D_{\max}$ 与 $R(D_{\max})$

离散信源的最大允许失真度及率失真函数为

$$D_{\max} = \min_{p(\hat{x})} \left\{ \sum_{j=1}^{n} p(\hat{x}_j) \sum_{i=1}^{n} p(x_i) d(x_i, \hat{x}_j) \right\} = \min_{j} \left\{ \sum_{\substack{i=1 \\ i \neq j}}^{n} p(x_i) \right\} \text{ 且 } R(D_{\max}) = 0 \tag{4-1-37}$$

连续信源的最大允许失真度及率失真函数为

$$D_{\max} = \min_{p(\hat{x})} \left\{ \int_a^b p(\hat{x}) \int_a^b p(x) d(x, \hat{x}) \mathrm{d}x \mathrm{d}\hat{x} \right\} \text{ 且 } R(D_{\max}) = 0 \tag{4-1-38}$$

对离散信源的率失真函数的性质证明如下：

选择允许失真度 D，以及达到率失真函数的试验信道的信道转移矩阵 $\boldsymbol{P}_D(\hat{X} \mid X) = \boldsymbol{P}(\hat{X})$，这个矩阵集合中所有的允许失真度 D 都满足

$$R(D) = \min_{\boldsymbol{P}_D(\hat{X}|X)} \left\{ H(\hat{X}) - H(\hat{X} \mid X) \right\} = \min_{\boldsymbol{P}(\hat{X})} \left\{ H(\hat{X}) - H(\hat{X}) \right\} = 0$$

选择矩阵集合中的 $\boldsymbol{P}(\hat{X})$，取其中最小的允许失真度 D 作为 $D_{\max}$，即 $D_{\max} = \min\limits_{\boldsymbol{P}(\hat{X})} \{D\}$

根据保真度准则，可知

$$D_{\max} = \bar{D}_{\max} = \min_{\boldsymbol{P}(\hat{X})} \left\{ \sum_{i=1}^{n} \sum_{j=1}^{n} p(x_i) p(\hat{x}_j) d(x_i, \hat{x}_j) \right\} = \min_{\boldsymbol{P}(\hat{X})} \left\{ \sum_{j=1}^{n} p(\hat{x}_j) \sum_{i=1}^{n} p(x_i) d(x_i, \hat{x}_j) \right\}$$

$$= \min_{\boldsymbol{P}(\hat{X})} \left\{ \sum_{j=1}^{n} p(\hat{x}_j) \sum_{\substack{i=1 \\ i \neq j}}^{n} p(x_i) \right\}$$

注意到对于不同的 j，$\sum\limits_{\substack{i=1 \\ i \neq j}}^{n} p(x_i)$ 总有最小值，故

$$D_{\max} = \min_{\boldsymbol{P}(\hat{X})} \left\{ \sum_{j=1}^{n} p(\hat{x}_j) \sum_{\substack{i=1 \\ i \neq j}}^{n} p(x_i) \right\} = \sum_{j=1}^{n} p(\hat{x}_j) \min_{j} \left\{ \sum_{\substack{i=1 \\ i \neq j}}^{n} p(x_i) \right\} = \min_{j} \left\{ \sum_{\substack{i=1 \\ i \neq j}}^{n} p(x_i) \right\}$$

证毕。

3．$R(D)$ 单调递减

当 $D_2 > D_1$ 时

$$R(D_2) < R(D_1) \tag{4-1-39}$$

对离散信源的率失真函数的性质证明如下：

设两个信道的信道转移矩阵分别为 $\boldsymbol{P}_1(\hat{X} \mid X) = [p_1(\hat{x}_j \mid x_i)]$、$\boldsymbol{P}_{\max}(\hat{X} \mid X) = [p_{\max}(\hat{x}_j \mid x_i)]$，$i, j = 1, 2, \cdots, n$，分别满足保真度准则，即

$$\bar{D}_1 = \sum_{i=1}^{n} \sum_{j=1}^{n} p(x_i) p_1(\hat{x}_j \mid x_i) d(x_i, \hat{x}_j) \leqslant D_1$$

$$\bar{D}_{\max}=\sum_{i=1}^{n}\sum_{j=1}^{n}p(x_i)p_{\max}(\hat{x}_j\mid x_i)d(x_i,\hat{x}_j)\leqslant D_{\max}$$

则这两个信道也是允许失真度 D_1、$D_{\max}$ 的试验信道 $\boldsymbol{P}_{D_1}(\hat{X}\mid X)$、$\boldsymbol{P}_{D_{\max}}(\hat{X}\mid X)$。

进一步设这两个试验信道使平均互信息量分别达到率失真函数 $R(D_1)$、$R(D_{\max})=0$，即

$$R(D_1)=\min_{\boldsymbol{P}_{D_1}(\hat{X}|X)}\left\{I(X;\hat{X})\right\}=I(X;\hat{X}_1)$$

$$R(D_{\max})=\min_{\boldsymbol{P}_{D_{\max}}(\hat{X}|X)}\left\{I(X;\hat{X})\right\}=I(X;\hat{X}_{\max})=0$$

取新信道的信道转移矩阵为 $\boldsymbol{P}_2(\hat{X}\mid X)=[p_2(\hat{x}_j\mid x_i)]=[\alpha p_1(\hat{x}_j\mid x_i)+(1-\alpha)p_{\max}(\hat{x}_j\mid x_i)]$，$i,j=1,2,\cdots,n$，其中 $0<\alpha<1$，由保真度准则可知

$$\begin{aligned}\bar{D}_2&=\sum_{i=1}^{n}\sum_{j=1}^{n}p(x_i)p_2(\hat{x}_j\mid x_i)d(x_i,\hat{x}_j)\\&=\sum_{i=1}^{n}\sum_{j=1}^{n}p(x_i)\left[\alpha p_1(\hat{x}_j\mid x_i)+(1-\alpha)p_{\max}(\hat{x}_j\mid x_i)\right]d(x_i,\hat{x}_j)\\&=\alpha\sum_{i=1}^{n}\sum_{j=1}^{n}p(x_i)p_1(\hat{x}_j\mid x_i)\,d(x_i,\hat{x}_j)+(1-\alpha)\sum_{i=1}^{n}\sum_{j=1}^{n}p(x_i)p_{\max}(\hat{x}_j\mid x_i)\,d(x_i,\hat{x}_j)\\&\leqslant\alpha D_1+(1-\alpha)D_{\max}\end{aligned}$$

该信道为允许失真度 $D_2=\alpha D_1+(1-\alpha)D_{\max}$ 的试验信道 $\boldsymbol{P}_{D_2}(\hat{X}\mid X)$，并注意到 $D_2>D_1$。该试验信道不一定使平均互信息量达到率失真函数，即

$$R(D_2)=\min_{\boldsymbol{P}_{D_2}(\hat{X}|X)}\left\{I(X;\hat{X})\right\}\leqslant I(X;\hat{X}_2)$$

由于平均互信息量对信道转移概率严格下凸：

$$I(X;\hat{X}_2)\leqslant\alpha I(X;\hat{X}_1)+(1-\alpha)I(X;\hat{X}_{\max})=\alpha R(D_1)+(1-\alpha)R(D_{\max})=\alpha R(D_1)$$

得到

$$R(D_2)\leqslant\alpha R(D_1)<R(D_1)。$$

证毕。

N 次扩展信源 X^N 的率失真函数 $R(ND)$ 的性质与单符号信源 X 的率失真函数 $R(D)$ 的性质类似。

4.2　离散信源的率失真函数

4.2.1　离散信源的率失真函数的一般形式

先考虑单符号信源。设信源 X 的概率分布为 $\begin{pmatrix}X\\P(X)\end{pmatrix}=\begin{pmatrix}x_1 & x_2 & \cdots & x_n\\p(x_1) & p(x_2) & \cdots & p(x_n)\end{pmatrix}$，允许失真度为 D，取失真函数为汉明失真，$\boldsymbol{d}(X,\hat{X})=\begin{bmatrix}0 & 1 & \cdots & 1\\1 & 0 & \cdots & 1\\\vdots & \vdots & & \vdots\\1 & 1 & \cdots & 0\end{bmatrix}$。求信源的率失真函数 $R(D)$

及达到 $R(D)$ 的试验信道的反向信道转移矩阵 $\boldsymbol{P}_D(X\mid\hat{X})$。

根据定义，信源的率失真函数为

$$R(D)=\min_{\boldsymbol{P}_D(X|\hat{X})}\left\{I(X;\hat{X})\right\}=\min_{\boldsymbol{P}_D(X|\hat{X})}\left\{H(X)-H(X\mid\hat{X})\right\}=H(X)-\max_{\boldsymbol{P}_D(X|\hat{X})}\left\{H(X\mid\hat{X})\right\}$$

求信源的率失真函数 $R(D)$ 可归结为求信源的熵 $H(X)$ 和试验信道的最大损失熵 $\max\limits_{\boldsymbol{P}_D(X|\hat{X})}\left\{H(X\mid\hat{X})\right\}$。求信源的熵是已解决的问题，着重讨论求试验信道的最大损失熵的问题。

由于试验信道的损失熵对反向转移概率严格上凸，其极值为最大值。为求极值，可以构造拉格朗日函数：

$$\begin{aligned}\varPhi_j&=H(X\mid\hat{X})+\lambda[\bar{D}-D]+\mu_j\left[\sum_{i=1}^{n}p(x_i\mid\hat{x}_j)-1\right]\\&=-\sum_{i=1}^{n}\sum_{j=1}^{n}p(\hat{x}_j)p(x_i\mid\hat{x}_j)\log p(x_i\mid\hat{x}_j)+\lambda\left[\sum_{i=1}^{n}\sum_{j=1}^{n}p(\hat{x}_j)p(x_i\mid\hat{x}_j)d(x_i,\hat{x}_j)-\bar{D}\right]+\\&\quad\mu_j\left[\sum_{i=1}^{n}p(x_i\mid\hat{x}_j)-1\right]\\&=-\sum_{i=1}^{n}\sum_{j=1}^{n}p(\hat{x}_j)p(x_i\mid\hat{x}_j)\log p(x_i\mid\hat{x}_j)+\lambda\left[\sum_{\substack{i=1\\i\neq j}}^{n}\sum_{j=1}^{n}p(\hat{x}_j)p(x_i\mid\hat{x}_j)-\bar{D}\right]+\mu_j\left[\sum_{i=1}^{n}p(x_i\mid\hat{x}_j)-1\right]\end{aligned}$$

$j=1,2,\cdots,n$

并令

$$\frac{\partial\varPhi_j}{\partial p(x_i|\hat{x}_j)}=0，\quad i,j=1,2,\cdots,n$$

求出使试验信道的损失熵达到极值时满足保真度准则的反向转移概率，即试验信道的反向转移概率，进而求出试验信道的最大损失熵。

也可以利用最大熵定理得出的结论，直接推出使试验信道的损失熵达到最大时满足保真度准则的反向转移概率。下面用后一种方法求试验信道的最大损失熵。

先让反向转移概率满足保真度准则，使之成为试验信道的反向转移概率：

$$\begin{aligned}\bar{D}&=\sum_{i=1}^{n}\sum_{j=1}^{n}p(x_i\hat{x}_j)d(x_i,\hat{x}_j)\\&=\sum_{i=1}^{n}\sum_{j=1}^{n}p(\hat{x}_j)p_D(x_i\mid\hat{x}_j)d(x_i,\hat{x}_j)=\sum_{\substack{i=1\\i\neq j}}^{n}\sum_{j=1}^{n}p(\hat{x}_j)p_D(x_i\mid\hat{x}_j)=D\end{aligned}$$

再根据最大熵定理可知，如果试验信道的反向转移概率相等，则试验信道的损失熵达到最大：

$$\sum_{\substack{i=1\\i\neq j}}^{n}\sum_{j=1}^{n}p(\hat{x}_j)p_D(x_i\mid\hat{x}_j)=(n-1)p_D(x_i\mid\hat{x}_j)\sum_{j=1}^{n}p(\hat{x}_j)=(n-1)p_D(x_i\mid\hat{x}_j)=D，\quad i\neq j$$

注意到

$$\sum_{i=1}^{n}p_D(x_i\mid\hat{x}_j)=D+p_D(x_i\mid\hat{x}_j)=1，\quad i=j$$

所以，试验信道的损失熵达到最大时的反向信道转移矩阵为

$$\boldsymbol{P}_D(X\mid\hat{X})=\begin{bmatrix}1-D & \frac{D}{n-1} & \cdots & \frac{D}{n-1}\\ \frac{D}{n-1} & 1-D & \cdots & \frac{D}{n-1}\\ \vdots & \vdots & & \vdots\\ \frac{D}{n-1} & \frac{D}{n-1} & \cdots & 1-D\end{bmatrix}$$

所达到的试验信道的最大损失熵为

$$\begin{aligned}\max_{\boldsymbol{P}(X|\hat{X})}\left\{H(X\mid\hat{X})\right\}&=-\max_{\boldsymbol{P}(X|\hat{X})}\left\{\sum_{i=1}^{n}\sum_{j=1}^{n}p(\hat{x}_j)p_D(x_i\mid\hat{x}_j)\log p_D(x_i\mid\hat{x}_j)\right\}\\&=-\max_{\boldsymbol{P}(X|\hat{X})}\left\{\sum_{i=1}^{n}p_D(x_i\mid\hat{x}_j)\log p_D(x_i\mid\hat{x}_j)\right\}\\&=-(n-1)\frac{D}{n-1}\log\frac{D}{n-1}-(1-D)\log(1-D)\\&=-D\log D+D\log(n-1)-(1-D)\log(1-D)\\&=D\log(n-1)+H(D)\end{aligned}$$

达到试验信道的最大损失熵，即达到信源的率失真函数。信源的率失真函数为

$$R(D)=H(X)-\max_{\boldsymbol{P}(X|\hat{X})}\left\{H(X\mid\hat{X})\right\}=H(X)-D\log(n-1)-H(D)$$

从而，所求出的信源 X 的率失真函数为

$$R(D)=H(X)-D\log(n-1)-H(D) \tag{4-2-1}$$

达到 $R(D)$ 的试验信道的反向信道转移矩阵为

$$\boldsymbol{P}_D(X\mid\hat{X})=\begin{bmatrix}1-D & \frac{D}{n-1} & \cdots & \frac{D}{n-1}\\ \frac{D}{n-1} & 1-D & \cdots & \frac{D}{n-1}\\ \vdots & \vdots & & \vdots\\ \frac{D}{n-1} & \frac{D}{n-1} & \cdots & 1-D\end{bmatrix} \tag{4-2-2}$$

下面讨论允许失真度 D 的取值范围。

$D_{\min}=\sum_{i=1}^{n}p(x_i)\min_j\left\{d(x_i,\hat{x}_j)\right\}=0$，$R(D_{\min})=R(0)=H(X)-0\log(n-1)-H(0)=H(X)$，即无失真时率失真函数退化为熵，说明允许失真度 D 的最小取值为 0 是合理的。

根据 $D_{\max}=\min_{\boldsymbol{P}(\hat{X})}\left\{\sum_{j=1}^{n}p(\hat{x}_j)\sum_{i=1}^{n}p(x_i)d(x_i,\hat{x}_j)\right\}=\min_j\left\{\sum_{\substack{i=1\\i\neq j}}^{n}p(x_i)\right\}$，可解出

$$R(D_{\max})=H(X)-\min_j\left\{\sum_{\substack{i=1\\i\neq j}}^{n}p(x_i)\log(n-1)\right\}-H\left(\min_j\left\{\sum_{\substack{i=1\\i\neq j}}^{n}p(x_i)\right\}\right)=0$$

允许失真度 D 的取值范围为

$$D \in \left[0, \min_j \left\{ \sum_{\substack{i=1 \\ i \neq j}}^{n} p(x_i) \right\} \right] \tag{4-2-3}$$

再考虑 N 次扩展信源。设 N 次扩展信源 X^N 的概率分布为 $P(X)^N$，允许失真度为 ND，取失真函数为汉明失真，$\boldsymbol{d}(X,\hat{X})=\begin{bmatrix} 0 & 1 & \cdots & 1 \\ 1 & 0 & \cdots & 1 \\ \vdots & \vdots & & \vdots \\ 1 & 1 & \cdots & 0 \end{bmatrix}$。得到率失真函数 $R(ND)=N[H(X)-D\log(n-1)-H(D)]$，达到 $R(ND)$ 的 N 次扩展试验信道的反向信道转移矩阵 $\boldsymbol{P}_{ND}(X^N \mid \hat{X}^N)=\begin{bmatrix} 1-D & \frac{D}{n-1} & \cdots & \frac{D}{n-1} \\ \frac{D}{n-1} & 1-D & \cdots & \frac{D}{n-1} \\ \vdots & \vdots & & \vdots \\ \frac{D}{n-1} & \frac{D}{n-1} & \cdots & 1-D \end{bmatrix}^N$。

4.2.2 二元信源和等概率信源的率失真函数

1. 二元信源的率失真函数

先考虑单符号信源。设二元信源 X 的概率分布为 $\begin{pmatrix} X \\ P(X) \end{pmatrix}=\begin{pmatrix} x_1 & x_2 \\ q & 1-q \end{pmatrix}$，其中，$q \leqslant \frac{1}{2}$，允许失真度为 D，取失真函数为汉明失真，$\boldsymbol{d}(X,\hat{X})=\begin{bmatrix} 0 & 1 \\ 1 & 0 \end{bmatrix}$。求信源的率失真函数 $R(D)$ 及达到 $R(D)$ 的试验信道的反向信道转移矩阵 $\boldsymbol{P}_D(X \mid \hat{X})$。

二元信源的率失真函数为

$$\begin{aligned} R(D) &= \min_{\boldsymbol{P}_D(X|\hat{X})} \left\{ I(X;\hat{X}) \right\} \\ &= H(X) - D\log(n-1) - H(D) \\ &= H(q) - D\log 1 - H(D) \\ &= H(q) - H(D) \end{aligned} \tag{4-2-4}$$

达到 $R(D)$ 的试验信道的反向信道转移矩阵为

$$\boldsymbol{P}_D(X \mid \hat{X}) = \begin{bmatrix} 1-D & \frac{D}{1} \\ \frac{D}{1} & 1-D \end{bmatrix} = \begin{bmatrix} 1-D & D \\ D & 1-D \end{bmatrix} \tag{4-2-5}$$

如果需要求出达到 $R(D)$ 的试验信道的信道转移矩阵 $\boldsymbol{P}_D(\hat{X} \mid X)$，则利用

$$p(\hat{x}_j) = \sum_{i=1}^{2} p(x_i) p_D(\hat{x}_j \mid x_i),\ j=1,2;\quad p(\hat{x}_j \mid x_i) = \frac{p(\hat{x}_j) p_D(x_i \mid \hat{x}_j)}{p(x_i)},\ i,j=1,2$$

得到

$$p_D(\hat{x}_1 | x_1) = \frac{[p(x_1)p_D(\hat{x}_1 | x_1) + p(x_2)p_D(\hat{x}_1 | x_2)]p_D(x_1 | \hat{x}_1)}{p(x_1)}$$
$$= \frac{(1-D)[qp_D(\hat{x}_1 | x_1) + (1-q)p_D(\hat{x}_1 | x_2)]}{q}$$

即

$$qDp_D(\hat{x}_1 | x_1) = (1-q)(1-D)p_D(\hat{x}_1 | x_2)$$

$$p_D(\hat{x}_2 | x_1) = \frac{[p(x_1)p_D(\hat{x}_2 | x_1) + p(x_2)p_D(\hat{x}_2 | x_2)]p_D(x_1 | \hat{x}_2)}{p(x_1)} = \frac{D[qp_D(\hat{x}_2 | x_1) + (1-q)p_D(\hat{x}_2 | x_2)]}{q}$$

即

$$q(1-D)p_D(\hat{x}_2 | x_1) = (1-q)Dp_D(\hat{x}_2 | x_2)$$

注意到

$$p_D(\hat{x}_2 | x_1) = 1 - p_D(\hat{x}_1 | x_1);\ \ p_D(\hat{x}_1 | x_2) = 1 - p_D(\hat{x}_2 | x_2)$$

即可解出达到 $R(D)$ 的试验信道的信道转移矩阵为

$$\boldsymbol{P}_D(\hat{X} | X) = \begin{bmatrix} \dfrac{(1-D)(q-D)}{q(1-2D)} & \dfrac{D(1-q-D)}{q(1-2D)} \\ \dfrac{D(q-D)}{(1-q)(1-2D)} & \dfrac{(1-D)(1-q-D)}{(1-q)(1-2D)} \end{bmatrix} \tag{4-2-6}$$

$D_{\min} = 0$，$R(0) = H(q) - H(0) = H(q)$，即无失真时率失真函数退化为熵，说明允许失真度 D 的最小取值为 0 是合理的。

$D_{\max} = \min\limits_j \left\{ \sum\limits_{\substack{i=1 \\ i \neq j}}^{n} p(x_i) \right\} = \min\{q, 1-q\} = q$，$R(q) = H(q) - H(q) = 0$，即最大失真时率失真函数为 0，说明允许失真度 D 的最大取值为 q 是合理的。

允许失真度 D 的取值范围为

$$D \in [0, q],\ \ q \leqslant \frac{1}{2} \tag{4-2-7}$$

再考虑 N 次扩展信源。设二元信源的 N 次扩展信源 X^N 的概率分布为 $P(X)^N = (q\quad 1-q)^N$，其中，$q \leqslant \dfrac{1}{2}$，允许失真度为 ND，取失真函数为汉明失真，$\boldsymbol{d}(X, \hat{X}) = \begin{bmatrix} 0 & 1 \\ 1 & 0 \end{bmatrix}$，得到率失真函数 $R(ND) = N[H(q) - H(D)]$，达到 $R(ND)$ 的 N 次扩展试验信道的反向信道转移矩阵 $\boldsymbol{P}_{ND}(X^N | \hat{X}^N) = \begin{bmatrix} 1-D & D \\ D & 1-D \end{bmatrix}^N$。

例 4.1　某单符号二元信源 X 的概率分布为 $\begin{pmatrix} X \\ P(X) \end{pmatrix} = \begin{pmatrix} x_1 & x_2 \\ 0.4 & 0.6 \end{pmatrix}$，取失真函数为汉明失真，$\boldsymbol{d}(X, \hat{X}) = \begin{bmatrix} 0 & 1 \\ 1 & 0 \end{bmatrix}$。分别求 $D = 0$ 和 $D = 0.2$ 时的率失真函数 $R(D)$ 及达到 $R(D)$ 的试验信道的信道转移矩阵 $\boldsymbol{P}_D(\hat{X} | X)$。

当 $D = 0$ 时

$R(D) = H(0.4) - H(0) = -0.4\log 0.4 - 0.6\log 0.6 + 0\log 0 + 1\log 1 \approx 0.971$（比特 / 符号）

$$\boldsymbol{P}_D(\hat{X}\mid X)=\begin{bmatrix}\dfrac{(1-0)\times(0.4-0)}{0.4\times(1-2\times0)} & \dfrac{0\times(1-0.4-0)}{0.4\times(1-2\times0)}\\ \dfrac{0\times(0.4-0)}{(1-0.4)\times(1-2\times0)} & \dfrac{(1-0)\times(1-0.4-0)}{(1-0.4)\times(1-2\times0)}\end{bmatrix}=\begin{bmatrix}1 & 0\\ 0 & 1\end{bmatrix}$$

当 $D=0.2$ 时

$$\begin{aligned}R(D)&=H(0.4)-H(0.2)\\&=-0.4\log0.4-0.6\log0.6+0.2\log0.2+0.8\log0.8\approx0.249\text{（比特/符号）}\end{aligned}$$

$$\boldsymbol{P}_D(\hat{X}\mid X)=\begin{bmatrix}\dfrac{(1-0.2)\times(0.4-0.2)}{0.4\times(1-2\times0.2)} & \dfrac{0.2\times(1-0.4-0.2)}{0.4\times(1-2\times0.2)}\\ \dfrac{0.2\times(0.4-0.2)}{(1-0.4)\times(1-2\times0.2)} & \dfrac{(1-0.2)\times(1-0.4-0.2)}{(1-0.4)\times(1-2\times0.2)}\end{bmatrix}=\begin{bmatrix}\dfrac{2}{3} & \dfrac{1}{3}\\ \dfrac{1}{9} & \dfrac{8}{9}\end{bmatrix}$$

2．等概率信源的率失真函数

先考虑单符号信源。设等概率信源 X 的概率分布为 $\begin{pmatrix}X\\P(X)\end{pmatrix}=\begin{pmatrix}x_1 & x_2 & \cdots & x_n\\ \dfrac{1}{n} & \dfrac{1}{n} & \cdots & \dfrac{1}{n}\end{pmatrix}$，允许失真度为 D，取失真函数为汉明失真，$\boldsymbol{d}(X,\hat{X})=\begin{bmatrix}0 & 1 & \cdots & 1\\ 1 & 0 & \cdots & 1\\ \vdots & \vdots & & \vdots\\ 1 & 1 & \cdots & 0\end{bmatrix}$。求信源的率失真函数 $R(D)$ 及达到 $R(D)$ 的试验信道的反向信道转移矩阵 $\boldsymbol{P}_D(X\mid\hat{X})$。

等概率信源的率失真函数为

$$\begin{aligned}R(D)&=\min_{P_D(X\mid\hat{X})}\left\{I(X;\hat{X})\right\}\\&=H(X)-D\log(n-1)-H(D)\\&=\log n-D\log(n-1)-H(D)\end{aligned}\tag{4-2-8}$$

达到 $R(D)$ 的试验信道的反向信道转移矩阵为

$$\boldsymbol{P}_D(X\mid\hat{X})=\begin{bmatrix}1-D & \dfrac{D}{n-1} & \cdots & \dfrac{D}{n-1}\\ \dfrac{D}{n-1} & 1-D & \cdots & \dfrac{D}{n-1}\\ \vdots & \vdots & & \vdots\\ \dfrac{D}{n-1} & \dfrac{D}{n-1} & \cdots & 1-D\end{bmatrix}\tag{4-2-9}$$

如果需要求出达到 $R(D)$ 的试验信道的信道转移矩阵 $\boldsymbol{P}_D(\hat{X}\mid X)$，则利用

$$p(\hat{x}_j)=\sum_{i=1}^{n}p(x_i)p_D(\hat{x}_j\mid x_i),\ j=1,2,\cdots,n\text{；}\quad p(\hat{x}_j\mid x_i)=\frac{p(\hat{x}_j)p_D(x_i\mid\hat{x}_j)}{p(x_i)},\ i,j=1,2,\cdots,n$$

得到

$$p(\hat{x}_j)=\sum_{i=1}^{n}p(x_i)p_D(\hat{x}_j\mid x_i)=\frac{1}{n}\sum_{i=1}^{n}p_D(\hat{x}_j\mid x_i),\ j=1,2,\cdots,n$$

注意到$\sum_{j=1}^{n} p(\hat{x}_j) = np(\hat{x}_j) = 1$，所以$p(\hat{x}_j) = \frac{1}{n}$，$j = 1,2,\cdots,n$，从而

$$p_D(\hat{x}_j \mid x_i) = \frac{p(\hat{x}_j) p_D(x_i \mid \hat{x}_j)}{p(x_i)} = \frac{\frac{1}{n} p_D(x_i \mid \hat{x}_j)}{\frac{1}{n}} = p_D(x_i \mid \hat{x}_j),\ \ i,j = 1,2,\cdots,n$$

即可解出达到$R(D)$的试验信道的信道转移矩阵为

$$\boldsymbol{P}_D(\hat{X} \mid X) = \begin{bmatrix} 1-D & \frac{D}{n-1} & \cdots & \frac{D}{n-1} \\ \frac{D}{n-1} & 1-D & \cdots & \frac{D}{n-1} \\ \vdots & \vdots & & \vdots \\ \frac{D}{n-1} & \frac{D}{n-1} & \cdots & 1-D \end{bmatrix} \tag{4-2-10}$$

$D_{\min} = 0$，$R(0) = \log n - 0\log(n-1) - H(0) = \log n$，即无失真时率失真函数退化为熵，说明允许失真度$D$的最小取值为 0 是合理的。

$D_{\max} = \min\limits_{j} \left\{ \sum\limits_{\substack{i=1 \\ i \neq j}}^{n} p(x_i) \right\} = \frac{n-1}{n}$，$R\left(\frac{n-1}{n}\right) = \log n - \frac{n-1}{n}\log(n-1) - H\left(\frac{n-1}{n}\right) = 0$，即最大失真时率失真函数为 0，说明允许失真度$D$的最大取值为$\frac{n-1}{n}$是合理的。

允许失真度D的取值范围为

$$D \in \left[0, \frac{n-1}{n}\right] \tag{4-2-11}$$

再考虑N次扩展信源。设等概率信源的N次扩展信源X^N的概率分布为$P(X)^N = \begin{pmatrix} \frac{1}{n} & \frac{1}{n} & \cdots & \frac{1}{n} \end{pmatrix}^N$，允许失真度为$ND$，取失真函数为汉明失真，$\boldsymbol{d}(X,\hat{X}) = \begin{bmatrix} 0 & 1 & \cdots & 1 \\ 1 & 0 & \cdots & 1 \\ \vdots & \vdots & & \vdots \\ 1 & 1 & \cdots & 0 \end{bmatrix}$，得到率失真函数$R(ND) = N[\log n - D\log(n-1) - H(D)]$，达到$R(ND)$的$N$次扩展试验信道的反向信道转移矩阵$\boldsymbol{P}_{ND}(X^N \mid \hat{X}^N) = \begin{bmatrix} 1-D & \frac{D}{n-1} & \cdots & \frac{D}{n-1} \\ \frac{D}{n-1} & 1-D & \cdots & \frac{D}{n-1} \\ \vdots & \vdots & & \vdots \\ \frac{D}{n-1} & \frac{D}{n-1} & \cdots & 1-D \end{bmatrix}^N$。

例 4.2　某单符号等概率信源X的概率分布为$\begin{pmatrix} X \\ P(X) \end{pmatrix} = \begin{pmatrix} x_1 & x_2 & x_3 & x_4 \\ \frac{1}{4} & \frac{1}{4} & \frac{1}{4} & \frac{1}{4} \end{pmatrix}$，取失真函数为

汉明失真，$\boldsymbol{d}(X,\hat{X})=\begin{bmatrix}0&1&1&1\\1&0&1&1\\1&1&0&1\\1&1&1&0\end{bmatrix}$。分别求 $D=0$ 和 $D=0.2$ 时的率失真函数 $R(D)$ 及达到 $R(D)$ 的试验信道的信道转移矩阵 $\boldsymbol{P}_D(\hat{X}\mid X)$。

当 $D=0$ 时

$$R(D)=\log 4-0\log 3-H(0)=\log 4-0\log 3+0\log 0+1\log 1=2\text{（比特/符号）}$$

$$\boldsymbol{P}_D(\hat{X}\mid X)=\begin{bmatrix}1-0&\frac{0}{3}&\frac{0}{3}&\frac{0}{3}\\\frac{0}{3}&1-0&\frac{0}{3}&\frac{0}{3}\\\frac{0}{3}&\frac{0}{3}&1-0&\frac{0}{3}\\\frac{0}{3}&\frac{0}{3}&\frac{0}{3}&1-0\end{bmatrix}=\begin{bmatrix}1&0&0&0\\0&1&0&0\\0&0&1&0\\0&0&0&1\end{bmatrix}$$

当 $D=0.2$ 时

$$R(D)=\log 4-0.2\log 3-H(0.2)=\log 4-0.2\log 3+0.2\log 0.2+0.8\log 0.8\approx 0.961\text{（比特/符号）}$$

$$\boldsymbol{P}_D(\hat{X}\mid X)=\begin{bmatrix}1-0.2&\frac{0.2}{3}&\frac{0.2}{3}&\frac{0.2}{3}\\\frac{0.2}{3}&1-0.2&\frac{0.2}{3}&\frac{0.2}{3}\\\frac{0.2}{3}&\frac{0.2}{3}&1-0.2&\frac{0.2}{3}\\\frac{0.2}{3}&\frac{0.2}{3}&\frac{0.2}{3}&1-0.2\end{bmatrix}\approx\begin{bmatrix}0.8&0.067&0.067&0.067\\0.067&0.8&0.067&0.067\\0.067&0.067&0.8&0.067\\0.067&0.067&0.067&0.8\end{bmatrix}$$

4.3 连续信源的率失真函数

4.3.1 连续信源的率失真函数的一般形式

先考虑单符号信源。平均功率为 P 的信源 X 的概率密度函数为 $p(x)$，$x\in(-\infty,\infty)$，允许失真度为 D，取失真函数为平方误差失真，$d(x,\hat{x})=(x-\hat{x})^2$。求信源的率失真函数 $R(D)$ 及达到 $R(D)$ 的试验信道的反向转移概率密度函数 $p_D(x\mid\hat{x})$。

根据定义，信源的率失真函数为

$$R(D)=\min_{p_D(x|\hat{x})}\left\{I(X;\hat{X})\right\}=\min_{p_D(x|\hat{x})}\left\{h(X)-h(X\mid\hat{X})\right\}=h(X)-\max_{p_D(x|\hat{x})}\left\{h(X\mid\hat{X})\right\}$$

求信源的率失真函数 $R(D)$ 归结为求信源的差熵 $h(X)$ 和试验信道的最大损失差熵 $\max\limits_{p_D(x|\hat{x})}h(X\mid\hat{X})$。求信源的差熵是已解决的问题，下面着重讨论求试验信道的最大损失差熵。

由于试验信道的损失差熵对反向转移概率密度函数严格上凸，因此其极值为最大值。为求极值，可以构造拉格朗日函数：

$$\Phi(\hat{x}) = h(X|\hat{X}) + \lambda[\bar{D} - D] + \mu(\hat{x})\left[\int_{-\infty}^{\infty} p(x|\hat{x})\mathrm{d}x - 1\right]$$
$$= -\int_{-\infty}^{\infty}\int_{-\infty}^{\infty} p(\hat{x})p(x|\hat{x})\log p(x|\hat{x})\mathrm{d}x\mathrm{d}\hat{x} + \lambda\left[\int_{-\infty}^{\infty}\int_{-\infty}^{\infty} p(\hat{x})p(x|\hat{x})d(x,\hat{x})\mathrm{d}x\mathrm{d}\hat{x} - \bar{D}\right] +$$
$$\mu(\hat{x})\left[\int_{-\infty}^{\infty} p(x|\hat{x})\mathrm{d}x - 1\right]$$
$$= -\int_{-\infty}^{\infty}\int_{-\infty}^{\infty} p(\hat{x})p(x|\hat{x})\log p(x|\hat{x})\mathrm{d}x\mathrm{d}\hat{x} + \lambda\left[\int_{-\infty}^{\infty}\int_{-\infty}^{\infty} p(\hat{x})p(x|\hat{x})(x-\hat{x})^2\mathrm{d}x\mathrm{d}\hat{x} - \bar{D}\right] +$$
$$\mu(\hat{x})\left[\int_{-\infty}^{\infty} p(x|\hat{x})\mathrm{d}x - 1\right]$$
$$\hat{x} \in (-\infty, \infty)$$

并令

$$\frac{\partial \Phi(\hat{x})}{\partial p(x|\hat{x})} = 0，\quad x,\hat{x} \in (-\infty,\infty)$$

求出使试验信道的损失差熵达到极值时满足保真度准则的反向转移概率密度函数，即试验信道的反向转移概率密度函数，进而求出试验信道的最大损失差熵。

也可以利用前述章节中平均功率受限条件下连续信源的最大熵定理得出的结论，直接推出使试验信道的损失差熵达到极值时满足保真度准则的反向转移概率密度函数。

下面用后一种方法求试验信道的最大损失差熵。

令反向转移概率密度函数满足保真度准则，使之成为试验信道的反向转移概率密度函数，即

$$\bar{D} = \int_{-\infty}^{\infty}\int_{-\infty}^{\infty} p(x\hat{x})d(x,\hat{x})\mathrm{d}x\mathrm{d}\hat{x} = \int_{-\infty}^{\infty}\int_{-\infty}^{\infty} p(\hat{x})p(x|\hat{x})(x-\hat{x})^2\mathrm{d}x\mathrm{d}\hat{x} = D$$

根据平均功率受限条件下连续信源的最大熵定理可知，如果试验信道的反向转移概率密度函数为高斯分布，则试验信道的损失差熵达到最大。

试验信道的反向转移概率密度函数为高斯分布，首先意味着试验信道为反向加性信道，即 $x = \hat{x} + z$，且 $\hat{x}$ 与 z 相互独立。

设坐标变换 $f_1 : \hat{x} = \hat{x}$， $f_2 : z = x - \hat{x}$，则

$$p(x\hat{x}) = p(\hat{x})p(x|\hat{x}) = p(\hat{x})p(z)\begin{vmatrix} \dfrac{\partial f_1}{\partial \hat{x}} & \dfrac{\partial f_2}{\partial \hat{x}} \\ \dfrac{\partial f_1}{\partial x} & \dfrac{\partial f_2}{\partial x} \end{vmatrix} = p(\hat{x})p(z)\begin{vmatrix} 1 & -1 \\ 0 & 1 \end{vmatrix} = p(\hat{x})p(z)$$

从而

$$p(x|\hat{x}) = p(z) = \int_{-\infty}^{\infty}\int_{-\infty}^{\infty} p(\hat{x})p(x|\hat{x})(x-\hat{x})^2\mathrm{d}x\mathrm{d}\hat{x} = \int_{-\infty}^{\infty}\int_{-\infty}^{\infty} p(\hat{x})p(z)z^2\mathrm{d}z\mathrm{d}\hat{x} = \int_{-\infty}^{\infty} p(z)z^2\mathrm{d}z = D$$

说明试验信道的噪声平均功率为 D。

其次意味着试验信道噪声概率密度函数为高斯分布，即

$$p(z) = \frac{1}{\sqrt{2\pi D}}\mathrm{e}^{-\frac{z^2}{2D}}，\quad z \in (-\infty,\infty)$$

所以，试验信道的损失差熵达到最大的试验信道的反向转移概率密度函数为

$$p_D(x|\hat{x}) = p(z) = \frac{1}{\sqrt{2\pi D}}\mathrm{e}^{-\frac{z^2}{2D}}，\quad z \in (-\infty,\infty)$$

所达到的试验信道的最大损失差熵为

$$\max_{p_D(x|\hat{x})} h(X|\hat{X}) = -\max_{p_D(x|\hat{x})} \int_{-\infty}^{\infty}\int_{-\infty}^{\infty} p(\hat{x})p_D(x|\hat{x})\log p_D(x|\hat{x})\mathrm{d}x\mathrm{d}\hat{x}$$

$$= -\max_{p(z)} \int_{-\infty}^{\infty} p(z)\log p(z)\mathrm{d}z = \frac{1}{2}\log(2\pi\mathrm{e}D)$$

由于达到试验信道的最大损失差熵时也就是得到了信源的率失真函数，因此信源的率失真函数可以表示为

$$R(D) = h(X) - \max_{p_D(x|\hat{x})} h(X|\hat{X}) = h(X) - \frac{1}{2}\log(2\pi\mathrm{e}D)$$

从而，所求出的信源 X 的率失真函数为

$$R(D) = h(X) - \frac{1}{2}\log(2\pi\mathrm{e}D) \tag{4-3-1}$$

达到 $R(D)$ 的试验信道的反向转移概率密度函数为

$$p_D(x|\hat{x}) = p(z) = \frac{1}{\sqrt{2\pi D}}\mathrm{e}^{-\frac{z^2}{2D}} \tag{4-3-2}$$

下面讨论允许失真度 D 的取值范围。

$D_{\min} = \int_a^b p(x)\min_{\hat{x}} d(x,\hat{x})\mathrm{d}x \to 0$，如果取 $D_{\min} = 0$，则 $R(0) = h(X) - \frac{1}{2}\log(2\pi\mathrm{e}0) \to \infty$，即无失真时率失真函数与熵一样为无穷大，也可认为退化为熵，说明允许失真度 D 的最小取值为 0 是不合理的。

$D_{\max} = \min_{p(\hat{x})} \int_a^b p(\hat{x})\int_a^b p(x)d(x,\hat{x})\mathrm{d}x\mathrm{d}\hat{x} = \min_{\hat{x}} P$，可解出 $R(D_{\max}) = h(X) - \frac{1}{2}\log(2\pi\mathrm{e}\min_{\hat{x}} P) = 0$。

允许失真度 D 的取值范围为

$$D \in (0, \min_{\hat{x}} P] \tag{4-3-3}$$

再考虑 N 次扩展信源。设平均功率为 P 的信源的 N 次扩展信源 X^N 的概率密度函数为 $p(x)^N$，$x \in (-\infty,\infty)$，允许失真度为 ND，取失真函数为平方误差失真，$d(x,\hat{x}) = (x-\hat{x})^2$，得到率失真函数 $R(ND) = N\left[h(X) - \frac{1}{2}\log(2\pi\mathrm{e}D)\right]$，达到 $R(ND)$ 的 N 次扩展试验信道的反向转移概率密度函数 $p_D(x^N|\hat{x}^N) = p(z)^N = \frac{1}{(\sqrt{2\pi D})^N}\mathrm{e}^{-\frac{Nz^2}{2D}}$，$z \in (-\infty,\infty)$。

4.3.2 高斯信源的率失真函数

先考虑单符号信源。设平均功率为 P 的高斯信源 X 的概率密度函数为 $p(x) = \frac{1}{\sqrt{2\pi P}}\mathrm{e}^{-\frac{x^2}{2P}}$，$x \in (-\infty,\infty)$，允许失真度为 D，取失真函数为平方误差失真，$d(x,\hat{x}) = (x-\hat{x})^2$。求信源的率失真函数 $R(D)$ 及达到 $R(D)$ 的试验信道的反向转移概率密度函数 $p_D(x|\hat{x})$。

平均功率为 P 的高斯信源 X 的率失真函数为

$$R(D)=\min_{p_D(x|\hat{x})}\left\{I(X;\hat{X})\right\}$$
$$=h(X)-\frac{1}{2}\log(2\pi eD)=\frac{1}{2}\log(2\pi eP)-\frac{1}{2}\log(2\pi eD)=\frac{1}{2}\log\frac{P}{D} \tag{4-3-4}$$

达到 $R(D)$ 的试验信道的反向转移概率密度函数为

$$p_D(x\mid\hat{x})=p(z)=\frac{1}{\sqrt{2\pi D}}e^{-\frac{z^2}{2D}},\quad z\in(-\infty,\infty) \tag{4-3-5}$$

$D_{\min}=0$，$R(0)=\lim\limits_{D\to 0}\frac{1}{2}\log\frac{P}{D}\to\infty$，即无失真时率失真函数与熵一样为无穷大，也可认为退化为熵，说明允许失真度 D 的最小取值为 0 是不合理的。

$D_{\max}=\min\limits_{p(\hat{x})}\left\{\int_a^b p(\hat{x})\int_a^b p(x)d(x,\hat{x})\mathrm{d}x\mathrm{d}\hat{x}\right\}=P$，$R(P)=\frac{1}{2}\log\frac{P}{P}=\frac{1}{2}\log 1=0$，即最大失真时率失真函数为 0，说明允许失真度 D 的最大取值为 P 是合理的。

允许失真度 D 的取值范围为

$$D\in(0,P] \tag{4-3-6}$$

再考虑 N 次扩展信源。设平均功率为 P 的高斯信源的 N 次扩展信源 X^N 的概率密度函数为 $p(x)^N=\frac{1}{(\sqrt{2\pi P})^N}e^{-\frac{Nx^2}{2P}}$，$x\in(-\infty,\infty)$，允许失真度为 ND，取失真函数为平方误差失真，$d(x,\hat{x})=(x-\hat{x})^2$，得到率失真函数 $R(ND)=\frac{N}{2}\log\frac{P}{D}$，达到 $R(ND)$ 的 N 次扩展试验信道的反向转移概率密度函数 $p_D(x^N\mid\hat{x}^N)=p(z)^N=\frac{1}{(\sqrt{2\pi D})^N}e^{-\frac{Nz^2}{2D}}$，$z\in(-\infty,\infty)$。

例 4.3　设某平均功率为 $P=0.5\text{mW}$ 的单符号高斯信源 X 的概率密度函数为 $p(x)=\frac{1}{\sqrt{\pi}}e^{-x^2}$，$x\in(-\infty,\infty)$，取失真函数为平方误差失真，$d(x,\hat{x})=(x-\hat{x})^2$。分别求 $D=0$ 和 $D=0.2$ 时的率失真函数 $R(D)$ 及达到 $R(D)$ 的试验信道的反向转移概率密度函数 $p_D(x\mid\hat{x})$。

当 $D=0$ 时

$$R(D)=\lim_{D\to 0}\frac{1}{2}\log\frac{0.5}{D}\to\infty,\quad p_D(x\mid\hat{x})=p(z)=\lim_{D\to 0}\frac{1}{\sqrt{2\pi D}}e^{-\frac{z^2}{2D}}=0,\quad z\in(-\infty,\infty)$$

当 $D=0.2$ 时

$$R(D)=\frac{1}{2}\log\frac{0.5}{0.2}=\frac{1}{2}\log 2.5\approx 0.661\text{（比特/符号）},\quad p_D(x\mid\hat{x})=p(z)=\frac{1}{\sqrt{0.4\pi}}e^{-\frac{z^2}{0.4}},\quad z\in(-\infty,\infty)$$

习题

4.1　设某单符号二元信源 X 的概率分布为 $\begin{pmatrix}X\\P(X)\end{pmatrix}=\begin{pmatrix}x_1 & x_2\\0.3 & 0.7\end{pmatrix}$，取失真函数为汉明失真，$\boldsymbol{d}(X,\hat{X})=\begin{bmatrix}0 & 1\\1 & 0\end{bmatrix}$。分别求 $D=0$、$D=0.1$、$D=0.2$ 和 $D=0.3$ 时的率失真函数 $R(D)$ 及达

到 $R(D)$ 的试验信道的信道转移矩阵 $\boldsymbol{P}_D(\hat{X}\mid X)$，并画出 $R(D)$ 的曲线。

4.2 设某二元信源的二次扩展信源 X^2 的概率分布为 $P(X)^2=\begin{pmatrix}0.2 & 0.8\end{pmatrix}^2$，取失真函数为汉明失真，$\boldsymbol{d}(X,\hat{X})=\begin{bmatrix}0 & 1\\ 1 & 0\end{bmatrix}$。求 $D_{\min}$、$D_{\max}$ 和 $D=0.1$ 时的率失真函数 $R(2D)$ 及达到 $R(2D)$ 的二次扩展试验信道的信道转移矩阵 $\boldsymbol{P}_{2D}(\hat{X}^2\mid X^2)$。

4.3 设某单符号等概率信源 X 的概率分布为 $\begin{pmatrix}X\\ P(X)\end{pmatrix}=\begin{pmatrix}x_1 & x_2 & x_3 & x_4 & x_5\\ 0.2 & 0.2 & 0.2 & 0.2 & 0.2\end{pmatrix}$，取失真函数为汉明失真，$\boldsymbol{d}(X,\hat{X})=\begin{bmatrix}0 & 1 & 1 & 1 & 1\\ 1 & 0 & 1 & 1 & 1\\ 1 & 1 & 0 & 1 & 1\\ 1 & 1 & 1 & 0 & 1\\ 1 & 1 & 1 & 1 & 0\end{bmatrix}$。分别求 $D=0$、$D=0.05$、$D=0.1$、$D=0.15$ 和 $D=0.2$ 时的率失真函数 $R(D)$ 及达到 $R(D)$ 的试验信道的信道转移矩阵 $\boldsymbol{P}_D(\hat{X}\mid X)$，并画出 $R(D)$ 的曲线。

4.4 设某等概率信源的二次扩展信源 X^2 的概率分布为 $P(X)^2=\begin{pmatrix}0.5 & 0.5\end{pmatrix}^2$，取失真函数为汉明失真，$\boldsymbol{d}(X,\hat{X})=\begin{bmatrix}0 & 1\\ 1 & 0\end{bmatrix}$。求 $D_{\min}$、$D_{\max}$ 和 $D=0.2$ 时的率失真函数 $R(2D)$ 及达到 $R(2D)$ 的二次扩展试验信道的信道转移矩阵 $\boldsymbol{P}_{2D}(\hat{X}^2\mid X^2)$。

4.5 设某单符号信源 X 的概率分布为 $\begin{pmatrix}X\\ P(X)\end{pmatrix}=\begin{pmatrix}x_1 & x_2 & x_3\\ 0.4 & 0.4 & 0.2\end{pmatrix}$，允许失真度为 D，取失真函数为汉明失真，$\boldsymbol{d}(X,\hat{X})=\begin{bmatrix}0 & 1 & 1\\ 1 & 0 & 1\\ 1 & 1 & 0\end{bmatrix}$，求率失真函数 $R(D)$ 的表达式。

4.6 设某单符号等概率信源 X 的概率分布为 $\begin{pmatrix}X\\ P(X)\end{pmatrix}=\begin{pmatrix}x_1 & x_2\\ 0.5 & 0.5\end{pmatrix}$，允许失真度为 D，取失真函数 $\boldsymbol{d}(X,\hat{X})=\begin{bmatrix}0 & \infty & 1\\ \infty & 0 & 1\end{bmatrix}$，求率失真函数 $R(D)$ 的表达式。

4.7 设某 N 次扩展信源 X^N 的概率分布为 $P(X)^N$，允许失真度为 ND，取失真函数为汉明失真，$\boldsymbol{d}(X,\hat{X})=\begin{bmatrix}0 & 1 & \cdots & 1\\ 1 & 0 & \cdots & 1\\ \vdots & \vdots & & \vdots\\ 1 & 1 & \cdots & 0\end{bmatrix}$，证明 $R(ND)=NR(D)$。

4.8 设某平均功率为 $P=0.25\text{mW}$ 的单符号高斯信源 X 的概率密度函数为 $p(x)=\dfrac{1}{\sqrt{0.5\pi}}\mathrm{e}^{-2x^2}$，$x\in(-\infty,\infty)$，取失真函数为平方误差失真，$d(x,\hat{x})=(x-\hat{x})^2$。分别求 $D=0.05$、$D=0.1$、$D=0.15$、$D=0.2$ 和 $D=0.25$ 时的率失真函数 $R(D)$ 及达到 $R(D)$ 的试验信道的反向转移概率密度函数 $p_D(x\mid\hat{x})$，并画出 $R(D)$ 的曲线。

4.9　设某平均功率为 $P=0.2\text{mW}$ 的高斯信源的二次扩展信源 X^2 的概率密度函数为 $p(x)^2=\dfrac{1}{0.4\pi}\text{e}^{-5x^2}$，$x\in(-\infty,\infty)$，取失真函数为平方误差失真，$d(x,\hat{x})=(x-\hat{x})^2$。求 $D_{\min}$、$D_{\max}$ 和 $D=0.1$ 时的率失真函数 $R(2D)$ 及达到 $R(2D)$ 的二次扩展试验信道的信道转移矩阵 $\boldsymbol{P}_{2D}(\hat{X}^2\mid X^2)$。

4.10　设平均功率为 P 的信源 X 的概率密度函数为 $p(x)$，$x\in(-\infty,\infty)$，允许失真度为 D，取失真函数为平方误差失真，$d(x,\hat{x})=(x-\hat{x})^2$，证明 $R(D)\leqslant\dfrac{1}{2}\log\dfrac{P}{D}$。

第5章　信源编码

如果信源输出符号之间存在相关性，则表明信源或信源输出符号序列具有一定的冗余度，因此为减少针对信源输出的后续处理开销，有必要对信源输出符号序列进行名为“信源编码”的符号处理，力求形成表征同一信息的最短编码符号序列。

香农给出了两个信源编码定理，即无失真信源编码定理和限失真信源编码定理。无失真信源编码定理指出存在一种可逆的编码方法，使得针对离散信源输出进行编码后的符号序列的熵逼近并等于信源的熵，且此时的编码码长可达到最短。目前有霍夫曼算法、ZIP 压缩方案等能够实现离散信源的无失真信源编码定理。限失真信源编码定理指出，存在一种通常不可逆的编码方法，使得编码后符号序列相对于原始信源输出序列的失真度小于或等于预先给定的失真度。目前依据限失真信源编码定理发明的编码方案有 JPEG、H.264 等。

本章主要讨论信源编码的基本方法，根据信源输出符号的概率分布及符号间的相关性，信源编码通过设计信源输出符号到编码码字的映射关系，对信源的高频次输出结果分配较短的码字，而对信源的低频次输出结果分配较长的码字，力求形成信源随机变量序列的最短期望码字长度，从而降低信源输出的冗余度，提高信息传递及存储的效率。

本章首先介绍信源编码的基本概念与码字唯一可译条件。然后一方面以香农的无失真信源编码定理为理论基础，给出离散信源符号编码后码长期望的界与信源的熵的关系，并介绍霍夫曼码、费诺码等经典无失真信源编码方法；另一方面以香农的限失真信源编码定理为理论基础，给出编码后信息率与失真度之间的约束关系，并介绍量化编码等经典的限失真信源编码方法。最后以 JPEG 及 H.264 为代表，介绍信源编码的实际应用方案。

5.1　异前置码与无失真信源编码定理

5.1.1　异前置码

信源编码过程如图 5.1 所示，将信源符号集合看作随机变量 X，单符号信源编码是从 X 的取值空间 Ω_1 到 Ω_2 的一个映射，其中，Ω_2 是由 m 进制符号序列所构成的集合。此处的 m 进制符号一般称为码元，码元构成的编码序列一般被称为码字，码字中码元的个数称为码长，码字的集合称为码表或码书。进一步地，将信源的持续输出视作信源消息，把信源消息分成若干组，每组消息构成符号序列 $\boldsymbol{X}=(X_1,X_2,\cdots,X_N)$，$X_i$（$i=1,2,\cdots,N$）取值于集合 $\Omega_1=\{x_1,x_2,\cdots,x_n\}$ 中的元素，每个符号序列 $\boldsymbol{X}$ 依照固定的码表映射成一个码字 $\boldsymbol{C}=(C_1,C_2,\cdots,C_M)$，$C_j$（$j=1,2,\cdots,M$）取值于集合 $\Omega_2=\{c_1,c_2,\cdots,c_m\}$ 中的元素，这样的码称为分组码。当 $N=1$ 时，编码为单符号的信源编码。当 $N>1$ 时，编码为多符号的信源编码。

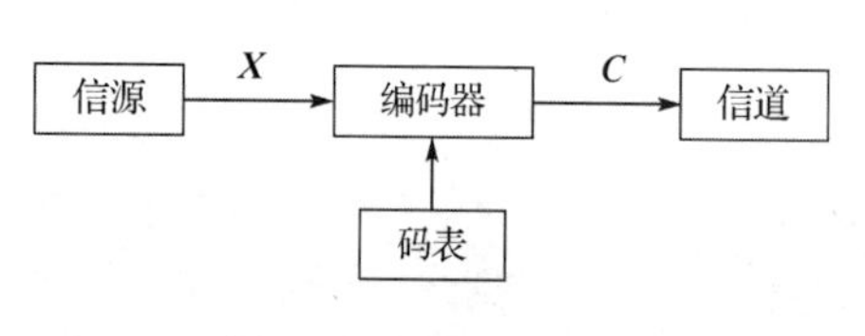

图 5.1　信源编码过程

若需要将概率分布为$\begin{pmatrix} X \\ P(X) \end{pmatrix} = \begin{pmatrix} x_1 & x_2 & x_3 & x_4 \\ 1/2 & 1/4 & 1/8 & 1/8 \end{pmatrix}$的信源 X 在二元信道中传输，它的信道基本符号集为$\{0,1\}$，则必须把信源符号 x_i 变换成由 0、1 符号组成的码元符号序列，这个过程就是信源编码。信源 X 可用不同的码元符号序列表示，如表 5.1 所示。

表 5.1　信源 X 的不同属性的编码表

信源符号 x_i	符号出现概率 $p(x_i)$	码 1	码 2	码 3	码 4	码 5
x_1	1/2	00	0	0	1	1
x_2	1/4	01	11	10	10	01
x_3	1/8	10	00	00	100	001
x_4	1/8	11	11	01	1000	0001

一般情况下，码可分为两类：一类是固定长度的码，码表中所有码字的长度都相同，表 5.1 中的码 1 就是定长码；另一类是变长码，码表中的码字长短不一，表 5.1 中除码 1 外，其他码都是变长码。在编码效率相同的前提下，等长码的实现条件要比变长码苛刻得多，因此一般常用的都是变长码。

采用分组编码方法，需要分组码具有某些属性，以保证在接收端能够迅速准确地将码译出。下面首先讨论分组码的一些直观属性。

1．奇异码和非奇异码

若信源符号和码字是一一对应的，则该码为非奇异码；反之，为奇异码。表 5.1 中的码 2 是奇异码，码 3 是非奇异码。

2．唯一可译码

若任意有限长的信源符号序列与有限长的码元序列形成一一对应关系，即任意有限长的码元序列只能被唯一地分割成一种码字序列，则称为唯一可译码，如$\{0,10,11\}$是一种唯一可译码。因为任意一串有限长码元序列，如 100111000 ，只能被分割成 10,0,11,10,0,0。任何其他分割法都会产生一些非定义的码字。显然，奇异码不是唯一可译码。而非奇异码中有非唯一可译码和唯一可译码。表 5.1 中的码 4 是唯一可译码，但码 3 不是唯一可译码。例如，10000100 虽然是由码 3 的(10,0,0,01,00)产生的码流，但是译码时有其他的符合码字集合定义的分割方法，如 10,0,00,10,0，此时就产生了歧义。

3．非即时码和即时码

唯一可译码又分为非即时码和即时码。如果接收端收到一个完整的码字后不能立即译码，还需等下一个码字开始接收后才能判断是否可以译码，这样的码称为非即时码。表 5.1 中的码 4 是非即时码，而码 5 是即时码。码 5 只要收到符号 1 就表示该码字已完整，可以立即译码。即时码又称为非延长码或前缀码，任意一个码字都不是其他码字的前缀部分。需要注意的是，在延长码中有的码也是唯一可译的，主要取决于码的总体结构，表 5.1 中的码 4 是延长码，也是唯一可译的。

通常可用码树来表示各码字的构成。图 5.2（a）所示为二进制码树，图 5.2（b）所示为三进制码树。其中，A 点是树根，分成 m 个树枝，则称为 m 进制码树。树枝的尽头是节点，中间节点生出树枝，终端节点安排码字。码树中自根部经过一个分支到达的 m 个节点被称为一级节点，进一步易得二级节点的最大数目为2^2个，r级节点的最大数目为2^r个。图5.2（a）的码树有4级节点，共计$2^4=16$个可能的终端节点。若将从每个节点发出的m个分支分别标以$0,1,\cdots,m-1$，则每个r级节点需要用r个m进制数字表示。如果指定某个r级节点为终端节点来表示一个信源符号，则该节点就不再延伸，相应的码字为从树根到此节点的分支标号序列，其长度为r。这样构造的码是前缀码，满足即时码的条件。因为从树根到每个终端节点所走的路径均不相同，所以一定满足对前缀的限制。如果有m个信源符号，那么在码树上就要选择m个终端节点，用相应的m进制基本符号构造码字表示这些信源符号。由这样的方法构造出来的码被称为树码，若树码的各个分支都延伸到最后一级节点，则此时共有2^r个码字，这样的码树被称为满树，如图5.2（a）所示。否则，就被称为非满树，如图5.2（b）所示，这时的码字就不是定长的了。

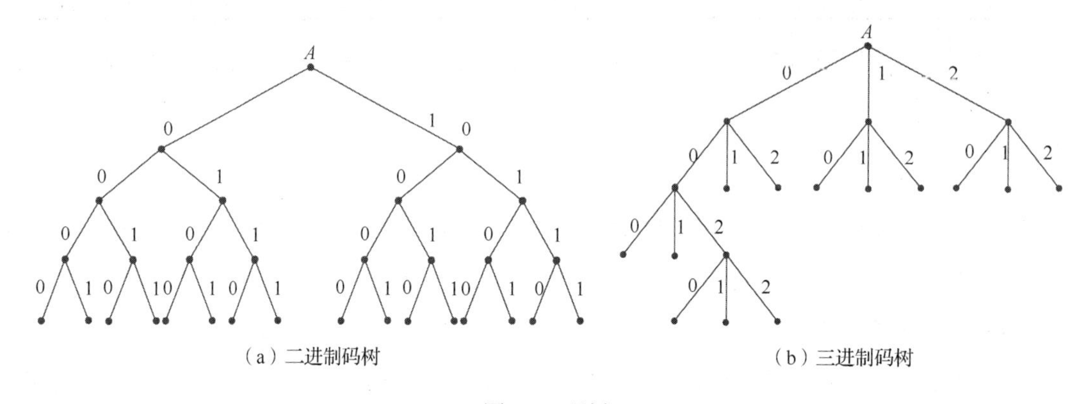

图5.2　码树

用树的概念可导出唯一可译码存在的充分必要条件，即各码字的长度K_i应符合克拉夫特不等式（Kraft’s inequality），即

$$\sum_{i=1}^{n} m^{-K_i} \leqslant 1 \tag{5-1-1}$$

式中，m是进制数；n是信源符号数。

上述不等式是唯一可译码存在的充分必要条件，必要性表现在如果是唯一可译码，则必定满足该不等式，表5.1中的码1、码4和码5等都满足此不等式；充分性表现在如果满足该不等式，则这种码长分配的唯一可译码一定存在，但并不表示所有满足此不等式的码一定是唯一可译码。所以说，该不等式是唯一可译码存在的充分必要条件，而不是唯一可译码的充分必要条件。

例5.1　用二进制码元对符号集$\{x_1,x_2,x_3,x_4\}$进行编码，对应的码长分别为$K_1=1, K_2=2, K_3=2, K_4=3$，判断其是否为唯一可译码。

解：应用式（5-1-1）做如下判断：

$$\sum_{i=1}^{4} 2^{-K_i} = 2^{-1}+2^{-2}+2^{-2}+2^{-3}=\frac{9}{8}>1 \tag{5-1-2}$$

因此不存在满足这种码长分配的唯一可译码。同时可以用码树进行检查，如图5.3所示，要形成上述码字，必须在中间节点放置码字，若符号x_1用“0”码，符号x_2用“10”码，符号x_3用“11”码，则符号x_4只能是符号x_2或x_3所编码的延长码。

如果将各码字长度改成 $K_1=1, K_2=2, K_3=3, K_4=3$，则此时 $\sum_{i=1}^{4}2^{-K_i}=2^{-1}+2^{-2}+2^{-3}+2^{-3}=1$。

这种码长分配的唯一可译码是存在的，如{0,10,110,111}。但是必须注意，克拉夫特不等式只能用来说明唯一可译码是否存在，并不能作为唯一可译码的判据。例如，码字{0,10,010,111}虽然满足克拉夫特不等式，但它不是唯一可译码。

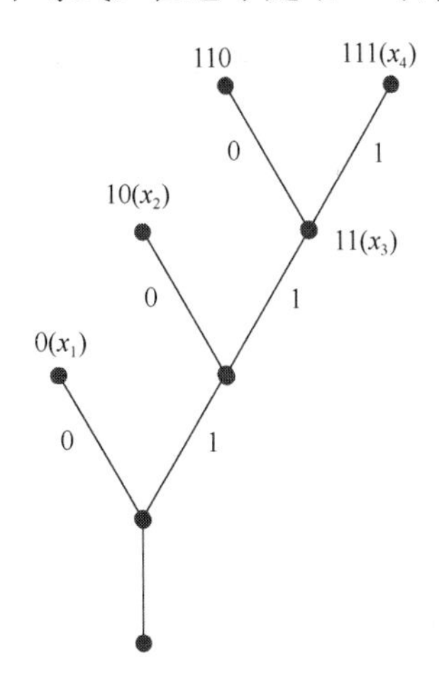

图 5.3　例 5.1 的码树

5.1.2　无失真信源编码定理

表 5.1 所示为单符号信源编码的例子，为了提高编码效率，可对无记忆信源的扩展信源进行编码，通过增加信源的分组长度（增加编码复杂度）为代价，来提高编码的有效性。

定理 5.1 无失真信源编码定理（香农第一定理）　对于熵为 $H(X)$ 的无记忆信源 X 的 N 次扩展信源（熵 $H(X^N)=NH(X)$），必然存在一种无失真的 m 进制编码方法，当 N 足够大时，平均码长 $\bar{K}$ 满足不等式

$$\frac{NH(X)}{\log m}\leqslant \bar{K}<\frac{NH(X)}{\log m}+\varepsilon \tag{5-1-3}$$

式中，ε 为任意小正数，当 $N\to\infty$ 时，$\lim\limits_{N\to\infty}\frac{\bar{K}}{N}=\frac{H(X)}{\log m}$。

如果 $q=2$，则得到平均码长 $\bar{K}$ 满足下列不等式：

$$NH(X)\leqslant \bar{K}<NH(X)+\varepsilon\text{，即}\lim_{N\to\infty}\frac{\bar{K}}{N}=H(X) \tag{5-1-4}$$

式中，$\bar{K}$ 是 N 次扩展信源的平均码长；$\bar{K}/N$ 是信源 X 每个符号所需要的编码符号的平均数。

定理 5.1 是香农信息论的主要定理之一。该定理表明，要做到无失真信源编码，每个信源符号的平均长度至少是信源的熵值。若编码的平均码长小于信源的熵值，则唯一可译码不存在，在译码或反变换时必然带来失真或差错。同时该定理还表明，通过对扩展信源进行变长编码，当 $N\to\infty$ 时，平均码长可以达到这个极限。由此可以看到，信源的熵是无失真信源压缩的极限值，或者说信源的熵是描述信源每个符号平均所需的最小比特数。

例 5.2 设离散无记忆信源 X 的概率分布为

$$\begin{pmatrix} X \\ P(X) \end{pmatrix} = \begin{pmatrix} x_1 & x_2 \\ \dfrac{3}{4} & \dfrac{1}{4} \end{pmatrix}$$

其熵为

$$H(X) = \frac{1}{4}\log 4 + \frac{3}{4}\log\frac{4}{3} \approx 0.811$$

若对长度为 2 的信源序列进行二元无失真信源编码（编码方法后面介绍），其二元异前置码如表 5.2 所示。

表 5.2 N=2 时信源序列的无失真信源编码

序 列	序列概率	异前置码
x_1x_1	9/16	0
x_1x_2	3/16	10
x_2x_1	3/16	110
x_2x_2	1/16	111

异前置码的平均码长为 $\bar{K} = \sum_{i=1}^{L} p(c_i)k_i$，其中，$L$ 表示码字的个数，k_i 表示码字 c_i 的长度。

$$\bar{K} = \frac{9}{16}\times 1 + \frac{3}{16}\times 2 + \frac{3}{16}\times 3 + \frac{1}{16}\times 3 = \frac{27}{16}$$

单个符号的平均码长（平均码率，也称为信源编码后的信息率）：$R_{\mathrm{s}} = \dfrac{\bar{K}\log m}{N}$

$$R_{\mathrm{s}} = \frac{\bar{K}}{2} = \frac{27}{32}$$

其编码效率：$\eta = \dfrac{H(X)}{R_{\mathrm{s}}} = \dfrac{NH(X)}{\bar{K}\log m}$

$$\eta = \frac{32\times 0.811}{27} \approx 0.961$$

用同样的方法可进一步增加信源序列的长度，当 $N=3$ 或 $N=4$ 时，对这些信源序列进行编码，并求出其编码效率分别为 0.985 和 0.991。

5.2 经典无失真信源编码

无失真信源编码主要适用于离散信源或数字信号，可进行无失真数据压缩，并且能够完全无失真地恢复，目的是用较小的码率来传送同样多的信息，增加单位时间内传送的信息量，进而提高通信系统的有效性。对于给定的信源，使平均码长达到最小的编码方法称为最佳编码，编出的码称为最佳码。经典的变长编码方法有霍夫曼码、费诺码及香农码，其中只有霍夫曼码是真正意义上的最佳编码方法。但是为了满足可操作性及便于软硬件实现等方面的要求，在实际应用中需要根据不同的条件选择不同的编码方法。例如，在确知信源统计特性时选择霍夫曼码和算术码，在未知信源统计特性的情况下进行字典编码。

下面主要讨论霍夫曼码、费诺码、香农-费诺-埃利斯码和算术码。

5.2.1　霍夫曼码

霍夫曼码是按照小概率消息编长码、大概率消息编短码的思想来构造异前置码的一种信源编码方法。其编码步骤如下。

（1）将信源符号按概率从大到小的顺序排列，不失一般性，令 $p(x_1) \geqslant p(x_2) \geqslant \cdots \geqslant p(x_n)$。

（2）按编码进制数给概率最小的消息分配码元，如编二进制码就给概率最小的两条消息 x_n 和 x_{n-1} 各分配一个码元 1 和 0，编 m 进制码就给概率最小的 m 条消息各分配一个码元。将分配了码元的消息合并成一个新的符号序列，并用其概率之和作为新符号序列的概率，得到一个缩减信源。

（3）将缩减信源的符号仍按概率从大到小的顺序排列，重复步骤（2），得到进一步的缩减信源。

（4）重复上述步骤，直至缩减信源只剩两个符号序列为止，此时所剩的两个符号序列的概率之和必为 1，从最后一级缩减信源开始，依编码路径向前返回，就得到各信源符号所对应的码字。

例 5.3　设某单符号离散无记忆信源的概率分布为

$$\begin{pmatrix} X \\ P(X) \end{pmatrix} = \begin{pmatrix} x_1 & x_2 & x_3 & x_4 & x_5 & x_6 \\ 0.25 & 0.25 & 0.2 & 0.15 & 0.1 & 0.05 \end{pmatrix}$$

例 5.3 的二进制霍夫曼码的编码过程如图 5.4 所示。将图 5.4 左右颠倒过来重画，即可得到二进制霍夫曼码树，如图 5.5 所示。需要特别强调的是，在图 5.4 中读取码字时，一定要从后向前读取，此时编出来的码字才是可分离的异前置码。若从前向后读取码字，则码字不可分离。

信源符号	概率	编码					码字	码长
		S_1	S_2	S_3	S_4	S_5		
x_1	0.25		0.3	0.45	0.55 0 1	0 1 1.0	01	2
x_2	0.25			0 1			10	2
x_3	0.2						11	2
x_4	0.15	0.15	0 1				001	3
x_5	0.10	0					0000	4
x_6	0.05	1					0001	4

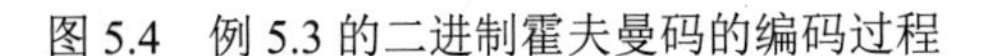

图 5.4　例 5.3 的二进制霍夫曼码的编码过程

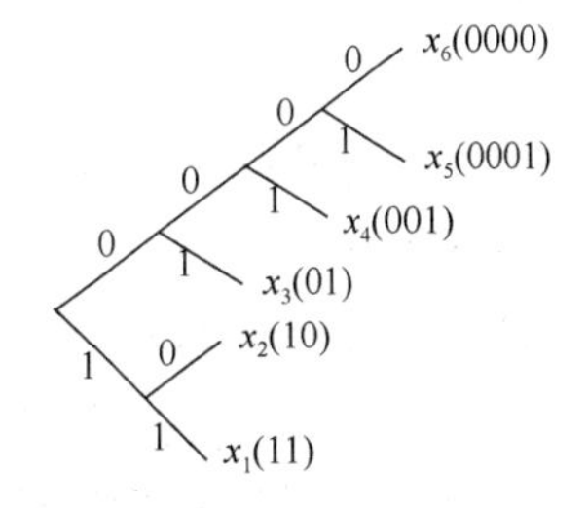

图 5.5　例 5.3 的二进制霍夫曼码树

本例的平均码长和编码效率分别为 2.45 和 98.91%。

霍夫曼码的编码方法并不唯一。首先，每次对缩减信源的两个概率最小的符号分配“0”和“1”码元是任意的，所以可得到不同的码字。只要在各次缩减信源中保持码元分配的一致性，就能得到可分离码字。不同的码元分配，得到的具体码字不同，但码长 k_i 不变，平均码

长 $\bar{K}$ 也不变，所以没有本质区别。其次，缩减信源时，若合并后的新符号概率与其他符号概率相等，从编码方法上来说，这几个符号的次序可任意排列，编出的码都是正确的，但得到的码字不相同。不同的编码方法得到的码字长度 k_i 也不尽相同。

例 5.4 设单符号离散无记忆信源的概率分布描述如下：

$$\begin{pmatrix} X \\ P(X) \end{pmatrix} = \begin{pmatrix} x_1 & x_2 & x_3 & x_4 & x_5 \\ 0.4 & 0.2 & 0.2 & 0.1 & 0.1 \end{pmatrix}$$

请用两种不同的方法对其进行二进制霍夫曼码编码。

解：方法一，合并后的新符号排在其他相同概率符号的后面，编码过程如图 5.6 所示，相应的码树如图 5.7 所示。

信源符号	概率	缩减信源				码字	码长
		S_1	S_2	S_3	S_4		
x_1	0.4			0.6	0 1.0 1	1	1
x_2	0.2		0.4	0 1		01	2
x_3	0.2		0 1			000	3
x_4	0.1	0.2 0				0010	4
x_5	0.1	1				0011	4

图 5.6 例 5.4 的二进制霍夫曼码的编码过程（方法一）

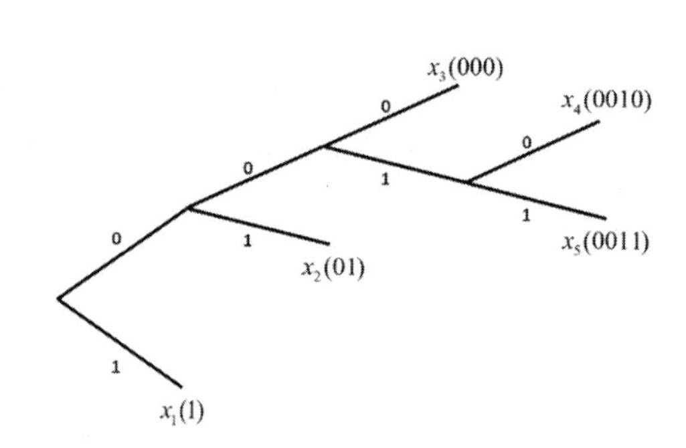

图 5.7 例 5.4 的二进制霍夫曼码树（方法一）

对于单符号信源的二进制霍夫曼码，其编码效率主要取决于信源的熵和平均码长之比。对于相同的信源编码，其熵是一样的。采用不同的编码方法，得到的平均码长可能不同。显然，平均码长越短，编码效率就越高。

方法一的平均码长是

$$\bar{K}_1 = 0.4\times1 + 0.2\times2 + 0.2\times3 + (0.1+0.1)\times4 = 2.2$$

方法二，合并后的新符号排在其他相同概率符号的前面，编码过程如图 5.8 所示，相应的码树如图 5.9 所示。

方法二的平均码长是

$$\bar{K}_2 = (0.4+0.2+0.2)\times2 + (0.1+0.1)\times3 = 2.2$$

$\bar{K}_2 = \bar{K}_1$，可见本例中两种编码方法的平均码长相同，所以有相同的编码效率。

在实际应用中，选择哪种编码方法好呢？

定义码长的方差为码长 k_i 与平均码长 $\bar{K}$ 之差的平方的数学期望，记为 σ^2，即

$$\sigma^2 = E[(k_i - \bar{K})^2] = \sum_{i=1}^{n} p(x_i)(k_i - \bar{K})^2 \tag{5-2-1}$$

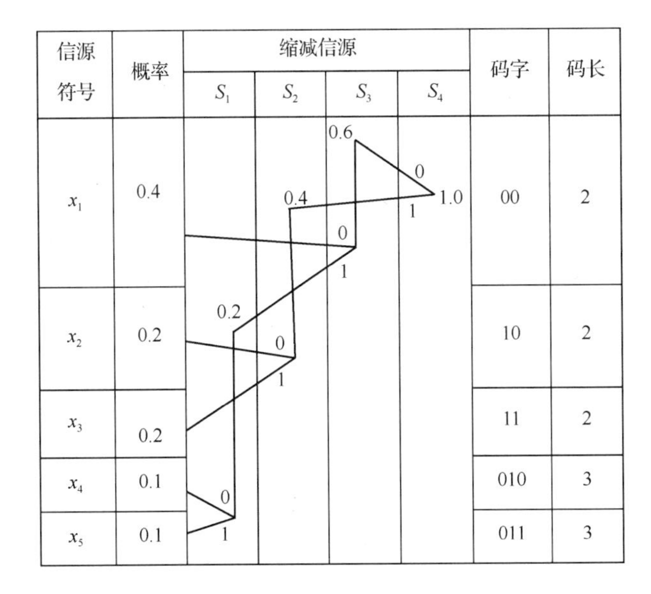

图 5.8　例 5.4 的二进制霍夫曼码的编码过程（方法二）

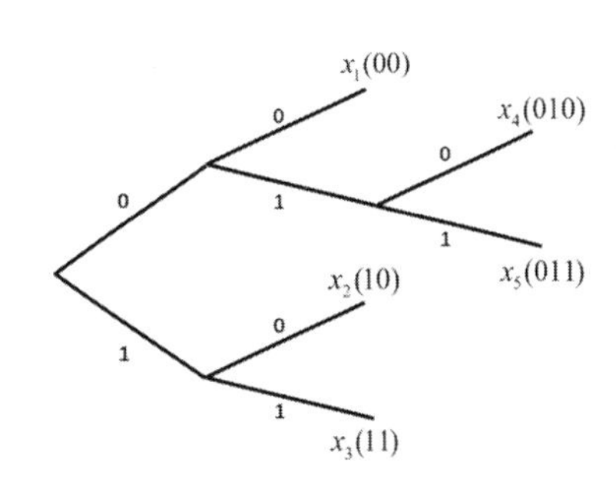

图 5.9　例 5.4 的二进制霍夫曼码树（方法二）

计算例 5.4 中两种码的方差，分别得

$$\sigma_1^{\ 2} = 0.4\times(1-2.2)^2 + 0.2\times(2-2.2)^2 + 0.2\times(3-2.2)^2 + (0.1+0.1)\times(4-2.2)^2 = 1.36$$

$$\sigma_2^{\ 2} = (0.4+0.2+0.2)\times(2-2.2)^2 + (0.1+0.1)\times(3-2.2)^2 = 0.16$$

可见第二种编码方法的码长方差要小得多，这意味着第二种编码方法的码长变化较小，比较接近于平均码长。确实，图 5.7 中用第一种方法编出的 5 个码字有 4 种不同的码长，而图 5.9 中用第二种方法对同样的 5 个符号编码，结果只有 2 种不同的码长。显然第二种编码方法更简单，更容易实现，所以更好。

由此得出结论，在霍夫曼码的编码过程中，对缩减信源符号按概率由大到小的顺序重新排列时，应使合并后的新符号尽可能排在靠前的位置，这样可使合并后的新符号重复编码次数减少，使短码得到充分利用。

5.2.2　费诺码

费诺码是按照码元的概率尽可能相等的思想来构造异前置码的一种信源编码方法。其编码步骤如下。

（1）将概率按从大到小的顺序排列，不失一般性，令 $p(x_1) \geqslant p(x_2) \geqslant \cdots \geqslant p(x_n)$。

（2）按编码进制数将概率分组，使每组概率和尽可能接近或相等。例如，编二进制码就分成两组，编 m 进制码就分成 m 组。

（3）给每组分配一个码元。

（4）将每个分组再按同样原则划分，重复步骤（2）和（3），直至各组不再可分为止。

例 5.5　设某单符号离散无记忆信源的概率分布为

$$\begin{pmatrix} X \\ P(X) \end{pmatrix} = \begin{pmatrix} x_1 & x_2 & x_3 & x_4 & x_5 & x_6 \\ 0.25 & 0.25 & 0.2 & 0.15 & 0.1 & 0.05 \end{pmatrix}$$

按表 5.3 对该信源进行二进制费诺码编码，上述码字还可用码树来表示，如图 5.10 所示。

表 5.3 例 5.5 的费诺码编码表

<table>
<tr><th>信源符号</th><th>概 率</th><th colspan="4">编 码</th><th>码 字</th><th>码 长</th></tr>
<tr><td>x_1</td><td>0.25</td><td rowspan="2">0</td><td>0</td><td rowspan="3" colspan="2"></td><td>00</td><td>2</td></tr>
<tr><td>x_2</td><td>0.25</td><td>1</td><td>01</td><td>2</td></tr>
<tr><td>x_3</td><td>0.20</td><td rowspan="4">1</td><td>0</td><td>10</td><td>2</td></tr>
<tr><td>x_4</td><td>0.15</td><td rowspan="3">1</td><td>0</td><td></td><td>110</td><td>3</td></tr>
<tr><td>x_5</td><td>0.10</td><td rowspan="2">1</td><td>0</td><td>1110</td><td>4</td></tr>
<tr><td>x_6</td><td>0.05</td><td>1</td><td>1111</td><td>4</td></tr>
</table>

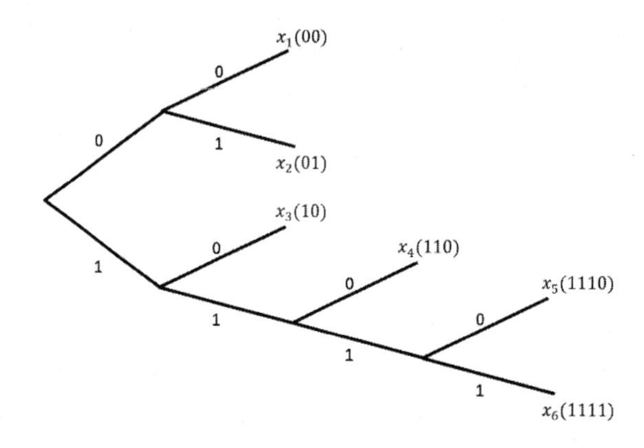

图 5.10 例 5.5 的码树

平均码长为

$$K=\sum_{i=1}^{6}p(x_i)k_i=(2\times0.25+0.2)\times2+0.15\times3+(0.1+0.05)\times4=2.45$$

编码效率为

$$\eta=\frac{H(X)}{\frac{\overline{K}}{L}\log m}=\frac{H(X)}{\overline{K}}=\frac{2.42325}{2.45}\times100\%\approx98.91\%$$

例 5.6 有一个单符号离散无记忆信源的概率分布为

$$\begin{pmatrix}X\\P(X)\end{pmatrix}=\begin{pmatrix}x_1 & x_2 & x_3 & x_4 & x_5 & x_6 & x_7 & x_8\\1/4 & 1/4 & 1/8 & 1/8 & 1/16 & 1/16 & 1/16 & 1/16\end{pmatrix}$$

按表 5.4 对该信源进行二进制费诺码编码。

该信源的熵为

$$H(X)=2.75$$

平均码长为

$$\overline{K}=(0.25+0.25)\times2+0.125\times2\times3+0.0625\times4\times4=2.75$$

编码效率为

$$\eta=100\%$$

达到了最佳编码效率。之所以如此，是因为每次所分两组的概率恰好相等。

表 5.4　例 5.6 的费诺码编码表

信源符号	概　率	编　码				码　字	码　长
x_1	0.25	0	0			00	2
x_2	0.25		1			01	2
x_3	0.125	1	0	0		100	3
x_4	0.125			1		101	3
x_5	0.0625		1	0	0	1100	4
x_6	0.0625				1	1101	4
x_7	0.0625			1	0	1110	4
x_8	0.0625				1	1111	4

例 5.6 的码树如图 5.11 所示。

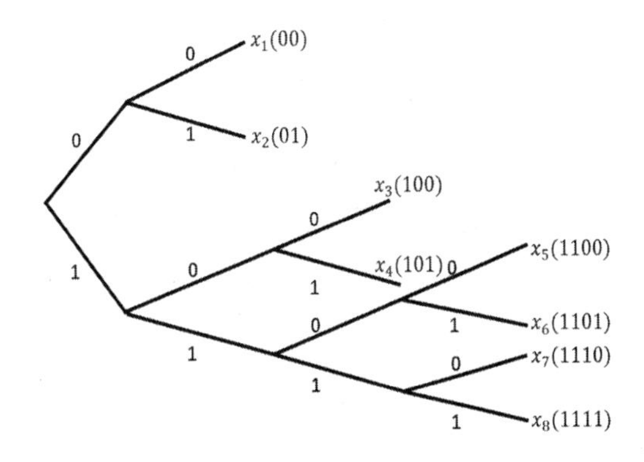

图 5.11　例 5.6 的码树

费诺码和霍夫曼码都考虑了信源的统计特性，使经常出现的信源符号对应较短的码字，使信源的平均码长缩短，从而实现了对信源的压缩。费诺码和霍夫曼码的编码方法都不唯一。

5.2.3　香农-费诺-埃利斯码

霍夫曼码和费诺码都要求信源输出符号按概率大小排序，下面介绍的香农-费诺-埃利斯码（Shannon-Fano-Elias 码，S-F-E 码）不需这种排序。

令

$$\begin{pmatrix} X \\ P(X) \end{pmatrix} = \begin{pmatrix} x_1 & x_2 & \cdots & x_n \\ p(x_1) & p(x_2) & \cdots & p(x_n) \end{pmatrix} \tag{5-2-2}$$

并定义修正的累积概率分布函数如下：

$$\bar{F}(x_n) = \sum_{i<n} p(x_i) + \frac{1}{2}p(x_n) \tag{5-2-3}$$

假设对信源符号 x_n 编码使用 $l(x_n)$ 个码元，即 x_n 对应码字的码长为 $l(x_n)$，那么将 $\bar{F}(x_n)$ 按二进制小数展开，截断到 $l(x_n)$ 位，用 $[\bar{F}(x_n)]_{l(x_n)}$ 记之，则

$$\bar{F}(x_n) - [\bar{F}(x_n)]_{l(x_n)} < \frac{1}{2^{l(x_n)}} \tag{5-2-4}$$

如果

$$l(x_n)=\left\lceil \log\frac{1}{p(x_n)}\right\rceil+1 \tag{5-2-5}$$

则可以证明用 $[\bar{F}(x_n)]_{l(x_n)}$ 作为 x_n 的码字的 S-F-E 码是一个前缀码。S-F-E 码的平均长度为

$$\bar{L}=\sum_{x_i}p(x_i)l(x_i)=\sum_{x_i}p(x_i)\left\{\left\lceil \log\frac{1}{p(x_i)}\right\rceil+1\right\}<H(X)+2 \tag{5-2-6}$$

例 5.7 具有 4 个消息的信源的 S-F-E 码如表 5.5 所示，S-F-E 码的平均长度 $\bar{L}=2.75$，$H(X)=1.75$，同样情况下霍夫曼码的平均长度为 1.75。

表 5.5 例 5.7 中信源的 S-F-E 码

x_i	$p(x_i)$	$\bar{F}(x_i)$	$\bar{F}(x_i)$ 的二进制表示	$l(x_i)$	码 字	霍夫曼码
x_1	0.25	0.125	0.001	3	001	01
x_2	0.5	0.5	0.10	2	10	1
x_3	0.125	0.8125	0.1101	4	1101	001
x_4	0.125	0.9375	0.1111	4	1111	000

例 5.8 具有 5 个消息的信源的 S-F-E 码如表 5.6 所示，S-F-E 码的平均长度 $\bar{L}=3.5$，$H(X)=2.28$，同样情况下霍夫曼码的平均长度为 2.3。

表 5.6 例 5.8 中信源的 S-F-E 码

x_i	$p(x_i)$	$\bar{F}(x_i)$	$\bar{F}(x_i)$ 的二进制表示	$l(x_i)$	码 字	霍夫曼码
x_1	0.25	0.125	0.001	3	001	11
x_2	0.25	0.375	0.011	3	011	00
x_3	0.2	0.6	0.10011	4	1001	01
x_4	0.15	0.775	0.1100011	4	1100	100
x_5	0.15	0.925	0.1110110	4	1110	101

5.2.4 算术码

由无失真信源编码定理可知，仅对信源输出的单个符号进行编码，其效率是不高的，只有对信源输出的符号序列进行编码，并且当序列长度充分长时，编码效率才能达到香农定理的极限。例如，对于只有两个出现概率很悬殊的消息符号 $\{x_0,x_1\}$ 所组成的无记忆信源，若对单个符号进行编码，则其效率很低，应该把它组成长的消息序列进行编码，比如对输出长度为 n 的信源符号序列 X^n 进行变长编码。但当对长序列进行编码时必须考虑到编、译码的可实现性，即编、译码的复杂性、实时性和灵活性。

用分组编码（块码）方式来实现非常长的信源序列的编、译码是不合适的。例如，前面所述的霍夫曼码，它是一种块编码方式。对于长度为 L 的信源序列进行霍夫曼码编码，首先计算出所有长度为 L 的信源序列的出现概率，然后按大小排序，最后构成完整码树。这样计算量太大，而且如果要把长度为 L 的信源序列延长为 $L+1$，则所有这些计算过程必须重新进行。因此，很需要一种序贯的编、译码方法，使得允许对非常长的信源序列序贯地进行编、译码。有很多学者研究信源序贯编码方法，其中 Rissanen 在 20 世纪 70 年代后期提出的算术码是这类编码中性能最好的一种。算术码有很高的编码效率，实现简单，而且能灵活地适应数据的变化。

算术码的核心思想是将信源序列按概率映射在单位区间[0,1]中的一段子区间，使得概率高的序列被分配的子区间长度大，概率低的序列被分配的子区间长度小，在此基础上保证各序列对应的子区间不重叠，那么就可以通过采样子区间中的某一个二进制小数对信源序列进行唯一可译的编码。其目的是在最终的目标子区间内，找到一个长度最小的二进制小数作为最终的码字。由于子区间长度越小，表征此区间所需要的小数精度越高，意味着区间内可选用的二进制小数位数一般也越多，从而反映出了概率低的信源序列使用长码字，概率高的信源序列使用短码字的基本编码思想。

以一个离散平稳无记忆二元随机变量 X 为例，此信源号为 $\{x_0,x_1\}$，概率分布为 $\{p(X=x_0)=2/3, p(X=x_1)=1/3\}$，对输出序列 $\boldsymbol{X}=X_1X_2\cdots X_n$ 进行编码。首先把单位区间[0,1]按 x_0 和 x_1 的出现概率分为两个互不重叠的子区间：$[0,2/3)$ 和 $[2/3,1)$，根据 $X_1=x_0$ 还是 $X_1=x_1$ 来选取 $[0,2/3)$ 和 $[2/3,1)$ 两个区间中的一个。接下来把选中的子区间按 x_0 和 x_1 出现的概率分成更小的子区间，并进一步根据 $X_2=x_0$ 还是 $X_2=x_1$ 来选取这两个区间中的一个。若考虑对更长的信源序列进行编码，仅需重复上述步骤。

在图 5.12 中，按照上述方法对长度为 3 的信源输出序列进行了二进制算术码编码。整个[0,1)区间针对 8 种信源序列按其概率被分为 8 个不同长度的子区间，每个信源序列对应一个子区间。以 $X_1X_2X_3=x_0x_1x_0$ 为例，对应区间为 $[4/9,16/27)$。初始化目标子区间上限 $\text{High}_0=1$，目标子区间下限 $\text{Low}_0=0$，信源序列累积概率 $p_0=1$。各信源符号按概率分布划分[0,1]区间：$L(x_0)=0$，$H(x_0)=2/3$，$L(x_1)=2/3$，$H(x_1)=1$。当输入第一个信源符号 $X_1=x_0$ 时，按如下公式更新目标子区间上、下限及信源序列累积概率：

$$\begin{aligned}&\text{High}_1=\text{Low}_0+p_0\times H(x_0)=2/3\\&\text{Low}_1=\text{Low}_0+p_0\times L(x_0)=0\\&p_1=p(X_1=x_0)=2/3\end{aligned}\tag{5-2-7}$$

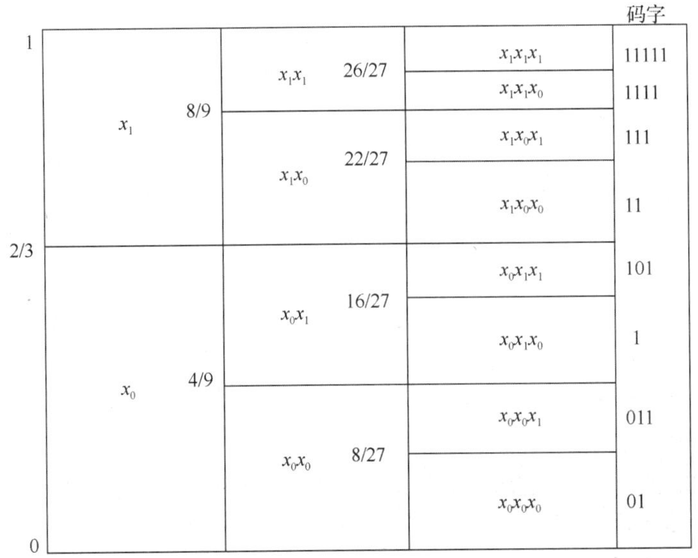

区间边界	X_1	X_1X_2	$X_1X_2X_3$	码字
1	x_1	x_1x_1	$x_1x_1x_1$	11111
26/27			$x_1x_1x_0$	1111
8/9		x_1x_0	$x_1x_0x_1$	111
22/27			$x_1x_0x_0$	11
2/3	x_0	x_0x_1	$x_0x_1x_1$	101
16/27			$x_0x_1x_0$	1
4/9		x_0x_0	$x_0x_0x_1$	011
8/27			$x_0x_0x_0$	01
0				

图 5.12　在算术码中信源输出序列与[0,1]中的一个子区间对应

当输入第二个信源符号 $X_2=x_1$ 时，进一步更新目标子区间上、下限及信源序列累积概率：

$$\begin{aligned}&\mathrm{High}_2=\mathrm{Low}_1+p_1\times H(x_1)=2/3\\&\mathrm{Low}_2=\mathrm{Low}_1+p_1\times L(x_1)=4/9\\&p_2=p(X_1X_2=x_0x_1)=2/9\end{aligned}\tag{5-2-8}$$

当输入第三个信源符号 $X_3=x_0$ 时，进一步更新子目标区间上、下限及信源序列累积概率：

$$\begin{aligned}&\mathrm{High}_3=\mathrm{Low}_2+p_2\times H(x_0)=16/27\\&\mathrm{Low}_3=\mathrm{Low}_2+p_2\times L(x_0)=4/9\\&p_3=p(X_1X_2X_3=x_0x_1x_0)=4/27\end{aligned}\tag{5-2-9}$$

基于区间划分，现在对信源序列 $X_1X_2X_3$ 进行编码，因为信源序列与子区间一一对应，所以编码也就是对这些子区间给出标号。可以把与信源序列 $X_1X_2X_3$ 对应的码字 $\varphi(X_1X_2X_3)$ 选为相应子区间中点的二进制表达，比如可以选这个子区间中比特数最小的二进制小数作为码字。例如，$X_1X_2X_3=x_0x_1x_0$ 所在区间 $[4/9,16/27)$ 包含小数 0.5，其二进制小数为 0.1，是此区间内具有最小比特数的二进制小数，因此 $X_1X_2X_3=x_0x_1x_0$ 所对应的码字 $\varphi(x_0x_1x_0)=1$。图 5.12 中最右边一列表示相应的码字。这样的编码一般不是前缀码，甚至当这些码字级联成码字序列时不是唯一可译的。这对于算术码来说并不是非常重要的，因为算术码是用序贯的方法对非常长，甚至是无限长的信源序列进行编码的。它根据每次信源输出数据 x_i 来更新子区间，并选该子区间中的点代表新序列。可以发现，这些区间的划分点实际上是某种累积概率，子区间的宽度就是相应信源序列的出现概率，因此人们希望得到这些概率的递归计算方法。

对式（5-2-7）～式（5-2-9）进行数学归纳，可以得到目标子区间的递归计算方法：

$$\begin{aligned}&\mathrm{High}_t=\mathrm{Low}_{t-1}+p_{t-1}\times H(x_i\mid X_t=x_i)\\&\mathrm{Low}_t=\mathrm{Low}_{t-1}+p_{t-1}\times L(x_i\mid X_t=x_i)\\&p_t=p(X_1X_2\cdots X_t)\\&\text{s.t. }\ \mathrm{Low}_0=0,\ \mathrm{High}_0=1,\ p_0=0\end{aligned}\tag{5-2-10}$$

5.3 限失真信源编码定理

实际离散信源的取值是有限的，可以进行一一对应编码，完成对信源毫无遗漏的表达，做到无失真。而连续信源的取值无穷多，不可能做到一一对应编码，因此必然产生失真。所幸在许多实际通信系统中，并不要求信息的无失真传输。比如打电话，语音的频带宽度是 20kHz，但是语音的主要能量集中在 3.4kHz 以下，只要把这部分音频信号传送给接收端，就能保证语音的通信质量，满足通话的需求。换句话说，语音通信可以容忍一定的失真存在，因此编码时可以只考虑主要信号的编码而忽略一些无关紧要的信号，这样做一定会产生信息失真，但只要失真限定在一定范围内，即满足保真度准则，就能保证通信的质量。这就是所谓的限失真信源编码。

有时为了提高通信效率，也选择限失真信源编码，所以限失真信源编码的应用非常广泛。下面给出限失真信源编码定理。

定理 5.2（限失真信源编码定理） 设某个离散平稳无记忆信源的输出随机变量序列为 $\boldsymbol{X}=X_1X_2\cdots X_L$，该信源的信息率失真函数是 $R(D)$，并选定有限的失真函数。对于任意允许失真度 $D\geqslant 0$ 和任意小的 $\varepsilon>0$，若信息率

$$R>R(D)\tag{5-3-1}$$

只要信源序列长度 L 足够大，就一定存在一种编码方式，使译码后的平均失真度

$$\bar{D}(C) \leqslant D+\varepsilon \tag{5-3-2}$$

反之，若

$$R < R(D) \tag{5-3-3}$$

则无论用什么编码方式，必有

$$\bar{D}(C) > D \tag{5-3-4}$$

译码后的平均失真度必定大于允许失真度。这就是保真度准则下的离散信源编码定理，也称为限失真信源编码定理，证明过程省略。该定理可推广到连续平稳无记忆信源的情况。

从定理的描述可知，率失真函数 $R(D)$ 也是一个界限。只要信息率大于这个界限，译码失真就可限制在给定的范围内，换句话说，通信的过程中虽然有失真，但仍然能满足要求；否则就不能满足通信的要求。

这里需要注意的是，以率失真函数 $R(D)$ 作为基本工具的率失真理论为限失真信源编码定理提供了数学分析的理论基础。限失真信源编码定理给出了限定失真度情况下，最佳编码可以达到的最低信息率，或者给定信息率情况下可能产生的最小平均失真度，从而为评价不同信源编码方案的编码效率提供了理论上的参照界限，也为更有效的编码方案的研究指出了可以努力的方向。但是，率失真函数 $R(D)$ 在实际使用中会遇到一些困难，主要表现如下。

（1）缺少与主观感知特性完全匹配的、能用简单数学公式定义且便于计算的失真度函数。均方误差（MSE）和峰值信噪比（PSNR）及后来出现的结构相似度（SSIM）只能以不同的精度来近似主观评价。

（2）现实的信源往往是非平稳的随机信源，难以用简单的概率密度分布函数描述。

（3）率失真函数 $R(D)$ 的计算通常很困难，解析解只能在特殊情况下得到。因此，一般只能在推导出迭代计算公式后，借助计算机获取数值解。

（4）率失真函数 $R(D)$ 一般不能给出信源编码的具体方案。从率失真函数 $R(D)$ 的定义可知，通过率失真函数 $R(D)$ 计算得到的最佳编码方案是一组最佳的条件转移概率，并不能直接得出某种具体的编码方法和步骤来实现这一组条件转移概率，但是率失真理论从理论上给出了指导。

5.4　限失真信源编码方法

连续信源输出的消息在时间和取值上都是连续的，因此其编码方法与离散信源的编码方法有所不同。首先要在时间上进行采样，然后在取值上进行量化，最后进行编码。在此过程中，必然会有信息损失，因此连续信源编码属于限失真信源编码。根据限失真信源编码定理，其编码效率受限于率失真函数 $R(D)$。

如果采用最简单的等间隔采样，由低通奈奎斯特采样定理可知，只要采样频率 $f_{\mathrm{s}}=1/T_{\mathrm{s}}$ 大于或等于承载消息的信号的最高频率 f_{m} 的两倍，在接收端只需通过简单的低通滤波器就可以恢复原来的波形。也就是说，在符合低通奈奎斯特采样定理的条件下，采样所带来的信息失真可以忽略不计。

经过采样，时间连续的信号成为时间离散的信号序列。下一步需要对信号序列在取值上进行量化，进而进行编码。由于量化用取值域上有限个称为量化值的离散数值来代替信号的

无穷多连续取值，因此量化必然带来误差。如果量化后采用无失真信源编码，那么连续信源编码中的信息失真都来自量化过程。

量化有多种方法，常见的量化方法有两种：一种是将各采样时刻的信号值逐个进行量化，称为标量量化；另一种是将L个采样时刻的信号值组成一组，将其看作一个L维向量，将这些L维向量逐个进行量化，称为向量量化。当然，也可以将标量量化看作向量量化中$L=1$的特殊形式。

所谓最佳量化，就是在给定信息失真的前提下使编码效率最高的量化方法。本节讨论最佳标量量化编码。

5.4.1 量化编码

脉冲编码调制（Pulse Code Modulation，PCM）是研究最早、使用最广的一种最佳标量量化编码。PCM 的编码原理如图 5.13 所示。

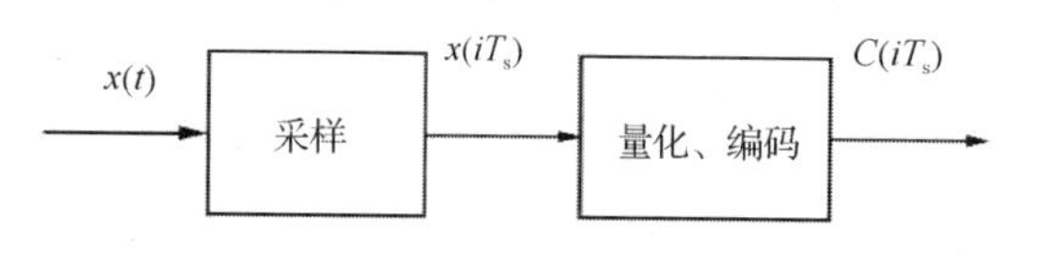

图 5.13 PCM 的编码原理

模拟信号$x(t)$经过采样，成为时间离散的信号序列$x(iT_s)$，$i=1,2,\cdots$。将各采样时刻的信号值逐个进行量化、编码，得到与取值，即离散的信号量化值序列$x_q(iT_s)$（$i=1,2,\cdots$）相对应的二进制编码序列$C(iT_s)$，$i=1,2,\cdots$。

由于每个采样时刻的量化、编码过程相同，为方便，我们可去掉时标。将量化、编码的输入信号值记为x，量化、编码中的信号量化值记为x_q，量化、编码的编码输出记为C。

标量量化可分为两类：一类为均匀量化；另一类为非均匀量化。信号服从不同的分布，应采用不同的量化方法，否则不能做到最佳标量量化。

先讨论均匀量化编码，然后讨论非均匀量化编码。

1. 均匀量化编码

均匀量化是指在整个量化范围内的量化间隔都是相等的，均匀量化也称为线性量化。均匀量化的特性如图 5.14 所示，其中图 5.14（a）所示为中平量化，图 5.14（b）所示为中升量化。二者主要通过有无零量化值来加以区别。

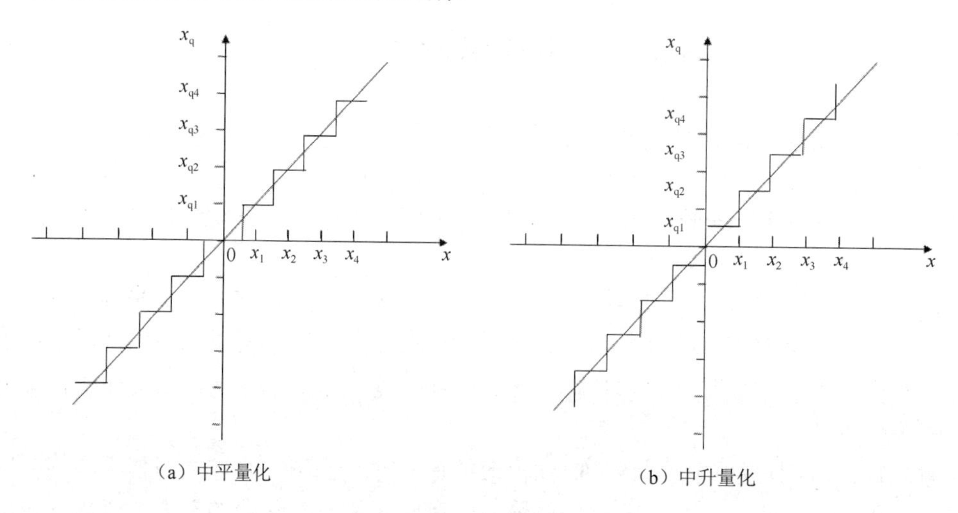

图 5.14 均匀量化的特性

下面以中升量化为例讨论均匀量化。

由于归一化信号值满足$|x| \leqslant 1$，如果信号值的量化数目为$2M$，取$x_0 = 0$，$\pm x_M = \pm 1$，则量化间隔$\varDelta = \frac{1}{M}$。当信号值$x_{i-1} \leqslant |x| < x_i$，$i = 1,2,\cdots,M$时，将其量化为$x_{qi} = \frac{x_{i-1} + x_i}{2}$，$i = 1,2,\cdots,M$。

由于均匀量化具有正、反两个方向的对称性，可以将其分为极性判断和信号绝对值量化两个步骤，因此常用的均匀量化编码是定长折叠二进制码。其码元安排为：最高位为极性码，用于表示信号极性，当信号值$x \geqslant 0$时，极性码取 1；当信号值$x < 0$时，极性码取 0。次高位以下为量化码，用于表示$|x|$的量化值x_{qi}，$i = 0,1,2,\cdots,M$。因此，当$|x|$的量化数目为M，即量化间隔为$\varDelta$时，码长$k = \log M + 1 = \log \frac{1}{\varDelta} + 1$。

在编码电路或编码程序中，一般编码过程如下。

（1）对信号值进行极性判断，确定极性码。

（2）通过逐次比较信号绝对值与量化码各位权值组合，确定量化码。

（3）将极性码和量化码组合起来，得到均匀量化编码。

例 5.9　已知某一采样时刻的归一化信号值$x = \frac{10.3}{16}$，设量化间隔为$\varDelta = \frac{1}{8}$，求其均匀量化编码。

确定码长：$k = \log \frac{1}{\varDelta} + 1 = \log 8 + 1 = 3 + 1 = 4$。

确定极性码：由于信号值$x > 0$，所以极性码$C_3 = 1$。

确定量化码：将信号绝对值与量化码最高位权值进行比较，由于$|x| = \frac{10.3}{16} > \frac{4}{8}$，所以$C_2 = 1$；将信号绝对值与量化码最高位和次高位权值之和进行比较，由于$|x| = \frac{10.3}{16} < \frac{4}{8} + \frac{2}{8} = \frac{6}{8}$，所以$C_1 = 0$；将信号绝对值与量化码最高位和最低位权值之和进行比较，由于$|x| = \frac{10.3}{16} > \frac{4}{8} + \frac{1}{8} = \frac{5}{8}$，所以$C_0 = 1$。故量化码$C_2C_1C_0 = 101$，而量化值$x_q = \left(\frac{5}{8} + \frac{6}{8}\right)/2 = \frac{11}{16}$；将其组合，得到归一化信号值$x = \frac{10.3}{16}$的均匀量化编码为$C_3C_2C_1C_0 = 1101$。

信号量化值与信号值之间会由于四舍五入而产生量化误差，一般将其称为量化噪声。量化噪声e与信号值一样，也是随机变量，记为$e = \big|x_q - |x|\big|$。例如，例 5.9 的量化噪声$e = \big|x_q - |x|\big| = \frac{11}{16} - \frac{10.3}{16} = \frac{0.7}{16}$。显然，均匀量化的量化噪声$e \leqslant \frac{1}{2}\varDelta$。

如果我们定义平方误差失真函数$d(x, x_{qi}) = (x - x_{qi})^2$，则量化噪声直接反映了信息失真的程度。根据限失真编码的要求，可以决定均匀量化的量化噪声水平。当我们了解均匀量化的量化噪声只与量化间隔$\varDelta$有关后，就可以根据限失真编码的要求，由量化噪声确定均匀量化编码的码长。例如，根据限失真编码的要求，量化噪声水平要达到$\frac{1}{4096}$，则均匀量化编码的码长$k = \log \frac{1}{\varDelta} + 1 = \log 2048 + 1 = 11 + 1 = 12$。

均匀量化无论对于小信号还是大信号一律都采用相同的量化间隔。当信号 x 服从均匀分布时，这是合理的。因此，当信号 x 服从均匀分布时，均匀量化是最佳量化。

但是，很多常见信号并不服从均匀分布。例如，语音信号，一般将其近似看作服从拉普拉斯分布，因此其小信号出现的概率远大于大信号出现的概率。如果仍采用均匀量化，那么会造成为保证小信号段量化噪声水平所采用的量化间隔在大信号段得不到充分利用，从而造成码长的冗余。为了减少码长冗余，做到最佳量化，对于非均匀分布的信号，合理的做法是采用非均匀的量化间隔：对于出现的概率越大的信号段，量化间隔取得越小；对于出现的概率越小的信号段，量化间隔取得越大。

2. 非均匀量化编码

只要在量化范围内的量化间隔不完全相等，就将其称为非均匀量化，也叫作非线性量化。一类非均匀量化是采用压扩技术进行的。采用压扩技术的非均匀量化原理如图 5.15 所示。

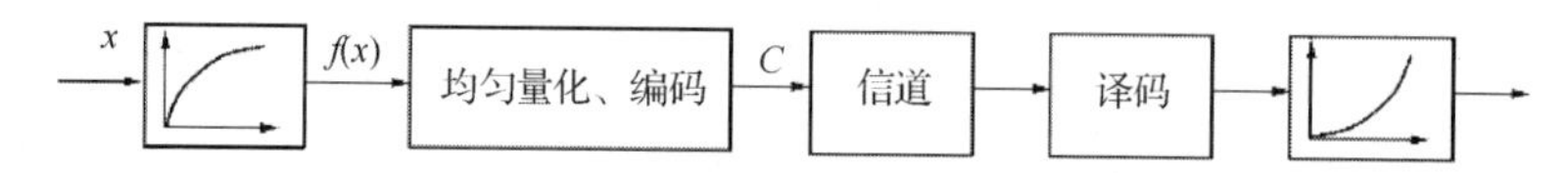

图 5.15 采用压扩技术的非均匀量化原理

在发送端，信号值首先通过一个电路或程序进行压缩，然后进行均匀量化、编码；而在接收端，译码后需通过一个电路或程序进行扩张。只要压缩和扩张特性相互补偿，压扩过程就不会引入新的信息失真。这里，我们不打算讨论一般意义上的非均匀量化，只以语音信号为例，了解非均匀量化的主要概念和方法。

目前，在语音信号的非均匀量化编码中，采用了两种压缩特性：一种称为 μ 律特性；另一种称为 A 律特性。

北美和日本等地的数字电话通信中采用的 μ 律特性为

$$f_\mu(x)=\pm\frac{\ln(1+\mu|x|)}{\ln(1+\mu)}\qquad 0\leqslant|x|\leqslant 1 \tag{5-4-1}$$

式中，x 为归一化信号值，当 $x\geqslant 0$ 时函数取正，否则取负，一般取 $\mu=255$。

欧洲和中国大陆等地的数字电话通信中采用的 A 律特性为

$$f_A(x)=\begin{cases}\pm\dfrac{A|x|}{1+\ln A} & 0\leqslant|x|\leqslant\dfrac{1}{A}\\[2ex] \pm\dfrac{1+\ln A|x|}{1+\ln A} & \dfrac{1}{A}<|x|\leqslant 1\end{cases} \tag{5-4-2}$$

式中，x 为归一化信号值，当 $x\geqslant 0$ 时函数取正，否则取负，一般取 $A=87.6$。

为实现方便，大多采用 15 折线来逼近式（5-4-1）所示的 μ 律特性，采用 13 折线来逼近式（5-4-2）所示的 A 律特性。图 5.16 所示为 0～1 量化范围的 13 折线 A 律。

从图 5.16 可以看出，x 划分为 8 个不均匀的段落。其中第 8 段占 0～1 量化范围的 $\frac{1}{2}$，除第 1 段外，其余各段的宽度均按 $\frac{1}{2}$ 倍率减小，即第 7 段占 $\frac{1}{4}$，第 6 段占 $\frac{1}{8}$，以此类推，第 2 段占 $\frac{1}{128}$，第 1 段也占 $\frac{1}{128}$，$f(x)$则均匀地分成 8 段。原点与 x～$f(x)$相应各段交点连接得到 8

条折线。考虑到–1～0 量化范围也是 8 条折线，同时注意到正方向第 1 段、第 2 段的折线斜率与负方向第 1 段、第 2 段的折线斜率相同，这 4 条折线可以看成一条折线。于是，–1～1 量化范围共 13 条折线用于逼近 A 律特性，这就是 13 折线 A 律名称的由来。

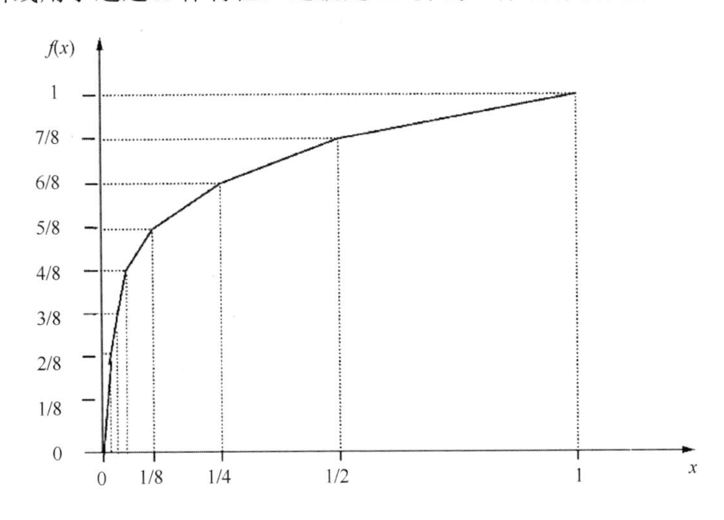

图 5.16　0～1 量化范围的 13 折线 A 律

13 折线 A 律的每个段落均匀地分为 16 份，每份作为一个量化间隔。这样，0～1 量化范围内共划分出了 $8\times16=128$ 个不均匀的量化间隔。如果将最小的量化间隔记为Δ，则 $\Delta=\dfrac{1}{128\times16}=\dfrac{1}{2048}$；相应地，最大量化间隔为$64\Delta=\dfrac{1}{2\times16}=\dfrac{1}{32}$。

与均匀量化一样，由于 13 折线 A 律具有正、反两个方向的对称性，同样可以将其分为极性判断和信号绝对值量化两个步骤，故 13 折线 A 律非均匀量化编码也采用定长折叠二进制码，并将码长确定为 8。其 8 位码元安排如下：最高位 C_7 为极性码，用于表示信号极性，当信号值 $x\geqslant0$ 时，$C_7=1$；当 $x<0$ 时，$C_7=0$。以下 3 位 $C_6C_5C_4$ 为段落码，用于表示$|x|$落在正方向的第几个段落。最后 4 位 $C_3C_2C_1C_0$ 为段内码，用于表示$|x|$在段内落在第几个量化间隔。

在编码电路或编码程序中，13 折线 A 律非均匀量化编码过程如下。

（1）对信号值进行极性判断，确定极性码 C_7。

（2）通过段落码起始量化值的中位搜索，确定段落码 $C_6C_5C_4$。

（3）逐次比较信号绝对值与所确定段落起始量化值之差和段内码各位权值组合，确定段内码 $C_3C_2C_1C_0$。

（4）组合起来即得到 13 折线 A 律非均匀量化编码。

由于每个段落的宽度不同，每个段落内段内码各位的权值也不同。表 5.7 所示为 13 折线 A 律每个段落内段内码各位的权值。

表 5.7　13 折线 A 律每个段落内段内码各位的权值

段　落	段落码 $C_6C_5C_4$	起始量化值	段内码 $C_3C_2C_1C_0$ 权值
1	000	0	8Δ　4Δ　2Δ　1Δ
2	001	$16\Delta=1/128$	8Δ　4Δ　2Δ　1Δ
3	010	$32\Delta=1/64$	16Δ　8Δ　4Δ　2Δ
4	011	$64\Delta=1/32$	32Δ　16Δ　8Δ　4Δ

续表

段　落	段落码 $C_6C_5C_4$	起始量化值	段内码 $C_3C_2C_1C_0$ 权值
5	100	$128\Delta = 1/16$	64Δ　32Δ　16Δ　8Δ
6	101	$256\Delta = 1/8$	128Δ　64Δ　32Δ　16Δ
7	110	$512\Delta = 1/4$	256Δ　128Δ　64Δ　32Δ
8	111	$1024\Delta = 1/2$	512Δ　256Δ　128Δ　64Δ

例 5.10　已知某一采样时刻的归一化信号值 $x = -286\Delta$，求其 13 折线 A 律非均匀量化编码。

确定极性码 C_7：由于信号值 $x < 0$，$C_7 = 0$。

确定段落码 $C_6C_5C_4$：取第 2 段与第 8 段的中位第 5 段的信号绝对值进行比较，由于 $|x| = 286\Delta > 128\Delta$，所以 $C_6 = 1$；取第 5 段与第 8 段的中位第 7 段的信号绝对值进行比较，由于 $|x| = 286\Delta < 512\Delta$，所以 $C_5 = 0$；取第 7 段与第 5 段的中位第 6 段的信号绝对值进行比较，由于 $|x| = 286\Delta > 256\Delta$，所以 $C_4 = 1$。故段落码 $C_6C_5C_4 = 101$，即落在第 6 段。

确定段内码 $C_3C_2C_1C_0$：第 6 段的起始量化值为 256Δ，量化间隔为 16Δ; 将 $|x| - 256\Delta$ 与段内码最高位权值进行比较可以看出，$|x| - 256\Delta = 286\Delta - 256\Delta = 30\Delta < 128\Delta$，所以 $C_3 = 0$；将 $|x| - 256\Delta$ 与段内码次高位权值进行比较可以看出，$|x| - 256\Delta = 286\Delta - 256\Delta = 30\Delta < 64\Delta$，所以 $C_2 = 0$；将 $|x| - 256\Delta$ 与段内码第三位权值进行比较可以看出，$|x| - 256\Delta = 286\Delta - 256\Delta = 30\Delta < 32\Delta$，所以 $C_1 = 0$；将 $|x| - 256\Delta$ 与段内码最低位权值进行比较可以看出，$|x| - 256\Delta = 286\Delta - 256\Delta = 30\Delta > 16\Delta$，所以 $C_0 = 1$。故段内码 $C_3C_2C_1C_0 = 0001$。

最后归一化信号值 $x = -286\Delta$ 的 13 折线 A 律非均匀量化编码为 $C_7C_6C_5C_4C_3C_2C_1C_0 = 01010001$。

由于每个段落的量化间隔不同，13 折线 A 律非均匀量化的量化噪声随着信号值落在不同段落而不同。例如，例 5.10 的量化码 $C_6C_5C_4C_3C_2C_1C_0 = 1010001$ 所代表的量化值为 $x_q = 256\Delta + \dfrac{16\Delta + 32\Delta}{2} = 280\Delta$，相应的量化噪声 $e = \big|x_q - |x|\big| = |280\Delta - 286\Delta| = 6\Delta < \dfrac{16\Delta}{2}$。显然，信号绝对值越小，13 折线 A 律非均匀量化的量化噪声越小，当信号绝对值落在第 1 段或第 2 段时，$e \leqslant \dfrac{1}{2}\Delta = \dfrac{1}{4096}$。

虽然当信号绝对值落在其他段落时，量化噪声会大于 1/4096，但由于语音信号小信号出现的概率远大于大信号出现的概率，所以 13 折线 A 律非均匀量化的量化噪声功率与码长为 12 的均匀量化的量化噪声功率相差并不太大。换句话说，对于语音信号而言，码长为 8 的 13 折线 A 律非均匀量化编码与码长为 12 的均匀量化编码的量化噪声水平基本相当，但编码效率提高了 50%。

15 折线 μ 律非均匀量化编码的讨论与 13 折线 A 律非均匀量化编码相仿。

对于语音信号，可以认为 15 折线 μ 律非均匀量化和 13 折线 A 律非均匀量化是最佳量化。

5.4.2　相关信源编码

在 5.4.1 节讨论连续信源编码时，我们将信源看成是无记忆的，因此采样后的信号序列 $x(iT_s)$（$i = 1,2,\cdots$）在时间上彼此独立，对各采样时刻的信号值逐个进行量化，可以做到最佳标量量化。但如果是有记忆信源，采样后的信号序列就存在时间相关性。仍然对各采样时刻的信号值逐个进行量化，就会造成码长的冗余。

为提高编码效率，对于时间相关的信号序列，通常用两类方法进行编码：一类方法是利用信号序列的时间相关性，通过预测减少信息冗余后再进行编码，这类方法称为预测编码；另一类方法是引入某种变换，将信号序列变换为另一个时间上彼此独立或相关程度较低的序列，再对这个新序列进行编码，这类方法称为变换编码。本节讨论预测编码。

为了方便起见，将第 n 个时刻的信号值 $x(nT_s)$ 记为 x_n，相应的第 $n-1, n-2,\cdots$ 个时刻的信号值记为 $x_{n-1}, x_{n-2},\cdots$。

对于时间相关的信号序列，由于 x_n 与 $x_{n-1}, x_{n-2},\cdots$ 相关，因此只要知道 $x_{n-1}, x_{n-2},\cdots$，就可对 x_n 进行预测。设预测值为 $\tilde{x}_n$，则 $x_n = \tilde{x}_n + d_n$，d_n 称为预测误差。通过预测，可将 x_n 所携带的信息量分成两部分：一部分为 $\tilde{x}_n$ 所携带的信息量，它实际上是 $x_{n-1}, x_{n-2},\cdots$ 所携带的信息量；另一部分是 d_n 所携带的信息量，它才是 x_n 所携带的信息量的新增加部分。只要预测足够准确，d_n 就足够小。因此，如果对 d_n 进行量化、编码，而不对 x_n 进行量化、编码，就会减少信息冗余，从而提高编码效率。这就是预测编码的基本思想。

由于预测编码是对 d_n 进行量化、编码，接收端译码后也只能得到 d_n。接收端必须重建 x_n，而 $x_n = \tilde{x}_n + d_n$，因此接收端同样需要进行预测。

显然，怎样通过 $x_{n-1}, x_{n-2},\cdots$ 对 x_n 进行预测，以及预测的准确性如何，直接影响预测编码的性能。

预测值的一般表达式为 $\tilde{x}_n = f(x_{n-1}, x_{n-2},\cdots)$。如果该函数是线性函数，则相应的预测编码为线性预测编码（Linear Predictive Coding，LPC）。线性预测编码是最常用的预测方法，其表达式为 $\tilde{x}_n = \sum_{i=1}^{p} w_i x_{n-i}$，其中，$p \leqslant n-1$，称为预测阶数；$w_i$（$i=1,2,\cdots,p$）称为加权系数。

线性预测编码又分为零点预测和极点预测两种。

零点预测原理如图 5.17 所示。其中，图 5.17（a）所示为发送端，图 5.17（b）所示为接收端。

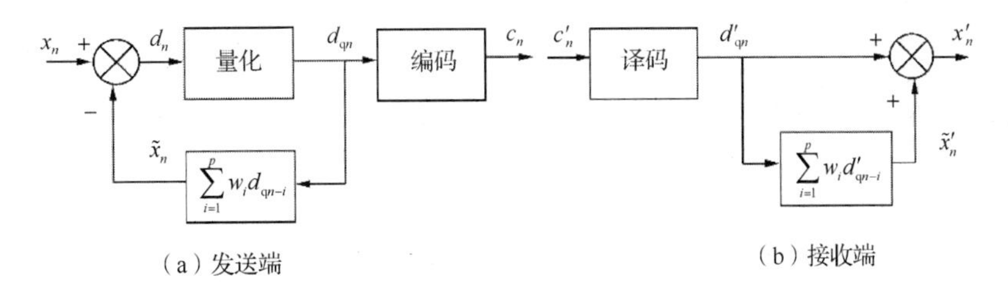

图 5.17　零点预测原理

由图 5.17 可知，在接收端

$$x'_n = d'_{qn} + \tilde{x}'_n = d'_{qn} + \sum_{i=1}^{p} w_i d'_{qn-i} \tag{5-4-3}$$

在发送端

$$d_{qn} \approx d_n = x_n - \tilde{x}_n = x_n - \sum_{i=1}^{p} w_i d_{qn-i} \tag{5-4-4}$$

在无传递差错条件下，$d'_{qn}=d_{qn}$，相应 $\tilde{x}'_n=\tilde{x}_n$，$x'_n=x_n$。设接收端 z 传递函数为 $H(z)$，发送端 z 传递函数为 $D(z)$，则

$$H(z)=\frac{x'(z)}{d'_{\mathrm{q}}(z)}=\frac{x(z)}{d_{\mathrm{q}}(z)}=1+\sum_{i=1}^{p}w_i z^{n-i} \tag{5-4-5}$$

$$D(z)=\frac{d_{\mathrm{q}}(z)}{x(z)}=\frac{1}{1+\sum_{i=1}^{p}w_i z^{n-i}}=\frac{1}{H(z)} \tag{5-4-6}$$

可见，接收端 z 传递函数 $H(z)$ 只有零点，这就是将其称为零点预测的原因。

极点预测原理如图 5.18 所示。其中，图 5.18（a）所示为发送端，图 5.18（b）所示为接收端。

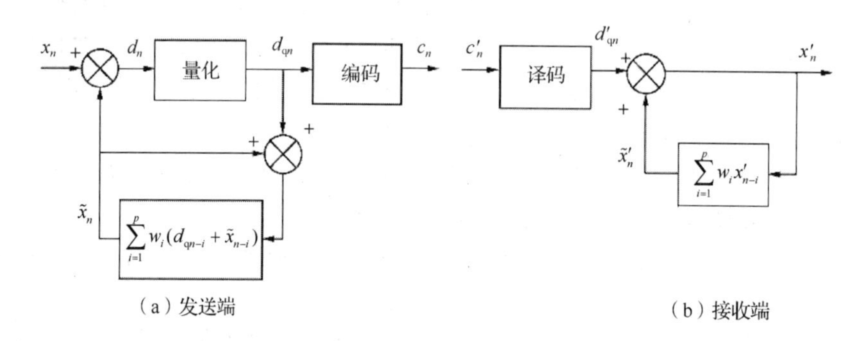

图 5.18　极点预测原理

由图 5.18 可知，在接收端

$$x'_n=d'_{qn}+\tilde{x}'_n=d'_{qn}+\sum_{i=1}^{p}w_i x'_{n-i} \tag{5-4-7}$$

在发送端

$$d_{qn}\approx d_n=x_n-\tilde{x}_n=x_n-\sum_{i=1}^{p}w_i(d_{qn-i}+\tilde{x}_{n-i})=x_n-\sum_{i=1}^{p}w_i x_{n-i} \tag{5-4-8}$$

在无传递差错条件下，$d'_{qn}=d_{qn}$，相应 $\tilde{x}'_n=\tilde{x}_n$，$x'_n=x_n$。设接收端 z 传递函数为 $H(z)$，发送端 z 传递函数为 $D(z)$，则

$$H(z)=\frac{x'(z)}{d'_{\mathrm{q}}(z)}=\frac{x(z)}{d_{\mathrm{q}}(z)}=\frac{1}{1-\sum_{i=1}^{p}w_i z^{n-i}} \tag{5-4-9}$$

$$D(z)=\frac{d_{\mathrm{q}}(z)}{x(z)}=1-\sum_{i=1}^{p}w_i z^{n-i}=\frac{1}{H(z)} \tag{5-4-10}$$

可见，接收端 z 传递函数 $H(z)$只有极点，这就是将其称为极点预测的原因。

那么，预测阶数 p 应该取多大，加权系数 w_i（$i=1,2,\cdots,p$）又应该怎样选取，才能在性能和简单上得到合理的折中呢？为此，人们提出了许多方案，最常用的是增量调制（Differential Modulation，ΔM 或 DM）、差分脉冲编码调制（Differential Pulse Code Modulation，DPCM）和自适应差分脉冲编码调制（Adaptive Differential Pulse Code Modulation，ADPCM）。

1. 增量调制

增量调制是预测编码中最简单的一种。增量调制原理如图 5.19 所示，其中，图 5.19（a）所示为发送端，图 5.19（b）所示为接收端。

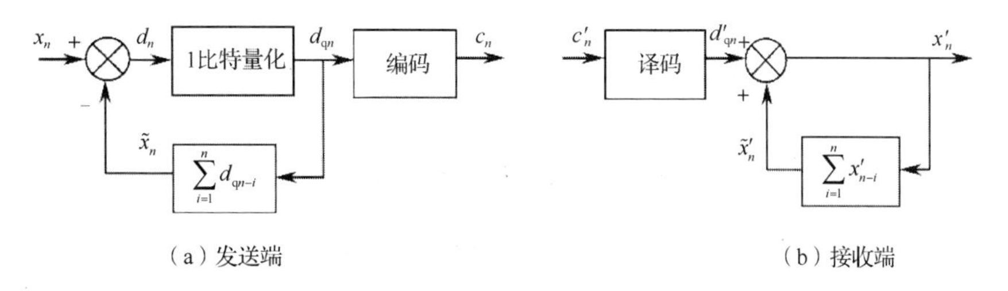

（a）发送端　　（b）接收端

图 5.19　增量调制原理

由图 5.19 可知，在发送端，将信号值 x_n 与量化预测值 $\tilde{x}_n$ 之差 d_n 进行 1 比特量化。所谓 1 比特量化，就是只对差值 d_n 的符号而不是大小进行编码，即当 $d_n>0$ 时，$d_{qn}=\Delta$，否则，$d_{qn}=-\Delta$。同时，在 $\tilde{x}_n$ 的基础上加减一个量化增量Δ，形成下一个采样时刻的量化预测值，以备下一个采样时刻求差值之用。当 $d_{qn}=\Delta$ 时，$c_n=1$；当 $d_{qn}=-\Delta$ 时，$c_n=0$，其码长为 1。

在接收端，通过译码将 c_n' 还原为量化增量 d_{qn}' 后，将量化增量 d_{qn}' 与量化预测值 $\tilde{x}_n'$ 相加，即可得到量化值 x_n'。同时，在 $\tilde{x}_n'$ 的基础上加减一个量化增量Δ，形成下一个采样时刻的量化预测值，以备下一个采样时刻相加之用。

图 5.20 所示为增量调制过程的波形图。

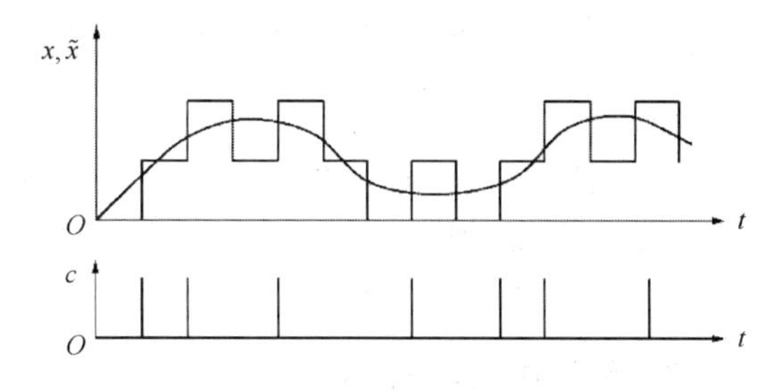

图 5.20　增量调制过程的波形图

例 5.11　已知某归一化信号序列 $x_1,x_2,x_3,x_4=0.05,0.15,0.23,0.2$，设初始量化 $d_{q0}=0$，量化增量$\Delta=0.125$，求其增量调制编码和量化值。

$\tilde{x}_1=d_{q0}=0$，$d_1=x_1-\tilde{x}_1=0.05-0>0$，$d_{q1}=\Delta=0.125$，$c_1=1$，$x_1'=d_{q1}'+\tilde{x}_1'=0.125+0=0.125$。

$\tilde{x}_2=d_{q0}+d_{q1}=0+0.125=0.125$，$d_2=x_2-\tilde{x}_2=0.15-0.125>0$，$d_{q2}=\Delta=0.125$，$c_2=1$，$x_2'=d_{q2}'+\tilde{x}_2'=0.125+0.125=0.25$。

$\tilde{x}_3=d_{q0}+d_{q1}+d_{q2}=0+0.125+0.125=0.25$，$d_3=x_3-\tilde{x}_3=0.23-0.25<0$，$d_{q3}=-\Delta=-0.125$，$c_3=0$，$x_3'=d_{q3}'+\tilde{x}_3'=-0.125+0.25=0.125$。

$\tilde{x}_4=d_{q0}+d_{q1}+d_{q2}+d_{q3}=0+0.125+0.125-0.125=0.125$，$d_4=x_4-\tilde{x}_4=0.2-0.125>0$，$d_{q4}=\Delta=0.125$，$c_4=1$，$x_4'=d_{q4}'+\tilde{x}_4'=0.125+0.125=0.25$。

ΔM 的编码 $c_1,c_2,c_3,c_4=1,1,0,1$。

ΔM 的量化值 $x_1',x_2',x_3',x_4'=0.125,0.25,0.125,0.25$。

在增量调制中，量化噪声分为一般量化噪声和过载量化噪声。一般量化噪声 $e_n=x_n'-x_n=(d_{qn}-\tilde{x}_n)-(d_n+\tilde{x}_n)=d_{qn}-d_n$，即 1 比特量化的量化噪声，其幅度不会超过量化增量Δ。如例 5.11 中的一般量化噪声 $e_1,e_2,e_3,e_4=0.075,0.1,-0.105,0.05$，幅度均小于量化增量$\Delta=0.125$。

而过载量化噪声则是由信号斜率过大产生的。因为在增量调制中，每个采样间隔只允许一个量化增量的变化，所以当信号斜率比这个固定斜率大时，就会产生过载量化噪声。图 5.21 所示为过载量化噪声。

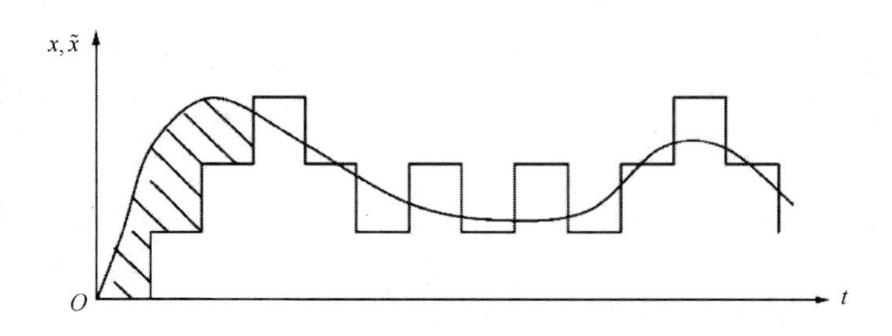

图 5.21 过载量化噪声

由图 5.21 可知，$\tilde{x}$ 的最大斜率是 $\dfrac{\Delta}{T_s}$。因此，为了避免产生过载量化噪声，最大信号斜率必须满足 $\left|\dfrac{\mathrm{d}x}{\mathrm{d}t}\right|_{\max} \leqslant \dfrac{\Delta}{T_s}$。

对于正弦信号 $x(t)=A\sin\omega t$，避免产生过载量化噪声的条件是 $\left|\dfrac{\mathrm{d}x}{\mathrm{d}t}\right|_{\max}=A\omega \leqslant \dfrac{\Delta}{T_s}=f_s\Delta$，即 $f_s \geqslant \dfrac{A\omega}{\Delta}$。通常取 $\Delta \ll A$，所以为了避免产生过载量化噪声，增量调制的采样频率要远大于奈奎斯特采样定理的要求。

有些信号的斜率相当大。例如，图像信号就有黑白突变，对这些信号采用增量调制很难保证不产生过载量化噪声。如果不进行预测，直接采用脉冲编码调制，又会造成码长的冗余。差分脉冲编码调制综合了增量调制和脉冲编码调制的特点，得到了广泛应用。

2. 差分脉冲编码调制

差分脉冲编码调制原理如图 5.22 所示，其中，图 5.22（a）所示为发送端，图 5.22（b）所示为接收端。

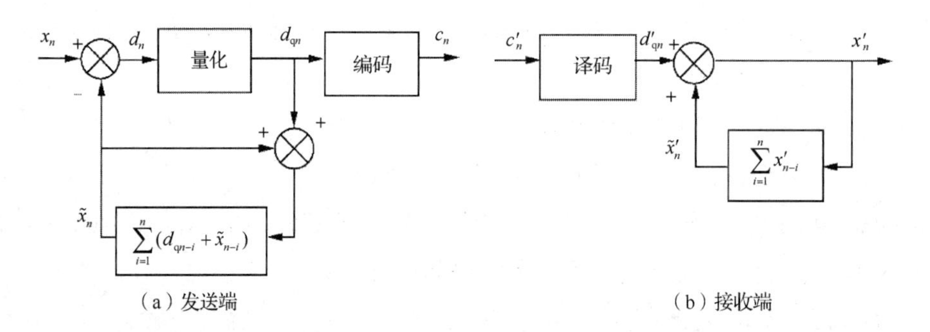

图 5.22 差分脉冲编码调制原理

由图 5.22 可知，在发送端，将信号值 x_n 与量化预测值 $\tilde{x}_n$ 之差 d_n 进行量化，可以采用均匀量化，也可以采用非均匀量化。由于差值 d_n 的动态范围一般比较小，通常采用均匀量化且量化码的长度取 3 就可以了，因此量化间隔 $\Delta=1/8$。编码 c_n 一般也与均匀量化的相同，在量化码基础上增加一位极性码，故码长为 4。同时，在 $\tilde{x}_n$ 的基础上加减一个量化信号值 $d_{qn}+\tilde{x}_n$，形成下一个采样时刻的量化预测值，以备下一个采样时刻求差值之用。

在接收端，通过译码将 c_n' 还原为量化值 d_{qn}' 后，将量化值 d_{qn}' 与量化预测值 $\widetilde{x_n'}$ 相加即可得到量化信号值 x_n'。同时，在 $\tilde{x}_n'$ 的基础上加减一个量化预测值 $\widetilde{x_n'}$，形成下一个采样时刻的量化预测值，以备下一个采样时刻相加之用。

例 5.12　已知某归一化信号序列 $x_1,x_2,x_3,x_4=0.05,0.15,0.23,0.2$，设初始值 $d_{q0}=0$，$\tilde{x}_0=0$，采用码长为 4 的均匀量化，量化间隔 $\varDelta=0.125$，求差分脉冲编码调制的编码和量化信号值。

$\tilde{x}_1=d_{q0}+\tilde{x}_0=0+0=0$，$d_1=x_1-\tilde{x}_1=0.05-0=0.05$，$d_{q1}=0(1000)_2$，$c_1=1000$，$x_1'=d_{q1}'+\tilde{x}_1'=0+0=0$。

$x_4'=d_{q4}'+\tilde{x}_4'=-0.125+0.375=0.25$，$d_2=x_2-\tilde{x}_2=0.15-0=0.15$，$d_{q2}=0.125(1001)_2$，$c_2=1001$，$x_2'=d_{q2}+\tilde{x}_2'=0.125+0=0.125$

$\tilde{x}_3=d_{q0}+\tilde{x}_0+d_{q1}+\tilde{x}_1+d_{q2}+\tilde{x}_2=0+0+0+0+0.125+0=0.125$，$d_3=x_3-\tilde{x}_3=0.23-0.125=0.105$，$d_{q3}=0.125(1001)_2$，$c_3=1001$，$x_3'=d_{q3}'+\tilde{x}_3'=0.125+0.125=0.25$。

$\tilde{x}_4=d_{q0}+\tilde{x}_0+d_{q1}+\tilde{x}_1+d_{q2}+\tilde{x}_2+d_{q3}+\tilde{x}_3=0+0+0+0+0.125+0+0.125+0.125=0.375$，$d_4=x_4-\tilde{x}_4=0.2-0.375=-0.175$，$d_{q4}=-0.125(0001)_2$，$c_4=0001$，$x_4'=d_{q4}'+\tilde{x}_4'=-0.125+0.375=0.25$。

差分脉冲编码调制的编码 $c_1,c_2,c_3,c_4=1000,1001,1001,0001$。

差分脉冲编码调制的量化信号值 $x_1',x_2',x_3',x_4'=0,0.125,0.25,0.25$。

在差分脉冲编码调制中，量化噪声 $e_n=x_n'-x_n=(d_{qn}+\tilde{x}_n)-(d_n+\tilde{x}_n)=d_{qn}-d_n$，即均匀量化的量化噪声，其幅度不会超过量化间隔的一半（$\varDelta/2$）。如例 5.12 中的量化噪声 $e_1,e_2,e_3,e_4=-0.05,-0.025,0.02,0.05$，其幅度均小于量化间隔的一半（$\varDelta/2=0.0625$）。

5.4.3　JPEG 图像编码

原始的声音和图像数据都是连续信源的输出，连续信源的熵为无穷大。若希望通过编码信道无失真地传输原始数据，则需要的信息率为无穷大，这是不可能实现的。此外，由于人耳和人眼对于声、光的感受能力存在局限性，完全无失真地编码通常是不必要的。因此，实用的多媒体数据往往采取限失真或有损的编码策略。

JPEG（Joint Photograph Expert Group）是第一个静止图像编码国际标准，提供了 4 种工作模式。JPEG 基本系统是 JPEG 标准中最简单、最基本的有损压缩编码系统。JPEG 基本系统采用基于离散余弦变换（Discrete Cosine Transform，DCT）的顺序编码操作模式。图 5.23 和图 5.24 分别给出了基本系统的单通道（如灰度）图像编码器框图和译码器框图。在编码过程中，首先将源图像分成多个 8×8 图像块，对每个图像块进行二维 DCT，以消除图像块内部各像素在空间域的冗余性，量化过程根据给定的量化表对 DCT 系数进行量化，通过降低 DCT 系数的精度来进一步实现数据压缩。然后对量化后的 DCT 系数按照给定的熵编码表进行熵编码，以进一步消除数据内部的统计冗余。最后输出压缩图像数据。

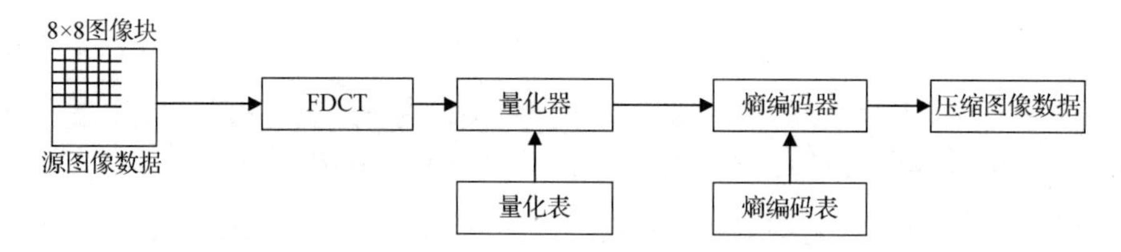

图 5.23　单通道（如灰度）图像编码器框图

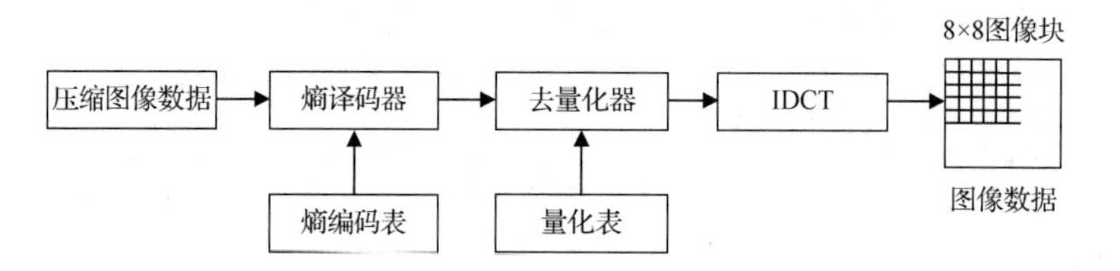

图 5.24　单通道（如灰度）图像译码器框图

1. DCT

设 $f(x,y)$ 为 8×8 图像块内第 x 行第 y 列的样值，$F(u,v)$ 为 DCT 后第 u 行第 v 列的 DCT 系数值。8×8 DCT 正变换（FDCT）和反变换（IDCT）的数学公式分别为

$$F(u,v)=\frac{1}{4}C(u)C(v)\left[\sum_{x=0}^{7}\sum_{y=0}^{7}f(x,y)\cos\frac{(2x+1)u\pi}{16}\cos\frac{(2y+1)v\pi}{16}\right] \tag{5-4-11}$$

$$f(x,y)=\frac{1}{4}C(u)C(v)\left[\sum_{x=0}^{7}\sum_{y=0}^{7}F(x,y)\cos\frac{(2x+1)u\pi}{16}\cos\frac{(2y+1)v\pi}{16}\right] \tag{5-4-12}$$

式中

$$C(u),C(v)=\begin{cases}1/\sqrt{2}, & u,v=0\\ 1, & 其他\end{cases} \tag{5-4-13}$$

经过 DCT，图像块内信息的表达从空间域的样本值转换为频率域的 DCT 系数。由于 DCT 有很强的信息集中能力，因此利用为数不多的 DCT 系数就可高保真地表达原始信息。

2. 量化

为了实现数据压缩，可以降低 DCT 系数的精度来进一步实现数据压缩，即允许有限的可接受的失真，牺牲一些 DCT 系数的精度来换取低信息率，进而实现对数据的进一步压缩。量化过程是一个多对一的映射，因此该过程是有损压缩，也是 JPEG 编码器产生失真的根源。进行量化时，将每个 DCT 系数除以量化表中相应的量化步长，并将所得结果进行四舍五入取整。量化公式为

$$F^{Q}(u,v)=\text{round}\left[\frac{F(u,v)}{Q(u,v)}\right] \tag{5-4-14}$$

式中，$F(u,v)$ 和 $F^{Q}(u,v)$ 分别是量化前、后位于 (u,v) 的 DCT 系数；$Q(u,v)$ 为量化步长；round 为取整函数。反量化运算时将量化后的 DCT 系数乘相应的量化步长，反量化得到的系数为

$$F_{R}^{Q}(u,v)=Q(u,v)F^{Q}(u,v) \tag{5-4-15}$$

3. Z 形扫描

经过二维 DCT 后，系数块的左上角是直流（DC）系数，它反映了系数块中 64 个样本值

的平均值，DC 系数值在图像总能量中占相当大的比例。由于相邻 8×8 系数块的 DC 系数通常具有较强的相关性，因此 JPEG 对相邻两个系数块量化后的 DC 系数进行差分编码，以提高编码效率。剩余的 63 个交流（AC）系数按照 Z 形顺序进行扫描，以便保证低频系数在前、高频系数在后。由于高频系数为零的概率较大，因此这种排序有利于提高后面游程编码的压缩效率。

4．熵编码

熵编码利用统计特性对量化系数进行无损压缩。JPEG 规定了两种熵编码方法，即霍夫曼码和算术码。熵编码分为两步：第一步是把量化系数的 Z 形序列转换为一个中介符号序列；第二步是把中介符号序列转换为一个数据流。

1）中介符号的表示

中介符号序列的每个非零 AC 系数由 Z 形序列中该系数及之前的零值 AC 系数的零游程组合而成，每个这样的“游程/非零系数”组合通常由一对符号表示：

Symbol-1　　Symbol-2

(RUNLENGTH, SIZE)　　(AMPLITUDE)

其中，Symbol-1 表示两部分信息，即游程（RUNLENGTH）和大小（SIZE）；Symbol-2 表示非零 AC 系数的幅值（AMPLITUDE）信息。RUNLENGTH 是 Z 形序列中非零 AC 系数之前连续 0 的个数；SIZE 是编码 AMPLITUDE 时所使用的比特数。

8×8 灰度块的 DC 差分系数的中介表示用类似的方式构造。然而，Symbol-1 只表示 SIZE 信息，Symbol-2 表示 AMPLITUDE 信息，即

Symbol-1　　Symbol-2

(SIZE)　　(AMPLITUDE)

2）变长熵编码

8×8 系数块的量化系数数据表示为上述中介符号序列后，就要分配变长码字（Variable-Length Codes，VLC）。对于每个8×8 系数块，首先输出 DC 系数的 Symbol-1 和 Symbol-2 的码字。对于 DC 系数和 AC 系数，每个 Symbol-1 用指定的8×8 系数块的图像分量的霍夫曼码表的 VLC 进行编码，每个 Symbol-2 用一个变长整数（Variable-Length Integer，VLI）码来编码。VLC 和 VLI 码都是变长码，但 VLI 码不是霍夫曼码，它是量化系数二进制表示的反码，可以通过计算得出，而不像霍夫曼码表那样需要存储。JPEG 将 Symbol-2 的 VLI 码附加在 Symbol-1 的霍夫曼变长码 VLC 之后，形成符号对（Symbol-1，Symbol-2）的最终编码结果。

信息率是图像编码形成的比特数除以图像像素总数，单位是“比特/样值（符号）”。在图像编码领域，常用均方误差（Mean Square Error，MSE）来度量平均失真度，MSE 的定义为

$$\mathrm{MSE}=\frac{1}{MN}\sum_{x=1}^{M}\sum_{y=1}^{N}\left[\hat{f}(x,y)-f(x,y)\right]^2$$

式中，$\hat{f}(x,y)$ 和 $f(x,y)$ 分别是图像第 x 行第 y 列编码之前和之后的像素亮度；M 和 N 分别为图像的行数和列数。另一个常用的失真测度是峰值信噪比（Peak Signal to Noise Ratio，PSNR），其定义为 $\mathrm{PSNR}=10\lg\left(\frac{255^2}{\mathrm{MSE}}\right)$ 分贝或 dB，其中，255 是最大的像素亮度值。在 JPEG 标准中，信息率或失真度的改变是通过改变量化步长得以实现的，即用一个质量因子 S 去乘量化矩阵

作为实际的量化矩阵。S越大，量化步长越大，重建的DCT 系数越不精确，失真度越大。

信息率越大，编码失真度越小，重建图像的质量越好。但是带有一定范围均方误差恢复的图像与原始图像相比，几乎看不出差别，然而所需的比特率远低于原始图像。因此，允许一定的失真，可以使信息率获得大幅度压缩，这正是限失真信源编码的意义所在。

5.4.4 H.264/AVC 视频编码

H.264/AVC 视频编码是由 ITU-T 视频编码专家组（VCEG）和 ISO/IEC 动态图像专家组（MPEG）联合组成的联合视频组（Joint Video Team，JVT）提出的高效数字视频编解码器标准。H.264/AVC 的整个编码结构可以分为两层，即网络提取层（Network Abstraction Layer，NAL）和视频编码层（Video Coding Layer，VCL）。网络提取层主要用于定义数据的封装格式，这一层主要是为了提升 H.264/AVC 格式视频对网络传输和数据存储的亲和性；视频编码层负责视频编码，包括帧内预测、运动搜索、运动补偿、量化等，其在整个结构中处于一个底层的位置。

H.264/AVC 采用的是分块式的混合编码结构，将图像划分为若干宏块，编码操作主要是针对宏块进行的。宏块向下可以划分为更小的子块。多帧图像可形成一个图像组，多个图像组可组成视频序列。

H.264/AVC 是在 MPEG-4 技术的基础上建立起来的，其编解码流程主要包括 5 部分：帧内预测（Intra Prediction）和帧间预测（Inter Prediction）、变换（Transform）和反变换（Inverse Transform）、量化（Quantization）和反量化（Inverse Quantization）、环路滤波（Loop Filter）、熵编码（Entropy Coding）。

1. 帧内预测

为了降低图像空间内的像素相关性，H.264/AVC 中采用了基于像素块的帧内预测技术。在 H.263 等前期标准中，帧内预测主要由变换域实现，H.264/AVC 使用空间域的左方与上方的相邻像素预测当前编码的像素值。如果 H.264/AVC 的一个宏块采用帧内预测进行编码，那么其亮度有两种分割模式：1 个16×16像素块和 16 个4×4像素块。对于每个4×4像素块，一共定义了 9 种预测模式。对于每个16×16像素块，一共定义了 4 种预测模式。

2. 帧间预测

为了消除视频的时间冗余信息，H.264/AVC 采用了运动补偿的方式进行帧间编码。H.264/AVC 支持的帧间预测类型有两种：单向帧间预测和双向帧间预测。H.264/AVC 的帧间预测方法类似于 H.263 等前期标准的方法，但是有一些区别，如 H.264/AVC 的块分割模式更多、运动向量精度更高、能够支持多个候选参考帧等。

3. 变换和反变换

在 H.264/AVC 中，传统的4×4二维 DCT 被近似 DCT 的整数变换取代，并将变换的一部分乘法移到量化中一并完成，这样将浮点运算变成了整数运算，可以节省计算量，同时还可以保证编码图像的质量。此外，如果输入块是色度块或者是帧内 16×16 预测模式的亮度块，为了进一步减少传输各系数块所需的 DC 分量的比特开销，将宏块中各4×4像素块的整数余弦变换的 DC 分量组合起来再进行哈达玛变换，从而进一步压缩码率。在 H.264/AVC 中，反变换矩阵并不是变换矩阵的逆矩阵，而是进一步做了整数化处理。

4．量化和反量化

在 H.264/AVC 的编码端，量化器会将每个 DCT 系数都映射成量化值。在 H.264/AVC 的解码端，解码器需要将量化值还原成系数值，这就是所谓的反量化。在量化和反量化的过程中，由于量化中取整函数的作用，量化值只是 DCT 系数的近似值，量化步长决定了两者的近似程度，进一步决定了量化器的压缩率和重建图像的精度。如果量化步长比较大，会使得量化值的取值种类较少，对应的编码长度较小，压缩率较高。但是在反量化时，会损失较多的图像细节信息。如果量化步长比较小，会使得量化值的取值种类较多，对应的编码长度较大，压缩率较低。但是在反量化时，失真较少，图像细节信息损失较少。

5．环路滤波

H.264/AVC 使用基于块的预测和编码，导致在解码后的图像块的边缘出现块效应。在解码时定义了自适应去除块效应的滤波器，这可以处理预测环路中的水平块和垂直块的边缘，从而大大减少块效应。但是，由于自适应去除块效应的滤波器具有高度的自适应性，需要对所有的 4×4 小方块的边界及样点值进行边界强度判断和自适应滤波处理，会显著增大编码器的计算复杂度。

6．熵编码

H.264/AVC 中主要采用了三种熵编码方法，即通用可变长编码、内容自适应变长编码、基于上下文内容的自适应二进制算术编码。通用可变长编码表中提供了一种简单的方法，即不管符号表示什么类型的数据，都使用统一变字长编码表。内容自适应变长编码根据已编码句法元素的情况动态调整编码中使用的编码表，压缩率极高。基于上下文内容的自适应二进制算术编码使编码和解码两边都可以使用句法元素的概率模型。

习题

5.1　设信源的概率分布为 $P(X)=\left(1/2\quad 1/4\quad 1/8\quad 1/16\quad 1/32\quad 1/64\quad 1/128\quad 1/128\right)$。

（1）求信源的熵 $H(X)$。

（2）编二进制费诺码。

（3）计算其平均码长及编码效率。

5.2　对题 5.1 的信源编二进制霍夫曼码，并计算其编码效率。

5.3　设信源的概率分布为 $P(X)=\left(0.9\quad 0.1\right)$。

（1）求信源的熵 $H(X)$。

（2）对信源的三次扩展信源编二进制费诺码。

（3）计算其平均码长及编码效率。

5.4　对题 5.3 的信源编二进制霍夫曼码，计算其编码效率。

5.5　设平稳马尔可夫信源的转移概率为 $P(0|0)=0.8$，$P(1|1)=0.7$。

（1）求信源的熵 $H(X)$。

（2）对三维符号序列编二进制霍夫曼码。

（3）计算其平均码长及编码效率。

5.6 将幅度为3.25V、频率为800Hz的正弦信号输入采样频率为8kHz的采样保持器后，通过一个题5.6图所示的量化数为8的中升均匀量化器。试画出均匀量化器的输出波形。

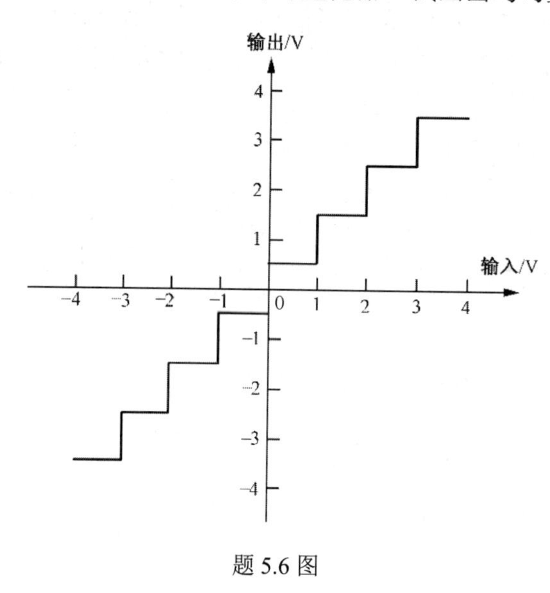

题5.6图

5.7 已知某采样时刻的信号值 x 的概率密度函数 $p(x)$ 如题5.7图所示，将 x 通过一个量化数为4的中升均匀量化器得到输出 x_q。试求：

（1）输出 x_q 的平均功率 $S = E[x_q^2]$。

（2）量化噪声 $e = |x_q - x|$ 的平均功率 $N_q = E[e^2]$。

（3）量化信噪比 S / N_q。

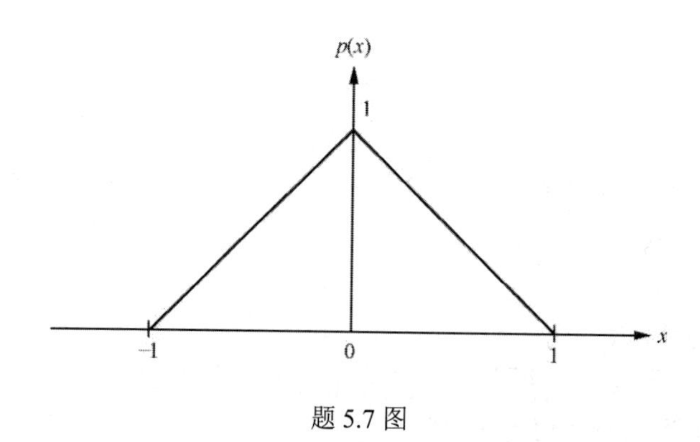

题5.7图

5.8 在CD播放机中，假设音乐是均匀分布的，采样频率为44.1kHz，采用16比特的中升均匀量化器进行量化。试确定50min音乐所需要的比特数，并求量化信噪比 S / N_q。

5.9 采用13折线 A 律非均匀量化编码，设最小量化间隔为 Δ，已知某采样时刻的信号值 $x = 635\Delta$。试求：

（1）该非均匀量化编码 c 及其量化噪声 e。

（2）对应于该非均匀量化编码的12比特均匀量化编码 c'。

5.10 将正弦信号 $x(t) = \sin(1600\pi t)$ 输入采样频率为8kHz的采样保持器后通过13折线 A

律非均匀量化编码器。设该编码器的输入范围是$[-1,1]$，试求在一个周期内信号值$x_i = \sin(0.2i\pi)$（$i = 0, 1, \cdots, 9$）的非均匀量化编码c_i（$i = 0, 1, \cdots, 9$）。

5.11　将正弦信号$x(t) = A\sin 2\pi ft$进行增量调制，量化增量Δ和采样频率f_s的选择既要保证不过载，又要保证不会因振幅太小而无法工作，试证明$f_s > \pi f$。

5.12　将正弦信号$x(t) = 0.25\sin(400\pi t)$输入采样频率为 4kHz 的采样保持器后通过增量调制器。设该调制器的初始量化$d_{q0} = 0$，量化增量$\Delta = 0.125$，试求在半个周期内信号值$x_i = 0.25\sin(0.1i\pi)$（$i = 0, 1, \cdots, 9$）的增量调制编码c_i和量化值x_i'（$i = 0, 1, \cdots, 9$）。

5.13　将正弦信号$x(t) = 0.25\sin(400\pi t)$输入采样频率为 4kHz 的采样保持器后通过差分脉冲编码调制器。设该调制器的初始值$d_{q0} = 0$，$\tilde{x}_0 = 0$，采用码长为 4 的均匀量化编码，量化间隔$\Delta = 0.03125$。试求在半个周期内信号值$x_i = 0.25\sin(0.1i\pi)$（$i = 0, 1, \cdots, 9$）的差分脉冲编码c_i和量化值x_i'（$i = 0, 1, \cdots, 9$）。

第6章 信道编码

信息通过信道的传输过程不可避免地会受到信道的非理想传输特性（如带限、噪声、衰落、色散、人为阻塞、系统耦合及网络拥塞等）干扰的负面影响，为消除由此带来的消息的传输差错，产生了各种信道编码方法。应对物理系统带宽受限并导致码间串扰和基带波形畸变的编码方法有曼彻斯特码、AMI码、HDB_3码等线路编码及预编码途径。应对MIMO中多波束正交误差，以及限带内高阶调制偏差的编码方法有空时编码和栅格编码等途径。应对噪声与衰落等导致的传输数据差错的编码方法有CRC校验码、BCH/RS码、汉明码、LDPC码、极化码、级联码等纠检错编码途径，这种编码途径又称为狭义信道编码或差错控制编码途径。

有噪信道编码定理指出，对于加性噪声干扰信道，若编码后信息传输速率小于信道容量，则存在一种纠错码，在码长趋于无穷大时通过最大似然译码可实现传输符号的错误率趋于零。有噪信道编码定理的另一个意义是：在有限能量与带宽约束下，纠错编码是实现高效率无差错信息传输的唯一途径，并因此几乎成为现代通信系统的必备措施之一。目前，理论上可实现信道编码定理理论限（香农限）的纠错码是极化码，此外实验验证LDPC码和Turbo码可以高效逼近香农限。

本书对信道编码的介绍限制在狭义信道编码或纠错编码范围内。另外，关于有限域及其域上向量空间和矩阵的有关知识请参考本书附录B、C、D或其他相关文献，本章不再详述。

6.1 信道编码与差错控制

由前面的讨论可知，如果信息在无噪无损的信道上传输，那么只要进行恰当的信源编码，就可以以最大的信息传输速率，也就是信道容量C无差错地传输信息。但是在实际的通信系统中，信道一般总是存在噪声或干扰，从而造成信息的损失，那么如何在有噪信道中进行信息的无差错传输或者减少传输错误呢？这种无差错传输的最大信息传输速率又是多少呢？1948年，香农在他的论文《A mathematical theory of communication》中提出的有噪信道编码定理回答了这个问题，这个定理就是著名的香农第二定理，它是信息论中的重要定理，也是信道编码技术发展的理论根据。

在讨论有噪信道编码定理之前，先看一下信道编码的基本原理，以及通信系统中常见的差错控制方式。

6.1.1 信道编码的基本概念

这里我们把信源发出的符号流称为消息流，发出的符号序列称为消息序列或消息分组，信道编码是指针对有噪信道传输设计的一个或一组变换或映射规则，发送端的信道编码器通过增加冗余符号将被传输的消息序列变换或映射成编码符号序列或码字，接收端的信道译码器基于信道编码的映射规则和信道特性发现传输中的错误，甚至可以自行纠正错误。在对消息序列进行分组处理时，如果每个分组的冗余符号（校验元）只与本组消息符号（又称为消息元）有关，而校验元与其他消息分组的消息元没有关系，则称为分组码；如果校验元不仅与本组消息元有关，还与之前消息分组的消息元有关，则称为卷积码。校验元与消息元是线性关系的分组码，称为线性分组码。如果消息符号和编码符号都属于二元有限域GF(2)，则称为二元信道编码或二进制信道编码；如果消息符号和编码符号都属于GF(q)，$q>2$，则称为多元信道编码或多进制信道编码。

二元(n,k)分组码把消息流分割成一串长度为k位的消息分组，再把每个消息分组独立地映射成由n个编码符号组成的码字，k称为信息位长，n称为码长。如果用$\boldsymbol{u}=(u_0u_1\cdots u_{k-1})$表示第$i$个消息分组，则$u_j\in \mathrm{GF}(2)$（$j=0,1,\cdots,k-1$）称为消息符号或消息元，也称为消息比特。第$i$个消息分组对应的编码序列称为码字，用$\boldsymbol{c}=(c_0c_1\cdots c_{n-1})$表示，$c_j\in \mathrm{GF}(2)$（$j=0,1,\cdots,n-1$）称为码元符号或码元，也称为编码比特。长度为$k$位的二进制分组码，共有$M=2^k$种不同的消息分组，若分组码可用，则编码后对应$2^k$种不同的编码序列或码字，集合中码字的个数称为码集合的大小，用M表示，(n,k)分组码也可以用(M,k)表示。由分组码的定义可以看出，码或码字集合C是所有n维向量组成的集合V的一个子集，因此又称码字$\boldsymbol{c}\in C$为V的许用码字或许用分组，其他非码字向量$\boldsymbol{v}\in V-C$为禁用码字或禁用分组。分组码的译码主要基于信道编码的映射规则和信道特性发现传输中的错误，进而进行自行纠正错误或者输出错误标志。

例6.1　二元3重复码。消息序列集合为$\{0,1\}$，编码映射规则ϕ：$0\leftrightarrow 000\quad 1\leftrightarrow 111$，编码参数为：$k=1$，$n=3$，$M=2$，编码后的码字集合为$C=\{(000),(111)\}$，信宿接收到的序列是集合$\{000,001,010,100,101,011,110,111\}$中的一种。也就是说，许用码字仅是$V$中8种3维向量中的000和111。检错时，译码器简单地确认接收分组是否为许用码字来判断是否有传输差错，操作如表6.1所示，此方法可以对所有1个和2个码元差错做出有无传输差错的正确判断。

表6.1　3重复码检错译码操作表

接收分组	译出码字	译码状态
000	0	无错
001	?	有错
010	?	有错
011	?	有错
100	?	有错
101	?	有错
110	?	有错
111	1	无错

例6.2（偶校验法）　偶校验将k个消息元组成的消息分组扩展为$n=k+1$个码元组成的码字分组，增加的1个码元使得码字分组中码元为1的个数恒定为偶数，并称增加的1个码元为偶校验码元或偶校验位。二元(4,3)偶校验码的编码映射方法如表6.2所示。

表6.2　二元(4,3)偶校验码的编码映射方法

$\boldsymbol{u}$	000	001	010	011	100	101	110	111
$\boldsymbol{c}$	0000	0011	0101	0110	1001	1010	1100	1111

显然二元$(n,k)=(4,3)$偶校验码的许用码字是所有n（$n=4$）维向量（共$2^n=16$个）中的8（2^{n-1}）个向量。

偶校验码的检错译码方法是：若接收分组中1的个数为偶数（偶校验有效），则认为该分

组传输无错，否则有错。此方法对所有奇数个码元差错做出正确判断。

为了便于信道编码的描述与分析，下面给出信道编码的几个重要概念，包括码率、汉明重量、汉明距离及最小汉明距离等。

1．码率

二元(n,k)分组码的码率R_c是平均每个码元符号传送的消息符号数。

$$R_c=\frac{\log|\{\boldsymbol{u}\}|}{n}=\frac{\log M}{n}=\frac{\log 2^k}{n}=\frac{k}{n}$$

码率R_c是折算到二元符号的平均消息符号数，无单位量纲。由于总有$k\leqslant n$，因此必有$R_c\leqslant 1$。当$R_c<1$时，相应的编码称为冗余编码，对于可以分组表示消息的编码，$r=n-k$称为冗余位长。

2．汉明重量与汉明距离

汉明重量$w_H(\boldsymbol{a})$是n维向量$\boldsymbol{a}$中非零码元（分量）的个数。汉明距离$d_H(\boldsymbol{a},\boldsymbol{b})$是两个$n$维向量$\boldsymbol{a}$和$\boldsymbol{b}$之间不同分量的个数。

$$w_H(\boldsymbol{a})=\sum_{a_i\neq 0}1，\ \boldsymbol{a}\in A^n$$

$$d_H(\boldsymbol{a},\boldsymbol{b})=\sum_{a_i\neq b_i}1，\ \boldsymbol{a},\boldsymbol{b}\in A^n$$

例如：

$$w_H((10100101))=4$$

$$d_H((00001111),(11001100))=\sum_{a_i\neq b_i}1=4$$

$$d_H((01021121),(12021011))=\sum_{a_i\neq b_i}1=4$$

3．最小汉明距离（最小码距）

分组码的最小码距$d_{\min}$是任意两个码字$\boldsymbol{c}$和$\boldsymbol{c}'$之间汉明距离的最小值，即

$$d_{\min}=\min\left\{d_H(\boldsymbol{c},\boldsymbol{c}')\middle|\forall\boldsymbol{c},\boldsymbol{c}'\in C\right\}$$

具有最小码距$d=d_{\min}$的$[n,M]$或(n,k)分组码又记为$[n,M,d]$或(n,k,d)分组码。

例 6.3 二元$(4,2)$码的构造和编码是重复两位消息元一次，$C=\{(0000),(0101),(1010),(1111)\}$，编码映射$\phi:(00)\leftrightarrow(0000),\ (01)\leftrightarrow(0101),\ (10)\leftrightarrow(1010),\ (11)\leftrightarrow(1111)$，编码参数$R_c=k/n=2/4=0.5$，$r=n-k=4-2=2$，$d=2$。

信道编码除了根据消息元和校验元之间的约束方式分为分组码和卷积码，还可以根据信道编码的不同功能分为检错码和纠错码。检错码仅能检测误码，只能发现错误的码称为检错码，可以纠正错误的码称为纠错码。根据消息元和校验元之间的检验关系，信道编码可以分为线性码和非线性码，若消息元与校验元之间的关系为线性关系，则称为线性码，否则，称为非线性码。根据消息元在编码后是否保持原来的形式，信道编码可以分为系统码和非系统码。在系统码中编码后的消息元保持原样不变，而在非系统码中编码后的消息元则发生了变化。根据纠正错误类型的不同，信道编码可以分为纠正随机错误码和纠正突发错误码。前者用来处理信道中的随机错误，后者主要用来处理信道中的突发错误。根据信道编码所采用的

数学方法的不同，信道编码可以分为代数码、几何码和组合码等。根据编码符号的取值，信道编码可以分为GF(2)上的二进制码和GF(q)（$q>2$）上的多进制码。在实际系统中，码字的类型往往是多种属性的组合，如线性分组码同时具有线性特性和分组特性。本章如果不做特殊说明，编码指的是二元信道编码。

6.1.2　最大似然译码准则

在有噪信道传输信息时，信宿收到的消息不一定与信源发出的消息相同，信宿为了知道信源发出的是哪一个信源消息，需要把信宿收到的消息恢复成对应的信源消息，这个消息恢复过程称为译码，译码准则就是信宿在消息恢复过程中使用的译码规则，不同的译码规则将导致不同的错误率。

信道的错误主要是由信道噪声引起的，所以错误率的大小主要与信道的统计特性相关。例如，二元对称信道的统计特性是由信道转移概率 p 描述的。也就是说，单个符号的错误传递概率是 p，正确传递概率是$1-p$，p 越大，信宿直接收到的符号正确率就越低，错误率就越高。

但是在一般的信息传输系统中，接收端并不是直接对接收符号进行输出，而是要经过一个译码判决的过程才输出最终的消息。这个译码判决过程对系统的错误率也有很大影响。例如，一个二元对称信道如图 6.1 所示，信源发送的单个符号被错误转移的概率是$2/3$，被正确转移的概率是$1/3$。如果在接收端，信宿将接收到的符号“0”译码后判决为发送的符号是“0”，将接收到的符号“1”译码后判决为发送的符号是“1”，则发送的符号是“0”，接收到的符号是“0”，发送的符号是“1”，接收到的符号是“1”的平均正确概率只有$1/3$。如果在接收端，信宿将接收到的符号“0”译码后判决为发送的符号是“1”，将接收到的符号“1”译码后判决为发送的符号是“0”，则平均正确接收的概率就是$2/3$。

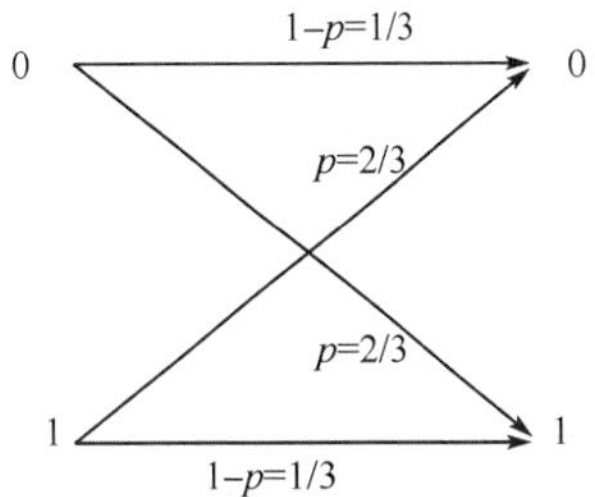

图 6.1　二元对称信道

所以，有噪信道传输的信息错误率不仅与信道的统计特性有关，还与接收端的译码规则有关。通常的译码规则是使接收端的平均错误率最小。

在讨论译码规则之前，下面先看一下平均错误率的计算。

在确定译码规则$\phi(y_j)=x_i$后，若信道输出端接收到的符号为y_j，则一定译成x_i。这里$X=\{x_i\}$（$i=1,2,\cdots,r$）表示输入符号集，$Y=\{y_j\}$（$j=1,2,\cdots,s$）表示输出符号集。如果发送端发送的是x_i，则为正确译码；如果发送端发送的不是x_i，则为错误译码。那么，收到符号y_j的条件正确译码概率为

$$p[\phi(y_j)\mid y_j]=p(x_j\mid y_j) \tag{6-1-1}$$

令$p(e\mid y_j)$为条件错误译码概率，其中e表示除$\phi(y_j)=x_i$外的所有输入符号的集合。条件错误译码概率与条件正确译码概率之间有如下关系：

$$p(e\mid y_j)=1-p(x_i\mid y_j)=1-p[\phi(y_j)\mid y_j] \tag{6-1-2}$$

经过译码后的平均错误率P_{e}应由条件错误译码概率$p(e\mid y_j)$对Y空间取平均值得到，即

$$P_{\mathrm{e}}=E[p(e\mid y_j)]=\sum_{j=1}^{s}p(y_j)p(e\mid y_j) \tag{6-1-3}$$

该式表示经过译码后平均接收到一个符号所产生的错误率大小，称为平均错误率。

如何设计译码规则$\phi(y_j)=x_i$，使P_e最小呢？由于式（6-1-3）右边是非负项之和，所以可以选择译码规则使每项最小，即可使P_e最小。因为$p(y_j)$与译码规则无关，所以只需设计译码规则$\phi(y_j)=x_i$，使条件错误译码概率$p(e|y_j)$最小即可。

根据式（6-1-2），为了使$p(e|y_j)$最小，就应选择$p[\phi(y_j)|y_j]$最大，即选择译码函数

$$\phi(y_j)=x^*，\ x^*\in X，\ y_j\in Y \tag{6-1-4a}$$

并使之满足条件

$$p(x^*|y_j)\geqslant p(x_i|y_j)，\ x_i\in X，\ x_i\neq x^* \tag{6-1-4b}$$

这就是说，如果采用这样一种译码函数，它将每个输出符号均译成具有最大后验概率的输入符号，则信道错误率会最小。这种译码规则称为“最大后验概率译码准则”。

因为我们已知信道的转移概率$p(y_j|x_i)$与输入符号的先验概率$p(x_i)$，所以根据贝叶斯定律，式（6-1-4b）可写成

$$\frac{p(y_j|x^*)p(x^*)}{p(y_j)}\geqslant\frac{p(y_j|x_i)p(x_i)}{p(y_j)}，\ x_i\in X，\ x_i\neq x^*，\ y_j\in Y \tag{6-1-5}$$

一般情况下$p(y_j)\neq 0$，$y_j\in Y$，这样，最大后验概率译码准则就可表示为：选择译码函数

$$\phi(y_j)=x^*，\ x^*\in X，\ y_j\in Y$$

并使之满足条件

$$p(y_j|x^*)p(x^*)\geqslant p(y_j|x_i)p(x_i)，\ x_i\in X，\ x_i\neq x^* \tag{6-1-6}$$

若输入符号的先验概率$p(x_i)$均相等，则最大后验概率译码准则可表示为：选择译码函数

$$\phi(y_j)=x^*，\ x^*\in X，\ y_j\in Y$$

并使之满足条件

$$p(y_j|x^*)\geqslant p(y_j|x_i)，\ x_i\in X，\ x_i\neq x^* \tag{6-1-7}$$

这样定义的译码规则称为最大似然译码准则。在输入符号等概率时，最大后验概率译码准则和最大似然译码准则是等价的。根据最大似然译码准则，我们可以直接从信道转移矩阵的转移概率中选择译码函数。就是说，收到y_j后，将y_j译成信道转移矩阵$\boldsymbol{P}$的第j列中最大那个元素所对应的信源符号。

最大似然译码准则本身不再依赖于先验概率$p(x_i)$。但是当先验概率为等概率分布时，它能使平均错误率P_e最小（如果先验概率不相等或不知道时，仍可以采用这个准则，但不一定能使P_e最小）。

假设$\phi(y_j)=x^*$是正确译码，根据最大似然译码准则，进一步可写出平均错误率，即

$$\begin{aligned}P_e&=\sum_Y p(y_j)p(e|y_j)=\sum_Y\{1-p[\phi(y_j)|y_j]\}p(y_j)=1-\sum_Y p[\phi(y_j)y_j]\\&=\sum_{X,Y}p(x_iy_j)-\sum_Y p[\phi(y_j)y_j]\end{aligned} \tag{6-1-8}$$

$$P_e=\sum_{X,Y}p(x_iy_j)-\sum_Y p(x^*y_j)=\sum_{Y,X-x^*}p(x_iy_j) \tag{6-1-9}$$

而平均正确率为

$$\overline{P_e}=1-P_e=\sum_Y p[\phi(y_j)y_j]=\sum_Y p(x^*y_j) \tag{6-1-10}$$

式（6-1-9）中求和符号 $\sum\limits_{Y,X-x^*}$ 表示对输入符号集合 X 中除 $\phi(y_j)=x^*$ 外的所有元素求和。式（6-1-9）也可以写成

$$P_{\mathrm{e}}=\sum_{Y,X-x^*}p(y_j\mid x_i)p(x_i) \tag{6-1-11}$$

式（6-1-11）的平均错误率的计算过程是在联合概率矩阵 $[p(x_i)p(y_j\mid x_i)]$ 中先求每列除去 $\phi(y_j)=x^*$ 所对应的 $p(x^*y_j)$ 外的所有元素之和，然后对所有列求和。当然，我们也可以在矩阵 $[p(x_i)p(y_j\mid x_i)]$ 中先对行 i 求和，除去译码规则中 $\phi(y_j)=x_i^*$ 所对应的 $p(x_iy_j)$，然后对所有行求和。因此式（6-1-11）还可以写成

$$\begin{aligned}P_{\mathrm{e}}&=\sum_{X}\sum_{Y-x^*\text{对应的}y_j}p(x_i)p(y_j\mid x_i)\\&=\sum_{X}p(x_i)\sum_{Y}\{p(y_j\mid x_i)\quad\phi(y_j)\neq x^*\}\end{aligned} \tag{6-1-12}$$

$$P_{\mathrm{e}}=\sum_{X}p(x_i)p_{\mathrm{e}}^{(i)} \tag{6-1-13}$$

式中，令 $p_{\mathrm{e}}^{(i)}=\sum\limits_{Y}\{p(y_j\mid x_i)\ \ \phi(y_j)\neq x^*\}$。$p_{\mathrm{e}}^{(i)}$ 就是某个输入符号 x_i 传输所引起的错误率。

如果先验概率 $p(x_i)$ 是等概率的，$p(x_i)=1/n$，则由式（6-1-11）得

$$P_{\mathrm{e}}=\frac{1}{n}\sum_{Y,X-x^*}p(y_j\mid x_i) \tag{6-1-14a}$$

$$P_{\mathrm{e}}=\frac{1}{n}\sum_{X}p_{\mathrm{e}}^{(i)} \tag{6-1-14b}$$

式（6-1-14a）表明，在先验概率等概率分布的情况下，译码平均错误率可用信道转移矩阵中的元素 $p(y_j\mid x_i)$ 求和来表示。式（6-1-14a）中求和是除去每列对应于 $\phi(y_j)=x^*$ 的那一项后，先对列求和，然后对所有列求和。而式（6-1-14b）是由式（6-1-13）求得的，它先对行求和，然后对所有行求和。式（6-1-14a）和式（6-1-14b）只是求和表达式的不同表述。

例 6.4　已知信道转移矩阵

$$\boldsymbol{P}=\begin{array}{c}\\x_1\\x_2\\x_3\end{array}\begin{array}{c}\begin{array}{ccc}y_1&y_2&y_3\end{array}\\\begin{bmatrix}0.5&0.3&0.2\\0.2&0.3&0.5\\0.3&0.3&0.4\end{bmatrix}\end{array}$$

根据最大似然译码准则可选择译码函数 B

$$B:\begin{cases}\phi(y_1)=x_1\\\phi(y_2)=x_3\\\phi(y_3)=x_2\end{cases}$$

因为在矩阵的第 1 列中 $p(y_1\mid x_1)=0.5$ 最大；第 3 列中 $p(y_3\mid x_2)=0.5$ 最大；而在第 2 列中 $p(y_2\mid x_i)=0.3$（$i=1,2,3$），所以 $\phi(y_2)$ 任选 x_1、x_2、x_3 都行。在输入等概率分布时采用译码函数 B 可使信道平均错误率最小。

$$P_{\mathrm{e}}=\frac{1}{3}\sum_{Y,X-x^*}p(y\mid x)=\frac{1}{3}[(0.2+0.3)+(0.3+0.3)+(0.2+0.4)]\approx0.567$$

$$P_e = \frac{1}{3}\sum_X p_e^{(i)} = \frac{1}{3}[(0.3+0.2)+(0.2+0.3)+(0.3+0.4)] \approx 0.567$$

若选择译码函数 A

$$A:\begin{cases}\phi(y_1)=x_1\\ \phi(y_2)=x_2\\ \phi(y_3)=x_3\end{cases}$$

则得平均错误率

$$P_e' = \frac{1}{3}\sum_{Y,X-x^*} p(y\,|\,x) = \frac{1}{3}[(0.2+0.3)+(0.3+0.3)+(0.2+0.5)] = 0.600$$

可见，$P_e' > P_e$。

若输入分布不是等概率分布，其概率分布为 $p(x_1)=\frac{1}{4}$，$p(x_2)=\frac{1}{4}$，$p(x_3)=\frac{1}{2}$。根据最大似然译码准则仍可选择译码函数 B，计算其平均错误率

$$\begin{aligned}P_e'' &= \sum_X p(x_i)p_e^{(i)}\\ &= \frac{1}{4}(0.3+0.2)+\frac{1}{4}(0.2+0.3)+\frac{1}{2}(0.3+0.4)=0.600\end{aligned}$$

但采用最大后验概率译码准则，根据式（6-1-11），它的联合概率矩阵 $\boldsymbol{P}(x_iy_j)$ 为

$$\boldsymbol{P}(x_iy_j)=\begin{bmatrix}0.125 & 0.075 & 0.05\\ 0.05 & 0.075 & 0.125\\ 0.15 & 0.15 & 0.2\end{bmatrix}$$

所以得译码函数为

$$C:\begin{cases}\phi(y_1)=x_3\\ \phi(y_2)=x_3\\ \phi(y_3)=x_3\end{cases}$$

计算其平均错误率

$$\begin{aligned}P_e''' &= \sum_Y\sum_{X-x^*} p(x_i)p(y_j\,|\,x_i)\\ &= (0.125+0.05)+(0.075+0.075)+(0.05+0.125)=0.500\end{aligned}$$

或

$$P_e''' = \sum_X p(x_i)P_e^{(i)} = \frac{1}{4}\times1+\frac{1}{4}\times1+\frac{1}{2}\times0=0.500$$

可见，此时 $P_e'' > P_e'''$。所以，输入分布不是等概率分布时最大似然译码准则的平均错误率不是最小的。

6.1.3 译码模式与纠检错能力

一般地，记码元符号取值于有限域 F_2 的 n 长码字为 $\boldsymbol{c}$，经信道传输后为 $\boldsymbol{v}$，如果 $\boldsymbol{v}\neq\boldsymbol{c}$，则称发生了传输差错。对于硬判决信道输出 $\boldsymbol{v}\in F_2^n$，$d_H(\boldsymbol{v},\boldsymbol{c})=t$ 表示传输中有 t 个码元错误。在码字接收端，译码是指根据 $\boldsymbol{v}$ 和码字集 C 对有无传输差错和发送码字是否为 $\hat{\boldsymbol{c}}$ 做出判断。

译码模式或译码器工作模式是译码器对 $\boldsymbol{v}$ 进行纠检错的处理方式，可分为三类。

（1）检错模式：译码器对 $\boldsymbol{v}$ 进行判断并给出有无传输差错的标志 s 或 $\boldsymbol{y}=(\boldsymbol{v},s)$，常以 $s=0$

表示无错，否则表示有错。基本检错准则为

$$s=\phi(\boldsymbol{v})=\begin{cases}0, & \boldsymbol{v}\in C\text{（无差错）}\\ 1, & \boldsymbol{v}\notin C\text{（有差错）}\end{cases} \tag{6-1-15}$$

（2）纠错模式：译码器对 $\boldsymbol{v}$ 总给出译码的码字输出 $\boldsymbol{y}=\hat{\boldsymbol{c}}$，即

$$\phi(\boldsymbol{v})=\hat{\boldsymbol{c}}\in C \tag{6-1-16}$$

当 $\hat{\boldsymbol{c}}=\boldsymbol{c}$ 时，称为译码正确；当 $\hat{\boldsymbol{c}}\neq\boldsymbol{c}$ 时，称为译码错误。采用最小距离的等价纠错译码准则为

$$d_{\mathrm{H}}(\boldsymbol{c}_i,\boldsymbol{v})\leqslant d_{\mathrm{H}}(\boldsymbol{c}_j,\boldsymbol{v})\big|_{i\neq j}\Rightarrow\hat{\boldsymbol{c}}=\boldsymbol{c}_i \tag{6-1-17}$$

（3）混合纠检错模式：对于某个待定的不可译码向量集合 B，译码器对 $\boldsymbol{v}$ 给出码字或其他向量的输出，即

$$\phi(\boldsymbol{v})=\begin{cases}\boldsymbol{c}\in C, & \boldsymbol{v}\in A^n-B\\ \boldsymbol{v}'\notin C, & \boldsymbol{v}\in B\end{cases} \tag{6-1-18}$$

A^n 是所有 n 维向量组成的集合，对于 $\phi(\boldsymbol{v})\in C$，称为译码成功；对于 $\phi(\boldsymbol{v})\notin C$，称为译码失败。采用距离描述的混合纠检错译码准则为

$$\begin{cases}d_{\mathrm{H}}(\boldsymbol{v},\boldsymbol{c}_i)\leqslant t_{\mathrm{c}}\big|_{i=1,2,\cdots,M}\Rightarrow\hat{\boldsymbol{c}}=\boldsymbol{c}_i\\ d_{\mathrm{H}}(\boldsymbol{v},\boldsymbol{c}_i)>t_{\mathrm{c}}\big|_{i=1,2,\cdots,M}\Rightarrow s=1\end{cases} \tag{6-1-19}$$

混合纠检错译码又称为限定距离译码，当译码器给出码字输出时，称为译码成功；当译码器给出差错标志时，称为译码失败。应注意，混合纠检错译码并非纠错译码后又检错译码，或者检错译码后又纠错译码。译码正确、译码错误与译码失败的图示如图 6.2 所示。

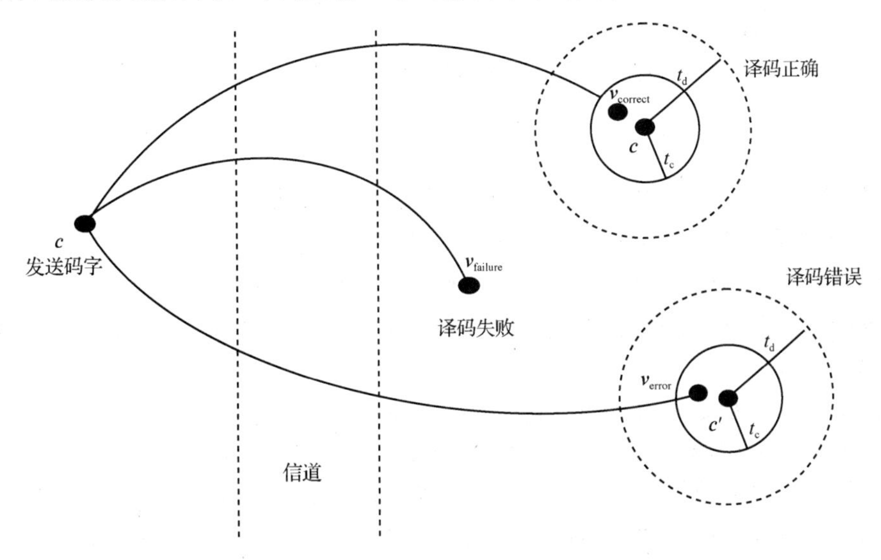

图 6.2　译码正确、译码错误与译码失败的图示

译码器只能在某一种模式下工作，检错能力和纠错能力分别表述为最大检错数 t_{d} 和最大纠错数 t_{c}，是译码器可以检测和纠正任意位置上码元差错的最大数目，只与码的结构有关。三种工作模式的纠检错数如图 6.3 所示。

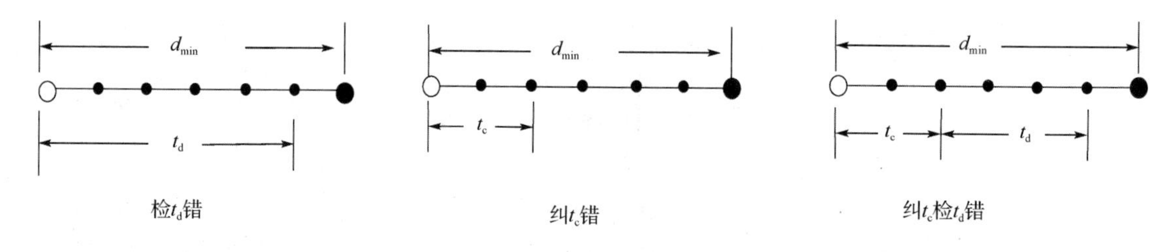

图 6.3 三种工作模式的纠检错数

定理 6.1（纠检错数定理） 最小距离为 $d_{\min}$ 的纠错码有最大检错数 t_d 和最大纠错数 t_c，检错模式时

$$t_d = d_{\min} - 1 \tag{6-1-20}$$

在纠错模式时，记 $[x]$ 为小于或等于 x 的最大整数，则

$$t_c = [(d_{\min} - 1)/2] \tag{6-1-21}$$

在混合纠检错模式时

$$t_c + t_d \leqslant d_{\min} - 1 \text{ 并同时有 } t_c < t_d \tag{6-1-22}$$

证明：记发送码字为 $\boldsymbol{c}$，并有 $d_H(\boldsymbol{c}, \boldsymbol{c}') = d_{\min}$。

由于任意 $t \leqslant d_{\min} - 1$ 个传输差错均不可能使 $\boldsymbol{v} = \boldsymbol{c}' \neq \boldsymbol{c}$，所以在检错模式时，$t_d = d_{\min} - 1$。

根据基本的最小距离的等价纠错译码准则，当且仅当传输差错数 $t > [(d_{\min} - 1)/2]$ 时，$d_H(\boldsymbol{c}', \boldsymbol{v}) < d_H(\boldsymbol{c}, \boldsymbol{v})$，所以在纠错模式时，$t_c = [(d_{\min} - 1)/2]$。

根据基本的纠检错译码准则，①当 $d_H(\boldsymbol{c}, \boldsymbol{v}) \leqslant t_c < d_H(\boldsymbol{c}', \boldsymbol{v})$ 时有正确的纠错译码，当 $t_c \geqslant d_H(\boldsymbol{c}', \boldsymbol{v})$ 时有错误的纠错译码；②当 $t_c < d_H(\boldsymbol{c}, \boldsymbol{v})$ 且 $t_c < d_H(\boldsymbol{c}', \boldsymbol{v}) \leqslant d_{\min} - d_H(\boldsymbol{c}, \boldsymbol{v})$ 时有正确的检错译码，注意此时的差错数是 $t_d = d_H(\boldsymbol{c}, \boldsymbol{v})$，所以在混合纠检错模式时，必须同时满足 $t_c < t_d$ 和 $t_c + t_d < d_{\min}$。由于对同一接收向量只有①和②两种情形中的一种情形出现，所以混合译码是纠错或检错的一种译码模式。

证毕。

混合纠检错模式下的纠检错数可以等价地表述为，当且仅当 $d_{\min} > 2t_c + t_\delta$ 时，一个分组码可纠正 t_c 个差错或检测 $t_c + 1, t_c + 2, \cdots, t_c + t_\delta = t_d$ 个差错。

例 6.5 对于一个 6 重复码，$d_{\min}$ 为 6。检错模式时的最大检错数为 5；纠错模式时的最大纠错数为 2；混合纠检错模式时，若纠正 1 个差错，则可检测 4 个差错，若纠正 2 个差错，则可检测 3 个差错。

应注意，最大检错数和最大纠错数指码字上任意位置上的差错数目。一个设计良好的检错译码算法不仅可以检测任意小于或等于 t_d 个差错，还可以检测部分 $t_d + 1$ 个差错，甚至部分 $t_d + 2,\ t_d + 3, \cdots$ 个差错。同样一个设计良好的纠错译码算法不仅可以纠正任意小于或等于 t_c 个差错，还可以检测部分 $t_c + 1$ 个差错，甚至部分 $t_c + 2,\ t_c + 3, \cdots$ 个差错。因此最大检错数和最大纠错数并不能全面反映一个码的纠检错能力，而要用错误率来全面评估码的纠检错能力。

6.1.4 差错控制方式

差错控制方式有前向纠错码（FEC）、自动重传请求（ARQ）、信息重传请求（IRQ）三种基本类型，如图 6.4 所示。

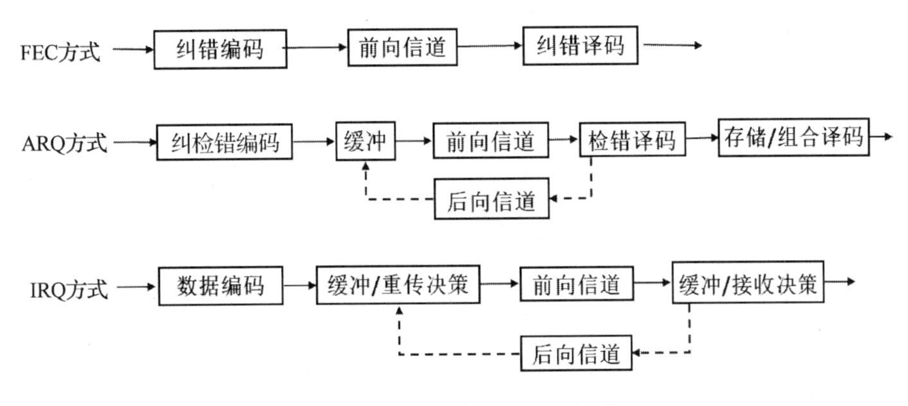

图 6.4　差错控制方式 FEC、ARQ 与 IRQ

FEC 也是通常所说的信道编码，是接收端只根据当前收到的接收分组判断是否有传输差错并对有错分组进行纠错的方式，因此只有从发到收单方向上的编码分组传输。FEC 的优点是不需要反馈信道、译码实时性较强，特别适合广播通信、移动通信；缺点是编码效率低、译码设备复杂。

ARQ 是接收端根据当前收到的接收分组判断是否有传输差错并对有错分组请求发送端重传的方式，因此在收发双向上均有在某种协议控制下的不同的编码分组传输。ARQ 的优点是译码设备简单，在冗余度一定的情况下，码的检错能力比纠错能力强，因而整个系统的误码率低；缺点是需要反馈信道，要求信源发送信息的速率可控，收发两端必须互相配合，控制电路复杂，通信的连贯性和实时性也较差。

IRQ 是发送端对接收端反馈的数据与此前发出的数据进行比较，判断有无差错并重传有误的数据的方式，因此在收发双向上均有在某种协议控制下的相同的但可以不纠错编码的数据分组传输。

除了以上三种基本方式，还有一种方式是混合纠错（HEC），是 FEC 和 ARQ 两种方式的结合。发送端发送既有检错能力又有纠错能力的码，接收端收到后先进行纠错，如果能够纠正，则自动纠错，并输出结果；否则就通知发送端重传。HEC 方式既解决了 ARQ 方式通信连贯性差和反馈多的问题，又解决了 FEC 译码设备复杂的问题，因此得到了广泛的应用。

6.1.5　信道编码的发展历程

信道编码的发展源自 20 世纪 40 年代末两个几乎同期但相互独立的工程性研究工作。一是为解决噪声中的可靠通信问题的研究，其创新性的代表成果是香农的具有存在性和概率性的无差错编码传输原理，因其蕴含的随机编码思想而促进了数字通信的信号设计与编码的工程技术发展和应用。二是为解决消息存储中少量比特差错问题的研究，其创新性的代表成果是汉明（Hamming）的具有构造性和组合性的纠检错码，因其蕴含的组合学特性而促使了信道编码在代数与近世代数、组合数学、数论、计算数学等数学门类基础上的新的数学分支的诞生和发展。信道编码研究和发展大致可以分为以下 4 个基本领域，分别是研究码或某一类码整体性能边界特性的码限、研究具体码或某一类码构造和实现的码构造、研究具体码或某一类码译码及其相应纠检错性能的译码，以及码的应用。表 6.3 给出了信道编码的构造发展史的重要标志。

表 6.3 信道编码的构造发展史的重要标志

名称	时间	简要评述
Golay 码	1949 年	第一类完备纠多个差错的纠错码，组合数学的经典应用
汉明码	1950 年	第一类完备纠检错码，编码基本概念——汉明距离的创始
Reed-Muller 码	1954 年	Muller 用多元布尔函数构造二元码的典例，Reed 给出其有效译码方法
Elias 卷积码	1955 年	由 Elias 提出的有记忆且能达到有噪信道编码定理的一类好码
Reed-Solomon（RS）码	1960 年	本质上唯一达到 Singleton 限，是最大距离可分的纠错码，后被证明是 BCH 码的子类，至今最佳的多元纠错码
BCH 码	1959/1960 年	Hocquenghem（1959 年）和 Bose 与 Ray-Chaudhuri（1960 年）分别发现的第一类可以由纠错数需求确定码结构的纠错码
LDPC 码	1962 年	第一类采用迭代译码技术的线性分组码，具有接近香农限的性能
Forney 级联码	1966 年	由已知码构造新码的著名方法，后被证明以此方法可获得渐近好码
Goppa 码	1981 年	在研究 RS 码特性时发现的第一类具有好码特性的代数几何码
Ungerboeck TCM 码	1982 年	第一类把编码和调制作为一个整体考虑的格状码，有 3～6dB 增益
Turbo 码	1993 年	第一类采用迭代译码技术的级联码，是目前发现的最优码之一
Alamouti 空时码	1998 年	第一类能获得空间全分集增益的简单空时二维码
极化码	2009 年	第一次被证明采用 SC 译码，可以达到香农限的信道编码

6.2 有噪信道编码定理

信道编码是通信系统的主要差错控制方式之一，但是信道编码会带来传输冗余，降低信息传输速率。例如在信道转移概率 $p=0.01$ 的二元对称信道中采用 3 重复码编码传输时，译码后消息符号错误率约为 3×10^{-4}；采用 5 重复码编码传输时，译码后消息符号错误率约为 10^{-5}。虽然译码后消息符号错误率变低了，但是采用了 3 重复码和 5 重复码编码后原始信息的传输速率也分别变成了原来的$1/3$和$1/5$，那么在给定信道条件下，信道编码可靠传输的最大传输速率是多少呢？香农的有噪信道编码定理回答了这一问题。

6.2.1 有噪信道编码定理概述

有噪信道编码定理又称为香农第二定理，它是信息论中的重要定理。下面给出这一定理的描述和证明思路。

定理 6.2 有噪信道编码定理（香农第二定理） 设离散无记忆信道为$\{X,\boldsymbol{P}(Y\,|\,X),Y\}$，其中 $\boldsymbol{P}(Y\,|\,X)$为信道转移矩阵，其信道容量为C。只要信息传输速率$R<C$，就可以找到一种码长为n，信息传输速率为R的编码，当n足够大时，译码错误率$P_e<\varepsilon$，ε为任意大于零的小正数。反之，当$R>C$时，任何编码的P_e必大于零，当$n\to\infty$时，$P_e\to1$。

对于离散有记忆信道和连续信道，也有类似的结论。

定理 6.2 表明R可以无限逼近信道容量，只要不超过信道容量，就可以找到一种编码使译码错误率任意小，从而实现极高的可靠传输。也就是说，信道容量是一个临界值，信息在有噪信道中传输时，只要信息传输速率不超过这个临界值，信道就可以几乎无失真地把信息传输过去。因此，信道容量可以视为能够在该信道中可靠传输的最大信息传输速率。

定理 6.2 中译码错误率P_e随着码长n的增大而趋于任意小的具体含义如下：每个信道都

具有确定的信道容量 C，对于任何小于 C 的信息传输速率 R，总存在一个码长为 n，码率为 R_c 的分组码，其中，$R=R_c\times R_s$，R_s 是符号传输速率，若采用最大似然译码，则其译码错误率 P_e 满足：

$$P_e \leqslant \alpha e^{-nE(R)} \tag{6-2-1}$$

式中，α 为常数；$E(R)$ 为误差函数，是关于 R 的单调递减函数。卷积码有类似的结论成立。

从式（6-2-1）可以看出，增大码长 n 可以提高传输的可靠性，但是码长越大，相应的编译码方法也越复杂。

与无失真信源编码定理类似，有噪信道编码定理也是一个理想编码的存在性定理，它没有具体说明如何构造这一最佳码，但是它对信道编码理论与实践具有根本性的指导意义。编码研究人员在该理论指导下致力于实际信道中各种易于实现的具体编码方法，包括 Turbo 码、LDPC 码和极化码。

为了更好地理解有噪信道编码定理，下面简单地说明为什么能通过信道来传输 C 比特的信息。对于大的分组长度，每个信道可以看成是一个有噪打字机信道［如图 6.5（a）所示，假设信道的输入符号以概率 1/2 在输出端无改变地输出，或以概率 1/2 转变为下一个符号输出］。若输入端有 26 个英文字母，以间隔的方式使用输入字母，那么在每次传输过程中，可以毫无误差地传输其中的 13 个字母。因此该信道的信道容量为 log13 比特/符号。根据信道容量的定义也可以得到 $C=\max I(X;Y)=\max[H(Y)-H(Y\mid X)]=\max H(Y)-1=\log 26-1=\log 13$ 比特/符号，且当信道的输入符号在整个输入字母表上均匀分布时达到该容量。因此每个信道都有一个输入子集，使得在输出端接收到的序列基本互不相交。n 次使用下的信道如图 6.5（b）所示。对于输入的每个 n 长序列 X，会有大约 $2^{nH(Y|X)}$ 个可能的 Y 序列与之对应，并且所有这些序列是等可能的。

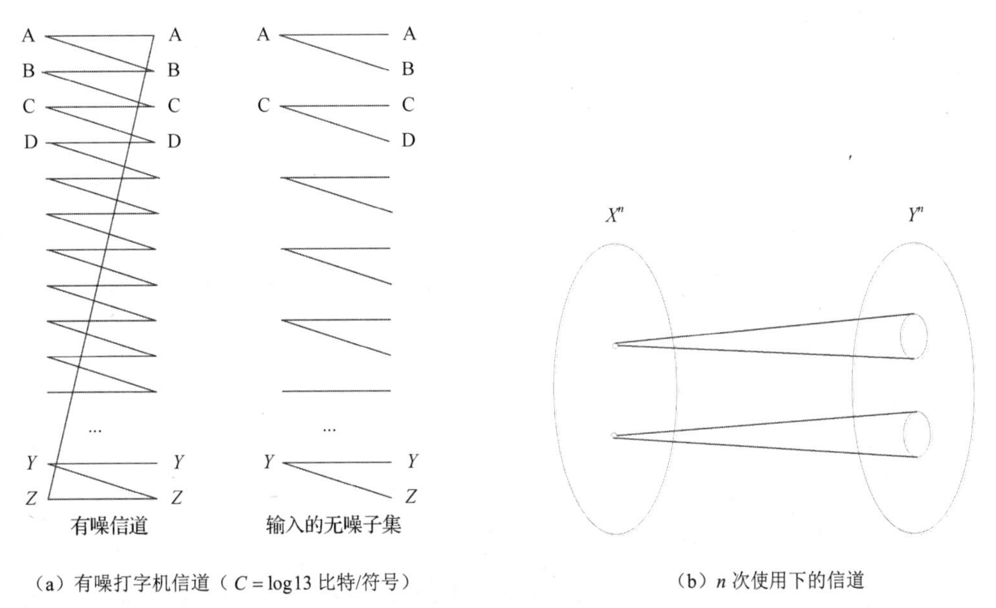

（a）有噪打字机信道（$C=\log 13$ 比特/符号）　（b）n 次使用下的信道

图 6.5　有噪打字机信道与 n 次使用下的信道示意图

我们希望确保没有两个输入 X 序列能够产生相同的输出 Y 序列；否则，将无法判断到底传输的是哪一个 X 序列。所有可能的 Y 序列的总数约等于 $2^{nH(Y)}$ 个，对应于不同的输入 X 序

列，这个集合分割成大小为 $2^{nH(Y|X)}$ 的许多个小集合，所以不相交集合的总数小于或等于 $2^{n[H(Y)-H(Y|X)]}$ 个。因此，我们至多可以传输 $2^{nI(X;Y)}$ 个可区分的 n 长序列。

6.2.2　信道编码设计的基本原理

下面从两个方面说明信道编码设计的基本原理。

1．基于有噪信道编码定理的信道编码设计

基于有噪信道编码定理的信道编码设计，主要是根据有噪信道编码定理的错误率公式，从数学角度分析如何使错误率 P_e 减小。根据式（6-2-1）可以看出错误率 P_e 是码长 n 与误差函数 $E(R)$ 的负指数函数，因此，可以通过增大码长 n 或误差函数 $E(R)$ 实现 P_e 的减小。增大误差函数 $E(R)$ 的途径如图 6.6 所示，从图中可以看出，若想增大误差函数 $E(R)$，则有增大信道容量 C 或降低信息传输速率 R 两条路径。

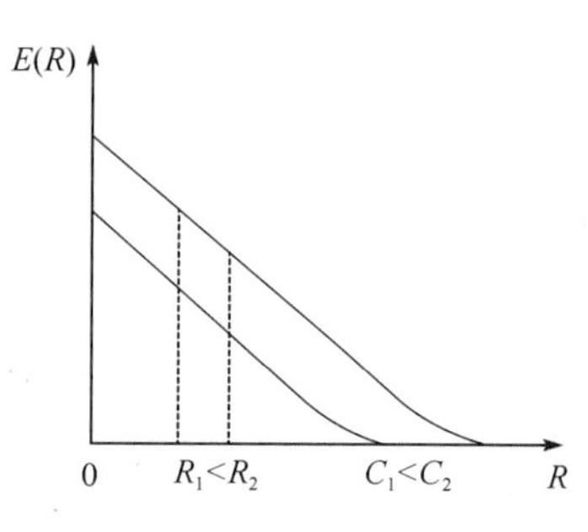

图 6.6　增大误差函数 $E(R)$ 的途径

对于同样的信息传输速率 R，信道容量 C 大者，其误差函数 $E(R)$ 也大；若信道容量 C 不变，信息传输速率 R 降低时，其误差函数 $E(R)$ 增大。因此减小错误率 P_e 的措施可以概述如下。

（1）增大信道容量 C。根据香农公式可知，信道容量 C 与带宽、信号平均功率和噪声谱密度有关，因此，我们可以通过扩展带宽、提高功率、降低噪声等措施增大信道容量，从而减小错误率。在信道编码技术发展之前，通信系统设计者传统上主要靠增大信道容量 C 来提高信息传输速率 R，或者等效地在信息传输速率 R 不变的前提下提高通信可靠性。

（2）降低码率 R_c。对于二元 (n,k) 分组码，在码长 n 不变的情况下可以通过减小 k 降低码率 R_c，从而降低信息传输速率 R；或者在 k 不变的情况下可以通过增大码长 n 占用更大带宽来提高符号速率，从而达到降低码率的目的。对于多进制信道编码，在 n、k 不变的情况下可以通过减小有限域的大小 q 来减小信道的输入、输出符号集，在发送功率固定时提高信号间的区分度，从而提高可靠性。在信道容量 C 不变时降低码率 R_c，等效于拉大 $C-R$ 之差，因此可以说这是用增加信道容量的冗余度来换取可靠性。20 世纪 50 年代到 70 年代，信道编码主要以这种冗余度为基础进行设计。

（3）增大码长 n。在信道容量 C 和信息传输速率 R 不变的情况下，随着 n 的增大，向量空间的元素数目以指数级增大，从统计角度来看，码字间距离也将增大，从而提高可靠性。增大码长 n 带来好处的同时需要付出代价，就是 n 越大编译码算法越复杂，编译码器也越昂贵。随着 VLSI 的不断发展，通过增大码长 n 来提高可靠性已成为信道编码的主要途径之一。

2．基于冗余度和噪声随机化的信道编码设计

冗余度是在信息流中插入冗余比特形成的，这些冗余比特与信息比特之间存在着特定的相关性。这样，即使在传输过程中个别信息受损，也可以利用相关性从其他未受损的冗余比特中推测出受损比特的原貌，保证了信息的可靠性。举例来说，如果用 2 比特表示 4 种意义，那么无论如何也不能发现差错，因为如果有一信息 01 误成 00，那么根本无法判断这是在传输过程中由 01 误成 00，还是原本发送的就是 00。但是如果用 3 比特表示 4 种意义，那么就

有可能发现差错，因为 3 比特的 8 种组合能表示 8 种意义，用它表示 4 种意义尚剩 4 种冗余组合，如果传输差错使收到的 3 比特组合落入 4 种冗余组合之一，就可断言一定产生了差错比特。至于加多少冗余、加什么样的相关性最好，是信道编码设计需要解决的问题，但必须有冗余，这是纠错编码的基础。为了传输冗余比特，需要付出额外的通信资源，如时间、频带、功率和设备复杂度等。

噪声均化就是让差错随机化，以便更符合编码定理的条件从而得到符合编码定理的结果。噪声均化的基本思想是设法将危害较大的、较为集中的噪声干扰分散开来，使不可恢复的信息损伤最小。这是因为噪声干扰的危害大小不仅与噪声总量有关，而且与它们的分布有关。举例来说，二元 $(7,4)$ 汉明码能纠正 1 个差错，假设噪声在 14 个码元（2 个码字）上产生 2 个差错，那么差错的不同分布将产生不同后果。如果 2 个差错集中在前 7 个码元（同一个码字）上，则该码字将出错。如果差错分散在前、后 2 个码字，每个码字承受 1 个差错，则每个码字错误的个数都没有超过其纠错能力范围，这 2 个码字将全部正确译码。由此可见，集中的噪声干扰（称为突发差错）的危害大于分散的噪声干扰（称为随机差错）。噪声均化将差错均匀分摊给各码字，从而达到提高总体差错控制能力的目的。

噪声均化的方法主要有增大码长、卷积和交织等。例如，如果突发噪声使码流产生集中的、不可纠的差错，通过交织技术，对编码器输出的码流与信道上的符号流进行顺序上的变换，则信道噪声造成的符号流中的突发差错，有可能被均化而转换为码流上随机的、可纠正的差错。

6.2.3　编码系统的性能度量

根据信道编码设计的基本原理，下面讨论高斯噪声信道下的误码率、编码增益及香农限等编码系统的性能度量指标。

1．信噪比

高斯噪声信道是输出 y 输入 x 的转移条件概率分布等于 y 与 x 之差为零均值的高斯分布的信道，并称差值 $z=y-x$ 为加性高斯噪声。由于零均值正态分布随机过程 $z(t)$ 的功率谱为均匀谱，所以时间域上的零均值加性高斯噪声 $z(t)$ 又称为白噪声，$z(t)$ 的方差 $E[z^2]=\mathrm{Var}[z]=\sigma^2$。带宽为 W，双边功率谱密度为 $N_0/2$ 的实加性高斯白噪声源，简记为 $\mathrm{AWGN}(W,N_0/2)$，其基本描述为

$$\begin{cases}\text{加性关系：} P\big(y=y(t_0)\big|x=x(t_0)\big)=P\big(y(t_0)-x(t_0)\big)=P\big(z=z(t_0)\big),\ \ \forall t_0\in(-\infty,\infty)\\ \text{概率分布：} P(z)=\dfrac{1}{\sqrt{2\pi\sigma^2}}\mathrm{e}^{-\frac{z^2}{2\sigma^2}},\ \ -\infty<z<+\infty\\ \text{功率谱：} PW_z(f)=\sigma^2=\dfrac{N_0}{2},\ \ -\infty<f<\infty,\text{（瓦特/赫兹，W / Hz）}\end{cases}$$

当信源符号是均值为零且方差为 P 的高斯随机变量时，均值为零且方差为 σ^2 的 AWGN 连续信道上的符号信息传输达到的信道容量为

$$C_{\mathrm{AWGN}}=\frac{1}{2}\log\left(1+\frac{P}{\sigma^2}\right)\ \text{（比特 / 符号）}$$

时间或波形信道容量为

$$C_{\text{AWGN}}^{T}=W\log\left(1+\frac{P}{\sigma^{2}}\right)=W\log\left(1+(S/N)_{\text{AWGN}}\right)\quad（比特/秒）\tag{6-2-2}$$

定义 6.1 信噪比$(S/N)_{\text{signal}}$或简记为(S/N)是平均信号功率与平均噪声功率的比值，即

$$(S/N)_{\text{signal}}=\frac{\text{平均信号功率}}{\text{平均噪声功率}}\tag{6-2-3}$$

记信号持续时间为T_{s}，信号能量为E_{s}，信道带宽为$W=1/T_{\text{s}}$，那么通信信号信噪比$(S/N)_{\text{signal}}$是单位时间单位带宽或每秒每赫兹的能量与功率谱密度的比值，即

$$(S/N)_{\text{signal}}=\frac{E\left[x^{2}\right]}{E\left[z^{2}\right]}=\frac{E_{\text{s}}/T_{\text{s}}}{2WN_{0}/2}=\frac{E_{\text{s}}}{N_{0}}\tag{6-2-4}$$

由于达到信道容量的输入信号是均值为零且方差为P的正态分布随机信号，其双边功率谱是功率幅度为P的均匀谱，输入信号功率为$P_{\text{s}}=2WP$，又因为带宽为W，双边功率谱密度为$N_{0}/2$的实加性高斯白噪声信道AWGN$(W,N_{0}/2)$的方差为$\sigma^{2}=N_{0}/2$，所以有

$$(S/N)_{\text{AWGN}}=\frac{E_{\text{s}}}{N_{0}}=\frac{2WP\cdot T_{\text{s}}}{2\sigma^{2}}=\frac{P}{\sigma^{2}}$$

在一个码率为R_{c}的编码通信系统中，传输每个信息比特需要的传输符号数目是未编码系统需要的传输符号数目的$1/R_{\text{c}}$倍。若每个传输比特对应的信号能量是E_{s}，则每个信息比特对应的能量E_{b}为

$$E_{\text{b}}=E_{\text{s}}/R_{\text{c}}$$

一个编码通信系统的信噪比（SNR）通常用单位信息比特的能量E_{b}与信道噪声的单边功率谱密度N_{0}的比值来表示，其单位通常用分贝（dB）表示。信噪比的分贝数计算公式为

$$(E_{\text{b}}/N_{0})=10\lg(E_{\text{b}}/N_{0})\tag{6-2-5}$$

2．误码率与编码增益

一个编码通信系统的性能度量通常用译码错误的概率（也称错误率，Error Probability）和相对于具有相同传输速率的非编码通信系统的编码增益（Coding Gain）来衡量。

错误率包括字（或分组）错误率和比特错误率。字错误率定义为译码器输出的码字（或分组）发生错误的概率，称为误字率（WER）或误块率（BLER）；比特错误率定义为译码器输出的译码信息比特发生错误的概率，称为误比特率（BER）。在功率、带宽、译码复杂度等限制下，编码通信系统的设计应使这两种错误率尽可能低。

两个系统的编码增益定义如下。

定义 6.2 编码增益G_{c}是在相同BER时两个系统的(E_{b}/N_{0})的比值，即

$$G_{\text{c}}=(E_{\text{b}}/N_{0})_{\text{B}}/(E_{\text{b}}/N_{0})_{\text{A}}\tag{6-2-6}$$

$$G_{\text{c}}=10\lg G_{\text{c}}=(E_{\text{b}}/N_{0})_{\text{B}}-(E_{\text{b}}/N_{0})_{\text{A}}\tag{6-2-7}$$

3．香农限

不可能不付出代价或不使用资源就可以实现无差错传输或通信。基本的通信资源是时间、带宽和能量。实现无差错信息传输或通信时对通信资源的最小极限使用指标是香农限。

在为差错控制而设计编码通信系统时，总是希望获得特定错误率所需要的通信资源越少越好，这与最大化编码通信系统的编码增益是等价的。根据有噪信道编码定理，可以推导出

一个信息传输速率为 R 的编码通信系统达到无差错传输（或任意小的错误率）所必需的最小信噪比的理论极限。这个理论极限通常称为香农限，它说明对于一个信息传输速率为 R 的编码通信系统，只有当信噪比大于这个极限值时才能获得无差错传输。只要信噪比大于这个极限值，根据有噪信道编码定理，就一定存在一个编码通信系统，使得信息传输的错误率可以任意小。

有效的纠错编码是，虽然编码导致传输符号能量降低和相应的符号错误率提高，但是由于纠错的应用使得译码后的符号错误率降低和折算到传输每比特信息的能量或者需要的 (E_b/N_0) 降低，在此意义上使能量或带宽的使用效率最大化。度量这一效率极限的参量即香农限。

任意波形信号在 AWGN 信道传输时的香农限是 $(E_b/N_0)_{\min} \approx 0.693$ 或 -1.59（dB），计算过程简述如下。

设任意波形信号传输时的信道最小带宽 $W = W_s = 1/T_s = R_s$，R_s 是编码符号传输速率，信息传输速率 $R = R_s \cdot R_c \to R_c = R/R_s = R/W$，利用无差错传输条件 $R \leqslant C_{\text{AWGN}}^T$，得

$$R \leqslant C_{\text{AWGN}}^T = W\log\left(1+\frac{P_X}{P_N}\right) = W\log\left(1+\frac{E_s \cdot R_s}{N_0 \cdot W}\right) = W\log\left(1+\frac{E_b \cdot R_c \cdot R_s}{N_0 \cdot W}\right) = W\log\left(1+\frac{E_b}{N_0}\frac{R}{W}\right)$$

得到

$$\eta = \left(\frac{E_b}{N_0}\right) \geqslant \frac{2^{R/W}-1}{R/W} = \frac{2^{\gamma}-1}{\gamma}$$

$$\left(\frac{E_b}{N_0}\right)_{\min} = \lim_{W\to\infty}\left(\frac{E_b}{N_0}\right) = \lim_{W\to\infty}\frac{2^{R/W}-1}{R/W} = \lim_{\gamma\to 0}\frac{2^{\gamma}-1}{\gamma} = \ln 2 \approx 0.693$$

比值 0.693 用分贝表示是：$10\lg 0.693 \approx -1.59$（dB）。

称比值 $\gamma = R/W$（比特/秒赫兹）是信息传输系统的比特谱效率，即单位时间单位带宽的信息传输比特数，它归一化地描述了一个给定信息传输系统的信息传输能力或容量的大小。称 $(E_b/N_0)_{\min} \approx 0.693$ 或 -1.59（dB）是任意波形信号传输时的香农限。

BPSK 信号在二元 AWGN 信道上无差错传输，获得 $\eta_{\min} = (E_b/N_0)_{\min}$ 与 R_c 之间的数值关系如表 6.4 所示。

表 6.4　二元 AWGN 信道上不同码率 R_c 的香农限 $\eta_{\min} = (E_b/N_0)_{\min}$（dB）

R_c	$\eta_{\min}$	R_c	$\eta_{\min}$	R_c	$\eta_{\min}$	R_c	$\eta_{\min}$	R_c	$\eta_{\min}$	R_c	$\eta_{\min}$
0.01	−1.55	0.26	−0.76	0.51	0.23	0.76	1.71	0.905	3.30	0.970	4.84
0.05	−1.44	0.30	−0.62	0.55	0.42	0.800	2.05	0.925	3.63	0.978	5.20
0.10	−1.29	0.35	−0.43	0.60	0.68	0.825	2.27	0.938	3.91	0.984	5.55
0.15	−1.13	0.40	−0.24	0.65	0.96	0.850	2.54	0.948	4.12	0.989	5.93
0.20	−0.96	0.45	−0.03	0.70	1.28	0.875	2.84	0.958	4.43	0.994	6.50
0.25	−0.79	0.50	0.19	0.75	1.63	0.900	3.21	0.968	4.73	0.999	7.86

目前性能逼近香农限的信道编码有 Turbo 码和 LDPC 码，理论上可以达到香农限的信道编码方法有 Polar 码，又称为极化码。

4．能量差错概率平面

根据有噪信道编码定理，可以得到信息传输系统的能量带宽效率平面，在能量带宽效率

平面$\{E_b / N_0, \gamma\}$上界定了一个区域，如图 6.7 所示，在此区域内确定的任何系统均可能达到无差错传输，并称此区域为可达区域，而任何不在此区域确定的系统均不可能实现无差错传输。在可达区域内系统参数点的变化，表示系统的某种结构和性能发生了变化。例如，在图 6.7 中，系统 A 到系统 B 的变化表示在不增加信号带宽和保持相同的比特谱效率的条件下，可以降低实现无差错传输所需要的信噪比；系统 B 到系统 C 的变化表示在不提高信噪比的条件下，可以提高比特谱效率。

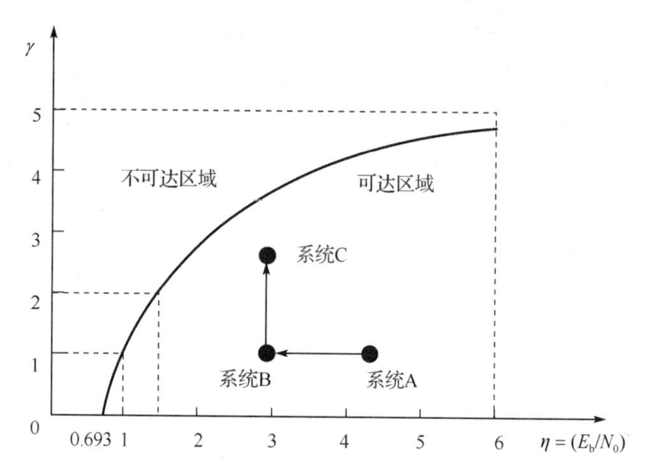

图 6.7 信息传输系统的能量带宽效率平面

同时，由(E_b / N_0)与 BER 也可以确定一个平面，称为信息传输系统的能量差错概率平面，如图 6.8 所示。

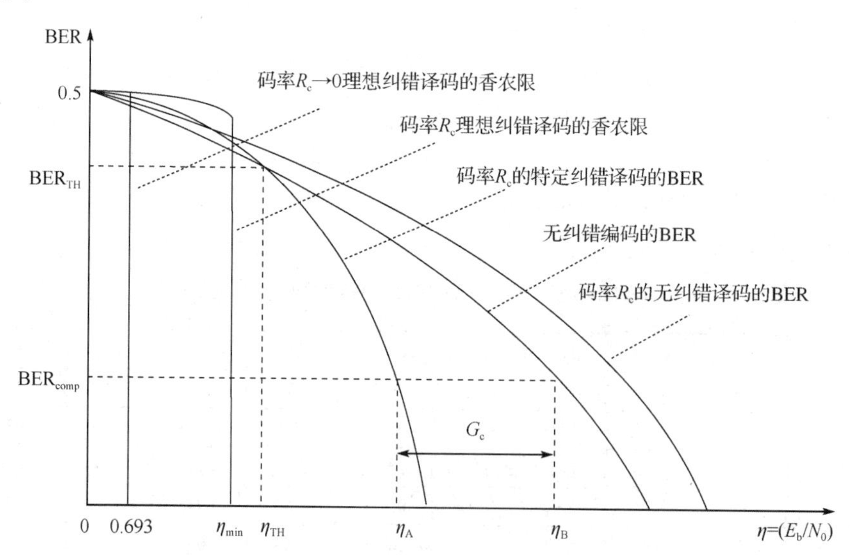

图 6.8 信息传输系统的能量差错概率平面

由信息传输系统的能量差错概率平面可知：

（1）编码系统由于编码后等效的码元符号能量降低而存在门限现象，即只有在信噪比(E_b / N_0)大于门限值$(E_b / N_0)_{TH}$后，恰当纠错译码方法的 BER 才会随信噪比的增加而减小，这个信噪比$(E_b / N_0)_{TH}$称为编码门限。门限值取决于码的结构和具体的译码方式与方法，但一定大于相应码率的香农限。

（2）当信噪比大于(E_b/N_0)某个值后，BER 会随信噪比的增加急剧减小，呈现“瀑布”特性。

（3）对于不同的比较参照点$\mathrm{BER}_\mathrm{comp}$，$G_\mathrm{c}$不同。

6.3　线性分组码

6.3.1　线性分组码的矩阵描述

分组码是消息分组到码字的一一映射，当消息分组的长度k和码长n很大时，由于编码器需要在码库中存储2^k个长度为n的码字，编码器的复杂度将非常高。因此需要研究具有特殊结构的分组码来降低编码复杂度。

当分组码的消息元与校验元之间的关系为线性关系时，这种分组码就称为线性分组码。具有线性特征的分组码可以大大降低编码复杂度。线性分组码可以用矩阵描述。

例 6.6　3 重复码的编码方程组为

$$\begin{cases} c_0 = u_0 \\ c_1 = u_0 \\ c_2 = u_0 \end{cases} \tag{6-3-1}$$

可以写成

$$\boldsymbol{c} = (c_0, c_1, c_2) = (u_0)[1\quad 1\quad 1] = \boldsymbol{uG}\text{，}\quad \boldsymbol{G} = [1\quad 1\quad 1]$$

式中，$\boldsymbol{G}$称为生成矩阵。

如果 3 重复码中将第一位看作消息元，其余两位看作校验元，则式（6-3-1）中校验元对应的方程可以改写成

$$1\cdot c_0 + 1\cdot c_1 + 0\cdot c_2 = 0$$

$$1\cdot c_0 + 0\cdot c_1 + 1\cdot c_2 = 0$$

则对应的矩阵表示为

$$(c_0, c_1, c_2)\begin{bmatrix} 1 & 1 & 0 \\ 1 & 0 & 1 \end{bmatrix}^\mathrm{T} = \boldsymbol{0} \Leftrightarrow \boldsymbol{cH}^\mathrm{T} = \boldsymbol{0},\ \boldsymbol{H} = \begin{bmatrix} 1 & 1 & 0 \\ 1 & 0 & 1 \end{bmatrix}$$

式中，$\boldsymbol{H}$称为校验矩阵。

例 6.7　(4,3) 偶校验码的编码方程组为

$$\begin{cases} c_0 = 1\cdot u_0 + 0\cdot u_1 + 0\cdot u_2 \\ c_1 = 0\cdot u_0 + 1\cdot u_1 + 0\cdot u_2 \\ c_2 = 0\cdot u_0 + 0\cdot u_1 + 1\cdot u_2 \\ c_3 = 1\cdot u_0 + 1\cdot u_1 + 1\cdot u_2 \end{cases} \tag{6-3-2}$$

可以写成矩阵的形式

$$(c_0, c_1, c_2, c_3) = (u_0, u_1, u_2)\begin{bmatrix} 1 & 0 & 0 & 1 \\ 0 & 1 & 0 & 1 \\ 0 & 0 & 1 & 1 \end{bmatrix} = \boldsymbol{uG};\ \boldsymbol{G} = \begin{bmatrix} 1 & 0 & 0 & 1 \\ 0 & 1 & 0 & 1 \\ 0 & 0 & 1 & 1 \end{bmatrix}$$

(4,3) 偶校验码的前三位为消息元，后一位是校验元，则式（6-3-2）的校验元方程可以写成

$$c_3 = 1\cdot u_0 + 1\cdot u_1 + 1\cdot u_2 \Rightarrow c_0 + c_1 + c_2 + c_3 = 0$$
$$\Rightarrow (c_0, c_1, c_2, c_3)[1111]^{\mathrm{T}} = \mathbf{0} \Rightarrow \boldsymbol{cH}^{\mathrm{T}} = \mathbf{0};\ \boldsymbol{H} = [1111]$$

因此 (4,3) 偶校验码的生成矩阵和校验矩阵分别为

$$\boldsymbol{G} = \begin{bmatrix} 1 & 0 & 0 & 1 \\ 0 & 1 & 0 & 1 \\ 0 & 0 & 1 & 1 \end{bmatrix},\ \boldsymbol{H} = [1111]$$

下面基于向量空间给出线性分组码的定义。关于有限域和向量空间的基础知识可以参考附录 B 和附录 C。

定义 6.3 一个长度为 n，有 2^k 个码字的分组码，当且仅当 2^k 个码字构成域 F_2 上所有 n 维向量组成的向量空间 V_n 的一个 k 维子空间 V_n^k 时，该分组码称为线性分组码。

线性分组码的基本特性如下。

（1）全零向量是码字，$\mathbf{0} \in C$。

（2）任意两个码字之和仍为码字，$\boldsymbol{c} + \boldsymbol{c}' \in C$。

（3）码字数 $M = |C| = |V_n^k| = 2^k$。

（4）最小码距等于非零码字的最小码重，即

$$d_{\min} = \min_{c\neq 0, c\in C}\{w_{\mathrm{H}}(\boldsymbol{c})\} \tag{6-3-3}$$

$$d_{\min} = \min_{c\neq c'}\{d_{\mathrm{H}}(\boldsymbol{c},\boldsymbol{c}')\} = \min_{c\neq c'}\{w_{\mathrm{H}}(\boldsymbol{c}-\boldsymbol{c}')\} = \min_{c''=c-c', c\neq c'}\{w_{\mathrm{H}}(\boldsymbol{c}'')\} = \min_{c''\neq \mathbf{0}}\{w_{\mathrm{H}}(\boldsymbol{c}'')\}$$

1. 生成矩阵与校验矩阵

记二元 (n,k) 线性分组码 $C = V_n^k$ 的一个基底为 $\{\boldsymbol{g}_0, \boldsymbol{g}_1, \cdots, \boldsymbol{g}_{k-1}\}$，则根据线性空间理论，任意给定的码字 $\boldsymbol{c}$ 由组合系数 $\{v_0, v_1, \cdots, v_{k-1}\}$ 唯一对应，即

$$\begin{aligned}\boldsymbol{c} &= (c_0, c_1, \cdots, c_{n-1}) \\ &= v_0\boldsymbol{g}_0 + v_1\boldsymbol{g}_1 + \cdots + v_{k-1}\boldsymbol{g}_{k-1} = (v_0, v_1, \cdots, v_{k-1})\begin{bmatrix} \boldsymbol{g}_0 \\ \boldsymbol{g}_1 \\ \vdots \\ \boldsymbol{g}_{k-1} \end{bmatrix} = (v_0, v_1, \cdots, v_{k-1})\begin{bmatrix} g_{0,0} & \cdots & g_{0,n-1} \\ \vdots & & \vdots \\ g_{k-1,0} & \cdots & g_{k-1,n-1} \end{bmatrix} \\ &= \boldsymbol{vG}\end{aligned}$$

于是记 $\boldsymbol{u} = \boldsymbol{v} \in V_k$，得到二元 (n,k) 线性分组码的编码方程为

$$\boldsymbol{c} = \boldsymbol{uG} \tag{6-3-4}$$

显然矩阵 $\boldsymbol{G} = [g_{i,j}]_{k\times n}$ 完全描述了线性分组码的编码特性。

定义 6.4 (n,k) 线性分组码 C 的生成矩阵是由其基底确定的码字与消息分组间的编码映射矩阵 $\boldsymbol{G} = [g_{i,j}]_{k\times n}$。

生成矩阵的基本特性如下。

（1）(n,k) 线性分组码 C 是生成矩阵 $\boldsymbol{G}$ 的行空间，码 C 又可以表示为

$$C = \{\boldsymbol{c} \mid \boldsymbol{c} = \boldsymbol{uG},\ \boldsymbol{u} \in V_k\} \tag{6-3-5}$$

（2）生成矩阵 $\boldsymbol{G}$ 的秩等于 k。

（3）生成矩阵 $\boldsymbol{G}$ 不唯一，其任意行初等变换不改变其生成码的空间结构。

(n,k) 线性分组码 C 作为一个线性子空间，必定存在其零空间或对偶子空间 C^*，并且对偶子空间的维数 $\dim(C^*)=\dim(V_n)-\dim(C)=n-k=r$。若对偶子空间的一个基底为 $\{\boldsymbol{h}_0,\boldsymbol{h}_1,\cdots,\boldsymbol{h}_{r-1}\}$，则对偶子空间可以表述为矩阵 $\boldsymbol{H}$ 的行空间，其中：

$$\boldsymbol{H}=\begin{bmatrix}\boldsymbol{h}_0\\ \vdots\\ \boldsymbol{h}_{r-1}\end{bmatrix}=\begin{bmatrix}h_{0,0} & \cdots & h_{0,n-1}\\ \vdots & & \vdots\\ h_{r-1,0} & \cdots & h_{r-1,n-1}\end{bmatrix} \tag{6-3-6}$$

由对偶空间的唯一性可知，矩阵 $\boldsymbol{H}$ 仍然是线性分组码的一种有效的完备描述。

定义 6.5　(n,k) 线性分组码 C 的校验矩阵 $\boldsymbol{H}$，是码 C 的对偶子空间 C^* 的生成矩阵。

校验矩阵的基本特性如下。

（1）(n,k) 线性分组码 C 是校验矩阵 $\boldsymbol{H}$ 行空间的对偶空间或零空间，即

$$C=\left\{\boldsymbol{v}\middle|\boldsymbol{v}\boldsymbol{H}^{\mathrm{T}}=\boldsymbol{0}^{(r)},\boldsymbol{v}\in V_n\right\} \tag{6-3-7}$$

由零空间和内积的定义可知，若 $\boldsymbol{c}$ 是码字，当且仅当 $\boldsymbol{c}$ 与零空间的基的内积为零，即 $\boldsymbol{c}\cdot\boldsymbol{h}_j=0$，$j=0,1,\cdots,r-1$ 或

$$\begin{bmatrix}\boldsymbol{c}\cdot\boldsymbol{h}_0 & \cdots & \boldsymbol{c}\cdot\boldsymbol{h}_{r-1}\end{bmatrix}=\boldsymbol{c}\boldsymbol{H}^{\mathrm{T}}=[0]_{1\times r}$$

（2）(n,k) 线性分组码 C 的校验矩阵 $\boldsymbol{H}$ 与生成矩阵 $\boldsymbol{G}$ 满足

$$\boldsymbol{G}\boldsymbol{H}^{\mathrm{T}}=[0]_{k\times(n-k)} \tag{6-3-8}$$

由 $\boldsymbol{g}_i\cdot\boldsymbol{h}_j=0$，$i=0,1,\cdots,k-1$，$j=0,1,\cdots,r-1$，可以得到

$$\begin{bmatrix}\boldsymbol{g}_0\cdot\boldsymbol{h}_0 & \cdots & \boldsymbol{g}_0\cdot\boldsymbol{h}_{r-1}\\ \vdots & & \vdots\\ \boldsymbol{g}_{k-1}\cdot\boldsymbol{h}_0 & \cdots & \boldsymbol{g}_{k-1}\cdot\boldsymbol{h}_{r-1}\end{bmatrix}=\begin{bmatrix}g_{0,0} & \cdots & g_{0,n-1}\\ \vdots & & \vdots\\ g_{k-1,0} & \cdots & g_{k-1,n-1}\end{bmatrix}\begin{bmatrix}h_{0,0} & \cdots & h_{r-1,0}\\ \vdots & & \vdots\\ h_{0,n-1} & \cdots & h_{r-1,n-1}\end{bmatrix}^{\mathrm{T}}=\boldsymbol{G}\boldsymbol{H}^{\mathrm{T}}=[0]_{k\times r}$$

（3）校验矩阵 $\boldsymbol{H}$ 的秩等于 r。

因为校验矩阵 $\boldsymbol{H}$ 的全部 $r=n-k$ 个行向量作为行空间基底一定线性无关。

（4）校验矩阵 $\boldsymbol{H}$ 不唯一，其任意行初等变换不改变其生成码的空间结构。

定义 6.6　(n,k) 线性分组码的对偶码是以校验矩阵 $\boldsymbol{H}$ 为生成矩阵所生成的 (n,r) 线性分组码，记为 C^*。

注意，虽然空间多种基底存在，使得满足 $\boldsymbol{G}$ 与 $\boldsymbol{H}$ 正交关系的 $\boldsymbol{G}$ 与 $\boldsymbol{H}$ 的形式不唯一，但是一个线性分组码和其对偶码作为集合是唯一的。

通过校验矩阵可以比较容易地确定线性分组码的最小码距 $d_{\min}$。

定理 6.3（最小码距判别定理）　线性分组码的最小码距 $d_{\min}$ 等于其校验矩阵 $\boldsymbol{H}$ 中的最小线性相关的列数，或者 $d_{\min}=d$，当且仅当其校验矩阵 $\boldsymbol{H}$ 中任意 $d-1$ 列线性无关时，某 d 列线性相关。

证明：必要性证明。记 $\boldsymbol{H}$ 为列向量矩阵 $[\boldsymbol{h}_1\ \ \boldsymbol{h}_2\ \ \cdots\ \ \boldsymbol{h}_n]$，其中某 $d-1$ 列线性相关，即

$$a_{i,1}\boldsymbol{h}_{i,1}+a_{i,2}\boldsymbol{h}_{i,2}+\cdots+a_{i,d-1}\boldsymbol{h}_{i,d-1}=0$$

于是可以构造码字 $\boldsymbol{c}$ 为

$$\boldsymbol{c}=(0,\cdots,0,a_{i,1},0,\cdots,0,a_{i,2},0,\cdots,0,a_{i,d-1},0,\cdots,0)$$

显然，因 $a_{i,j}$ 不全为 0，故此码字的重量 $w_{\mathrm{H}}(\boldsymbol{c})\leqslant d-1$。这与 d 是该码最小码重矛盾。

充分性证明。若任意 $d-1$ 列线性无关，某 d 列 $\boldsymbol{h}_{i,1},\boldsymbol{h}_{i,2},\cdots,\boldsymbol{h}_{i,d}$ 线性相关，那么必然存在非全零的 $a_{i,1},a_{i,2},\cdots,a_{i,d}$，使得 $a_{i,1}\boldsymbol{h}_{i,1}+a_{i,2}\boldsymbol{h}_{i,2}+\cdots+a_{i,d}\boldsymbol{h}_{i,d}=0$，因此码字

$$\boldsymbol{c}=(0,\cdots,0,a_{i,1},0,\cdots,0,a_{i,d},0,\cdots,0)$$

的重量 $w_{\mathrm{H}}(\boldsymbol{c})$ 恰好为 d 且是最小重量码字。

证毕。

由此定理还可对校验矩阵及其生成矩阵的列进行置换，虽然会改变码的其他结构，但是不改变码的最小码距。

注意最小码距 $d_{\min}=d$ 是校验矩阵 $\boldsymbol{H}$ 的最小线性相关的列数，并不等于校验矩阵 $\boldsymbol{H}$ 的（列）秩 r（校验矩阵 $\boldsymbol{H}$ 的最大线性无关列数 r，或校验矩阵 $\boldsymbol{H}$ 的某 r 列无关且任意 $r+1$ 列相关），关于最小码距的 Singleton 限有如下定理。

定理 6.4（Singleton 限） 若对于任意 (n,k) 线性分组码，有

$$d_{\min}\leqslant r+1=n-k+1 \tag{6-3-9}$$

则称最小码距达到 Singleton 限的 (n,k) 线性分组码为最大距离可分码（Maximum Distance Separable 码，MDS 码）。

2. 系统码

在一般的编码映射中，码字码元 c_i 与消息码元 u_j 不一定直接相等，为获得 $\hat{u}_j$ 译码输出，还需进行较为复杂的码组 $\hat{\boldsymbol{c}}$ 到 $\hat{u}_j$ 的逆变换，从而影响码的使用。

定义 6.7 线性分组码的系统码形式或系统码是指码字中某 k 个码元符号与消息符号一一相等，即总有

$$c_{i_j}=u_j,\ j=0,1,\cdots,k-1,\ i_j\in\{0,1,\cdots,n-1\} \tag{6-3-10}$$

标准系统码记为 C_{S}，是生成矩阵 $\boldsymbol{G}=\boldsymbol{G}_{\mathrm{S}}$ 中具有一个单位分块矩阵的系统码，即

$$\boldsymbol{G}_{\mathrm{S}}=\left[\boldsymbol{Q}_{k\times r_1},\boldsymbol{I}_k,\boldsymbol{Q}_{k\times r_2}\right]_{k\times n},\ r_1+r_2=r \tag{6-3-11}$$

通常设 $r_1=0$，则 $\boldsymbol{G}_{\mathrm{S}}=[\boldsymbol{I}_k,\boldsymbol{Q}_{k\times r}]_{k\times n}$ 或 $r_2=0$，则 $\boldsymbol{G}_{\mathrm{S}}=[\boldsymbol{Q}_{k\times r},\boldsymbol{I}_k]_{k\times n}$。

系统码的基本特性如下。

（1）由矩阵行等价原理可知，任何线性分组码均可以通过行初等变换转换为系统码，但并非所有的码都可以等价于标准系统码。

（2）由矩阵行等价原理和列置换不改变最小距离原理可知，系统码或标准系统码与原码有相同的码率。

（3）尽管行等价有 $C=C_{\mathrm{S}}$，但是具体码字码元与消息码元的对应发生了变化，即对于某些 $\boldsymbol{u}$，$\boldsymbol{uG}\neq\boldsymbol{uG}_{\mathrm{S}}$。

（4）标准系统码较易由 $\boldsymbol{G}_{\mathrm{S}}$ 获得相应的校验矩阵 $\boldsymbol{H}_{\mathrm{S}}$，即

$$\boldsymbol{G}_{\mathrm{S}}=[\boldsymbol{I}_k,\boldsymbol{Q}_{k\times r}]_{k\times n}\Leftrightarrow\boldsymbol{H}_{\mathrm{S}}=[-(\boldsymbol{Q}_{k\times r})^{\mathrm{T}},\boldsymbol{I}_r]_{r\times n} \tag{6-3-12}$$

式（6-3-12）之所以成立，是因为 $\boldsymbol{G}_{\mathrm{S}}(\boldsymbol{H}_{\mathrm{S}})^{\mathrm{T}}=[\boldsymbol{I}_k,\boldsymbol{Q}_{k\times r}]_{k\times n}([-(\boldsymbol{Q}_{k\times r})^{\mathrm{T}},\boldsymbol{I}_r]_{r\times n})^{\mathrm{T}}=[\boldsymbol{I}_k(-(\boldsymbol{Q}_{k\times r}))+\boldsymbol{Q}_{k\times r}\boldsymbol{I}_r]=[0]_{k\times r}$。注意，在二元域上 $-(\boldsymbol{Q}_{k\times r})=\boldsymbol{Q}_{k\times r}$。

（5）$\boldsymbol{G}$、$\boldsymbol{G}_{\mathrm{S}}$、$\boldsymbol{H}$ 和 $\boldsymbol{H}_{\mathrm{S}}$ 仍然满足

$$\boldsymbol{GH}_{\mathrm{S}}^{\mathrm{T}}=\boldsymbol{GH}^{\mathrm{T}}=\boldsymbol{G}_{\mathrm{S}}\boldsymbol{H}_{\mathrm{S}}^{\mathrm{T}}=\boldsymbol{G}_{\mathrm{S}}\boldsymbol{H}^{\mathrm{T}}=[0]_{k\times r}$$

3．线性分组码举例

例 6.8　一个 (5,3) 线性分组码的生成矩阵为 $\boldsymbol{G}$，相应的标准系统码生成矩阵为 $\boldsymbol{G}_{\mathrm{S}}$，校验矩阵为 $\boldsymbol{H}_{\mathrm{S}}$，该码的码字如表 6.5 所示。

$$\boldsymbol{G}=\begin{bmatrix}1&0&1&1&0\\0&1&0&1&1\\1&1&0&1&0\end{bmatrix},\quad \boldsymbol{G}_{\mathrm{S}}=\begin{bmatrix}1&0&0&0&1\\0&1&0&1&1\\0&0&1&1&1\end{bmatrix},\quad \boldsymbol{H}_{\mathrm{S}}=\begin{bmatrix}0&1&1&1&0\\1&1&1&0&1\end{bmatrix}$$

式中，$\boldsymbol{G}$ 到 $\boldsymbol{G}_{\mathrm{S}}$ 的行初等变换过程为（R_i 表示第 i 行）

$$R_3 \leftarrow R_3 + R_2;\ R_1 \leftarrow R_1 + R_3;\ R_1 \leftrightarrow R_3$$

此码由于 $\boldsymbol{H}_{\mathrm{S}}$ 的第 1 列和第 5 列相同而线性相关，即最小线性相关的列数为 2，故此码 $d_{\min}=2$。

表 6.5　(5,3) 线性分组码的码字

消息 u	G 生成码字	G_{S} 生成码字	对偶码码字
000	00000	00000	
001	11010	00111	
010	01011	01011	00000
011	10001	01100	11101
100	10110	10001	01110
101	01100	10110	10011
110	11101	11010	
111	00111	11101	

例 6.9　4 重复码的生成矩阵和校验矩阵分别是

$$\boldsymbol{G}=\begin{bmatrix}1&1&1&1\end{bmatrix},\quad \boldsymbol{H}=\begin{bmatrix}1&0&0&1\\0&1&0&1\\0&0&1&1\end{bmatrix}$$

由于 $\boldsymbol{H}$ 的所有任意 3 列均线性无关，$\boldsymbol{H}$ 的全部 4 列线性相关，所以 $d_{\min}=4$。

例 6.10　二元 $(n,k)=(4,2)$ 码 $C=\{(0111), (1110), (1101), (1011)\}$ 由于没有全零向量为码字，不能构成群结构，所以不是线性分组码。此外还可以发现该码也不可能构成系统码。因此不存在生成矩阵。该码的最小码距为

$$d_{\min}=\min_{c\neq c'}\{d_{\mathrm{H}}(\boldsymbol{c},\boldsymbol{c}')\}=2$$

因为

$$\min\begin{Bmatrix}d_{\mathrm{H}}(0111,1110), d_{\mathrm{H}}(0111,1101), d_{\mathrm{H}}(0111,1011),\\ d_{\mathrm{H}}(1110,1101), d_{\mathrm{H}}(1110,1011), d_{\mathrm{H}}(1101,1011)\end{Bmatrix}=2$$

6.3.2　线性分组码的译码

线性分组码的通用译码算法主要包括伴随式译码算法和标准阵列译码算法。

1．伴随式译码算法

伴随式译码算法是线性分组码的一种通用译码算法。线性分组码的编码传输中，信道输

入集合和输出集合均是码元符号集合 F_2，因而线性分组码在加性噪声干扰下的离散无记忆信道的传输模型描述为

$$\boldsymbol{v}=(v_0,v_1,\cdots,v_{n-1})=(c_0,c_1,\cdots,c_{n-1})+(e_0,e_1,\cdots,e_{n-1})=\boldsymbol{c}+\boldsymbol{e} \tag{6-3-13}$$

式中，$\boldsymbol{e}$ 称为差错图案。显然差错图案完全描述了信道的传输特性。二元对称信道作为一种最简单的信道，其差错图案是一个分量为 1，概率等于转移概率 p 的随机 n 维向量。

定义 6.8　线性分组码的伴随式是仅与信道或差错图案相关的信道传输特征向量 $\boldsymbol{s}$

$$\boldsymbol{s}=\boldsymbol{v}\boldsymbol{H}^{\mathrm{T}} \tag{6-3-14}$$

注意到，$\boldsymbol{s}=\boldsymbol{v}\boldsymbol{H}^{\mathrm{T}}=\boldsymbol{c}\boldsymbol{H}^{\mathrm{T}}+\boldsymbol{e}\boldsymbol{H}^{\mathrm{T}}=\boldsymbol{0}+\boldsymbol{e}\boldsymbol{H}^{\mathrm{T}}=\boldsymbol{e}\boldsymbol{H}^{\mathrm{T}}\in V_{n-k}$

所以伴随式检错译码的准则如下。

若 $\boldsymbol{s}\neq\boldsymbol{0}$，则一定有传输差错。

若 $\boldsymbol{s}=\boldsymbol{0}$，则无传输差错或差错图案恰好为码字。

对于二元线性分组码，不同伴随式的数目为 $|\{\boldsymbol{s}\}|=2^{n-k}$，如果一个伴随式对应一种更可能的差错图案，则一个可以纠正 t_{c} 个差错的线性分组码的不同伴随式对应的差错图案数一定满足式（6-3-15）所示的关系，这一关系也称为汉明限。

$$2^{n-k}\geqslant\sum_{t=0}^{t=t_{\mathrm{c}}}\binom{n}{t} \tag{6-3-15}$$

因此可以在伴随式与差错图案之间建立一个一一对应关系表，这个表称为伴随式译码表 $\{(\boldsymbol{s},\boldsymbol{e})\}$。通过对伴随式的计算和寻址，获得预设的差错图案，从而纠正这些差错图案产生的差错。为纠正最大可能出现的差错图案，进行最大似然译码，需先建立最大概率差错图案 $\boldsymbol{e}$（对二元对称信道或无记忆信道来说就是最小重量的差错图案 $\boldsymbol{e}$）与伴随式 $\boldsymbol{s}$ 的对应关系。下面给出伴随式译码表构造算法和伴随式译码算法。

伴随式译码表构造算法如下。

输入：校验矩阵 $\boldsymbol{H}$。

输出：伴随式译码表 $T=\{(\boldsymbol{s},\boldsymbol{e})\}$。

伴随式译码表构造算法的流程如下。

（1）设 $i=2$，$\boldsymbol{e}_1=(0,0,\cdots,0)$，$E=\{\boldsymbol{e}\mid w_{\mathrm{H}}(\boldsymbol{e})=1,2,\cdots,n\}$，$S=\{\boldsymbol{0}^{(r)}\}$，$T=\{(\boldsymbol{0}^{(r)},\boldsymbol{0}^{(n)})\}$。

（2）若有 $\boldsymbol{e}\in E$ 使 $w_{\mathrm{H}}(\boldsymbol{e})=w_{\mathrm{H}}(\boldsymbol{e}_{i-1})$，则 $\boldsymbol{e}_i=\boldsymbol{e}$；否则选 $\boldsymbol{e}_i\in E$ 使得 $w_{\mathrm{H}}(\boldsymbol{e}_i)=w_{\mathrm{H}}(\boldsymbol{e}_{i-1})+1$。

（3）计算 $\boldsymbol{s}_i=\boldsymbol{e}_i\boldsymbol{H}^{\mathrm{T}}$。

（4）若 $\boldsymbol{s}_i\in S$，则返回（2）；否则 $T\leftarrow T\cup\{(\boldsymbol{s}_i,\boldsymbol{e}_i)\}$，$S\leftarrow S\cup\{\boldsymbol{s}_i\}$。

（5）若 $i=2^{n-k}$，则算法停止，输出 T；否则 $i\leftarrow i+1$，返回（2）。

伴随式译码算法如下。

输入：接收分组 $\boldsymbol{v}$。

输出：译码码字 $\hat{\boldsymbol{c}}$ 或消息分组 $\hat{\boldsymbol{u}}$。

伴随式译码算法的流程如下。

（1）计算伴随式，$\boldsymbol{s}=\boldsymbol{v}\boldsymbol{H}^{\mathrm{T}}$。

（2）由伴随式译码表 $\{(\boldsymbol{s},\boldsymbol{e})\}$ 得到差错图案 $\boldsymbol{e}$。

（3）纠错计算，输出 $\hat{\boldsymbol{c}}=\boldsymbol{v}-\boldsymbol{e}$ 并计算输出 $\hat{\boldsymbol{u}}$。

2．标准阵列译码算法

线性分组码的另一种通用译码算法是标准阵列译码算法。

标准阵列如表 6.6 中粗线框所示。

表 6.6　标准阵列

	$\boldsymbol{c}_1$	…	$\boldsymbol{c}_j$	…	$\boldsymbol{c}_{q^k}$
$\boldsymbol{e}_1$	$\boldsymbol{e}_1+\boldsymbol{c}_1$	…	$\boldsymbol{e}_1+\boldsymbol{c}_j$	…	$\boldsymbol{e}_1+\boldsymbol{c}_{2^k}$
⋮					
$\boldsymbol{e}_i$	$\boldsymbol{e}_i+\boldsymbol{c}_1$	…	$\boldsymbol{e}_i+\boldsymbol{c}_j$	…	$\boldsymbol{e}_i+\boldsymbol{c}_{2^k}$
⋮					
$\boldsymbol{e}_{2^r}$	$\boldsymbol{e}_{2^r}+\boldsymbol{c}_1$	…	$\boldsymbol{e}_{2^r}+\boldsymbol{c}_j$	…	$\boldsymbol{e}_{2^r}+\boldsymbol{c}_{2^k}$

离散无记忆信道上的标准阵列构造算法如下。

输入：(n,k) 分组码 C。

输出：标准阵列 $\boldsymbol{A}=[\boldsymbol{a}_{i,j}]$。

离散无记忆信道上的标准阵列构造算法的流程如下。

（1）设 $i=2$，$\boldsymbol{e}_1=(0,0,\cdots,0)$，$E=\{\boldsymbol{e}\mid w_{\mathrm{H}}(\boldsymbol{e})=1,2,\cdots,n\}$。

（2）$A_1=\{\boldsymbol{a}_{1,j}\}=\{\boldsymbol{e}_1+\boldsymbol{c}_j\mid j=1,2,\cdots,2^k\}$。

（3）若有 $\boldsymbol{e}\in E$ 且 $\boldsymbol{e}\notin A_1\cup A_2\cup\cdots\cup A_{i-1}$ 使 $w_{\mathrm{H}}(\boldsymbol{e})=w_{\mathrm{H}}(\boldsymbol{e}_{i-1})$，则选择 $\boldsymbol{e}_i=\boldsymbol{e}$；否则选择 $\boldsymbol{e}_i\in E$ 且 $\boldsymbol{e}_i\notin A_1\cup A_2\cup\cdots\cup A_{i-1}$，使 $w_{\mathrm{H}}(\boldsymbol{e}_i)=w_{\mathrm{H}}(\boldsymbol{e}_{i-1})+1$。

（4）$\boldsymbol{a}_{i,j}=\boldsymbol{e}_i+\boldsymbol{c}_j$，$j=1,2,\cdots,2^k$，$A_i=\{\boldsymbol{a}_{i,j}\}$。

（5）若 $i=2^{n-k}$，则算法停止，输出 $\boldsymbol{A}=[\boldsymbol{a}_{i,j}]$；否则 $i\leftarrow i+1$，返回（3）。

通常标准阵列的构造中选择 $\boldsymbol{c}_1=\boldsymbol{0}$。由于 $\boldsymbol{e}_1=(0,0,\cdots,0)$，所以标准阵列的第一行 A_1 等于全部码字。阵列中的第 i 行第 j 列元素为 $\boldsymbol{a}_{i,j}=\boldsymbol{e}_i+\boldsymbol{c}_j$，$i=1,2,\cdots,2^{n-k}$，$j=1,2,\cdots,2^k$。$\boldsymbol{e}_i$ 是阵列前 $i-1$ 行没有出现过的最小重量 n 维向量。

一般地，标准阵列有以下特点。

（1）任意两行均不相同。

（2）任意两列均不相同。

（3）每行都有相同的伴随式。

（4）所有阵列元素组成全部可能的 n 维向量。

记 A_l、B_l 分别表示标准阵列的第 l 行和第 l 列，$\boldsymbol{y}$ 为译码器的输出，如图 6.9 所示，应用标准阵列可以简明地描述纠错码的各种译码模式。

（1）完备译码指对任意接收向量 $\boldsymbol{v}$ 均给出译码码字输出 $\boldsymbol{y}=\hat{\boldsymbol{c}}$，算法表述为：若 $\boldsymbol{v}\in B_j$，则 $\boldsymbol{y}=\hat{\boldsymbol{c}}=\boldsymbol{c}_j$。

（2）限定距离译码指对可纠错接收向量 $\boldsymbol{v}$ 给出译码码字输出（译码成功），对不可纠错接收向量 $\boldsymbol{v}$ 给出差错指示或伴随式 $\boldsymbol{s}$，或给出接收向量 $\boldsymbol{v}$ 或随机码字 $\tilde{\boldsymbol{c}}$（译码失败），算法表述为：

若 $\boldsymbol{v}\in B_j$ 且 $\boldsymbol{v}\in\bigcup_{l=1}^{u}A_l$，则 $\boldsymbol{y}=\hat{\boldsymbol{c}}=\boldsymbol{c}_j$；若 $\boldsymbol{v}\in\bigcup_{l=u+1}^{2^{n-k}}A_l$，则 $\boldsymbol{y}=(\boldsymbol{v},\boldsymbol{s})$ 或 $\boldsymbol{y}=(\tilde{\boldsymbol{c}},\boldsymbol{s})$。

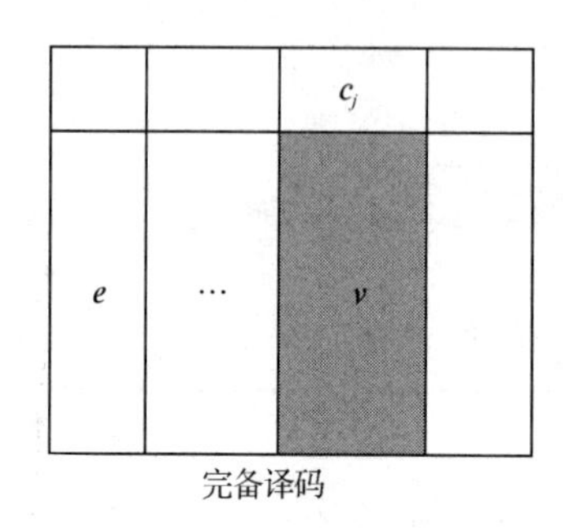

完备译码

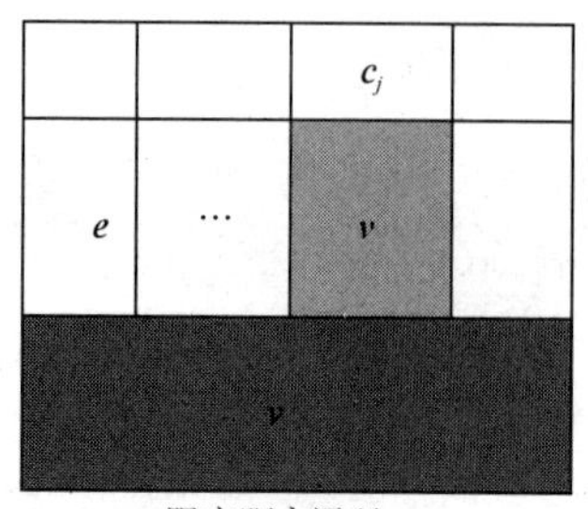

限定距离译码

图 6.9 标准阵列纠错译码

在限定距离译码中，参数u的选择是使码恰好能纠正所有$t \leqslant t_c$个差错，即

$$2^u = \sum_{t=0}^{t_c} \binom{n}{t} \text{或者 } w_H(\boldsymbol{e}_u) \leqslant t_c < w_H(\boldsymbol{e}_{u+1}) \tag{6-3-16}$$

例 6.11 对于例 6.8 中的(5,3)线性分组码，设定校验矩阵为系统码形式，在二元对称信道上相应的伴随式译码表和标准阵列分别如表 6.7 和表 6.8 所示。

表 6.7 伴随式译码表

s	**e**
00	00000
01	00001
10	00010
11	01000

表 6.8 标准阵列

	00000	11010	01011	10001	10110	01100	11101	00111
00000	00000	11010	01011	10001	10110	01100	11101	00111
00001	00001	11011	01010	10000	10111	01101	11100	00110
00010	00010	11000	01001	10011	10100	01110	11111	00101
01000	01000	10010	00011	11001	11110	00100	10101	01111

由于单个差错的差错图案不能穷尽所有单个差错情形，即

$$2^{n-k} = 2^2 < \binom{n}{1} = \binom{5}{1} = 5 \tag{6-3-17}$$

因此由单个差错图案的不同选择可有多种形式的伴随式译码表和标准阵列。

6.3.3 汉明码

汉明码是由 Richard W. Hamming 在 1950 年首次发现的一类纠正单个差错的代数分组码，在早期编码史上具有里程碑意义。汉明码是由校验矩阵定义分组码的典型。

定义 6.9 二元m阶汉明码是由校验矩阵$\boldsymbol{H}_2(m)$定义的一类线性分组纠错码。

$$\boldsymbol{H}_2(m) = [\boldsymbol{h}_1, \boldsymbol{h}_2, \cdots, \boldsymbol{h}_{2^m-1}],\ \ \forall \boldsymbol{h}_j \in V_m,\ \ \boldsymbol{h}_j \neq \boldsymbol{0} \tag{6-3-18}$$

校验矩阵$\boldsymbol{H}_2(m)$，又称为二元m阶汉明矩阵，校验矩阵的全部列向量是所有二元域上的非零m维向量。

二元 m 阶汉明码的基本特性如下。

（1）码长 n、信息位长 k 和校验位长 r 满足对任意正整数 m，有

$$\begin{cases} n = 2^m - 1 \\ k = 2^m - 1 - m \\ r = m \end{cases} \tag{6-3-19}$$

因为所有二元非零 m 维向量的个数恰好为 $n = 2^m - 1$ 个，故式（6-3-19）中的参数值关系成立。

（2）码率 $R_c = 1 - m/(2^m - 1)$。

显然当 m 趋于无穷大时，汉明码码率趋于 1。

（3）最小码距 $d_{\min} = 3$，$t_c = 1$。

因校验矩阵中任意两个不同的列向量 $\boldsymbol{h}_j, \boldsymbol{h}_k \in V_m$ 不同而必定线性无关，因 $\boldsymbol{H}_2(m)$ 中包含所有非零 m 维向量而必定有某 3 列向量线性相关，故由线性分组码的最小码距判别定理可知，汉明码的最小码距 $d_{\min} = 3$。

（4）汉明码是完备码，即

$$\sum_{i=0}^{t_c=1} \binom{n}{i} = 1 + n = 1 + 2^m - 1 = 2^m = 2^{n-k} = 2^r$$

注意，在汉明码的校验矩阵 $\boldsymbol{H}_2(m)$ 的构造中，非零列向量的任意排列顺序或者任意列初等置换，均可获得不同的校验矩阵 $\boldsymbol{H}_2(m)$，尽管由其定义的码集合可能不相等，但是它们具有相同的汉明码基本特性，因此称这些线性分组码是在码参数意义上等价的汉明码，二元 m 阶汉明码表示为 $(n,k,d) = (2^m - 1, 2^m - 1 - m, 3)$ 分组码。

例 6.12　$(n,k,d) = (15,11,3)$ 二元汉明码的两种等价的校验矩阵分别为

$$\boldsymbol{H}_2(4) = \begin{bmatrix} 1 & 0 & 0 & 0 & 1 & 0 & 0 & 1 & 1 & 0 & 1 & 0 & 1 & 1 & 1 \\ 0 & 1 & 0 & 0 & 1 & 1 & 0 & 0 & 0 & 1 & 1 & 1 & 0 & 1 & 1 \\ 0 & 0 & 1 & 0 & 0 & 1 & 1 & 0 & 1 & 0 & 1 & 1 & 1 & 0 & 1 \\ 0 & 0 & 0 & 1 & 0 & 0 & 1 & 1 & 0 & 1 & 0 & 1 & 1 & 1 & 1 \end{bmatrix}$$

$$\boldsymbol{H}_2'(4) = \begin{bmatrix} 1 & 0 & 1 & 0 & 1 & 0 & 1 & 0 & 1 & 0 & 1 & 0 & 1 & 0 & 1 \\ 0 & 1 & 1 & 0 & 0 & 1 & 1 & 0 & 0 & 1 & 1 & 0 & 0 & 1 & 1 \\ 0 & 0 & 0 & 1 & 1 & 1 & 1 & 0 & 0 & 0 & 0 & 1 & 1 & 1 & 1 \\ 0 & 0 & 0 & 0 & 0 & 0 & 0 & 1 & 1 & 1 & 1 & 1 & 1 & 1 & 1 \end{bmatrix}$$

二元汉明码的对偶码是以 $\boldsymbol{H}_2(m)$ 为生成矩阵的线性分组码。

由于二元汉明码的对偶码的码参数为 $(n^*, k^*, d^*) = (2^m - 1, m, 2^{m-1})$，因此这个对偶码也称为最大长度码，又因对偶码中非零码字重量和码字间距离均恒为 2^{m-1} 而称为等重码或等距码。

例 6.13　二元 3 阶汉明码是一个 $(7,4,3)$ 线性分组码，其一种系统码形式的校验矩阵和生成矩阵分别为 $\boldsymbol{H}(3)$ 和 $\boldsymbol{G}(3)$，即

$$\boldsymbol{H}(3) = \begin{bmatrix} 1110100 \\ 0111010 \\ 1101001 \end{bmatrix}, \quad \boldsymbol{G}(3) = \begin{bmatrix} 1000101 \\ 0100111 \\ 0010110 \\ 0001011 \end{bmatrix}$$

对于信息向量 $\boldsymbol{u} = (u_0, u_1, u_2, u_3)$，等价的编码方程和编码联立方程组分别为

$$(c_0,c_1,c_2,c_3,c_4,c_5,c_6)=(u_0,u_1,u_2,u_3)\boldsymbol{G}(3) \tag{6-3-20}$$

$$\begin{cases} c_i=u_i,\quad i=0,1,2,3 \\ c_4=u_0+u_1+u_2 \\ c_5=u_1+u_2+u_3 \\ c_6=u_0+u_1+u_3 \end{cases} \tag{6-3-21}$$

对于接收向量$\boldsymbol{v}=(v_0,v_1,v_2,v_3,v_4,v_5,v_6)$，相应的伴随式计算方程和校验联立方程组分别为

$$(s_0,s_1,s_2)=(v_0,v_1,v_2,v_3,v_4,v_5,v_6)\boldsymbol{H}(3)^{\mathrm{T}} \tag{6-3-22}$$

$$\begin{cases} s_0=v_0+v_1+v_2+v_4=e_0+e_1+e_2+e_4 \\ s_1=v_1+v_2+v_3+v_5=e_1+e_2+e_3+e_5 \\ s_2=v_0+v_1+v_3+v_6=e_0+e_1+e_3+e_6 \end{cases} \tag{6-3-23}$$

对消息序列$\boldsymbol{u}=(u_0,u_1,u_2,u_3)=(1,0,1,1)$编码，如果在传输中第 4 位出错，则对接收向量译码。

解：

（1）编码码字：$\boldsymbol{c}=\boldsymbol{uG}=(1,0,1,1)\boldsymbol{G}=(1,0,1,1,0,0,0)$。

（2）建立伴随式译码表，结果如表 6.9 所示。

表 6.9 (7,4,3)汉明码的伴随式译码表

$\boldsymbol{e}$	0000000	1000000	0100000	0010000	0001000	0000100	0000010	0000001
$\boldsymbol{s}$	000	101	111	110	011	100	010	001

（3）传输后第 4 位出错，即接收向量$\boldsymbol{r}=(1,0,1,0,0,0,0)$，计算伴随式$\boldsymbol{s}=\boldsymbol{rH}^{\mathrm{T}}=(0,1,1)$。

（4）查表得到的错误图案$\boldsymbol{e}=(0,0,0,1,0,0,0)$。

（5）译码计算出的码字估计$\boldsymbol{c}=\boldsymbol{r}\oplus\boldsymbol{e}=(1,0,1,1,0,0,0)$。

（6）提取出消息序列$\boldsymbol{u}=(1,0,1,1)$。

汉明码的一个应用是解决所谓“称重”问题：如果有 8 个硬币并且已知其中 1 个是重量上略为不等的假币，问如果采用天平称重，最少用多少次才能将假币找出来？

将第 1～7 号硬币对应于(7,4,3)汉明码码字的第 1～7 号的接收符号或码元，假币等价于一位差错码元或符号，汉明码的每个由 4 位码元构成的校验方程的计算等效为对应序号的 4 个硬币在天平上两端各 2 个硬币的一次称重。于是若假币是第 1～7 号硬币中的一个，即有 1 位符号的“传输差错”，则由(7,4,3)汉明码的纠单个差错的能力可知，通过称重方式的“校验计算”可以唯一确定“码元错位”，即唯一确定假币序号，若“接收的码字无错”或“3 个校验方程均满足”，即 3 次称重均平衡，则假币一定是第 8 号硬币。

一个可能的硬币与码元的对应如下：

硬币序号 $\quad 1\ \ 2\ \ 3\ \ 4\ \ 5\ \ 6\ \ 7$

汉明码校验矩阵 $\boldsymbol{H}=\begin{bmatrix} 0 & 0 & 0 & 1 & 1 & 1 & 1 \\ 0 & 1 & 1 & 0 & 0 & 1 & 1 \\ 1 & 0 & 1 & 0 & 1 & 0 & 1 \end{bmatrix}$

第 1 次称重的硬币序号是 4,5,6,7，第 2 次称重的硬币序号是 2,3,6,7，第 3 次称重的硬币序号是 1,3,5,7。若第 1 次和第 2 次称重平衡，即第 1 次和第 2 次“校验满足”，并有第 3 次称重不平衡，则校验的伴随式为“001”，假币是第 1 号硬币；若第 1 次称重平衡，第 2 次和第 3 次称重不平衡，则校验的伴随式为“011”，假币是第 3 号硬币；若 3 次称重均不平衡，则假币是第 7 号硬币。

注意，汉明码校验设计的称重方式中，每次称重都可以去除一半不可能的假币，所以 7 个硬币总共只需$\lceil \log 7 \rceil = 3$次称重，即可检测出假币。这表明每次称重都能够获取关于假币序号的最大信息量，由此提供一个好的纠错码的设计思路是每个校验方程的设计和计算都应当获得关于差错码元位置及其差错值的最大信息量。

6.3.4 循环码

1. 循环码及其多项式描述

纠错码的有效构造和有效译码总希望使码具有更精致的数学结构或约束条件。分组性是一种约束，线性性又是对分组码的一种约束，循环性是对分组码的另一种约束。1957 年，普兰奇（E. Prange）在研究线性码时找到了一个子类，它具有更多结构特性。这类码不但具有任意两个码字之和仍为码字的特性，而且具有任意一个码字的循环移位也是一个码字的特性。具有这种特性的线性码称为线性循环码。线性循环码具有更精细的代数结构，它的编译码电路简单且易于实现，因此得到了广泛应用。

定义 6.10　对(n,k)线性分组码C的任意码字$\boldsymbol{c}=(c_1,c_2,\cdots,c_n)$，将$\boldsymbol{c}$的码元向右或者向左移动 1 位后得到的序列$(c_n,c_1,\cdots,c_{n-1})$或$(c_2,c_3,\cdots,c_1)$仍然是$C$的码字，则称$C$为循环码。

注意，循环码不一定由一个码字的全部循环移位构成，可以由多个码字分别循环构成，循环码也有非线性的。本书只讨论线性循环码。

例 6.14　$(7,4,3)$汉明码的 16 个码字形成了以下 4 个循环组：

0001011, 0010110, 0101100, 1011000, 0110001, 1100010, 1000101

0011101, 0111010, 1110100, 1101001, 1010011, 0100111, 1001110

0000000

1111111

第 1 组由码字 0001011 逐次向左循环移动 1 位得到；第 2 组由码字 0011101 逐次向左循环移动 1 位得到；全 0 码字和全 1 码字是自循环的单独码字。

一个序列或向量$\boldsymbol{v}=(v_0,v_1,\cdots,v_{n-2},v_{n-1})$和其向右移位$\boldsymbol{v}^{(1)}$、$\boldsymbol{v}^{(i)}$的多项式描述分别为

$$v(x)=v_{n-1}x^{n-1}+v_{n-2}x^{n-2}+\cdots+v_2x^2+v_1x+v_0 \tag{6-3-24}$$

$$v^{(1)}(x)=v_{n-2}x^{n-1}+v_{n-3}x^{n-2}+\cdots+v_1x^2+v_0x+v_{n-1} \tag{6-3-25}$$

$$v^{(i)}(x)=v_{n-1-i}x^{n-1}+v_{n-2-i}x^{n-2}+\cdots+v_1x^{i+1}+v_0x^i+v_{n-1}x^{i-1}+\cdots+v_{n-i} \tag{6-3-26}$$

比较$v(x)$、$v^{(1)}(x)$和$v^{(i)}(x)$的形式可以发现

$$v^{(1)}(x)=(x\cdot v(x))\bmod(x^n-1) \tag{6-3-27}$$

$$v^{(2)}(x)=(x\cdot v^{(1)}(x))\bmod(x^n-1)=(x^2\cdot v(x))\bmod(x^n-1) \tag{6-3-28}$$

$$v^{(i)}(x)=(x^i\cdot v(x))\bmod(x^n-1),\quad i=0,1,2,\cdots,n-1 \tag{6-3-29}$$

式（6-3-29）表明n元组或n维向量的i次循环右移等价于其相应描述多项式的i次升幂后取x^n-1的模多项式剩余。

定义 6.11　码字向量$\boldsymbol{c}$的描述多项式$c(x)$称为码多项式或码式，循环码的多项式描述为

$$C(x)=\left\{c(x)\,\middle|\, c^{(i)}(x)=(x^ic(x))\bmod(x^n-1)\in C(x),\ i>0\right\} \tag{6-3-30}$$

2. 生成多项式与生成矩阵

由于循环码的任意一个码字可以由一个多项式唯一表示，故多项式的次数又称为码式的次数。根据二元域上次数小于n的多项式在模 2 加、模(x^n-1)运算下构成一个交换环，从多项式的性质出发，可以得到以下定理（证明略）。

定理 6.5 当且仅当$C(x)$是环$R_n=F_q[x]/(x^n-1)$的一个主理想时，二元(n,k)线性分组码C是二元(n,k)线性分组循环码$C(x)$。$C(x)$中存在唯一的首一多项式，即生成元$g(x)$，使

$$\begin{cases} C(x)=\langle g(x)\rangle \\ c(x)=v(x)g(x)\bmod(x^n-1) \\ g(x)=x^r+g_{r-1}x^{r-1}+g_{r-2}x^{r-2}+\cdots+g_2x^2+g_1x+g_0 \end{cases} \tag{6-3-31}$$

定义 6.12 (n,k)线性分组循环码$C(x)$的生成多项式是$C(x)$作为主理想时的生成元$g(x)$，简称生成式。

定理 6.6 线性分组循环码$C(x)$的生成式$g(x)$具有以下基本特性。

（1）$g(x)$的零次项$g_0\neq 0$。

（2）$g(x)$是唯一的。

（3）$g(x)$是最低次的码式。

（4）码式$c(x)$是生成式$g(x)$的倍式，即

$$c(x)=v(x)g(x)\bmod(x^n-1) \tag{6-3-32}$$

（5）生成式的次数等于校验位长，即

$$\partial^\circ g(x)=r=n-k \tag{6-3-33}$$

（6）当且仅当$g(x)$是x^n-1的$r=n-k$次因式时，$g(x)$是(n,k)循环码的生成式，即

$$x^n-1=g(x)h(x) \tag{6-3-34}$$

注意，循环码是由生成式$g(x)$和码长n两者共同决定的线性分组码，循环码的码参数值不可能连续分布。

例 6.15 GF(2) 上x^7+1的因式分解为

$$x^7+1=(x+1)(x^3+x^2+1)(x^3+x+1)$$

因此，x^7+1有 3 个既约式因式，码长为$n=7$的循环码共有2^3个，每个码长为$n=7$的循环码由x^7+1个任意因式生成（尽管其性能可能大不相同）。如下是其中 5 个码长为$n=7$的循环码。

（1）(7,4) 循环码 A，生成式$g(x)=x^3+x^2+1$，码式$c(x)$为

$$c(x)=(v_0+v_1x+v_2x^2+v_3x^3)(x^3+x^2+1)$$

（2）(7,4) 循环码 B，生成式$g(x)=x^3+x+1$，码式$c(x)$为

$$c(x)=(v_0+v_1x+v_2x^2+v_3x^3)(x^3+x+1)$$

（3）(7,3) 循环码 C，生成式$g(x)=(x^3+x+1)(x+1)$，码式$c(x)$为

$$c(x)=(v_0+v_1x+v_2x^2)(x^4+x^2+x+1)$$

（4）(7,1) 循环码 D，生成式$g(x)=(x^3+x+1)(x^3+x+1)$，码式$c(x)$为

$$c(x)=v_0(x^6+x^5+x^4+x^3+x^2+x+1)$$

显然这是一个 7 重复码。

（5）$(7,6)$ 循环码 E，生成式为 $g(x)=x+1$，码式 $c(x)$ 为

$$
\begin{aligned}
c(x) &= (v_0+v_1x+v_2x^2+v_3x^3+v_4x^4+v_5x^5)(x+1)\\
&= v_0+(v_0+v_1)x+(v_1+v_2)x^2+(v_2+v_3)x^3+(v_3+v_4)x^4+(v_4+v_5)x^5+v_5x^6
\end{aligned}
$$

可以证明它等价于一个偶校验码。

循环码的生成式表示如式（6-3-35）所示，即循环码的任意码多项式是该循环码生成式的倍式，即

$$
\begin{cases}
C(x)=\left\{c(x)\,\middle|\, c(x)=u(x)g(x),\ \partial^\circ u(x)<n-\partial^\circ g(x)\right\}\\
x^n-1=g(x)h(x)
\end{cases}
\tag{6-3-35}
$$

式中，$u(x)$ 称为消息多项式；$h(x)$ 称为校验多项式。

由于循环码是线性分组码的子类，所以 (n,k) 循环码的生成矩阵就是 (n,k) 循环码作为线性分组码时的生成矩阵。

记生成式为 $g(x)=g_0+g_1x+\cdots+g_{r-1}x^{r-1}+g_rx^r$，码式 $g(x),\ g(x)\cdot x,\ \cdots,\ g(x)\cdot x^{k-1}$ 的升幂形式所对应的 n 维码向量 $\boldsymbol{w}^{(0)},\ \boldsymbol{w}^{(1)},\ \cdots,\ \boldsymbol{w}^{(k-1)}$ 为

$$
\begin{cases}
\boldsymbol{w}^{(0)}=(g_0,g_1,\cdots,g_{r-1},g_r,0,\cdots,0,0)\\
\boldsymbol{w}^{(1)}=(0,g_0,\cdots,g_{r-2},g_{r-1},g_r,\cdots,0,0)\\
\quad\vdots\\
\boldsymbol{w}^{(k-1)}=(0,0,\cdots,0,g_0,g_1,\cdots,g_{r-1},g_r)
\end{cases}
\tag{6-3-36}
$$

容易验证这些向量线性无关，其线性组合对应于多项式组 $\{g(x),\ g(x)\cdot x,\ \cdots,\ g(x)\cdot x^{k-1}\}$ 的线性组合。

定理 6.7 生成式为 $g(x)=g_0+g_1x+\cdots+g_{r-1}x^{r-1}+g_rx^r$ 的 (n,k) 循环码的升幂形式生成矩阵 $\boldsymbol{G}$ 为

$$
\boldsymbol{G}=\begin{bmatrix}\boldsymbol{w}^{(0)}\\ \boldsymbol{w}^{(1)}\\ \vdots\\ \boldsymbol{w}^{(k-1)}\end{bmatrix}_{k\times n}
=\begin{bmatrix}
g_0 & g_1 & g_2 & \cdots & g_{r-1} & g_r & 0 & \cdots & 0\\
0 & g_0 & g_1 & g_2 & \cdots & g_{r-1} & g_r & \cdots & 0\\
\vdots & \vdots & \vdots & \vdots & \vdots & \vdots & \vdots & \vdots & \vdots\\
0 & 0 & \cdots & g_0 & g_1 & g_2 & \cdots & g_{r-1} & g_r
\end{bmatrix}_{k\times n}
\tag{6-3-37}
$$

简记为 $\boldsymbol{G}=\langle g_0g_1\cdots g_r\rangle_{k\times n}$。

注意，(n,k) 循环码的向量与序列倒序或降幂排列对应时，即若

$$
\boldsymbol{v}=(v_{n-1},v_{n-2},\cdots,v_1,v_0)\leftrightarrow v(x)=v_0+v_1x+v_2x^2+\cdots+v_{n-2}x^{n-2}+v_{n-1}x^{n-1}
$$

则循环码的生成矩阵应表示为如下降幂形式：

$$
\boldsymbol{G}=\begin{bmatrix}
g_r & g_{r-1} & g_{r-2} & \cdots & g_1 & g_0 & 0 & \cdots & 0\\
0 & g_r & g_{r-1} & g_{r-2} & \cdots & g_1 & g_0 & \cdots & 0\\
\vdots & \vdots & \vdots & \vdots & \vdots & \vdots & \vdots & \vdots & \vdots\\
0 & 0 & \cdots & g_r & g_{r-1} & g_{r-2} & \cdots & g_1 & g_0
\end{bmatrix}_{k\times n}
\triangleq\langle g_r\cdots g_1g_0\rangle_{k\times n}
$$

3．校验多项式与校验矩阵

与线性分组码的生成矩阵有校验矩阵对应类似，循环码的生成多项式也有对应的校验多项式。

定义 6.13 循环码的校验多项式 $h(x)$，简称校验式，即

$$\begin{cases} h(x) = (x^n - 1)/g(x) = h_0 + h_1 x + \cdots + h_{k-1}x^{k-1} + h_k x^k \\ k = n - \partial^\circ g(x) = n - r \end{cases} \tag{6-3-38}$$

(n,k) 循环码的校验矩阵是 (n,k) 循环码作为线性分组码时的校验矩阵。

一方面

$$\begin{aligned} c(x)h(x) &= v(x)g(x)h(x) = v(x)(x^n - 1) = v(x)x^n - v(x) \\ &= (v_0 x^n + v_1 x^{n+1} + \cdots + v_{k-1}x^{n+k-1}) - (v_0 + v_1 x + \cdots + v_{k-1}x^{k-1}) \\ &= b_0 + b_1 x + b_2 x^2 + \cdots + b_{k-1}x^{k-1} + b_k x^k + \cdots + \\ &\quad b_n x^n + b_{n+1}x^{n+1} + \cdots + b_{n+k-1}x^{n+k-1} \end{aligned}$$

式中，$x^k, x^{k+1}, \cdots, x^{n-1}$ 共 r 项的系数必为 0，即 $b_k = 0, b_{k+1} = 0, \cdots, b_{n-1} = 0$。

另一方面

$$\begin{aligned} c(x)h(x) &= \left(c_0 + c_1 x + \cdots + c_{n-1}x^{n-1}\right)\left(h_0 + h_1 x + \cdots + h_k x^k\right) \\ &= \sum_{i=0}^{n-1+k}\left(\sum_{j=0}^{i} c_j \cdot h_{i-j}\right)x^i \end{aligned}$$

所以比较 $c(x)h(x)$ 的两种形式的同幂次项系数，由 $x^{n-1}, x^{n-2}, \cdots, x^{k+1}, x^k$ 系数为 0 得到一组校验方程式：

$$\sum_{i=0}^{k} h_i \cdot c_{n-i-j} = 0,\ 1 \leqslant j \leqslant n-k = r \tag{6-3-39}$$

记 n 长向量 $\boldsymbol{h}^{(j)}$（$j = 1, 2, \cdots, r$）为

$$\begin{aligned} \boldsymbol{h}^{(j)} &= (\underbrace{0, \cdots, 0}_{r-j}, h_k, h_{k-1}, \cdots, h_1, h_0, \underbrace{0, \cdots, 0}_{j-1}) \\ &= \left(h_0^{(j)}, h_1^{(j)}, \cdots, h_{n-j}^{(j)}, \cdots, h_{n-2}^{(j)}, h_{n-1}^{(j)}\right) \end{aligned}$$

展开式（6-3-38）得

$$\begin{aligned} 0 &= h_0 c_{n-j} + h_1 c_{n-j-1} + \cdots + h_{k-1}c_{n-j-k+1} + h_k c_{n-j-k} \\ &= 0 \cdot c_{n-1} + 0 \cdot c_{n-2} + \cdots + 0 \cdot c_{n-j} + 0 \cdot c_{n-j+1} \\ &\quad + h_0 c_{n-j} + h_1 c_{n-j-1} + \cdots + h_{k-1}c_{n-j-k+1} + h_k c_{n-j-k} \\ &\quad + 0 \cdot c_{n-j-k-1} + 0 \cdot c_{n-j-k-2} + \cdots + 0 \cdot c_1 + 0 \cdot c_0 \end{aligned}$$

这表明校验式等价于码字向量 $\boldsymbol{c} = \left(c_0, c_1, \cdots, c_{n-2}, c_{n-1}\right)$ 与向量 $\boldsymbol{h}^{(j)}$ 的点积为 0，即

$$\boldsymbol{c} \cdot \boldsymbol{h}^{(j)} = c_{n-1} \cdot h_{n-1}^{(j)} + c_{n-2} \cdot h_{n-2}^{(j)} + \cdots + c_1 \cdot h_1^{(j)} + c_0 \cdot h_0^{(j)} = 0,\ j = 1, 2, \cdots, r \tag{6-3-40}$$

显然 $\left\{\boldsymbol{h}^{(j)} \middle| j = 1, 2, \cdots, r\right\}$ 是线性无关的向量组，因此以 $\boldsymbol{h}^{(r+1-j)}$（$j = 1, 2, \cdots, r$）为行向量构成的 $r \times n$ 矩阵是 (n,k) 循环码的校验矩阵。

定理 6.8 校验式为 $h(x) = h_0 + h_1 x + \cdots + h_k x^k$ 的 (n,k) 循环码的降幂形式校验矩阵 $\boldsymbol{H}$ 为

$$\boldsymbol{H} = \begin{bmatrix} \boldsymbol{h}^{(r)} \\ \boldsymbol{h}^{(r-1)} \\ \vdots \\ \boldsymbol{h}^{(1)} \end{bmatrix}_{r \times n} = \begin{bmatrix} h_k & h_{k-1} & \cdots & h_1 & h_0 & 0 & \cdots & 0 \\ 0 & h_k & h_{k-1} & \cdots & h_1 & h_0 & \cdots & 0 \\ \vdots & \vdots & \vdots & & \vdots & \vdots & \vdots & \vdots \\ 0 & \cdots & 0 & h_k & h_{k-1} & \cdots & h_1 & h_0 \end{bmatrix}_{r \times n} \tag{6-3-41}$$

简记为 $\boldsymbol{H}=\langle h_k h_{k-1}\cdots h_1 h_0\rangle_{r\times n}$。

应注意，生成矩阵 $\boldsymbol{G}$ 的行向量为生成式 $g(x)$ 系数的升幂排列时，对应的校验矩阵 $\boldsymbol{H}$ 的行向量为校验式 $h(x)$ 系数的降幂排列。如果 (n,k) 循环码的向量与序列降幂排列对应，则 $\boldsymbol{G}$ 为降幂排列，对应的 $\boldsymbol{H}$ 应为升幂排列，即

$$\boldsymbol{G}=\begin{bmatrix} g_r & \cdots & g_0 & \cdots & 0 \\ \vdots & & \vdots & & \vdots \\ 0 & \cdots & g_r & \cdots & g_0 \end{bmatrix} \leftrightarrow \boldsymbol{H}=\begin{bmatrix} h_0 & \cdots & h_k & \cdots & 0 \\ \vdots & & \vdots & & \vdots \\ 0 & \cdots & h_0 & \cdots & h_k \end{bmatrix}$$

例 6.16　例 6.15 中的各循环码的 $\boldsymbol{G}$ 和 $\boldsymbol{H}$ 分别如下：

（1）$(7,4)$ 循环码 A，$h(x)=x^4+x^3+x^2+1$。

$$\boldsymbol{G}=\begin{bmatrix} 1&0&1&1&0&0&0 \\ 0&1&0&1&1&0&0 \\ 0&0&1&0&1&1&0 \\ 0&0&0&1&0&1&1 \end{bmatrix},\ \boldsymbol{H}=\begin{bmatrix} 1&1&1&0&1&0&0 \\ 0&1&1&1&0&1&0 \\ 0&0&1&1&1&0&1 \end{bmatrix}$$

这里矩阵 $\boldsymbol{H}$ 的列是由所有非零二进制三维向量组成的，因此，此码是 $m=3$ 的汉明码。

（2）$(7,4)$ 循环码 B，$h(x)=x^4+x^2+x+1$，此码仍是 $m=3$ 的汉明码。

$$\boldsymbol{G}=\begin{bmatrix} 1&0&1&1&&& \\ &1&0&1&1&& \\ &&1&0&1&1& \\ &&&1&0&1&1 \end{bmatrix},\ \boldsymbol{H}=\begin{bmatrix} 1&1&1&0&1&& \\ &1&1&1&0&1& \\ &&1&1&1&0&1 \end{bmatrix}$$

（3）$(7,3)$ 循环码 C，$h(x)=x^3+x^2+1$。

$$\boldsymbol{G}=\begin{bmatrix} 1&0&1&1&1&& \\ &1&0&1&1&1& \\ &&1&0&1&1&1 \end{bmatrix},\ \boldsymbol{H}=\begin{bmatrix} 1&1&0&1&&& \\ &1&1&0&1&& \\ &&1&1&0&1& \\ &&&1&1&0&1 \end{bmatrix}$$

（4）$(7,1)$ 循环码 D，$h(x)=x+1$，此码为重复码。

$$\boldsymbol{G}=\begin{bmatrix} 1&1&1&1&1&1&1 \end{bmatrix},\ \boldsymbol{H}=\begin{bmatrix} 1&1&&&&& \\ &1&1&&&& \\ &&1&1&&& \\ &&&1&1&& \\ &&&&1&1& \\ &&&&&1&1 \end{bmatrix}$$

（5）$(7,6)$ 循环码 E，$h(x)=x^6+x^5+x^4+x^3+x^2+x+1$，此码为偶校验码，生成矩阵 $\boldsymbol{G}$ 是 $(7,1)$ 循环码的校验矩阵 $\boldsymbol{H}$，而 $\boldsymbol{H}$ 是 $(7,1)$ 循环码的生成矩阵 $\boldsymbol{G}$。由此还可见 $(7,6)$ 循环（偶校验）码与 $(7,1)$ 循环（重复）码互为对偶码。

定理 6.9　记 (n,k) 循环码有生成式 $g(x)$ 和校验式 $h(x)$，则循环码的对偶码是 $(n,n-k)$ 循环码，并且有生成式 $h^*(x)$，$h^*(x)$ 为 $h(x)$ 的反多项式，即 $h^*(x)=x^k h(x^{-1})$。

证明：（略）。

(n,k) 循环码的 $g(x)$、$h(x)$ 与 $\boldsymbol{G}$、$\boldsymbol{H}$ 的关系总结如下。

$$\begin{array}{ccc}
\text{生成式与生成矩阵:}\left(g(x),\partial^0 g(x)=r\right) & \leftrightarrow & \left(\boldsymbol{G}_{k\times n},\langle g_0 g_1\cdots g_r\rangle\right)\\
\updownarrow & & \updownarrow\\
g(x)h(x)=x^n-1 & & \boldsymbol{G}\boldsymbol{H}^{\mathrm{T}}=[0]_{k\times r}\\
\updownarrow & & \updownarrow\\
\text{校验式与校验矩阵:}\left(h(x),\partial^0 h(x)=k\right) & \leftrightarrow & \left(\boldsymbol{H}_{r\times n},\langle h_k h_{k-1}\cdots h_0\rangle\right)
\end{array}$$

4. 系统循环码

与线性分组码类似，循环码也具有系统码形式。

定义 6.14　(n,k) 循环码的标准系统码是码式 $c(x)$ 的高幂次部分等于消息多项式 $u(x)=u_0+u_1x+\cdots+u_{k-1}x^{k-1}$ 的循环码，即

$$\begin{aligned}
c(x)&=c_0+c_1x+\cdots+c_{n-k-1}x^{n-k-1}+c_{n-k}x^{n-k}+c_{n-k+1}x^{n-k+1}+\cdots+c_{n-1}x^{n-1}\\
&=p_0+p_1x+\cdots+p_{n-k-1}x^{n-k-1}+u_0x^{n-k}+u_1x^{n-k+1}+\cdots+u_{k-1}x^{n-1}\\
&=p(x)+x^{n-k}\cdot u(x)
\end{aligned}\tag{6-3-42}$$

式中，$p(x)$ 称为系统码校验位多项式，$\partial^0 p(x)<n-k$。

由于码式是生成式的倍式，所以由 $p(x)+x^{n-k}u(x)=v(x)g(x)=0\bmod g(x)$ 得到

$$p(x)=\left(-x^{n-k}\cdot u(x)\right)\bmod g(x)\tag{6-3-43}$$

循环码的标准系统码码式为

$$c(x)=x^{n-k}u(x)+p(x)=x^{n-k}u(x)-\left((x^{n-k}u(x))\bmod g(x)\right)\tag{6-3-44}$$

因此循环码的标准系统码构造算法及其流程如下。

循环码的标准系统码构造算法：

输入：循环码生成式 $g(x)$，消息式 $u(x)$。

输出：标准系统码码式 $c(x)$。

算法流程：

（1）多项式乘，计算 $x^{n-k}u(x)$。

（2）多项式求模（余式），计算 $p(x)=\left(-x^{n-k}\cdot u(x)\right)\bmod g(x)$。

（3）多项式加，计算 $c(x)=x^{n-k}u(x)+p(x)$。

如果令 $u(x)$ 为单项式 x^{r+i}，$i=0,1,\cdots,k-1$，则

$$\begin{cases}x^{r+i}=v(x)g(x)+p_i(x),\ \partial^0 p_i(x)<r\\ c_i(x)=p_i(x)+x^{r+i}\end{cases}$$

那么可以容易看到，$c_i(x)$ 对应的向量 $\boldsymbol{c}_i$（$i=0,1,\cdots,k-1$）是线性无关的，从而得到循环码的系统码的生成矩阵 $\boldsymbol{G}_{\mathrm{S}}$ 为

$$\boldsymbol{G}_{\mathrm{S}}=\begin{bmatrix}p_{0,0} & p_{0,1} & \cdots & p_{0,r-1} & 1 & 0 & \cdots & 0\\ p_{1,0} & p_{1,1} & \cdots & p_{1,r-1} & 0 & 1 & \cdots & 0\\ \vdots & \vdots & & \vdots & \vdots & \vdots & & \vdots\\ p_{k-1,0} & p_{k-1,1} & \cdots & p_{k-1,r-1} & 0 & 0 & \cdots & 1\end{bmatrix}\tag{6-3-45}$$

例 6.17　$(7,4)$ 汉明码是循环码生成式 $g(x)=1+x+x^3$，于是

$$x^3 = g(x) + (1+x), \qquad c_0(x) = 1 + x + x^3$$
$$x^4 = xg(x) + (x + x^2), \qquad c_1(x) = x + x^2 + x^4$$
$$x^5 = (x^2+1)g(x) + (1 + x + x^2), \quad c_2(x) = 1 + x + x^2 + x^5$$
$$x^6 = (x^3 + x + 1)g(x) + (1 + x^2), \quad c_3(x) = 1 + x^2 + x^6$$

$$\boldsymbol{G}_{\mathrm{S}} = \begin{bmatrix} 1 & 1 & 0 & 1 & 0 & 0 & 0 \\ 0 & 1 & 1 & 0 & 1 & 0 & 0 \\ 1 & 1 & 1 & 0 & 0 & 1 & 0 \\ 1 & 0 & 1 & 0 & 0 & 0 & 1 \end{bmatrix} = \begin{pmatrix} g(x) \\ xg(x) \\ (x^2+1)g(x) \\ (x^3+x+1)g(x) \end{pmatrix}$$

$$c(x) = u_0 c_0(x) + u_1 c_1(x) + u_2 c_2(x) + u_3 c_3(x)$$

当$u(x) = 1 + x + x^2 + x^3$时，系统码码式为

$$\begin{aligned} c(x) &= c_0(x) + c_1(x) + c_2(x) + c_3(x) = 1 + x + x^2 + x^3 + x^4 + x^5 + x^6 \\ &= 1 + x + x^2 + x^3(1 + x + x^2 + x^3) \end{aligned}$$

当$u(x) = x + x^3$时，系统码码式为

$$c(x) = c_1(x) + c_3(x) = 1 + x + x^4 + x^6 = 1 + x + x^3(x + x^3)$$

5．循环码的伴随式与检错原理

定义 6.15　循环码的差错多项式是码式在无记忆离散加性干扰信道传输时的差错向量或差错图案的多项式表示$e(x)$，即

$$e(x) = e_0 + e_1 x + e_2 x^2 + \cdots + e_{n-1} x^{n-1} \tag{6-3-46}$$

式中，$e_i \neq 0$称为错值，相应的x^i称为错位。

循环码码字传输的接收向量的多项式表示为接收多项式$r(x)$，对无记忆离散加性干扰，有

$$r(x) = c(x) + e(x) \tag{6-3-47}$$

定义 6.16　循环码的伴随多项式$s(x)$，简称为伴随式，是

$$\begin{aligned} s(x) &= v(x) \bmod g(x) \\ &= s_0 + s_1 x + s_2 x^2 + \cdots + s_{r-1} x^{r-1} \end{aligned} \tag{6-3-48}$$

伴随式的基本特性如下。

（1）$s(x)$只是加性差错式$e(x)$的函数，因为

$$\begin{aligned} s(x) &= \big(k(x)c(x) + e(x)\big) \bmod g(x) = \big(k(x)u(x)g(x) + e(x)\big) \bmod g(x) \\ &= e(x) \bmod g(x) \end{aligned}$$

显然若$s(x) \neq 0$，则一定有差错产生，且$e(x)$是一个可检测差错图案。

（2）$s(x)$可以由对$r(x)$受控的循环移位相加获得。

循环码虽然可以用分组码的译码方法进行译码，但是循环码自身的循环移位不变性使得循环码具有独特的纠错方法，该方法的原理称为梅吉特（Meggitt）原理。

6．循环码的截短与 CRC 码

循环码的截短是指对(n,k)系统循环码截去高幂次的b个消息位。一种常见的具体截短方法如下。

（1）记实际需要的消息位长$l=k-b$，构造消息分组为

$$\boldsymbol{u}=(u_0,u_1,\cdots,u_{l-1},\underbrace{0,0,\cdots,0}_{b=k-l})$$

（2）以$\boldsymbol{u}$作为消息用生成式$g(x)$编码获得系统循环码码字$\boldsymbol{c}$，即

$$\boldsymbol{c}=(c_0,c_1,\cdots,c_{r-1},u_0,u_1,\cdots,u_{l-1},\underbrace{0,0,\cdots,0}_{b=k-l})$$

（3）截去$\boldsymbol{c}$的b个高次位获得（或发送）截短码字$\boldsymbol{c}'$，即

$$\boldsymbol{c}'=(c_0,c_1,\cdots,c_{r-1},u_0,u_1,\cdots,u_{l-1})=(c_0,c_1,\cdots,c_{r-1},c_r,c_{r+1},\cdots,c_{r+l-1})$$

由上述截短方法可得截短循环码的基本特性如下。

（1）(n,k)码的b个消息位截短后为$(n',k')=(n-b,k-b)$码，码率降低，即

$$R_c'=\frac{k-b}{n-b}=\frac{k}{n}\frac{(1-b/k)}{(1-b/n)}<\frac{k}{n}=R_c \tag{6-3-49}$$

（2）一般循环码的截短码不是循环码。这一特性使突发检测更为有利，因为突发不可能循环绕过截取的确认为全零的b个消息位。

（3）截短码的伴随式是截短码“还原”为循环码的修正伴随式。因为截短码字的最高幂次不再是$n-1$，故对于接收多项式$r'(x)$，在高位先传情形时，恢复截短前的接收式为

$$\boldsymbol{r}=(r_0',\cdots,r_{n'-1}',\underbrace{0,\cdots,0}_{b})=(\boldsymbol{c}'+\boldsymbol{e}',\underbrace{0,\cdots,0}_{b})$$

$$r(x)=r'(x)+0\cdot x^{b+n'}=c'(x)+e'(x)+0\cdot x^{b+n'} \tag{6-3-50}$$

所以为减少不存在的b个连零位的校验计算，截短码的修正伴随式设定为

$$s_b(x)=\left(x^{n-k+b}r'(x)\right)\bmod g(x) \tag{6-3-51}$$

（4）截短循环码与原循环码有相同的纠检错能力。因为截短循环码与原循环码有相同的生成多项式，并且恢复的b个全零位并不存在任何“差错”，所以截短循环码不影响原循环码的纠检错能力。

截短循环码的一个主要应用是构造一类特殊的截短循环码，又称为循环冗余校验（CRC）码，并称截短前的原循环码生成式$g(x)$为CRC码生成式。

CRC码的主要特性如下。

（1）CRC码生成式$g(x)$的一般形式为

$$g(x)=(x+1)p(x) \tag{6-3-52}$$

式中，$p(x)$为本原式。

（2）CRC码可以有任意码长N，因为截短位数可任选。

（3）CRC码与构成CRC码的原循环码有相同的检错能力。

在应用工程中常见的标准CRC码如下。

（1）CRC4：$g(x)=x^4+x^3+x^2+x+1$

（2）CRC7：$g(x)=x^7+x^6+x^4+1=(x^4+x^3+1)\times(x^2+x+1)\times(x+1)$

（3）CRC8：$g(x)=(x^5+x^4+x^3+x^2+1)\times(x^2+x+1)\times(x+1)$

（4）CRC12：$g(x)=(x^{11}+x^2+1)\times(x+1)$

（5）CRC16-ANSI：$g(x)=(x^{15}+x+1)\times(x+1)=x^{16}+x^{15}+x^2+1$

（6）CRC16-ITU：$g(x)=(x^{15}+x^{14}+x^{13}+x^{12}+x^4+x^3+x^2+x+1)\times(x+1)$
$=x^{16}+x^{12}+x^5+1$

（7）CRC16-SDLC：$g(x)=(x+1)^2\times(x^{14}+x^{13}+x^{12}+x^{10}+x^8+x^6+x^5+x^4+x^3+x+1)$
$=x^{16}+x^{15}+x^{13}+x^7+x^4+x^2+x+1$

（8）IEC TC57：$g(x)=(x+1)^2\times(x^{14}+x^{10}+x^9+x^8+x^5+x^3+x^2+x+1)$
$=x^{16}+x^{14}+x^{11}+x^8+x^6+x^5+x^4+1$

$$g(x)=x^{32}+x^{26}+x^{23}+x^{22}+x^{16}+x^{12}+x^{11}+x^{10}+x^8+x^7+x^5+x^4+x^2+x+1$$

7．BCH 码与 RS 码

循环码的纠错译码要达到码的最小码距，依赖于具体的循环码结构，目前广泛应用的循环码有 BCH 码、RS 码等。对于一般的循环码，在确定生成多项式之前不能够由码长、检验位长等基本设计参数确定码的最小码距，而 BCH 码和 RS 码是两类能够先确定纠错能力和最小码距，然后设计码长和生成多项式的循环码。

BCH 码是在 1959 年和 1960 年分别由霍昆格姆（Hocquenghem）和博斯（Bose）与查德胡里（Ray-Chaudhuri）提出的纠正多个随机差错的循环码，它的纠错能力强，在短和中等码长下，性能接近理论值，并且构造方便，编码简单，具有严谨的代数结构，在编码理论中起着重要作用。

RS（Reed-Solomon）码是一类具有很强纠错能力的 BCH 码，它最早是由里德（Reed）和索洛蒙（Solomon）于 1960 年构造出来的。RS 码的码字向量的每个分量称为一个符号，并且每个符号均可以表示为 m 个比特。如果 RS 码可以纠正 t 个符号的差错，那么它就能纠正任意连续的 $(t-1)m+1$ 个比特差错，所以 RS 码常用来纠正二进制传输中的突发差错。

6.4　卷积码

卷积码最早由 P.Elias 在 1955 年提出。由于卷积码在代数构造上的困难，迄今人们对于卷积码的构造主要还依赖于计算机搜索。

卷积码的第一个实用性译码算法是 Wozencraft 和 Reiffen 在 1961 年提出的序列译码算法；Massey 在 1963 年提出了可以适用于卷积码和分组码的门限译码算法或大数逻辑译码算法；Fano 和 Jelinek 在 1963 年和 1969 年分别改进了序列译码算法；Viterbi 在 1967 年提出了卷积码的另一种译码算法，Omura 在 1969 年证明了 Viterbi 的译码算法等效于求解图中的最小加权路径；Forney 在 1973 年证明了 Viterbi 的译码算法是卷积码的最大似然译码算法。

虽然在理论上还没有简洁的解释，但是在实际测试和大容量数据传输应用中发现，在相同实现复杂度条件下，卷积码具有比分组码更好的纠错性能。

6.4.1　卷积码的基本概念

任意时刻的二元 (n,k) 分组码编码均是一个 k 个消息符号到 n 个编码符号的唯一对应或映射，即分组码编码产生定长的向量，而卷积码编码则产生由定长向量构成的向量序列，并称序列中的向量为分组或向量段或段，l 时刻的编码输出段不仅与当前的输入段有关，而且与前 m 个时刻的输入段有关，m 称为记忆长度。输入消息段的长度为 k，对应编码输出段的长度为 n 的卷积码记为 (n,k,m) 卷积码。分组码编码与卷积码编码的基本结构对比如图 6.10 所示。

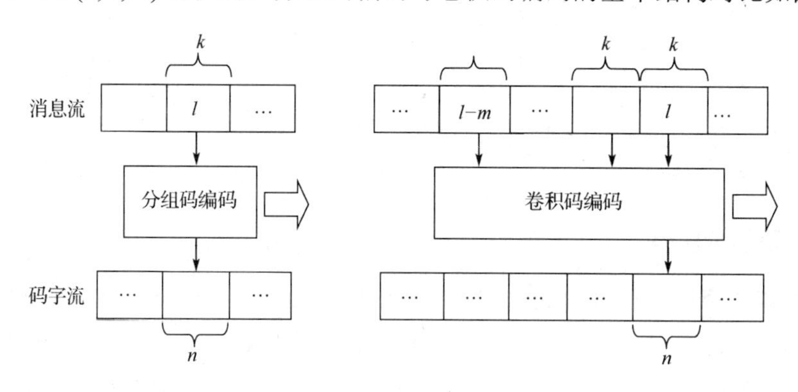

图 6.10 分组码编码与卷积码编码的基本结构对比

定义 6.17 $l \geqslant 0$ 时刻的 (n,k,m) 卷积码编码是当前 l 时刻，以及前 m 个时刻的共 $m+1$ 个 k 长消息段或编码输入段 $\{\boldsymbol{u}(l') \mid l' = l, l-1, \cdots, l-m\}$ 与 l 时刻的一个 n 长编码符号段或编码输出段 $\boldsymbol{c}(l)$ 之间满足的一种映射（$k \leqslant n$），即

$$\begin{cases} \boldsymbol{c}(l) = (c_1(l), c_2(l), \cdots, c_n(l)) = \phi\big(\boldsymbol{u}(l), \boldsymbol{u}(l-1), \cdots, \boldsymbol{u}(l-m)\big) \\ \qquad = \phi\big(\boldsymbol{u}(l), \boldsymbol{\sigma}(l)\big), \ l \geqslant 0 \\ \boldsymbol{u}(l) = (u_1(l), u_2(l), \cdots, u_k(l)), \ k \leqslant n \end{cases} \tag{6-4-1}$$

式中，映射关系 $\phi(\cdot)$ 称为编码方程；向量 $\boldsymbol{\sigma}(l) = \mu(\boldsymbol{u}(l-1), \boldsymbol{u}(l-2), \cdots, \boldsymbol{u}(l-m))$ 称为 l 时刻的卷积码编码器状态；向量 $\boldsymbol{\sigma}(0) = \mu(\boldsymbol{u}(-1), \boldsymbol{u}(-2), \cdots, \boldsymbol{u}(-m))$ 称为初始状态；$\mu(\cdot)$ 称为状态方程。

卷积码编码的基本特征如下。

（1）卷积码编码的输出是不等长序列 $(\boldsymbol{c}(l))_{l \geqslant 0}$。

由于当前段输出 $\boldsymbol{c}(l)$ 可与此前的所有段输出 $\boldsymbol{c}(l-1)$, $\boldsymbol{c}(l-2), \cdots$, $\boldsymbol{c}(0)$ 关联，所以作为一个有关联的整体，因消息流 $(\boldsymbol{u}(l))_{l \geqslant 0}$ 的任意性，完整的卷积码编码输出与分组码的等长有限向量不同，是不等长甚至半无穷长（$l \to \infty$）的序列 $(\boldsymbol{c}(l))_{l \geqslant 0}$。

（2）卷积码编码器是有记忆存储系统。

由于当前时刻卷积码编码要利用前 m 个时刻的消息分组 $\boldsymbol{u}(l-1)$, $\boldsymbol{u}(l-2), \cdots$, $\boldsymbol{u}(l-m)$，所以卷积码编码器是有记忆存储系统，称参数 m 为卷积码的记忆长度，单位是段或分组。显然分组码编码可以认为是 $m=0$ 的卷积码编码。

（3）卷积码编码器是分组处理系统。

卷积码编码如同分组码编码以分组或段作为数据的基本操作单位，称参数 k 为卷积码的输入段长或消息段长，称参数 n 为输出段长或编码段长。卷积码编码实际上是在一个状态向量控制下的段编码或分组编码。

（4）卷积码按编码器的输入/输出关系，可以分为无递归卷积码和递归卷积码两类。

无递归卷积码又称为前向卷积码，是没有编码输出反馈回编码器的编码方式。如果无特别说明，本书卷积码均指前向二元卷积码。

（5）卷积码存在结尾处理问题。

一个完整的卷积码编码输出序列（或卷积码码字）应当是编码器状态恢复为初始状态时的编码输出序列。当消息数据流结束时，存放在卷积码编码器中的最后 m 段消息数据一方面不一定等于初始状态，另一方面也是一个产生完整编码输出序列的最后驱动部分，所以要保障对每种可能的消息序列都产生完整的卷积码编码输出序列。在消息数据输入完毕后，需要对编码器做特殊的编码结尾处理。通常结尾处理以恢复到编码器初始状态为目的，对于编码器初始状态为全零的无递归卷积码，可在消息数据后补充额外的 m 段全零“无用”数据，称为结尾序列，来获得可靠的结尾处理。所以 (n,k,m) 卷积码 $C(l)$ 是由对所有可能消息段序列的段编码所产生的全部输出段序列的集合和结尾序列组成的。

定义 6.18　卷积码的约束长度是卷积码编码输出序列中连续相关的消息段的数目 K（段）或相关的码元的数目 n_A（个）。

约束长度的物理意义是任意一段输入数据独立的可连续影响的编码输出段数，或者任意一个输入码元与编码码元相关的码元数。显然，这种相关性是由卷积码的数据存储或记忆特性导致的，(n,k,m) 卷积码编码电路在按段工作方式下只需存储或记忆 m 段的消息输入，所以

$$\begin{cases} K = m+1 \\ n_A = K \cdot n \end{cases} \tag{6-4-2}$$

为获得完整的编码输出，卷积码编码必须做结尾处理，不论采用何种形式的结尾处理，其所需的输入和输出的“额外”数据量都相同。对于有限 L 段长或 Lk 个码元的消息输入数据量，其“相应”的输出数据量为 Ln 个码元，“额外”的输出数据量为 mn 个码元，所以对于有限 L 段长的卷积码编码，卷积码的码率定义与分组码略有不同。

定义 6.19　有限 L 段长的卷积码的编码码率为 R_L，卷积码的渐近编码码率为 R_{c}，即

$$R_L = \frac{Lk}{Ln+mn} = \frac{k}{n}\left(1-\frac{m}{L+m}\right) \tag{6-4-3}$$

$$R_{\mathrm{c}} = \frac{k}{n} = \lim_{L\to\infty} R_L \tag{6-4-4}$$

例 6.18　一种 $(2,1,2)$ 线性卷积码的结构如图 6.11 所示，记忆长度为 $m=2$，段和比特约束长度分别为 $K=m+1=3$，$n_A = K\times n = 3\times 2 = 6$，编码方程和状态方程分别为

$$\begin{cases} \boldsymbol{c}(l) = \left(c_1(l), c_2(l)\right) = \phi\left(\boldsymbol{u}(l), \boldsymbol{\sigma}(l)\right) \\ \quad = \phi\left(\boldsymbol{u}(l), \boldsymbol{u}(l-1), \boldsymbol{u}(l-2)\right) \\ \quad = \phi\left(u_1(l), u_1(l-1), u_1(l-2)\right) \\ \quad = \phi\left(u(l), u(l-1), u(l-2)\right) \\ \quad = \left(u(l)+u(l-1)+u(l-2),\ u(l)+u(l-2)\right) \\ u(-1) = u(-2) = 0 \end{cases}$$

$$\begin{cases} \boldsymbol{\sigma}(l) = \left(\sigma_1(l), \sigma_2(l)\right) = \mu\left(u(l-1), u(l-2)\right) \\ \sigma_1(l) = u(l-1) \\ \sigma_2(l) = \sigma_1(l-1) \\ \sigma_1(-1) = \sigma_2(-1) = 0 \end{cases}$$

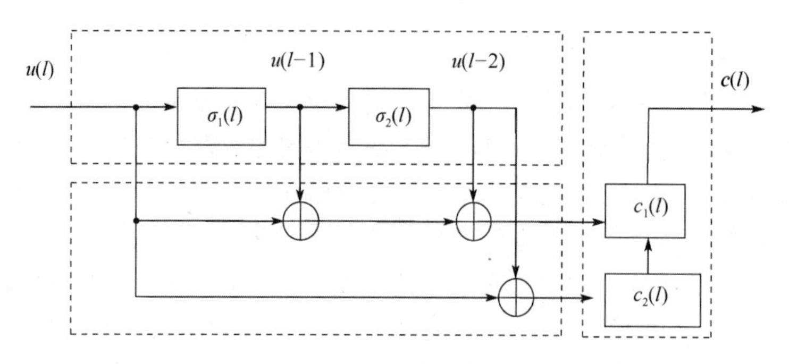

图 6.11　一种(2,1,2)线性卷积码的结构

6.4.2　卷积码的描述

1．线性卷积码的矩阵描述

卷积码编码的第 l 段的 n 个码元输出是当前和此前输入的共 $k(m+1)$ 个符号的函数，对于二元线性卷积码，映射 ϕ 是仅由模二加运算组成的布尔函数，二元 (n,k,m) 线性卷积码的串行编码原理框图如图 6.12 所示，本节仅讨论二元卷积码。

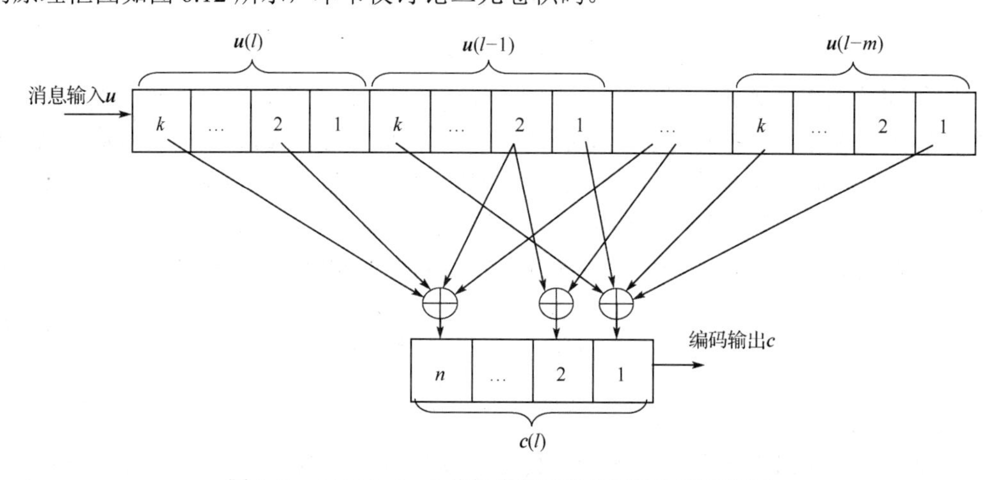

图 6.12　二元 (n,k,m) 线性卷积码的串行编码原理框图

图 6.12 中，如果以段为单位设计序列的计算结构，可以不考虑当前段对编码器的设备占用量，有效的输入移位寄存器最多只有 m 段寄存器或 mk 个有效的寄存器单元，而输出移位寄存器仅起一个数据并串转换作用，可以不作为编码器本质上的实现开销。

图 6.12 所示的卷积码编码电路中移位寄存器初始状态可设定为全 0，电路为按段工作，即每段 k 个比特输入产生一段 n 个比特输出。显然任意一个输入段 $\boldsymbol{u}(l-h)$ 独立产生的输出段 $\boldsymbol{c}(l)=\boldsymbol{c}^{(h)}(l)$ 是一个特定的 (n,k) 线性分组码的编码，即存在 $k\times n$ 矩阵 $\boldsymbol{G}_h$（$h=0,1,2,\cdots,m$）使得

$$\begin{cases}\boldsymbol{c}^{(h)}(l)=\boldsymbol{u}(l-h)\cdot\boldsymbol{G}_h \\ \boldsymbol{G}_h=\left[g_{ij}^{(h)}\right]_{k\times n}=\begin{bmatrix} g_{11}^{(h)} & g_{12}^{(h)} & \cdots & g_{1n}^{(h)} \\ g_{21}^{(h)} & g_{22}^{(h)} & \cdots & g_{2n}^{(h)} \\ \vdots & \vdots & & \vdots \\ g_{k1}^{(h)} & g_{k2}^{(h)} & \cdots & g_{kn}^{(h)} \end{bmatrix}\end{cases} \tag{6-4-5}$$

$$c_j^{(h)}(l)=u_1(l-h)g_{1j}^{(h)}+\cdots+u_i(l-h)g_{ij}^{(h)}+\cdots+u_k(l-h)g_{kj}^{(h)},\ j=1,2,\cdots,n \tag{6-4-6}$$

因此对于消息段序列 $(\boldsymbol{u})=(\boldsymbol{u}(0),\boldsymbol{u}(1),\cdots,\boldsymbol{u}(m),\boldsymbol{u}(m+1),\cdots)$，相应的输出段序列为 $(\boldsymbol{c})=(\boldsymbol{c}(0),\boldsymbol{c}(1),\cdots,\boldsymbol{c}(m),\boldsymbol{c}(m+1),\cdots)$，并且满足

$$\begin{aligned}
\boldsymbol{c}(0)&=\boldsymbol{u}(0)\boldsymbol{G}_0\\
\boldsymbol{c}(1)&=\boldsymbol{u}(0)\boldsymbol{G}_1+\boldsymbol{u}(1)\boldsymbol{G}_0\\
\boldsymbol{c}(m)&=\boldsymbol{u}(0)\boldsymbol{G}_m+\boldsymbol{u}(1)\boldsymbol{G}_{m-1}+\cdots+\boldsymbol{u}(m-1)\boldsymbol{G}_1+\boldsymbol{u}(m)\boldsymbol{G}_0\\
\boldsymbol{c}(m+1)&=\boldsymbol{u}(1)\boldsymbol{G}_m+\boldsymbol{u}(2)\boldsymbol{G}_{m-1}+\cdots+\boldsymbol{u}(m)\boldsymbol{G}_1+\boldsymbol{u}(m+1)\boldsymbol{G}_0
\end{aligned}$$

或者一般性地将编码输出序列表示为输入序列与一个有限长的矩阵序列的卷积，即

$$\begin{cases}\boldsymbol{c}(l)=\boldsymbol{u}(l-m)\boldsymbol{G}_m+\boldsymbol{u}(l-m+1)\boldsymbol{G}_{m-1}+\cdots+\boldsymbol{u}(l-1)\boldsymbol{G}_1+\boldsymbol{u}(l)\boldsymbol{G}_0\\ \quad=\displaystyle\sum_{h=0}^{m}\boldsymbol{u}(l-h)\boldsymbol{G}_h,\ l=0,1,2,\cdots\\ \boldsymbol{u}(l)=0,\ l<0\end{cases} \tag{6-4-7}$$

$$\begin{cases}c_j(l)=\displaystyle\sum_{h=0}^{m}c_j^{(h)}(l)=\sum_{h=0}^{m}\sum_{i=1}^{k}u_i(l-h)g_{ij}^{(h)}\\ \quad=\displaystyle\sum_{i=0}^{k}\sum_{h=1}^{m}u_i(l-h)g_{ij}^{(h)},\ j=1,2,\cdots,n\\ u_i(l)=0,\ l<0,\ i=1,2,\cdots,k\end{cases} \tag{6-4-8}$$

式（6-4-7）和式（6-4-8）称为卷积码编码的离散卷积表达式或（前向）递归编码方程。由此方程可以得到卷积码编码的矩阵表述形式。

定义 6.20　二元 (n,k,m) 线性卷积码 $C\triangleq C(l)=\{(\boldsymbol{c}(l))_{l\geqslant 0}\}$ 是编码向量序列 $\boldsymbol{c}$ 的集合，即

$$C=\left\{\boldsymbol{c}\,\middle|\,\boldsymbol{c}=\tilde{\boldsymbol{u}}\boldsymbol{G}_\infty,\ \tilde{\boldsymbol{u}}=(\boldsymbol{u},\underbrace{0,0,\cdots,0}_{mk}),\ \boldsymbol{u}\in\{0,1\}\right\} \tag{6-4-9}$$

$$\boldsymbol{G}_\infty=\begin{bmatrix}\boldsymbol{G}_0 & \boldsymbol{G}_1 & \boldsymbol{G}_2 & \cdots & \boldsymbol{G}_{m-1} & \boldsymbol{G}_m & & & \\ & \boldsymbol{G}_0 & \boldsymbol{G}_1 & \boldsymbol{G}_2 & \cdots & \boldsymbol{G}_{m-1} & \boldsymbol{G}_m & & \\ & & \boldsymbol{G}_0 & \boldsymbol{G}_1 & \boldsymbol{G}_2 & \cdots & \boldsymbol{G}_{m-1} & \boldsymbol{G}_m & \\ & & & \cdots & \cdots & \cdots & \cdots & \cdots & \cdots\end{bmatrix} \tag{6-4-10}$$

式中，$\boldsymbol{G}_\infty$ 称为卷积码的生成矩阵。

显然卷积码序列 $\boldsymbol{c}$ 可以是有限长向量序列，也可以因消息序列 $\boldsymbol{u}$ 无限长而成为半无穷长向量，$\boldsymbol{G}_\infty$ 是半无穷大矩阵。当消息序列 $\boldsymbol{u}$ 是有限长向量序列时，可以认为 $\boldsymbol{u}$ 后续有无穷多个零。

显然，$\boldsymbol{G}_\infty$ 由其前 k 行和前 $(m+1)n$ 列组成的子矩阵 $\boldsymbol{G}_{\mathrm{B}}$ 完全确定，故称 $\boldsymbol{G}_{\mathrm{B}}$ 为卷积码的基本生成矩阵。$\boldsymbol{G}_{\mathrm{B}}$ 的第 i 行行向量 $\boldsymbol{g}_i$ 描述了所有各段输入中的第 i 位输入比特对所有输出比特的影响，故称 $\boldsymbol{g}_i$ 为卷积码的第 i 个生成元，(n,k,m) 卷积码有 k 个生成元。

$$\begin{aligned}\boldsymbol{G}_{\mathrm{B}}&=\left[\boldsymbol{G}_0\boldsymbol{G}_1\boldsymbol{G}_2\cdots\boldsymbol{G}_{m-1}\boldsymbol{G}_m\right]=\left[\boldsymbol{g}_1,\cdots,\boldsymbol{g}_i,\cdots,\boldsymbol{g}_k\right]^{\mathrm{T}}\\ &=\left[g_{il}\right]_{k\times K_n}\end{aligned} \tag{6-4-11}$$

若将矩阵 $\boldsymbol{G}_{\mathrm{B}}$ 的元素 g_{il}（$i=1,2,\cdots,k$）的列下标 l（$l=1,2,\cdots,K_n$）表示为

$$l = j + hn,\ j = 1,2,\cdots,n,\ h = 0,1,2,\cdots,m$$

则其与 $\boldsymbol{G}_h$ 的元素 $g_{ij}^{(h)}$ 的关系为

$$g_{il} = g_{ij}^{(h)} \tag{6-4-12}$$

由线性分组码生成矩阵特性可知，若 $g_{il}=1$，则表示图 6.12 中的输入移位寄存器的第 h 段的第 i 位输入比特 $u_i(l-h)$ 参与第 j 位输出比特的编码；若 $g_{il}=0$，则表示不参与输出编码。因此，可以用式（6-4-13）的 $m+1$ 维向量 $\boldsymbol{g}(i,j)$（$i=1,2,\cdots,k$，$j=1,2,\cdots,n$），描述各个输入段的第 i 位对第 j 位编码输出的影响，即

$$\begin{aligned}\boldsymbol{g}(i,j) &= (g_{i,j+hn})_{h=0,1,\cdots,m} = (g_{i,j}, g_{i,(n+j)}, g_{i,(2n+j)}, \cdots, g_{i,(hn+j)}, \cdots, g_{i,(mn+j)}) \\ &= (g_{ij}^{(h)})_{h=0,1,\cdots,m} = (g_{ij}^{(0)}, g_{ij}^{(1)}, \cdots, g_{ij}^{(m)})\end{aligned} \tag{6-4-13}$$

称 $\boldsymbol{g}(i,j)$ 为卷积码的子生成元或生成序列。显然 (n,k,m) 卷积码共有 $k\times n$ 个子生成元或生成序列，如图 6.13 所示。

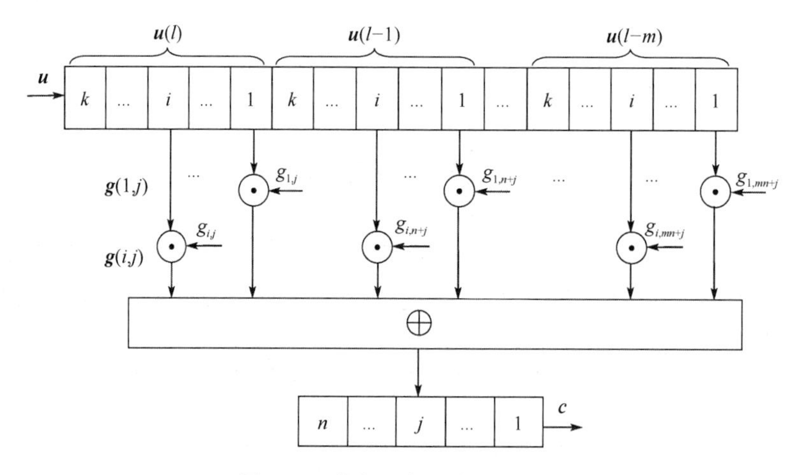

图 6.13　卷积码生成序列 $\boldsymbol{g}(i,j)$

由此可见，(n,k,m) 线性卷积码的矩阵描述可以是生成矩阵 $\boldsymbol{G}_\infty$，或基本生成矩阵 $\boldsymbol{G}_{\mathrm{B}}$，或全部生成序列 $\{\boldsymbol{g}(i,j)\}$。

定义 6.21　如果卷积码每段输出的 n 位中有 k 位码元（如前 k 位）恒等于每段输入的 k 位码元，则称此卷积码为标准系统卷积码，简称系统卷积码。容易发现标准系统卷积码的基本生成矩阵 $\boldsymbol{G}_{\mathrm{B}}$ 的构成为

$$\begin{cases}\boldsymbol{G}_0 = [\boldsymbol{I}_k \quad \boldsymbol{P}_0]_{k\times n} \\ \boldsymbol{G}_h = [\boldsymbol{0} \quad \boldsymbol{P}_h]_{k\times n},\ h=1,2,\cdots,m\end{cases} \tag{6-4-14}$$

式中，$\boldsymbol{P}_0$ 和 $\boldsymbol{P}_h$ 均为 $k\times(n-k)$ 非零矩阵。

例 6.19　例 6.18 中的 $(2,1,2)$ 非系统卷积码的编码原理图如图 6.14 所示。

由图 6.14 可知，对每个独立的输入段（每段 $k=1$ 位，$n=3$，共 3 段）分别有

$$\boldsymbol{c}^{(0)}(l) = \boldsymbol{u}(l-0)\cdot\boldsymbol{G}_0 \leftrightarrow (c_1,c_2)^{(0)} = (\sigma_0,\sigma_0) = \sigma_0[1,1]$$

$$\boldsymbol{c}^{(1)}(l) = \boldsymbol{u}(l-1)\cdot\boldsymbol{G}_1 \leftrightarrow (c_1,c_2)^{(1)} = (\sigma_1,0) \ = \sigma_1[1,0]$$

$$\boldsymbol{c}^{(2)}(l) = \boldsymbol{u}(l-2)\cdot\boldsymbol{G}_2 \leftrightarrow (c_1,c_2)^{(2)} = (\sigma_2,\sigma_2) = \sigma_2[1,1]$$

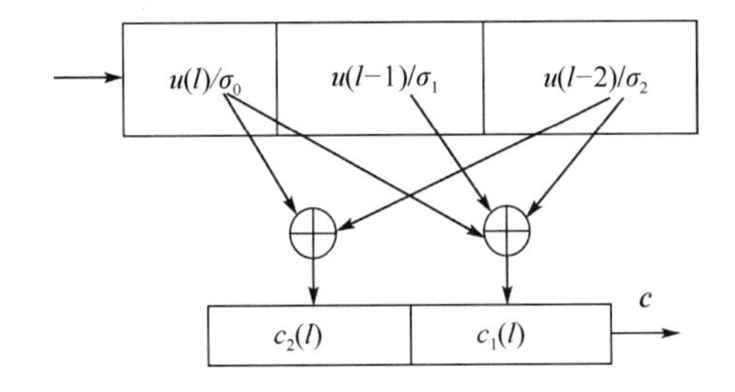

图 6.14 例 6.18 中的 (2,1,2) 非系统卷积码的编码原理图

所以基本生成矩阵 $\boldsymbol{G}_{\mathrm{B}}$、生成矩阵 $\boldsymbol{G}_{\infty}$、生成元 $\boldsymbol{g}_1$ 和生成序列 $\{\boldsymbol{g}(1,1), \boldsymbol{g}(1,2)\}$ 分别为

$$\boldsymbol{G}_{\mathrm{B}}=\begin{bmatrix}\boldsymbol{G}_0 \ \boldsymbol{G}_1 \ \boldsymbol{G}_2\end{bmatrix}=\begin{bmatrix}11 & 10 & 11\end{bmatrix}；\ \boldsymbol{G}_{\infty}=\begin{bmatrix}11 & 10 & 11 & & \\ & 11 & 10 & 11 & \\ & & \cdots & \cdots & \cdots\end{bmatrix}$$

$$\boldsymbol{g}_1=\begin{pmatrix}11 & 10 & 11\end{pmatrix}；\ \boldsymbol{g}(1,1)=\left(g_{11}^{(h)}\right)=(1,1,1),\ \ \boldsymbol{g}(1,2)=\left(g_{12}^{(h)}\right)=(1,0,1)$$

因此，编码符号的编码过程可以写成如下形式：

$$c_1(l)=\sum_{h=0}^{m}u(l-h)g_{11}^{(h)}；\ c_2(l)=\sum_{h=0}^{m}u(l-h)g_{12}^{(h)}$$

2．线性卷积码的多项式描述

为了更方便地描述线性卷积码，注意到时间序列与多项式的对应关系，记消息段序列 $(\boldsymbol{u})=(\boldsymbol{u}(0),\boldsymbol{u}(1),\cdots,\boldsymbol{u}(l),\cdots)$ 和编码输出段序列 $(\boldsymbol{c})=(\boldsymbol{c}(0),\boldsymbol{c}(1),\cdots,\boldsymbol{c}(l),\cdots)$ 对应的多项式为 $\boldsymbol{u}(x)$ 和 $\boldsymbol{c}(x)$，即

$$\begin{aligned}\boldsymbol{u}(x)&=\boldsymbol{u}(0)+\boldsymbol{u}(1)x+\cdots+\boldsymbol{u}(l)x^l+\cdots\\&=\begin{bmatrix}u_1(0)\\ \vdots\\ u_k(0)\end{bmatrix}+\begin{bmatrix}u_1(1)\\ \vdots\\ u_k(1)\end{bmatrix}x+\cdots+\begin{bmatrix}u_1(l)\\ \vdots\\ u_k(l)\end{bmatrix}x^l+\cdots=\begin{bmatrix}u_1(x)\\ \vdots\\ u_k(x)\end{bmatrix}\end{aligned} \tag{6-4-15}$$

式中，

$$u_i(x)=u_i(0)+u_i(1)x+\cdots+u_i(l)x^l+\cdots=\sum_{l=0}^{\infty}u_i(l)x^l,\ i=1,2,\cdots,k \tag{6-4-16}$$

类似地

$$\boldsymbol{c}(x)=\begin{bmatrix}c_1(x)\\ \vdots\\ c_n(x)\end{bmatrix} \tag{6-4-17}$$

$$c_j(x)=c_j(0)+c_j(1)x+\cdots+c_j(l)x^l+\cdots=\sum_{l=0}^{\infty}c_j(l)x^l,\ j=1,2,\cdots,n \tag{6-4-18}$$

式（6-4-15）～式（6-4-18）直接地描述了 (n,k,m) 线性卷积码的编码具有以 k 位为一段的并行输入和以 n 位为一段的并行输出的编码关系，如图 6.15 所示。

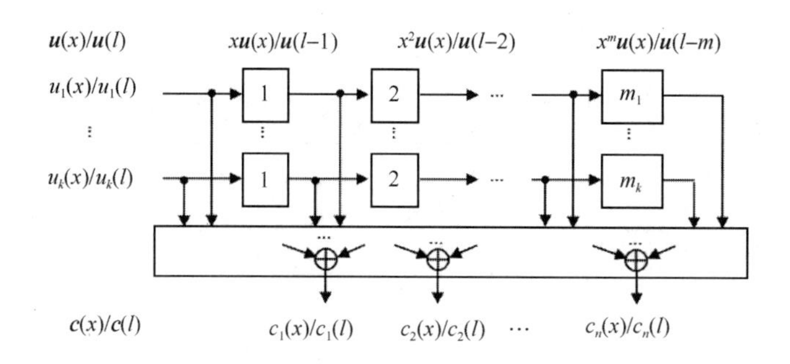

图 6.15 (n,k,m) 线性卷积码的并行编码原理框图

参见图 6.13 和图 6.15，$u_i(l-h)$ 的多项式表示为 $x^h u_i(x)$，所以得到对 $j=1,2,\cdots,n$，有

$$\begin{aligned} c_j(l) = & g_{1,j}u_1(l) + g_{2,j}u_2(l) + \cdots + g_{k,j}u_k(l) + \\ & g_{1,n+j}u_1(l-1) + g_{2,n+j}u_2(l-1) + \cdots + g_{k,n+j}u_k(l-1) + \cdots + \\ & g_{1,mn+j}u_1(l-m) + g_{2,mn+j}u_2(l-m) + \cdots + g_{k,mn+j}u_k(l-m) \end{aligned} \tag{6-4-19}$$

$$\begin{aligned} c_j(x) = & g_{1,j}u_1(x) + g_{2,j}u_2(x) + \cdots + g_{k,j}u_k(x) + \\ & g_{1,n+j}xu_1(x) + g_{2,n+j}xu_2(x) + \cdots + g_{k,n+j}xu_k(x) + \cdots + \\ & g_{1,mn+j}x^m u_1(x) + g_{2,mn+j}x^m u_2(x) + \cdots + g_{k,mn+j}x^m u_k(x) \\ = & \left(g_{1,j} + g_{1,n+j}x + \cdots + g_{1,mn+j}x^m\right)u_1(x) + \\ & \left(g_{2,j} + g_{2,n+j}x + \cdots + g_{2,mn+j}x^m\right)u_2(x) + \cdots + \\ & \left(g_{k,j} + g_{k,n+j}x + \cdots + g_{k,mn+j}x^m\right)u_k(x) \\ = & g(1,j)(x)\cdot u_1(x) + g(2,j)(x)\cdot u_2(x) + \cdots + g(k,j)(x)\cdot u_k(x) \end{aligned} \tag{6-4-20}$$

式中，$g(i,j)(x)$ 是由生成序列确定的最大为 m 次的多项式，即

$$g(i,j)(x) = g_{i,j} + g_{i,n+j}x + \cdots + g_{i,mn+j}x^m \tag{6-4-21}$$

由此得到 (n,k,m) 线性卷积码的多项式表达式为

$$\begin{aligned} \boldsymbol{c}(x) &= (c_1(x), c_2(x), \cdots, c_j(x), \cdots, c_n(x)) \\ &= (u_1(x), u_2(x), \cdots, u_i(x), \cdots, u_k(x))\cdot \boldsymbol{G}(x) \\ &= \boldsymbol{u}(x)\boldsymbol{G}(x) \end{aligned} \tag{6-4-22}$$

$$\boldsymbol{G}(x) = \left[g(i,j)(x)\right]_{k\times n} = \begin{bmatrix} g(1,1)(x) & \cdots & g(1,n)(x) \\ \vdots & & \vdots \\ g(k,1)(x) & \cdots & g(k,n)(x) \end{bmatrix} \tag{6-4-23}$$

式中，$k\times n$ 的多项式矩阵 $\boldsymbol{G}(x)$ 称为 (n,k,m) 线性卷积码的多项式生成矩阵。由于 x 的幂次计算 x^h 等价于 h 段时间延迟 D^h，称 $\boldsymbol{G}(D)$ 为卷积码的延迟算子生成矩阵。

上述讨论可进一步总结为如下定理。

定理 6.10 记 (n,k,m) 线性卷积码的多项式生成矩阵 $\boldsymbol{G}(x)$ 为

$$\boldsymbol{G}(x) = \left[g(i,j)(x)\right]_{k\times n}$$

则对 $i=1,2,\cdots,k$，$j=1,2,\cdots,n$ 有

① $g(i,j)(x)$ 的 x^h 幂次项系数等于生成序列 $\boldsymbol{g}(i,j)$ 的第 h 个分量，$h=0,1,2,\cdots,m$，即

$$g(i,j)(x)=g_{i,j}+g_{i,n+j}x+\cdots+g_{i,mn+j}x^m \tag{6-4-24}$$

② $g(i,j)(x)$ 的最大次数等于卷积码的记忆长度 m，即

$$m=\max_{i,j}\left\{\partial^{\circ}g(i,j)(x)\right\} \tag{6-4-25}$$

例 6.20　例 6.18 和例 6.19 的 $(2,1,2)$ 卷积码的编码电路图如图 6.16 所示。

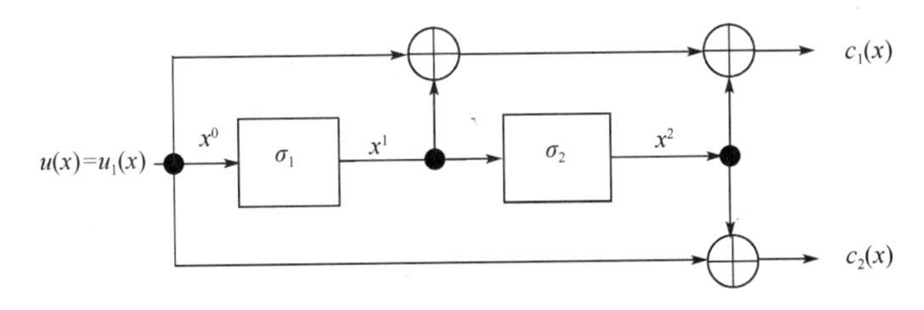

图 6.16　例 6.19 和例 6.20 的 $(2,1,2)$ 卷积码的编码电路图

$$\begin{cases} c_1(x)=(1+x+x^2)u(x) \\ c_2(x)=(1+x^2)u(x) \end{cases}$$

$$\boldsymbol{G}(x)=[1+x+x^2,\ 1+x^2]$$

由以上讨论可知，(n,k,m) 线性卷积码可以由其多项式生成矩阵 $\boldsymbol{G}(x)$ 或生成矩阵 $\boldsymbol{G}_\infty$ 或生成序列 $\{\boldsymbol{g}(i,j)\}$ 等进行完全的描述、分析和设计。

3．卷积码的状态图

定义 6.22　卷积码编码器第 l 时刻的内部状态 $\boldsymbol{\sigma}(l)$，简称状态 $\boldsymbol{\sigma}$，是描述第 l 时刻存储 m 段消息的存储器变量。

在图 6.17 所示的 (n,k,m) 卷积码编码器中，记每个输入移位寄存器的有效级数或寄存器单元数为 m_i，有效的总存储单元数为 M，则卷积码编码器的状态变量是一个 M 维状态向量 $\boldsymbol{\sigma}(l)$，简记为 $\boldsymbol{\sigma}$，即

$$M=\sum_{i=1}^{k}m_i\leqslant km \tag{6-4-26}$$

$$\boldsymbol{\sigma}(l)=\left(\sigma_{M-1}(l),\sigma_{M-2}(l),\cdots,\sigma_j(l),\cdots,\sigma_1(l),\sigma_0(l)\right),\quad \sigma_j(l)\in A \tag{6-4-27}$$

显然二元 (n,k,m) 卷积码共有 2^M 个不同的状态，记为 $S_0,S_1,\cdots,S_j,\cdots,S_{2^M-1}$。

定义 6.23　卷积码的状态转移是卷积码编码器在状态 $\boldsymbol{\sigma}(l)$（或 $\boldsymbol{\sigma}$）时，根据编码器结构和输入段 $\boldsymbol{u}(l)$（或 $\boldsymbol{u}$）产生编码输出段 $\boldsymbol{c}(l)$（或 $\boldsymbol{c}$）并转换为状态 $\boldsymbol{\sigma}(l+1)$（或 $\boldsymbol{\sigma}'$）的过程。

若记当前状态 $\boldsymbol{\sigma}$ 为节点 $\boldsymbol{\sigma}$，接续状态 $\boldsymbol{\sigma}'$ 为节点 $\boldsymbol{\sigma}'$，则状态转移定义了节点 $\boldsymbol{\sigma}$ 至节点 $\boldsymbol{\sigma}'$ 的有向连接，因此称 $\boldsymbol{\sigma}$ 到 $\boldsymbol{\sigma}'$ 的状态转移过程为一个转移分支，记为 $(\boldsymbol{\sigma},\boldsymbol{\sigma}')$ 或 $(\boldsymbol{\sigma}(l),\boldsymbol{\sigma}(l+1))$。$\boldsymbol{\sigma}$ 称为 $\boldsymbol{\sigma}'$ 的前导（状态），$\boldsymbol{\sigma}'$ 称为 $\boldsymbol{\sigma}$ 的后继（状态）。为区分不同的状态转移，将转移分支赋值为 $\boldsymbol{c}(l)/\boldsymbol{u}(l)$ 或 $\boldsymbol{c}/\boldsymbol{u}$。

定义 6.24　以状态 $\boldsymbol{\sigma}$ 为节点，以转移分支 $(\boldsymbol{\sigma},\boldsymbol{\sigma}')$ 为有向边的描述卷积码的所有不同状态转移的有向图称为卷积码状态转移图。

卷积码状态转移图如图 6.17 所示。$\boldsymbol{\sigma}'$ 与 $(\boldsymbol{\sigma},\boldsymbol{u})$ 的关系称为卷积码的状态转移方程，$\boldsymbol{c}$ 与

$(\boldsymbol{\sigma},\boldsymbol{u})$ 的关系称为卷积码的输出方程。

$$\boldsymbol{\sigma}(l+1)=\varphi(\boldsymbol{\sigma}(l),\boldsymbol{u}(l)) \quad 或\ \boldsymbol{\sigma}'=\varphi(\boldsymbol{\sigma},\boldsymbol{u}) \tag{6-4-28}$$

$$\boldsymbol{c}(l)=\psi(\boldsymbol{\sigma}(l),\boldsymbol{u}(l)) \quad 或\ \boldsymbol{c}=\psi(\boldsymbol{\sigma},\boldsymbol{u}) \tag{6-4-29}$$

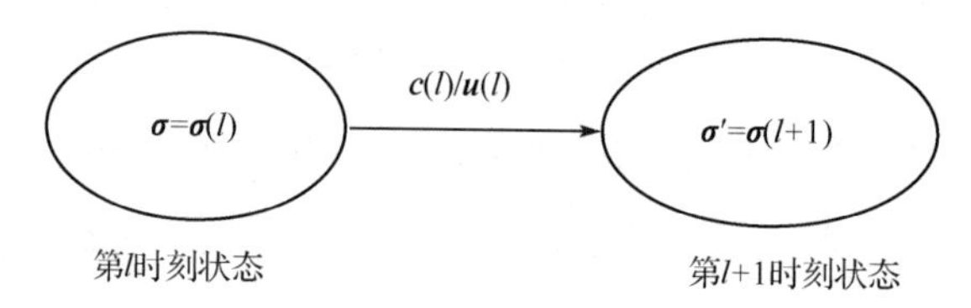

图 6.17 卷积码状态转移图

尽管二元卷积码在任意时刻均有 2^M 个可能的状态，但是由于每个消息段 $\boldsymbol{u}$ 的输入均为 k 位，故对于特定的某个状态在输入驱动下只有 2^k 种状态的变化，即每个前导状态只转移到 2^M 个可能后继状态的某 2^k 个状态构成的子集中，同样每个后继状态也只能由某 2^k 个前导状态构成的状态子集转移而来。状态转移与前导和后继的关系如图 6.18 所示。

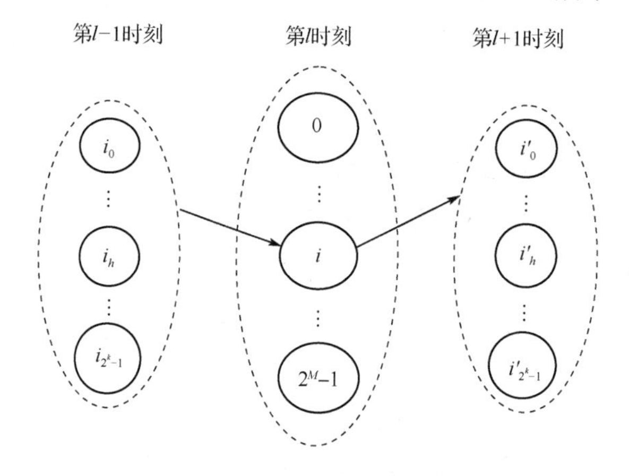

图 6.18 状态转移与前导和后继的关系

例 6.21 由于例 6.18 的 (2,1,2) 卷积码 $k=1$，$M=m=2$，所以其状态向量为 $\boldsymbol{\sigma}=(\sigma_2\sigma_1)$，共有 4 种状态 S_0、S_1、S_2、S_3，其状态转移表如表 6.10 所示，状态转移图如图 6.19 和图 6.20 所示。该卷积码的状态转移方程和输出方程分别为

$$\begin{cases}\sigma_0'=u\\ \sigma_2'=\sigma_1\end{cases},\quad \begin{cases}c_1=u+\sigma_1+\sigma_2\\ c_2=u+\sigma_2\end{cases}$$

表 6.10 (2,1,2) 卷积码状态转移表

$(c_1c_2)/(\sigma_2'\sigma_1')$	$(\sigma_2\sigma_1)=(0\ 0)$	$(\sigma_2\sigma_1)=(0\ 1)$	$(\sigma_2\sigma_1)=(1\ 0)$	$(\sigma_2\sigma_1)=(1\ 1)$
$u=(0)$	(0 0) / (0 0)	(1 0) / (1 0)	(1 1) / (0 0)	(0 1) / (1 0)
$u=(1)$	(1 1) / (0 1)	(0 1) / (1 1)	(0 0) / (0 1)	(1 0) / (1 1)

注：表中第 2 行、第 3 行的第 2～5 列内容表示在状态为 $(\sigma_2\sigma_1)$，输入为 u 时，下一时刻编码器的输出与状态 $(c_1c_2)/(\sigma_2'\sigma_1')$。

4．卷积码的栅格图

由状态转移图的构成及例 6.21 可知，闭合型状态转移图直接地描述了卷积码编码器在任一时刻的工作状况，而开放型状态转移图则更适合描述一个特定输入段序列的编码过程。

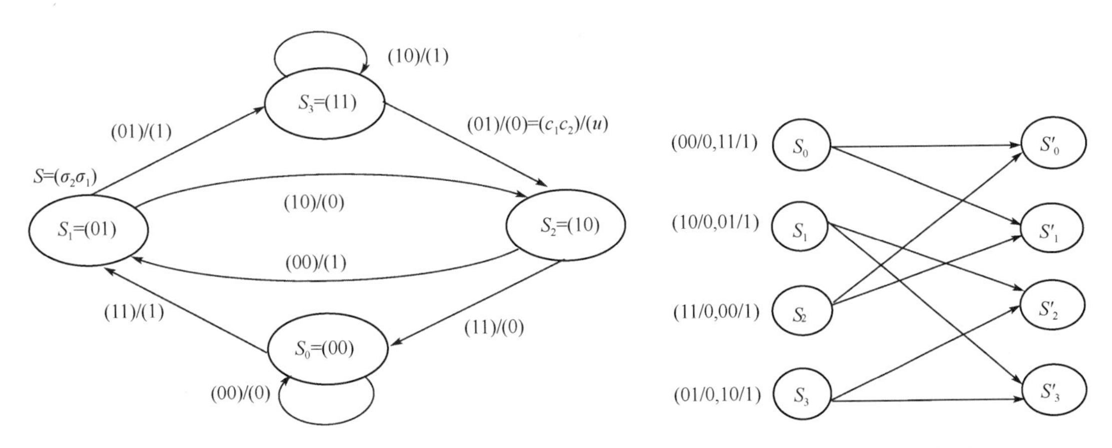

图 6.19 (2,1,2) 卷积码状态转移图（闭合型） 图 6.20 (2,1,2) 卷积码状态转移图（开放型）

定义 6.25 卷积码的栅格图或篱笆图是开放型状态转移图按时间顺序级联形成的一个由时间方向确定分支或边的方向的有向图。

设卷积码编码器工作初态为 $\boldsymbol{\sigma}(0)=S_0$（全 0 状态），一个长为 L 的编码输入段序列 $(\boldsymbol{u})=(\boldsymbol{u}(0),\boldsymbol{u}(1),\cdots,\boldsymbol{u}(L-1))$，在产生相应的长为 L 的输出段序列 $(\boldsymbol{c})=(\boldsymbol{c}(0),\boldsymbol{c}(1),\cdots,\boldsymbol{c}(L-1))$ 的同时，由状态转移过程产生一个相应的起始状态为 $\boldsymbol{\sigma}(0)$，终止状态为 $\boldsymbol{\sigma}(L)$ 的长为 $L+1$ 的状态序列 $(\boldsymbol{\sigma})=(\boldsymbol{\sigma}(0),\boldsymbol{\sigma}(1),\cdots,\boldsymbol{\sigma}(L-1),\boldsymbol{\sigma}(L))$，并且状态序列 $(\boldsymbol{\sigma})$ 与输入/输出段序列 $(\boldsymbol{c})/(\boldsymbol{u})$ 一一对应。

定义 6.26 长为 $L+1$ 的状态序列 $(\boldsymbol{\sigma})$ 在栅格图中表示的一条由 L 个分支级联的有向路径称为编码路径 $\boldsymbol{p}$，记为

$$\begin{aligned}\boldsymbol{p}=\boldsymbol{p}(0,L)&=(\boldsymbol{p}(0),\boldsymbol{p}(1),\boldsymbol{p}(2),\cdots,\boldsymbol{p}(L-1))\\&=(\boldsymbol{\sigma})=(\boldsymbol{\sigma}(0),\boldsymbol{\sigma}(1),\boldsymbol{\sigma}(2),\cdots,\boldsymbol{\sigma}(L-1),\boldsymbol{\sigma}(L))\end{aligned} \tag{6-4-30}$$

显然编码路径 $\boldsymbol{p}$ 可以表示为路径分支 $\boldsymbol{p}(l)=\boldsymbol{p}(l,l+1)$ 的级联，即

$$\begin{aligned}\boldsymbol{p}(0,L)&=(\boldsymbol{\sigma}(0),\boldsymbol{\sigma}(1),\boldsymbol{\sigma}(2),\cdots,\boldsymbol{\sigma}(L-1),\boldsymbol{\sigma}(L))\\&=(\boldsymbol{\sigma}(0),\boldsymbol{\sigma}(1))\|(\boldsymbol{\sigma}(1),\boldsymbol{\sigma}(2),\cdots,\boldsymbol{\sigma}(L-1),\boldsymbol{\sigma}(L))\\&=\boldsymbol{p}(0,1)\|\boldsymbol{p}(1,2)\|\boldsymbol{p}(2,L)\triangleq\boldsymbol{p}(0,1)\cdot\boldsymbol{p}(1,2)\cdot\boldsymbol{p}(2,L)\\&=\prod_{l=0}^{L-1}\boldsymbol{p}(l,l+1)\triangleq\left(\prod_{l=0}^{L-1}\boldsymbol{p}(l)\right)\end{aligned} \tag{6-4-31}$$

当有向路径起始于全 0 状态 S_0，又首次终止于 S_0 时，表明此时编码器又回到全 0 状态，这种始于 S_0 又首次终于 S_0 的编码路径具有特别的意义。

定义 6.27 一个卷积码码字是起始于全 0 状态 S_0，又首次终止于 S_0 的一条编码路径。

注意，任意一个卷积码码字均是一条卷积码编码路径，但是一条编码路径并不一定是一个码字。对于 $k=1$ 的二元卷积码，常用实线表示输入 $u=0$ 时产生的转移分支，用虚线表示输入 $u=1$ 时产生的转移分支。

例 6.22 例 6.18 的 (2,1,2) 卷积码的栅格图及三条编码路径分别如图 6.21 和图 6.22 所示。

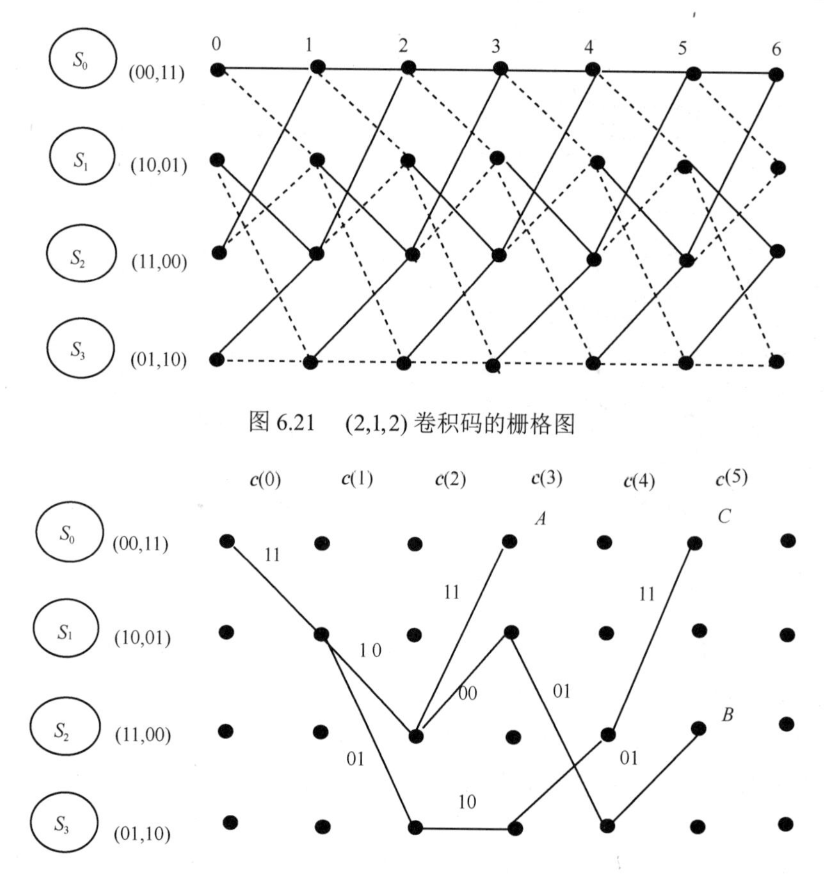

图 6.21 (2,1,2) 卷积码的栅格图

图 6.22 (2,1,2) 卷积码的三条编码路径

图 6.22 中的三条编码路径如表 6.11 所示。

表 6.11 图 6.22 中的三条编码路径

路　径	状 态 序 列	输入段序列	编 码 序 列
$\boldsymbol{p}_{\mathrm{A}}=(\boldsymbol{p}(0),\boldsymbol{p}(1),\boldsymbol{p}(2))$	(S_0,S_1,S_2,S_0)	(100)	(11 10 11)
$\boldsymbol{p}_{\mathrm{B}}=(\boldsymbol{p}(0),\boldsymbol{p}(1),\boldsymbol{p}(2),\boldsymbol{p}(3),\boldsymbol{p}(4))$	$(S_0,S_1,S_2,S_1,S_3,S_2)$	(10110)	(11 10 00 01 01)
$\boldsymbol{p}_{\mathrm{C}}=(\boldsymbol{p}(0),\boldsymbol{p}(1),\boldsymbol{p}(2),\boldsymbol{p}(3),\boldsymbol{p}(4))$	$(S_0,S_1,S_3,S_3,S_2,S_0)$	(11010)	(11 01 10 01 11)

6.4.3 卷积码的 Viterbi 译码

1. 分支度量与路径度量

设对应于发送码字 $\boldsymbol{c}=(\boldsymbol{c}(0),\boldsymbol{c}(1),\cdots,\boldsymbol{c}(l),\cdots)$ 或编码路径 $\boldsymbol{p}=(\boldsymbol{p}(0),\boldsymbol{p}(1),\cdots,\boldsymbol{p}(l),\cdots)$ 的接收段序列为 $\boldsymbol{r}=(\boldsymbol{r}(0),\boldsymbol{r}(1),\cdots,\boldsymbol{r}(l),\cdots)$，在消息符号等概率出现的假设下，可以认为卷积码的各编码路径等概率出现，于是卷积码的最大似然译码是寻找一条路径，使似然概率 $P(\boldsymbol{r}\mid\boldsymbol{p})$ 或对数似然值 $\log P(\boldsymbol{r}\mid\boldsymbol{p})$ 最大。

对于无记忆信道和有限 L 段接收段序列，在 $l=L$ 时刻，收到 $l=0,1,2,\cdots,L-1$ 共 L 段接收段序列后，最大似然译码是寻求一条路径 $\hat{\boldsymbol{p}}$，使得

$$\log P(\boldsymbol{r}\mid\hat{\boldsymbol{p}})=\max_{\text{所有}\boldsymbol{p}}\{\log P(\boldsymbol{r}\mid\boldsymbol{p})\}=\max_{\text{所有}\boldsymbol{p}(0,L)}\left\{\sum_{l=0}^{L-1}\log P(\boldsymbol{r}(l)\mid\boldsymbol{p}(l))\right\} \tag{6-4-32}$$

式中，$\boldsymbol{p}(0,L)$ 表示一条段记号从 0 到 $L-1$ 的 L 段长编码路径。

由于卷积码码字为不等长码字，根据码字为栅格图中的路径原理可知，当路径长度 L 稍大时，从起始状态 $\boldsymbol{\sigma}(0)$ 到任一终止状态 $\boldsymbol{\sigma}(L)$ 的路径数非常多，按式（6-4-32）进行穷举搜索没有实现可行性，如图 6.23 所示。

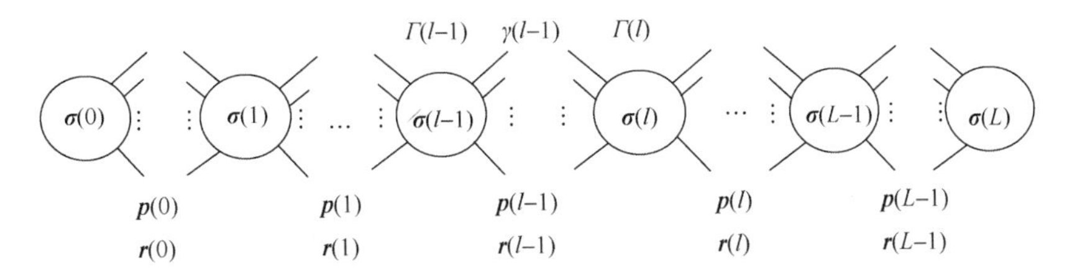

图 6.23　路径、分支度量与累积度量

定义 6.28　第 l 时刻连接状态 $\boldsymbol{\sigma}(l)$ 至状态 $\boldsymbol{\sigma}(l+1)$ 的分支 $\boldsymbol{p}(l)=(\boldsymbol{\sigma}(l),\boldsymbol{\sigma}(l+1))$ 的分支度量值 $\gamma(l)$，是该分支的似然值，即

$$\gamma(l)\triangleq \log P(\boldsymbol{r}(l)\mid \boldsymbol{p}(l)) \tag{6-4-33}$$

定义 6.29　第 $l>0$ 时刻状态 $\boldsymbol{\sigma}(l)$ 的最大累积度量值 $\Gamma(\boldsymbol{\sigma}(l))$，简记为 $\Gamma(l)$，是从状态 $\boldsymbol{\sigma}(0)$ 连接至状态 $\boldsymbol{\sigma}(l)$ 的所有路径的分支度量值之和的最大值，即

$$\Gamma(l)=\max_{\text{所有}\boldsymbol{p}(0,l)}\left\{\sum_{l'=0}^{l-1}\log P(\boldsymbol{r}(l')\mid \boldsymbol{p}(l'))\right\}=\max_{\text{所有}\boldsymbol{p}(0,l)}\left\{\sum_{l'=0}^{l-1}\gamma(l')\right\} \tag{6-4-34}$$

定义 6.30　有最大累积度量值 $\Gamma(l)=\Gamma(\boldsymbol{\sigma}(l))$ 的路径 $\boldsymbol{p}(0,l)$ 称为连接至状态 $\boldsymbol{\sigma}(l)$ 的幸存路径 $\boldsymbol{ps}(0,l)$，其中，$\boldsymbol{ps}(0,l)=(\boldsymbol{ps}(0),\boldsymbol{ps}(1),\cdots,\boldsymbol{ps}(l-1))$，它的最后分支 $\boldsymbol{ps}(l-1)=(\boldsymbol{\sigma}(l-1),\boldsymbol{\sigma}(l))$ 称为连接至状态 $\boldsymbol{\sigma}(l)$ 的幸存分支。

由定义 6.29 和定义 6.30 可知，对于幸存路径 $\boldsymbol{ps}(0,l)$ 有

$$\max_{\text{所有}\boldsymbol{p}(0,l)}\left\{\sum_{l'=0}^{l-1}\log P\big(\boldsymbol{r}(l')\mid \boldsymbol{p}(l')\big)\right\}=\sum_{l'=0}^{l-1}\log P\big(\boldsymbol{r}(l')\mid \boldsymbol{ps}(l')\big) \tag{6-4-35}$$

图 6.24 所示为幸存分支与幸存路径。显然，每个状态有 2^k 个可能的分支度量，每个时刻有 2^{k+M} 个可能的分支度量，每个状态只有一条幸存路径，每个时刻有 2^M 条幸存路径。

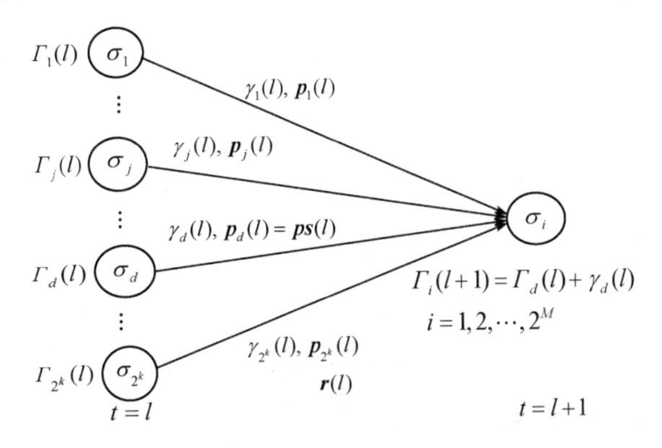

图 6.24　幸存分支与幸存路径

由于状态 $\boldsymbol{\sigma}(l)$ 的幸存路径 $\boldsymbol{ps}(0,l)$ 是状态 $\boldsymbol{\sigma}(l)$ 的幸存分支 $\boldsymbol{ps}(l-1)$ 与前一时刻状态 $\boldsymbol{\sigma}'(l-1)$ 的幸存路径 $\boldsymbol{ps}(0,l-1)$ 的级联连接，所以当前时刻的幸存路径可以由前一时刻的幸存

路径与当前时刻的幸存分支来获得，即有

$$\begin{aligned}
\Gamma\left(\boldsymbol{\sigma}_i(l)\right)=\Gamma_i(l)&=\max_{\boldsymbol{p}(0,l)}\left\{\sum_{l'=0}^{l-1}\log P\left(\boldsymbol{r}(l')\mid\boldsymbol{p}(l')\right)\right\}\\
&=\max_{\boldsymbol{p}'(l-1)}\left\{\max_{\boldsymbol{p}(0,l-1)}\left\{\sum_{l'=0}^{l-2}\log P\left(\boldsymbol{r}(l')\mid\boldsymbol{p}(l')\right)\right\}+\log P\left(\boldsymbol{r}(l-1)\mid\boldsymbol{p}'(l-1)\right)\right\}\\
&=\max_{\boldsymbol{p}'(l-1)}\left\{\Gamma\left(\boldsymbol{\sigma}'(l-1)\right)+\gamma\left(\boldsymbol{p}'(l-1)\right)\right\}\\
&=\max_{j=1,2,\cdots,2^k}\left\{\Gamma_j(l-1)+\gamma_j(l-1)\right\}\\
&=\Gamma_d(l-1)+\gamma_d(l-1),\ i=0,1,2,\cdots,2^M-1,\ l=0,1,2,\cdots
\end{aligned}\tag{6-4-36}$$

式中，$\boldsymbol{p}'(l-1)$ 表示连接至状态 $\boldsymbol{\sigma}(l)$ 的可能连入分支；$\boldsymbol{\sigma}(l-1)$ 表示状态 $\boldsymbol{\sigma}(l)$ 的前导状态；$\Gamma_j(l-1)$ 是对应状态 $\boldsymbol{\sigma}'(l-1)$ 的幸存路径值。

2．Viterbi 算法

由式（6-4-36）可知，在任一时刻对幸存路径的求解，等效为在对前一时刻幸存路径求解的基础上进行加法、比较及存储操作，即由幸存路径的求解过程可知，卷积码在 $l=L$ 时刻的最大似然译码是在 $l=L$ 时刻求解一条最大幸存路径，而求解 l 时刻的幸存路径等价于求解当前时刻的幸存分支和 $l-1$ 时刻的另一条幸存路径，因此卷积码的最大似然译码过程是一个不断求取幸存路径的过程。

记 $\hat{\boldsymbol{p}}$ 是译码输出的幸存路径，于是卷积码的最大似然译码可表述为

$$\log P(\boldsymbol{r}\mid\hat{\boldsymbol{p}})=\max_{i=1,2,\cdots,2^M}\left\{\Gamma\left(\boldsymbol{\sigma}_i(L)\right)\right\}\tag{6-4-37}$$

记 $\gamma_{i_j,i}(l)$ 为第 l 时刻第 i_j 个状态 $\boldsymbol{\sigma}_{i_j}(l)$ 连接至第 $l+1$ 时刻的第 i 个状态 $\boldsymbol{\sigma}_i(l+1)$ 的分支度量，状态 $\boldsymbol{\sigma}_{i_j}(l)$ 和 $\boldsymbol{\sigma}_i(l+1)$ 的累积度量值分别记为 $\Gamma_{i_j}(l)$ 和 $\Gamma_i(l+1)$，则有限长度为 L 的 Viterbi 算法形式化描述如下。

（1）初始化。

（1.1）段计数 $l=0$。

（1.2）最大累积度量值 $\Gamma_i(0)=0$，$i=0,1,2,\cdots,2^M-1$。

（1.3）幸存路径 $\boldsymbol{ps}_i(0,0)=(\varnothing)$，$i=0,1,2,\cdots,2^M-1$。

（2）迭代。

（2.1）接收段 $\boldsymbol{r}(l)$。

（2.2）对 $i=0,1,2,\cdots,2^M-1$ 重复进行如下操作。

（2.2.1）对 $j=0,1,2,\cdots,2^k-1$ 分别计算分支度量值 $\gamma_{i_j,i}(l)$。

（2.2.2）对 $j=0,1,2,\cdots,2^k-1$ 分别计算候选累积度量值 $\Gamma_{i_j,i}(l+1)$，即

$$\Gamma_{i_j,i}(l+1)=\Gamma_{i_j}(l)+\gamma_{i_j,i}(l)$$

（2.2.3）计算最大累积度量值 $\Gamma_i(l+1)$，即

$$\Gamma_i(l+1)=\Gamma_{i_d,i}(l+1)=\max_{j=0,1,2,\cdots,2^k-1}\left\{\Gamma_{i_j,i}(l+1)\right\}$$

（2.2.4）形成第 $l+1$ 时刻第 i 个状态 $\boldsymbol{\sigma}_i(l+1)$ 的幸存分支 $\boldsymbol{ps}_i(l)$，并存储到达此状态的幸存路径 $\boldsymbol{ps}_i(0,l+1)$，即

$$ps_i(l)=\left(\sigma_{i_d}(l),\sigma_i(l+1)\right)；\quad ps_i(0,l+1)=\left(ps_{i_d}(0,l),ps_i(l)\right)$$

（3）输出。

（3.1）段计数加 1，即 $l\leftarrow l+1$。

（3.2）若 $l<L$，则返回第（2）步迭代。

（3.3）若 $l\geqslant L$，则求最大累积度量值为 $\hat{\Gamma}(L)$ 的幸存路径 $\hat{ps}=ps_d$ 并输出该条路径对应的消息序列 $\hat{u}$，即

$$\hat{\Gamma}(L)=\max_{i=0,1,2,\cdots,2^M-1}\{\Gamma_i(L)\}$$

Viterbi 算法的实现涉及以下几个问题。

（1）分支度量值 γ 的计算方式对于不同特性的信道，如硬判决或软判决信道有较大的不同。

（2）算法的（2.2.2）、（2.2.3）、（2.2.4）步骤称为 Viterbi 算法的 ACS（加/比/存）操作，是 Viterbi 算法中最耗费时间和空间的单项操作。

（3）由于幸存路径长度为 L，共需 $L\cdot 2^M$ 个段存储单元存储全部幸存路径，因此对实际应用中几乎无穷大的传送序列，记 $L=L_d$ 为译码输出时刻，L_d 的值不可能太大，通常 L_d 选择为 5～10 倍约束长度 K，称为译码深度，即 $L_d=(5\sim10)K$。

（4）当实际序列长度 $L\gg L_d$ 时，译码器可以是逐 L_d 段长进行译码的。

（5）由于译码器最终需输出消息序列 $\hat{u}$，所以获得译码输出的幸存路径后还需进行该路径“回逆”以确定该路径对应的消息序列 $\hat{u}$。

3．二元对称信道上的 Viterbi 算法

对于二元对称信道，信道符号转移概率为 $P(r\mid c)$，即

$$P(r\mid c)=\begin{cases}p, & r\neq c\\ 1-p, & r=c\end{cases} \tag{6-4-38}$$

对于每个 n 比特的接收段，其分支路径值 $\gamma(l)$ 为

$$\gamma(l)=\log P\left(r(l)\mid p(l)\right)=\log\left(p^{d(l)}(1-p)^{n-d(l)}\right)=d(l)\log\frac{p}{1-p}+n\log(1-p) \tag{6-4-39}$$

式中，$d(l)=d_{\mathrm{H}}\left(r(l),p(l)\right)$ 为接收段 $r(l)$ 与当前编码分支 $p(l)$ 所对应的编码段 $c(l)$ 之间的汉明距离，即 $d(l)=d_{\mathrm{H}}\left(r(l),p(l)\right)=d_{\mathrm{H}}\left(r(l),c(l)\right)$。

由式（6-4-39）及 $p<1/2$ 的假设可知，$\log\left(p/(1-p)\right)$ 和 $\log(1-p)$ 均为负值，极大化 $\gamma(l)$ 等价于极小化 $d(l)$，即最大似然译码过程等价于最小距离译码过程，因此第 l 时刻状态 $\sigma(l)$ 的最大似然值 $\Gamma\left(\sigma(l)\right)$ 应是最小累积距离值。记与状态 $\sigma(l+1)$ 相连接的前导状态为 $\sigma'(l)$，则有

$$\Gamma(l+1)=\Gamma\left(\sigma(l+1)\right)=\max_{p(0,l+1)}\left\{\sum_{l'=0}^{l}\gamma(l')\right\}=\min_{p'(l)}\left\{\Gamma\left(\sigma'(l)\right)+d_{\mathrm{H}}\left(p'(l),r(l)\right)\right\} \tag{6-4-40}$$

因此以式（6-4-40）代替 Viterbi 算法的（2.2.3）步计算过程，可得到按最小距离译码的 Viterbi 算法，其中累积度量通常称为累积路径值。

例 6.23　对例 6.21 中的非系统 (2,1,2) 卷积码进行 Viterbi 译码。设编码器输出为全 0 比特序列，经过二元对称信道，接收序列 r 为

$$r=(10\ 00\ 01\ 00\ 00\ 00\ 00\ 00)$$

(2,1,2)卷积码的 Viterbi 译码过程如图 6.25 所示，其中每个状态以实线表示一条可能的分支，虚线表示另一条可能的分支，括号外为实线分支，括号内为虚线分支连接的路径的累积路径值。如果有两条以上路径的累积路径值相等，则任选一条为幸存路径。

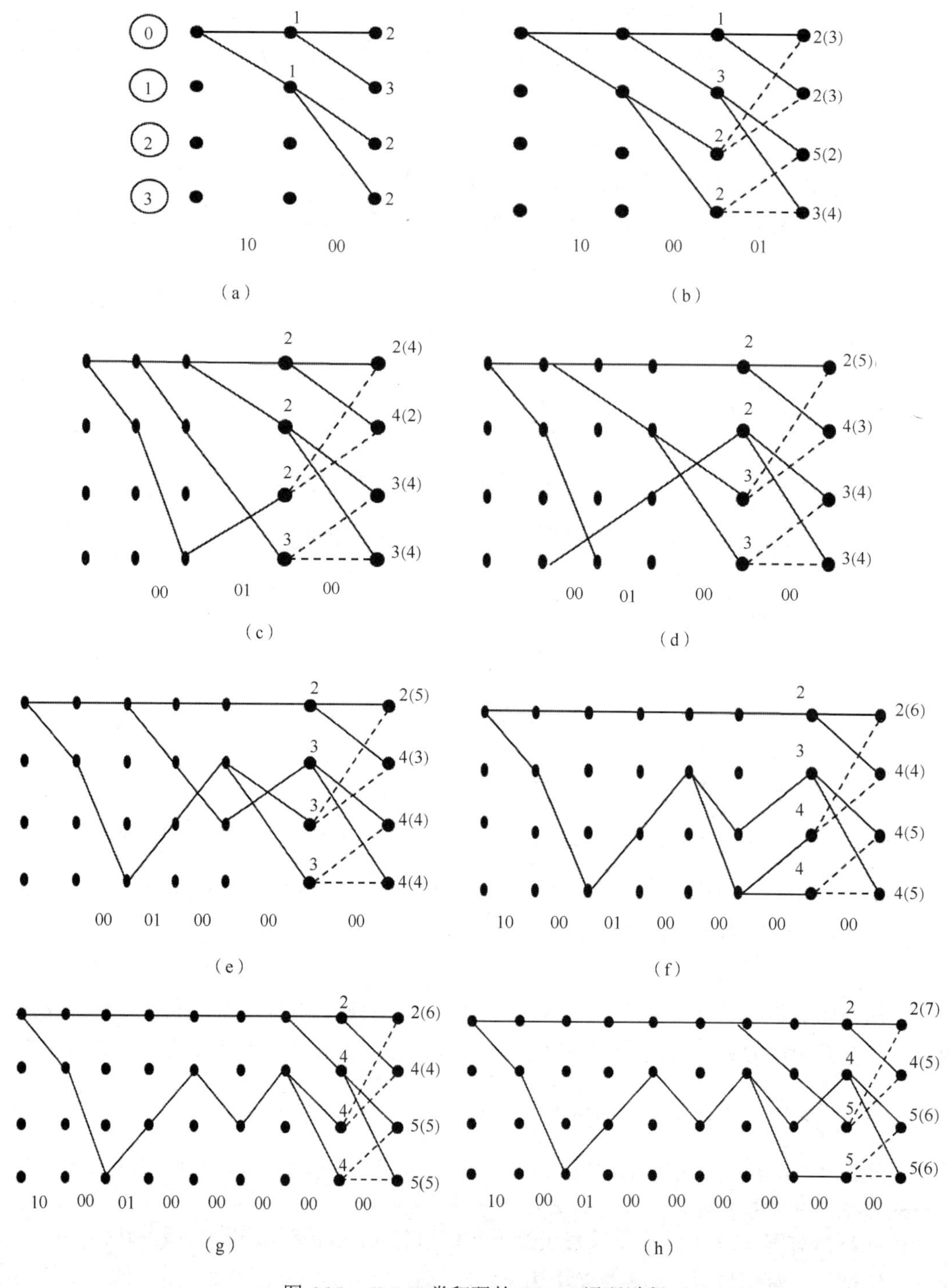

图 6.25 (2,1,2) 卷积码的 Viterbi 译码过程

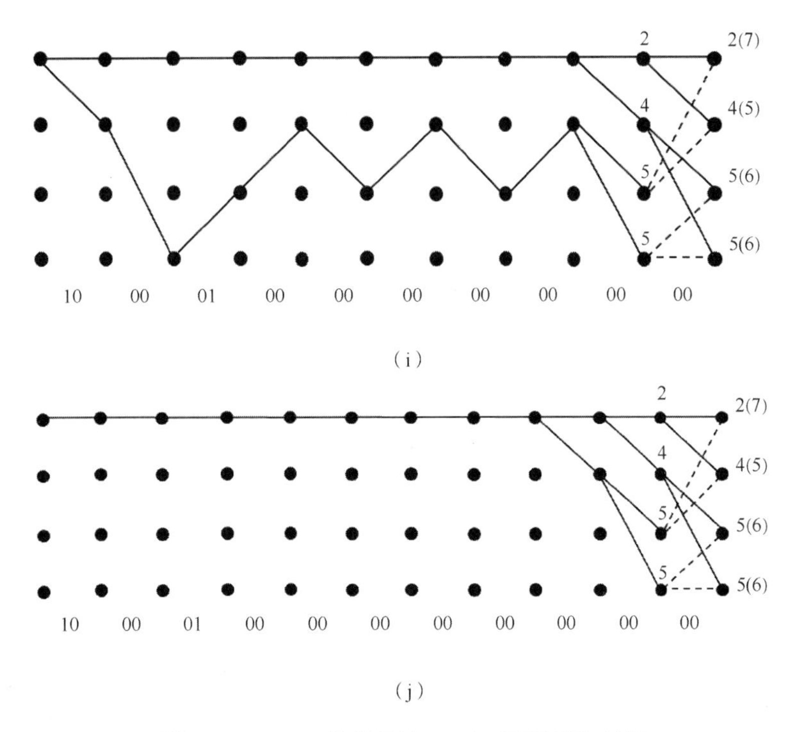

图 6.25　(2,1,2) 卷积码的 Viterbi 译码过程（续）

当差错图案是可纠正的情形时，Viterbi 译码过程会产生路径合并现象，即到达某时刻的所有路径在此前的某个时刻合并为一条路径。显然，当有路径合并时，Viterbi 译码的输出在合并路径段没有任何选择余地，只需将合并的路径段作为译码输出。

4．卷积码的性能

Viterbi 译码作为最大似然译码总能使译码错误率最小，描述这一错误特性的主要参数是卷积码的自由距离。

定义 6.31　卷积码的自由距离 d_{f} 是所有非零码字路径距离的最小值，即

$$d_{\mathrm{f}} = \lim_{L\to\infty} \min_{L} \left\{ \min_{\boldsymbol{c}_L \neq \boldsymbol{c}'_L} d_{\mathrm{H}}(\boldsymbol{c}_L, \boldsymbol{c}'_L) \right\} \tag{6-4-41}$$

式中，$\boldsymbol{c}_L$ 是长为 L 段的非零消息对应的卷积码码字。

定理 6.11　记长为 L 段的卷积码码字的最小码距为 $d_L = \min\limits_{\boldsymbol{c}_L \neq \boldsymbol{c}'_L} \{d(\boldsymbol{c}_L, \boldsymbol{c}'_L)\}$，对于设计良好的卷积码总有

$$d_1 < d_2 < \cdots < d_L < \cdots < d_\infty$$

于是对于线性卷积码自由距离可以较为方便计算为最短非零码字路径的重量，即

$$d_{\mathrm{f}} = \lim_{L\to\infty} \min_{L} \left\{ \min_{\boldsymbol{c}_L \neq \boldsymbol{0}} w_{\mathrm{H}}(\boldsymbol{c}_L) \right\} = \min_{\boldsymbol{c}_{L\min} \neq \boldsymbol{0}} \{ w_{\mathrm{H}}(\boldsymbol{c}_L) \} \tag{6-4-42}$$

例 6.24　对于例 6.21 的非系统 (2,1,2) 卷积码，由其栅格图（见图 6.21）可以发现，其最短非零码字路径为 (11 10 11)，所以自由距离 $d_{\mathrm{f}} = 5$。

可以证明对于二元对称信道，当其转移概率 p 非常小时，采用自由距离为 d_{f} 的 (n,k,m) 卷积码，其最大似然译码后的误码率可以近似计算为

$$P_3 \leqslant \frac{1}{k} A_{d_f} 2^{d_f} p^{d_f/2} \tag{6-4-43}$$

式中，A_{d_f} 为重量等于 d_f 的卷积码码字（路径）个数。

例 6.25　对于例 6.21 中的非系统 $(2,1,2)$ 卷积码，由其栅格图（见图 6.21）可以发现，重量为 $d_f=5$ 的非零码字路径为 (S_0,S_1,S_2,S_0) 或 $(11\ 10\ 11)$，且仅此一条路径，所以 $A_{d_f}=1$，对该码的译码误码率可以近似为

$$P_e \approx 2^5 p^{5/2} = (4p)^{5/2}$$

因此，当 $p=10^{-3}$ 时，$P_e \approx 10^{-6}$。

当 n、k、m 确定后，(n,k,m) 卷积码的 d_f 取决于其连接方式（结构），目前尚无一般的设计方法，可以由给定的 n、k、m、d_f 来确定卷积码的多项式生成矩阵 $\boldsymbol{G}(x)$。另外，对于给定的 n、k、m、d_f，还存在一种具有误差传播特性的卷积码，称为恶性卷积码。当具有这种特性的卷积码用于二元对称信道时，就可能因为有限数量的信道差错而引起无限数量的译码差错。这种码可以从它的状态图中看出。当卷积码的状态图中的非零输入序列编码出现环路，且编码输出全为零时，对应的卷积码就是恶性卷积码。如果这条环路对应于传送“1”时，则译码器将产生无穷多个差错。例如，图 6.26 显示的就是一个恶性卷积码的编码电路和状态图。在状态 S_1（$\sigma_1=1$）时，输入为 1，输出为 0，状态又转回 S_1，在状态 S_1 时，输入多个 1，编码器将输出多个 0，与零状态输入零序列的全零路径之间的距离仍然是零。

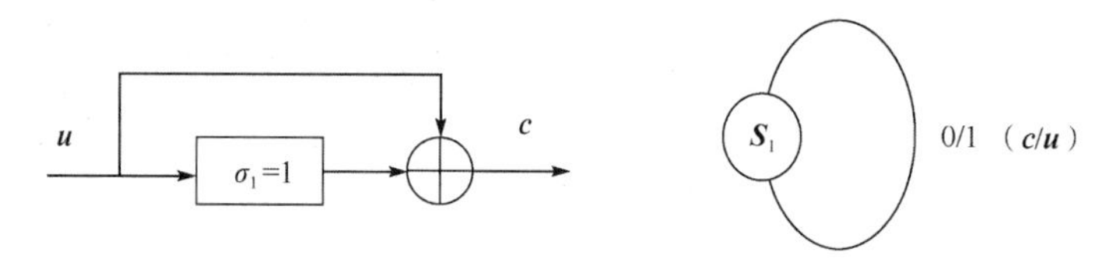

图 6.26　一个恶性卷积码的编码电路和状态图

因此，在实际应用中应该避免使用恶性卷积码。需要指出的是，系统卷积码一定是非恶性码，但是系统卷积码通常并不是性能最好的码。常见的具有最大自由距离的非恶性卷积码如表 6.12 所示，表中给出的码结构参数是以 $\boldsymbol{G}(x)$ 的八进制数表示的。例如，1/2 码率，约束长度 K=4 的码为(15,17)=(001101,001111)，多项式生成矩阵为 $\boldsymbol{G}(x)=(1+x+x^3, 1+x+x^2+x^3+x^4)$。

表 6.12　常见的具有最大自由距离的非恶性卷积码

码率 k/n	K	$g(i,1)(x)$	$g(i,2)(x)$	$g(i,3)(x)$	$g(i,4)(x)$	d_f	d_f 上限	码率 k/n	K	$g(i,1)(x)$	$g(i,2)(x)$	$g(i,3)(x)$	$g(i,4)(x)$	d_f	d_f 上限
	3	5	7			5	5		3	5	7	7	7	10	10
	4	15	17			6	6		4	15	15	15	17	13	15
	5	23	35			7	7		5	23	27	33	37	16	16
1/2	6	53	75			8	8	1/4	6	53	67	71	75	18	18
	7	133	171			10	10		7	133	135	147	163	20	20
	8	247	371			10	10		8	235	275	313	357	22	22
	9	561	753			12	12		9	463	553	733	745	24	24

续表

码率 k/n	K	$g(i,1)(x)$	$g(i,2)(x)$	$g(i,3)(x)$	$g(i,4)(x)$	d_f	d_f 上限
1/2	10	1167	1545			12	12
	11	1335	3661			14	14
1/3	3	5	7	7		8	8
	4	13	15	17		10	10
	5	25	33	37		12	12
	6	47	53	75		13	13
	7	133	145	175		15	15
	8	225	331	367		16	16
	9	557	663	711		18	18

码率 k/n	K	$g(i,1)(x)$	$g(i,2)(x)$	$g(i,3)(x)$	$g(i,4)(x)$	d_f	d_f 上限
2/3	2	$\begin{bmatrix}3\\3\end{bmatrix}$	$\begin{bmatrix}1\\2\end{bmatrix}$	$\begin{bmatrix}2\\3\end{bmatrix}$		3	4
	3	$\begin{bmatrix}2\\7\end{bmatrix}$	$\begin{bmatrix}7\\5\end{bmatrix}$	$\begin{bmatrix}7\\2\end{bmatrix}$		5	6
	4	$\begin{bmatrix}11\\16\end{bmatrix}$	$\begin{bmatrix}06\\15\end{bmatrix}$	$\begin{bmatrix}15\\17\end{bmatrix}$		7	7
	5	$\begin{bmatrix}03\\34\end{bmatrix}$	$\begin{bmatrix}16\\31\end{bmatrix}$	$\begin{bmatrix}15\\17\end{bmatrix}$		8	8

6.5　Turbo 码

在 1948 年香农通信理论发表之后的数十年中，人们不断地试图找到可以接近香农限的编码。然而，数十年过去，所取得的进步离理论极限依旧遥远。直到 Turbo 码被发现，信道编码才进入了接近香农限的发展阶段。1993 年，在 ICC 国际会议上，Berrou、Glavieux 和 Thitimajshima 提出了一种称为 Turbo 码的编译码方案，该方案将卷积码编码和随机交织器巧妙地结合在一起，实现了随机编码的思想。随机交织器大小为 65535，进行 18 次迭代，在 $E_b/N_0<0.7\text{dB}$ 时，码率为 1/2 的 Turbo 码在 AWGN 信道上的误比特率小于 10^{-5}，接近了香农限（1/2 码率的香农限为 0dB）。Turbo 码利用迭代算法，以时间换取复杂度，第一次实现了现实可行的对香农限的逼近。不仅如此，Turbo 码译码中的外部信息的发现启发了编译码领域的科学家对 LDPC 码的再发现，促进了 LDPC 码的发展和广泛应用。另外，Turbo 码的思想也广泛应用于 Turbo 均衡、Turbo 信道估计等通信领域，同时将信息理论推向了一个崭新的时代。

6.5.1　Turbo 码编码方法

当 Turbo 码被提出时，其编码器结构如图 6.27 所示。该编码器由交织器、两个递归系统卷积码（RSC）分量编码器、删余器和复接器组合而成，由该编码器生成的码字称为并行级联卷积码（PCCC）。为了降低 PCCC 的错误平层（Error Floor），S.Benedetto 等人在 1996 年提出了串行级联卷积码（SCCC）。SCCC 综合了串行级联码和 Turbo PCCC 码的特点，在适当的信噪比范围内，通过迭代译码可以达到非常优异的译码性能。后来，将 PCCC 和 SCCC 两种编码方案结合起来，形成了混合级联卷积码，即 HCCC。下面以 PCCC 结构为例阐述 Turbo 码的基本编码方法。

编码时，N 长的原始信息序列 $\{u_k\}$ 被当成系统输出 $\{x_k^s\}$ 直接送入复接器，其中，$k=0,1,2,\cdots,N-1$，同时被送入分量编码器 1 进行卷积码编码，也是在同一时刻，N 长的原始信息序列 $\{u_k\}$ 被送入交织器做交织处理，经过交织后的序列 $\{\tilde{u}_k\}$ 被送入分量编码器 2。分量编码器 1 和分量编码器 2 编码后输出的是校验序列，分别为 $\{x_k^{1p}\}$ 和 $\{x_k^{2p}\}$。每输入一个信息比特，分量编码器 1 和分量编码器 2 都对应产生一个校验比特，所以系统的总码率是 1/3，得到的码字可表示为

$$\boldsymbol{c}=\{x_0^{s},x_0^{1p},x_0^{2p},x_1^{s},x_1^{1p},x_1^{2p},x_2^{s},x_2^{1p},x_2^{2p},\cdots,x_{N-1}^{s},x_{N-1}^{1p},x_{N-1}^{2p}\} \tag{6-5-1}$$

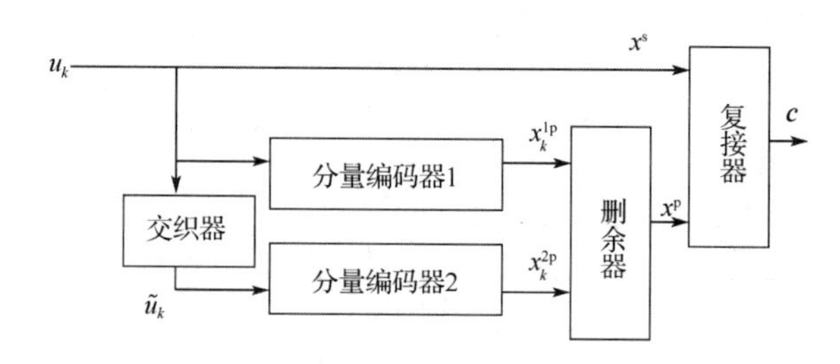

图 6.27 PCCC 型 Turbo 码编码器结构

如果要生成较高码率的 Turbo 码，可以使用删余器对两个分量编码器输出的校验序列做删余处理。为了将系统的码率提高到 1/2，可以通过式（6-5-2）所示的删余矩阵处理得到。

$$\boldsymbol{P}=\begin{bmatrix}1 & 0\\ 0 & 1\end{bmatrix} \tag{6-5-2}$$

被式（6-5-2）所示的删余矩阵处理过的校验序列，只保留了 $\{x_k^{1p}\}$ 中奇数位置上的校验比特和 $\{x_k^{2p}\}$ 中偶数位置上的校验比特。最后将删余后的校验信息与该系统输出 $\{x_k^{s}\}$ 做复接处理，得到的码字序列为

$$\boldsymbol{c}=\{x_0^{s},x_0^{1p},x_1^{s},x_1^{2p},x_2^{s},x_2^{1p},\cdots,x_{N-1}^{s},x_{N-1}^{2p}\} \tag{6-5-3}$$

式（6-5-3）中假设信息序列长度 N 为偶数。

由 Turbo 码的编码过程可以看出，Turbo 码是针对信息组进行编码的，即编码时将信息分组，分组长度与交织长度相同，每组输入信息编码后生成对应的码字，且输出码字互不相关。

分量码和交织器是 Turbo 码编译码器的重要组成部分，它们的设计与 Turbo 的性能密切相关，下面简单介绍分量码选择与交织器设计。

1．分量码选择

Turbo 码设计分量码时，一般采用系统递归卷积码（RSC）。Turbo 码选择 RSC 作为其分量码，而不选择 NSC（非系统卷积码）或者其他码的原因在于：首先，NSC 的误比特率（BER）性能在高信噪比时比约束长度相同的非递归系统码要好，但是在低信噪比时的情况相反。RSC 则综合了 NSC 和系统码的特点，且因为系统码可以直接从码字中恢复信息序列，这一特点使得 Turbo 码在译码端无须变换码字就可以直接对接收的码字序列进行译码。所以，相对于 NSC 译码而言，RSC 译码更加简单快捷。其次，对于一个 RSC，总是存在一个具有完全相同栅格结构的 NSC，反之亦然。因此从分量码的性能上来说，NSC 并没有很大的优势。从性能联合界的分析可以看出，当分量码采用 RSC 时，Turbo 码的性能随着交织长度的增加而稳定地提高，而对于采用 NSC 作为分量码的 Turbo 码来说，基本上没有交织增益。并且在高码率的情况下，对于任何信噪比，RSC 的性能均比等效的 NSC 要好。一个码率为 1/2，约束长度为 K，编码存储个数为 $M=K-1$ 的 RSC 的生成多项式可表示为：$\boldsymbol{G}(D)=[1,g_1(D)/g_0(D)]$，其中，$g_1(D)$ 表示反馈多项式；$g_0(D)$ 表示前向多项式。

例如，图 6.28（a）中，$g_1(D)=D^4+D^3+D^2+D+1$ 为反馈多项式，$g_0(D)=D^4+1$ 是前向多项式，编码存储个数 $M=4$，约束长度 $K=5$。二进制表示是$(11111,10001)_2$，十进制表示是$(31,17)_{10}$，八进制表示是$(37,21)_8$。同理，图 6.28（b）中，$K=4$，$M=3$，$g_1(D)=D^3+D^2+1$，$g_0(D)=D^3+D+1$，二进制表示是$(1101,1011)_2$，十进制表示是$(13,11)_{10}$，八进制表示是$(15,13)_8$。

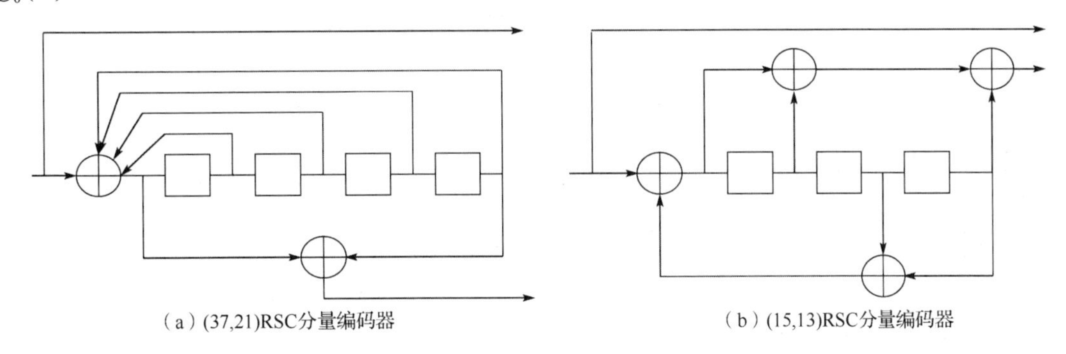

图 6.28　RSC 分量编码器

2．交织器设计

交织器的作用是将输入其中的一组数据，按照某种映射规则进行重新排列，输出得到一组新的数据。解交织器的作用是将这一组新的数据，按照交织时的映射规则进行恢复，得到原始的那组数据。下面给出交织器的基本概念。

每个交织器都有一个输入序列，设为

$$\boldsymbol{u}=(u_1,u_2,\cdots,u_N) \tag{6-5-4}$$

式中，$u_i\in\{0,1\}$，$i=1,2,\cdots,N$。对应于每个输入序列，交织器生成一个输出序列，设为

$$\tilde{\boldsymbol{u}}=(\tilde{u}_1,\tilde{u}_2,\cdots,\tilde{u}_N) \tag{6-5-5}$$

式中，$\tilde{u}_j\in\{0,1\}$，$j=1,2,\cdots,N$。

输入序列 $\boldsymbol{u}$ 和输出序列 $\tilde{\boldsymbol{u}}$ 所包含的元素完全一样，只是其中的数据元素位置排列有差别。因此，交织过程也可以看作是一个从输入序列 $\boldsymbol{u}$ 到输出序列 $\tilde{\boldsymbol{u}}$ 的一一映射过程，表示为

$$I:u_i\to\tilde{u}_j \tag{6-5-6}$$

为了更好地表示交织的一一映射过程，这里引入映射索引函数的概念：

$$I(A\to A):j=I(i),\ \ i,j\in A \tag{6-5-7}$$

式中，i 为输入序列 $\boldsymbol{u}$ 的元素索引；j 为输出序列 $\tilde{\boldsymbol{u}}$ 的元素索引。得到的交织映射图案可表示为

$$I_N=\{I(1),I(2),\cdots,I(N)\} \tag{6-5-8}$$

例如，分组交织器（也叫作行列交织器或块交织器）的交织映射函数可表示为

$$I(i)=[(i-1)\bmod n]+\lfloor (i-1)/n\rfloor+1,\ \ i=1,2,\cdots,N \tag{6-5-9}$$

式中，N 为交织长度。交织过程如下。

① 将要交织的数据按照从左到右、从上到下的顺序，一行一行地写入一个 $m\times n$ 矩阵中。

② 将矩阵中的数据按照从上到下、从左到右的顺序，一列一列地从中读出，读出的数据序列即交织完成后的数据序列。分组交织映射示意图如图 6.29 所示。

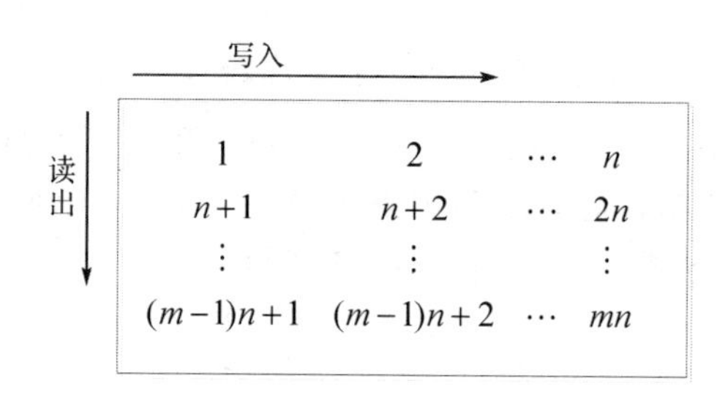

图 6.29 分组交织映射示意图

虽然交织器是 Turbo 码的重要组成部分，但是它并不是一个新的概念，在 Turbo 码出现之前主要被应用于衰落信道的通信系统中来消除突发错误，通常位于编码器和信道之间。而 Turbo 码中的交织器主要有两方面的作用：一方面是在编码端使得两个 RSC 分量码以较大概率获得较大码间距离；另一方面是在译码端把一个分量译码器产生的突发错误随机化，降低迭代译码输出信息的相关性。

6.5.2 Turbo 码译码算法

Turbo 码译码器结构如图 6.30 所示，整个译码过程与编码过程形成对应关系，将与信息序列 $\{x_k^s\}$ 和冗余序列 $\{x_k^p\}$ 对应的接收序列 $\{y_k^s\}$ 和 $\{y_k^p\}$ 分别输入两个译码器，然后各自的输出经过一个减法运算获取外部信息并通过交织和解交织后反馈给另一个译码器。在迭代译码过程中，接收序列中的错误不断地被纠正。整个译码过程中信息在两个极为简单的译码器间不断地轮转，像一台无比强大的涡轮机，因而称为 Turbo 码。在译码过程中，输出信息被分解为内部信息和外部信息，译码器通过减法从输出信息中取出外部信息并将其反馈给另一个译码器，这种获取外部信息并将其反馈给另一个译码器的方法将译码技术，甚至是信息理论推向了一个新的时代。

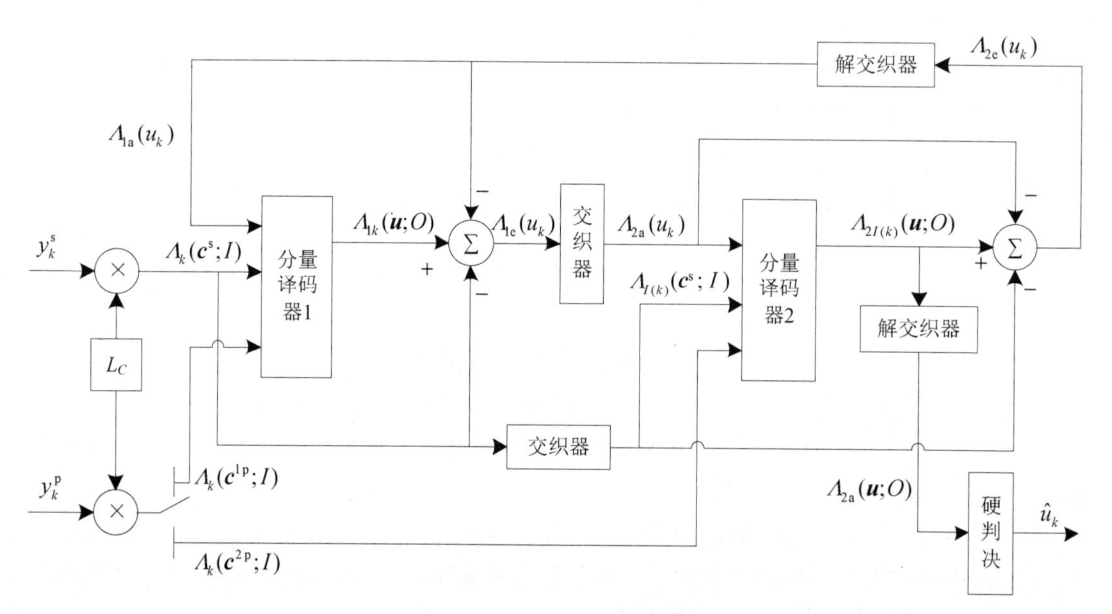

图 6.30 Turbo 码译码器结构

1．Turbo 码译码器结构

与图 6.27 所示的 Turbo 码编码器结构对应，图 6.30 给出了 Turbo 码译码器结构。

在发送端，Turbo 码编码器输出的码字序列为

$$\boldsymbol{C}_k=(c_k^{\mathrm{s}},c_k^{\mathrm{p}}) \tag{6-5-10}$$

若调制方式为 BPSK，则经过调制后的码字序列为

$$\boldsymbol{X}_k=(x_k^{\mathrm{s}},x_k^{\mathrm{p}}) \tag{6-5-11}$$

调制前后码字序列之间的关系为

$$\boldsymbol{X}_k=\sqrt{E_{\mathrm{s}}}(2C_k-1) \tag{6-5-12}$$

式中，E_{s} 为符号功率。

假设发送符号经过的信道是 AWGN 信道，噪声服从分布 $N(0,N_0/2)$，则其信道置信度定义为

$$L_{\mathrm{c}}=4\sqrt{E_{\mathrm{s}}}/N_0 \tag{6-5-13}$$

在接收端，接收序列为

$$\boldsymbol{Y}=(Y_1,Y_2,\cdots,Y_N) \tag{6-5-14}$$

在接收序列送入 Turbo 码译码器之前，应首先对其进行串/并转换处理，得到 3 路接收序列，分别为系统信息序列：

$$\boldsymbol{Y}^{\mathrm{s}}=(y_1^{\mathrm{s}},y_2^{\mathrm{s}},\cdots,y_N^{\mathrm{s}}) \tag{6-5-15}$$

用于分量译码器 1（与分量编码器 1 相对应）的校验序列：

$$\boldsymbol{Y}^{1\mathrm{p}}=(y_1^{1\mathrm{p}},y_2^{1\mathrm{p}},\cdots,y_N^{1\mathrm{p}}) \tag{6-5-16}$$

用于分量译码器 2（与分量编码器 2 相对应）的校验序列：

$$\boldsymbol{Y}^{2\mathrm{p}}=(y_1^{2\mathrm{p}},y_2^{2\mathrm{p}},\cdots,y_N^{2\mathrm{p}}) \tag{6-5-17}$$

若在编码过程中，对校验序列采取了删余处理，那么应该在接收到的校验序列的对应位置上填充“0”元素。3 路接收序列 $\boldsymbol{Y}^{\mathrm{s}}$、$\boldsymbol{Y}^{1\mathrm{p}}$ 和 $\boldsymbol{Y}^{2\mathrm{p}}$，经由信道置信度 L_{c} 加权后，就得到了译码过程需要的系统信息 $\Lambda_k(\boldsymbol{c}^{\mathrm{s}};I)$、校验信息 $\Lambda_k(\boldsymbol{c}^{1\mathrm{p}};I)$ 和 $\Lambda_k(\boldsymbol{c}^{2\mathrm{p}};I)$。对于任意一个信息比特，每个分量译码器要想对其完成译码，输入信息中除了需要有系统信息 $\Lambda_k(\boldsymbol{c}^{\mathrm{s}};I)$ 和校验信息 $\Lambda_k(\boldsymbol{c}^{i\mathrm{p}};I)$，还需要有先验信息 $\Lambda_{i\mathrm{a}}(u_k)$。对于任意一个信息比特，在对其译码时，每个分量译码器的输入信息都由三部分构成，它们分别是系统信息 $\Lambda_k(\boldsymbol{c}^{\mathrm{s}};I)$、校验信息 $\Lambda_k(\boldsymbol{c}^{i\mathrm{p}};I)$ 及先验信息 $\Lambda_{i\mathrm{a}}(u_k)$。分量译码器 1 生成的外部信息 $\Lambda_{1\mathrm{e}}(u_k)$，经过交织后，得到的就是分量译码器 2 译码时需要的先验信息；同理，分量译码器 2 生成的外部信息 $\Lambda_{2\mathrm{e}}(u_k)$，经过解交织后，得到的就是分量译码器 1 译码时需要的先验信息。

在译码过程中，分量译码器 1 的译码输出 $\Lambda_{1k}(\boldsymbol{u};O)$ 由三部分构成，它们分别是系统信息 $\Lambda_k(\boldsymbol{c}^{\mathrm{s}};I)$、先验信息 $\Lambda_{1\mathrm{a}}(u_k)$ 和外部信息 $\Lambda_{1\mathrm{e}}(u_k)$，并且满足如下关系：

$$\Lambda_{1k}(\boldsymbol{u};O)=\Lambda_k(c^{\mathrm{s}};I)+\Lambda_{1\mathrm{a}}(u_k)+\Lambda_{1\mathrm{e}}(u_k) \tag{6-5-18}$$

式中，

$$\Lambda_{1\mathrm{a}}(u_{I(k)})=\Lambda_{2\mathrm{e}}(u_k) \tag{6-5-19}$$

$I(k)$ 为交织映射函数。在首轮迭代中，分量译码器 2 生成的外部信息满足：

$$\Lambda_{2\mathrm{e}}(u_k)=0 \tag{6-5-20}$$

因此得到的分量译码器 1 的先验信息为

$$\varLambda_{1\text{a}}(u_k)=0 \tag{6-5-21}$$

同理，对于分量译码器 2，其输出 $\varLambda_{2I(k)}(\boldsymbol{u};O)$ 也由三部分构成，它们分别是系统信息 $\varLambda_{I(k)}(\boldsymbol{c}^{\text{s}};I)$、先验信息 $\varLambda_{2\text{a}}(u_k)$ 和外部信息 $\varLambda_{2\text{e}}(u_k)$，因此，外部信息 $\varLambda_{2\text{e}}(u_k)$ 可通过下式得到：

$$\varLambda_{2\text{e}}(u_k)=\varLambda_{2I(k)}(\boldsymbol{u};O)-\varLambda_{I(k)}(\boldsymbol{c}^{\text{s}};I)-\varLambda_{2\text{a}}(u_k) \tag{6-5-22}$$

式中，

$$\varLambda_{2\text{a}}(u_k)=\varLambda_{1\text{e}}(u_{I(k)}) \tag{6-5-23}$$

外部信息 $\varLambda_{2\text{e}}(u_k)$ 被送入解交织器进行解交织处理，得到的结果作为先验信息被送入分量译码器 1，完成一轮迭代过程。

当迭代次数达到预先设定的次数时，可以对分量译码器 1 的输出进行硬判决，得到译码输出结果，也可以对分量译码器 2 的输出先进行解交织，再通过硬判决得到译码器的输出结果。迭代次数一般为 $5\sim10$，这是因为迭代过程达到一定程度后，外部信息对译码性能的提升所起的作用越来越有限，译码性能不再提高并保持稳定。

2. Turbo 码译码算法

香农信息论告诉我们，最优译码算法是最大后验概率（MAP）算法。但在 Turbo 码出现之前，信道编码使用的概率译码算法是最大似然（ML）算法。最大似然算法是 MAP 算法的简化，即假设信源符号等概率出现，因此它是次优的译码算法。Turbo 码译码算法采用了 MAP 算法，在译码结构上又引入了反馈的概念，取得了性能和复杂度之间的折中。同时，Turbo 码的译码采用迭代译码，这与经典的代数译码完全不同。Turbo 码译码算法是在卷积码的 BCJR 译码算法基础上改进的，称为 MAP 算法，后来又形成 Log-MAP 算法、Max-Log-MAP 算法，以及软输出 Viterbi 算法（Soft Output Viterbi Algorithm，SOVA）。Max-Log-MAP 算法与 Log-MAP 算法根据 MAP 算法在运算量上做了重大改进，虽然性能有些下降，但使得 Turbo 码的译码复杂度大大降低了，更加适合于实际系统的应用；经典的 Viterbi 算法并不适合 Turbo 码的译码，原因是译码器没有每比特可靠性信息输出，而修改后的具有软信息输出的 SOVA 算法，就正好适合 Turbo 码的译码。4 种算法中，MAP 算法的性能最好，Log-MAP 算法的性能与 MAP 算法比较接近。Max-Log-MAP 算法的性能与 SOVA 算法接近，一般情况下，Max-Log-MAP 算法的性能总是稍优于 SOVA 算法。它们与 MAP 算法和 Log-MAP 算法相比，性能下降十分明显。从算法复杂度而言，MAP 算法复杂度最高，Log-MAP 算法次之，之后是 Max-Log-MAP 算法，SOVA 算法最简单。由此可以看出，如果要使得译码容易实现而对算法进行简化或者采用简单的算法，往往需要以降低性能为代价。SOVA 算法的运算量为标准 Viterbi 算法的 2 倍。Viterbi 算法是最大似然序列估计算法，但由于在它的每一步都要删除一些低似然路径，为每个状态只保留一条最优路径，因此它无法提供软输出。为了给它输出的每个比特赋予一个可信度，需要在删除低似然路径上做一些修正，以保留必要的信息。其中的一个思路是，首先计算最优留存路径和被删路径的度量差，然后用这个差修正这条路径上各比特的可信度。下面给出 MAP 算法的具体过程。

Turbo 码的两个成员码均为 RSC，在已知接收序列 $\boldsymbol{Y}$ 的前提下，对其采用 MAP 算法译码时，位于信息序列 $\boldsymbol{u}$ 中第 k 位的比特，其后验概率可以表示为

$$
\begin{aligned}
P_k(\boldsymbol{u};O) &= P(u_k = u \mid Y_1^N) \\
&= \frac{1}{P(Y_1^N)} \sum_{u:u(e)\in U} P(s_k^{\mathrm{S}}(e), s_k^{\mathrm{E}}(e), Y_1^{k-1}, Y_k, Y_{k+1}^N) \\
&= \frac{1}{P(Y_1^N)} \sum_{u:u(e)\in U} P(s_k^{\mathrm{S}}(e), Y_1^{k-1}) \cdot P(s_k^{\mathrm{E}}(e), Y_k \mid s_k^{\mathrm{S}}(e)) \cdot P(Y_{k+1}^N \mid s_k^{\mathrm{E}}(e)) \\
&= \frac{1}{P(Y_1^N)} \sum_{u:u(e)\in U} \alpha_{k-1}(s_k^{\mathrm{S}}(e)) \gamma_k(e) \beta_k(s_k^{\mathrm{E}}(e))
\end{aligned} \tag{6-5-24}
$$

式中，e表示状态网格图中的边［见图 6.31（a）］；$s_k^{\mathrm{S}}(e)$ 表示状态网格图中边的起始态；$s_k^{\mathrm{E}}(e)$ 表示状态网格图中边的终止态。$\alpha_k(s)$ 和 $\beta_k(s)$ 表示前向和后向路径度量，可分别通过前向和后向递推得到［见图 6.31（b）］；$\gamma_k(e)$ 称为分支度量。3 个度量的具体计算公式如下。

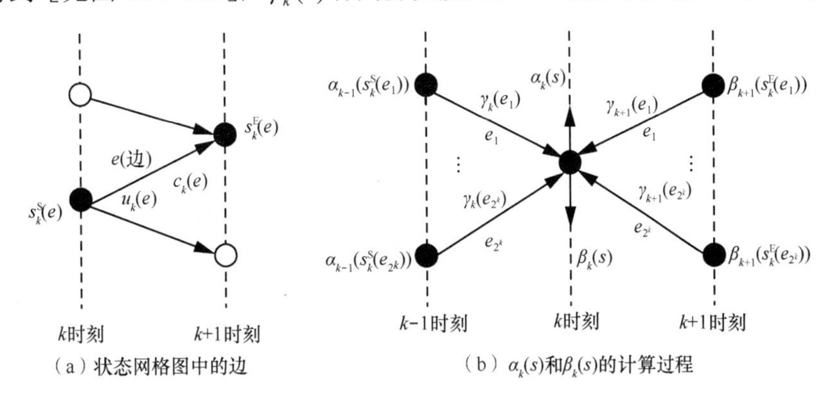

图 6.31　卷积码状态网格图的边及 $\alpha_k(s)$ 和 $\beta_k(s)$ 的计算过程

前向路径度量 $\alpha_k(s)$ 表示为

$$
\alpha_k(s) = P(s_k^{\mathrm{S}}(e) = s, Y_1^{k-1}) = \sum_{e\in s_k^{\mathrm{E}}(e)} \alpha_{k-1}(s_k^{\mathrm{S}}(e)) \cdot \gamma_k(e), \quad k = 1, 2, \cdots, N-1 \tag{6-5-25}
$$

后向路径度量 $\beta_k(s)$ 表示为

$$
\beta_k(s) = P(Y_{k+1}^N \mid s_{k+1}^{\mathrm{S}}(e)) = \sum_{e\in s_{k+1}^{\mathrm{S}}(e)} \beta_{k+1}(s_{k+1}^{\mathrm{E}}(e)) \cdot \gamma_{k+1}(e), \quad k = N-1, N-2, \cdots, 1 \tag{6-5-26}
$$

分支度量 $\gamma_k(e)$ 表示为

$$
\gamma_k(e) = P(s_k^{\mathrm{E}}(e), Y_k \mid s_k^{\mathrm{S}}(e)) = \sum_{u:u_k\in U} P(s_k^{\mathrm{E}}(e) \mid s_k^{\mathrm{S}}(e)) P(X_k \mid e) P(Y_k \mid X_k) \tag{6-5-27}
$$

式中，X_k 表示k时刻的发送符号；Y_k 表示k时刻的接收符号。式（6-5-27）中等号右边第一项 $P(s_k^{\mathrm{E}}(e) \mid s_k^{\mathrm{S}}(e))$ 为状态转移概率，由信息比特的先验信息 $\Lambda_{\mathrm{a}}(u_k)$ 决定。

$$
P(s_k^{\mathrm{E}}(e) \mid s_k^{\mathrm{S}}(e)) = \begin{cases} P(u_k = 1) = \dfrac{\exp\left(\Lambda_{\mathrm{a}}(u_k)\right)}{1+\exp\left(\Lambda_{\mathrm{a}}(u_k)\right)}, & u_k = 1 \\[2ex] P(u_k = 0) = \dfrac{1}{1+\exp\left(\Lambda_{\mathrm{a}}(u_k)\right)}, & u_k = 0 \end{cases} \tag{6-5-28}
$$

式中，

$$
\Lambda_{\mathrm{a}}(u_k) = \log \frac{P(u_k = 1)}{P(u_k = 0)} \tag{6-5-29}
$$

式（6-5-27）中等号右边第二项 $P(X_k \mid e)$ 根据 X_k 是否与边e有关而取值为 1 或 0；最后一

项 $P(Y_k \mid X_k)$ 根据信道模型的不同而有所区别。

对于二元输入而言，译码判决函数可采用对数似然比（LLR）的形式，即

$$\Lambda(u_k) = \log\frac{P(u_k = 1 \mid Y_1^N)}{P(u_k = 0 \mid Y_1^N)} = \log\frac{\sum\limits_{u:u(e)=1} \alpha_{k-1}(s_k^{\mathrm{S}}(e))\gamma_k(e)\beta_k(s_k^{\mathrm{E}}(e))}{\sum\limits_{u:u(e)=0} \alpha_{k-1}(s_k^{\mathrm{S}}(e))\gamma_k(e)\beta_k(s_k^{\mathrm{E}}(e))} \tag{6-5-30}$$

最后根据 $\Lambda(u_k)$ 的值进行输出判决，即

$$\hat{u} = \begin{cases} 1, & \Lambda(u_k) \geqslant 0 \\ 0, & \Lambda(u_k) < 0 \end{cases} \tag{6-5-31}$$

MAP 算法的计算是在实数域上进行的，其中含有大量的乘法运算和指数运算，带来了较高的译码复杂度。Log-MAP 算法也是一种基于后验概率的软输入软输出译码算法，只不过 Log-MAP 算法的计算是在对数域上进行的，将 MAP 算法中的乘法运算和指数运算分别转换为加法运算和乘法运算，降低了 MAP 算法的复杂度。

在 Log-MAP 算法中，指数和的对数运算可以利用 Jacobian 算法，即

$$\ln(\mathrm{e}^x + \mathrm{e}^y) = \max(x, y) + \ln(1 + \mathrm{e}^{-|x-y|}),$$

式中，$\ln(1+\mathrm{e}^{-|x-y|})$ 称为校正因子，若将其忽略（令其值为 0），则得到 $\ln(\mathrm{e}^x + \mathrm{e}^y) = \max(x, y)$。指数和的对数运算退化为求最大值。这种简化后的算法就是 Max-Log-MAP 算法。因此，Max-Log-MAP 算法也是基于 MAP 原理的译码算法，相比 MAP 算法和 Log-MAP 算法，其计算复杂度更低。

6.6 LDPC 码

低密度奇偶校验码（LDPC 码）是美国麻省理工学院 Robert Gallager 在他的博士论文中提出的一种具有稀疏校验矩阵的分组码，又称为 Gallager 码。1963 年，麻省理工学院出版社将该成果作为单行本出版。由于当时技术条件限制和缺乏可行的译码算法，此后的几十年间 LDPC 码几乎被人们忽略，其间比较显著的成果是 1981 年 Tanner 研究的 LDPC 码的图表示，即后来所称的 Tanner 图。1996 年，MacKay 和 Neal 等人在 Turbo 码的研究基础上，对 LDPC 码进行了研究，提出了可行的译码算法，进一步发现了 LDPC 码的良好性能，从而引起了人们的极大关注。目前，LDPC 码的相关技术日趋成熟，成为欧洲 DVB-S2、IEEE 802.11 和第 5 代移动通信等多个领域标准的信道编码方案。

6.6.1 LDPC 码的基本概念

LDPC 码是一类特殊的线性分组码，可以由生成矩阵 $\boldsymbol{G}$ 或校验矩阵 $\boldsymbol{H}$ 表示，这里 $\boldsymbol{G}\boldsymbol{H}^{\mathrm{T}} = \boldsymbol{0}$，$\boldsymbol{H}^{\mathrm{T}}$ 是 $\boldsymbol{H}$ 的转置矩阵。对于码长为 n，信息位长为 k 的 LDPC 码的编码码字 $\boldsymbol{c} = \boldsymbol{u}\boldsymbol{G}$，所有的码字 $\boldsymbol{c}$ 构成了 $\boldsymbol{H}$ 的零空间，即 $\boldsymbol{c}\boldsymbol{H}^{\mathrm{T}} = \boldsymbol{0}$，$\boldsymbol{u}$ 是有限域 GF(q) 上的 k 维信息向量，$\boldsymbol{G}$ 和 $\boldsymbol{H}$ 的元素也都是在限域 GF(q) 上取值的。通常情况下 $q = 2$，称为二元（或二进制）LDPC 码，当 $q > 2$ 时，称为多元（或多进制）LDPC 码。研究表明，多元 LDPC 码的性能要比二元 LDPC 码的好，译码复杂度高。本书主要讨论二元 LDPC 码。与一般的线性分组码不同，LDPC 码是一个具有稀疏校验矩阵的分组码，相对于行与列的长度，校验矩阵每行、列中非零元素的

数目（我们习惯称其为行重、列重）非常小（正因如此，校验矩阵被称为低密度奇偶校验矩阵），译码复杂度低，长码下性能逼近香农限。如果 $\boldsymbol{H}$ 的行重和列重保持不变或尽可能地保持均匀时，我们称这样的 LDPC 码为规则 LDPC 码；反之，如果 $\boldsymbol{H}$ 的行重和列重变化差异较大时，我们称这样 LDPC 码为非规则的 LDPC 码。研究结果表明，正确设计的非规则 LDPC 码的性能要优于规则 LDPC 码。值得注意的是，$\boldsymbol{H}$ 的各行并不要求在 GF(2) 上线性独立。在这种情况下，为了确定码的维数，需要首先确定 $\boldsymbol{H}$ 的秩。

LDPC 码的校验矩阵 $\boldsymbol{H}$ 的结构具有以下特性。

（1）每行有 ρ 个“1”。

（2）每列有 γ 个“1”。

（3）任意两列同一位置上都是“1”的次数 λ 不大于 1。

（4）ρ 和 γ 与 $\boldsymbol{H}$ 的长度和行数相比是很小的。

(n,γ,ρ) 规则 LDPC 码的校验矩阵 $\boldsymbol{H}$ 有固定的列重 γ 和固定的行重 ρ。如果规则 LDPC 码的校验矩阵 $\boldsymbol{H}$ 有 n 列 m 行，且有 2^k 个码字，这里 k 是消息长度 $k=n-m$，则码率 $R_c=k/n=1-m/n=1-\gamma/\rho$。图 6.32 所示为(20,3,4)规则 LDPC 码的校验矩阵，校验矩阵在水平方向上被分成 j 个相等的子矩阵，每个子矩阵中每列含有一个“1”。从图 6.32 中可以看出，$\lambda=1$，对应的分组码是一个线性分组码，最小距离 $d_{\min}=6$。

$$
\begin{array}{cccccccccccccccccccc}
\hline
1&1&1&1&0&0&0&0&0&0&0&0&0&0&0&0&0&0&0&0\\
0&0&0&0&1&1&1&1&0&0&0&0&0&0&0&0&0&0&0&0\\
0&0&0&0&0&0&0&0&1&1&1&1&0&0&0&0&0&0&0&0\\
0&0&0&0&0&0&0&0&0&0&0&0&1&1&1&1&0&0&0&0\\
0&0&0&0&0&0&0&0&0&0&0&0&0&0&0&0&1&1&1&1\\
\hline
1&0&0&0&1&0&0&0&1&0&0&0&1&0&0&0&0&0&0&0\\
0&1&0&0&0&1&0&0&0&1&0&0&0&0&0&0&1&0&0&0\\
0&0&1&0&0&0&1&0&0&0&0&0&0&1&0&0&0&1&0&0\\
0&0&0&1&0&0&0&0&0&0&1&0&0&0&1&0&0&0&1&0\\
0&0&0&0&0&0&0&1&0&0&0&1&0&0&0&1&0&0&0&1\\
\hline
1&0&0&0&0&1&0&0&0&0&0&1&0&0&0&0&0&1&0&0\\
0&1&0&0&0&0&1&0&0&0&1&0&0&0&0&1&0&0&0&0\\
0&0&1&0&0&0&0&1&0&0&0&0&1&0&0&0&0&0&1&0\\
0&0&0&1&0&0&0&0&1&0&0&0&0&1&0&0&1&0&0&0\\
0&0&0&0&1&0&0&0&0&1&0&0&0&0&1&0&0&0&0&1\\
\hline
\end{array}
$$

图 6.32　(20,3,4)规则 LDPC 码的校验矩阵

LDPC 码除了采用稀疏校验矩阵表示，还有一个重要的表示就是二分图表示。在图论中，图是由顶点和连接顶点的边组成的，如果一个图的顶点集合可以分为两个不同的子集，并且图中每条边只能连接不同子集中的两个点，则这样的图称为二分图，也称为 Tanner 图。设 $\boldsymbol{H}_{m\times n}$ 是长度为 n 的线性分组码的校验矩阵，h_{ij} 表示 $\boldsymbol{H}_{m\times n}$ 中的第 i 行第 j 列的元素，则与其对应的 Tanner 图的节点分为 V 和 C 两个集合。其中，V 由 n 个代表编码比特的节点 $v_0,v_1,\cdots,v_{n-1}$ 组成，称为变量节点集合；C 由 m 个代表校验和或校验方程的节点 $c_0,c_1,\cdots,c_{m-1}$ 组成，称为校验节点集合。当且仅当变量节点 v_i 包含在校验节点 c_j 之中时（也就是说，校验矩阵 $\boldsymbol{H}$ 中 $h_{ij}=1$），图

中就存在一条连接变量节点v_i和校验节点c_j的边，记为(v_i,c_j)，并且V_1和V_2之间没有直接连接的边。例如，(7,4)汉明码的校验矩阵为

$$
\boldsymbol{H}=\begin{bmatrix}1 & 0 & 0 & 1 & 0 & 1 & 1\\ 0 & 1 & 0 & 1 & 1 & 1 & 0\\ 0 & 0 & 1 & 0 & 1 & 1 & 1\end{bmatrix}
$$

(7,4)汉明码的Tanner图如图6.33所示，图中有7个变量节点$v_0,v_1,\cdots,v_6$，3个校验节点c_0,c_1,c_2，12条边$(v_1,c_1),(v_4,c_1),(v_6,c_1),(v_7,c_1),(v_2,c_2),(v_4,c_2),(v_5,c_2),(v_6,c_2),(v_3,c_3),(v_5,c_3),(v_6,c_3),(v_7,c_3)$。

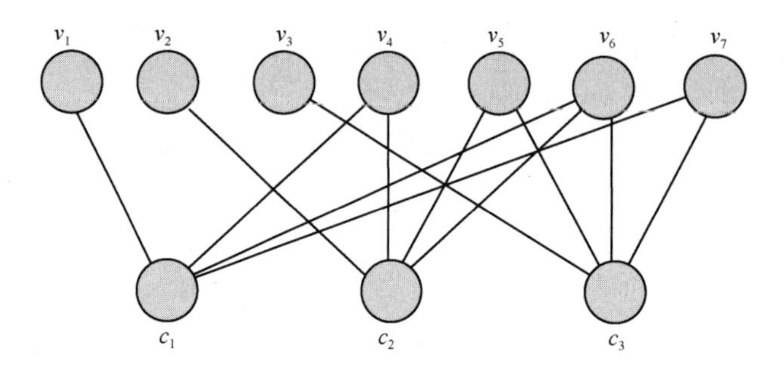

图6.33 (7,4)汉明码的Tanner图

在Tanner图中，节点的度定义为与此节点相连接边的个数。因此，变量节点v_i的度数等于包含v_i的校验节点的个数；校验节点c_j的度数等于被c_j校验的变量节点的个数。对于规则LDPC码，其对应的Tanner图中所有变量节点的度数都相同且等于$\boldsymbol{H}$中的列重，所有校验节点的度数都相同且等于$\boldsymbol{H}$中的行重，这样的Tanner图称为规则图，否则称为非规则图。在图6.33中，7个变量节点的度数依次为1,1,1,2,2,3,2；3个校验节点的度数均为4，这是一个非规则图。

在Tanner图中，路径定义为由一组节点和边交替组成的有限序列，该序列起始于节点并终止于节点，序列中的每条边与其前一个节点和后一个节点相关联，每个节点至多在序列中出现一次。路径中边的数量被定义为路径的长度。在Tanner图中，当一条路径的起始节点和终止节点重合时形成的路径是一条回路，称为环；回路所对应的路径长度称为环长；在Tanner图的所有回路中，路径长度最短的环长，称为Tanner图的周长。图6.33中，节点序列(c_1,v_4,c_2,v_6,c_1)所构成的路径就形成了一个长度为4的环，这个图的周长是4。根据LDPC码定义中的特性（3），可以看出图6.33对应的线性分组码不是LDPC码。根据LDPC码的定义可知，LDPC码的最小环长是6。当采用迭代置信传播译码时，短环的存在限制了LDPC码的译码性能，阻止了译码收敛到最大似然译码（MLD）。因此，Tanner图上不包含短环（如长度为4和6的环），这对于LDPC码的设计是非常重要的。

6.6.2 LDPC码的构造方法

LDPC码是基于稀疏校验矩阵的线性分组码，因此构造LDPC码实际上就是构造一个稀疏校验矩阵$\boldsymbol{H}$。矩阵$\boldsymbol{H}$的生成主要有以下几种方法：①先通过计算机随机生成矩阵$\boldsymbol{H}$，然后进行仿真挑选，这种方法是早期取得最佳性能LDPC码所采用的方法；②通过PEG

（Progressive Edge Growth）等方法，从双边图的角度去构造矩阵 $\boldsymbol{H}$，这样做的好处是可以得到性能比较稳定的矩阵 $\boldsymbol{H}$。由于以上的两种方法一般都是从性能的角度考虑矩阵 $\boldsymbol{H}$ 的优劣，在很多情况下会对硬件实现带来负面的影响。近几年来逐步兴起了结构化的矩阵 $\boldsymbol{H}$、准循环（QC）LDPC 码。这种类型的 LDPC 码具有特殊的结构，利于编译码的实现，是一种从实现角度出发的生成方法。这里主要介绍 4 种 LDPC 码的构造方法，分别是随机构造、PEG 构造、准循环构造及原模图构造。

1. 随机 LDPC 码

在 LDPC 码的校验矩阵 $\boldsymbol{H}$ 的生成方法中，应用最为广泛的当属随机生成方法。其基本思路如下：首先确定矩阵 $\boldsymbol{H}$ 的一些基本参数，如帧长、码率、行重和列重，然后建立一个全 0 的矩阵，最后根据列重和行重在该矩阵中随机置 1，如果是多进制 LDPC 码，则随机置一个多进制数。在矩阵 $\boldsymbol{H}$ 的生成过程中，注意消除长为 4 的环和避免变量点连接的校验方程过于集中。生成矩阵 $\boldsymbol{H}$ 后，需要对其进行性能的仿真测试，从大量的候选矩阵中挑选出性能最为优良的校验矩阵。经过足够多的重复实验后，这种方法可能会挑选出性能非常优良的矩阵 $\boldsymbol{H}$，但是需要耗费很长的时间，所以在它的基础上发展出了基于 PEG 方式生成矩阵 $\boldsymbol{H}$ 的方法。

2. PEG-LDPC 码

由于置信传播译码算法只有在无环图上才能够达到最优译码，所以在构造 LDPC 码时，要尽量避免环对迭代译码的影响。PEG 算法是一种简单有效地构造较大环长双边图的贪婪算法。当给定变量节点的个数 n、校验节点的个数 m 和变量节点的度分布时，PEG 构造图时遵循的基本原则是：在增加新边时候要保证当前图的周长最大（也就是局部周长最大）。这种算法不考虑校验节点的度分布，不过其产生的校验节点的度分布几乎是规则的，也就是所有校验节点的度分布最大相差 1。这在实际构造中影响不大，因为通过密度进化得到的度分布也是差不多规则的。

3. 准循环 LDPC 码

准循环 LDPC 码的校验矩阵具有准循环移位矩阵的特点，由许多 $b \times b$ 维的循环方阵组成。一类 $mb \times nb$ 维的准循环 LDPC 码的校验矩阵 $\boldsymbol{H}$ 可以由式（6-6-1）表示。

$$\boldsymbol{H} = \begin{bmatrix} \boldsymbol{I}(P_{11}) & \boldsymbol{I}(P_{12}) & \cdots & \boldsymbol{I}(P_{1n}) \\ \boldsymbol{I}(P_{21}) & \boldsymbol{I}(P_{22}) & \cdots & \boldsymbol{I}(P_{2n}) \\ \vdots & \vdots & & \vdots \\ \boldsymbol{I}(P_{m1}) & \boldsymbol{I}(P_{m2}) & \cdots & \boldsymbol{I}(P_{mn}) \end{bmatrix} \tag{6-6-1}$$

式中，$\boldsymbol{I}(P_{ij})$（$1 \leqslant i \leqslant m$，$1 \leqslant j \leqslant n$）是一个右循环移位的 $b \times b$ 维的方阵，称为循环置换矩阵。它可由 $b \times b$ 维的单位矩阵 $\boldsymbol{I}$ 的每行经过 P_{ij}（$1 \leqslant i \leqslant m$，$1 \leqslant j \leqslant n$）次右移后得到。

而 $P_{ij} \notin \{0,1,2,\cdots,b-1,\infty\}$，$P_{ij}=0$ 时表示 $\boldsymbol{I}(P_{ij})$ 为单位矩阵，$P_{ij}=\infty$ 时表示 $\boldsymbol{I}(P_{ij})$ 为零矩阵。将校验矩阵 $\boldsymbol{H}$ 中的循环置换矩阵 $\boldsymbol{I}(P_{ij})$ 用循环移位次数 P_{ij} 代替，得到移位参数矩阵 $\boldsymbol{P}$，其维数为 $m \times n$。

$$\boldsymbol{P}=\begin{bmatrix} P_{11} & P_{12} & \cdots & P_{1n} \\ P_{21} & P_{22} & \cdots & P_{2n} \\ \vdots & \vdots & & \vdots \\ P_{m1} & P_{m2} & \cdots & P_{mn} \end{bmatrix} \tag{6-6-2}$$

将移位参数矩阵 $\boldsymbol{P}$ 中的 ∞ 元素用 0 来代替，非 ∞ 元素用 1 来代替，得到基矩阵 $\boldsymbol{H}_{\mathrm{b}}$，其维数为 $m\times n$。

$$\boldsymbol{H}_{\mathrm{b}}=\begin{bmatrix} H_{11} & H_{12} & \cdots & H_{1n} \\ H_{21} & H_{22} & \cdots & H_{2n} \\ \vdots & \vdots & & \vdots \\ H_{m1} & H_{m2} & \cdots & H_{mn} \end{bmatrix} \tag{6-6-3}$$

式中，$H_{ij}\in\{0,1\}$，$1\leqslant i\leqslant m$，$1\leqslant j\leqslant n$。

由此可见，当基矩阵 $\boldsymbol{H}_{\mathrm{b}}$ 和移位参数矩阵 $\boldsymbol{P}$ 确定后，准循环 LDPC 码的校验矩阵 $\boldsymbol{H}$ 也就确定了。

4．原模图 LDPC 码

J.Thorpe 于 2003 年提出了原模图 LDPC 码，由于其具有编译码复杂度低、译码性能良好，以及优化分析过程简单等特点，成为一类重要的 LDPC 码，并成为深空通信等通信标准中的信道编码方案和卫星数字电视传输标准。美国喷气推进实验室（JPL）设计出了 AR4JA 原模图 LDPC 码，2006 年由国际空间数据系统咨询委员会（Consultative Committee for Space Data Systems，CCSDS）将该码推荐给美国国家航空航天局作为深空通信的标准码型。

LDPC 码是一类由稀疏校验矩阵定义的线性分组码，每个校验矩阵都可由一个含有两类节点集合的 Tanner 图表示。而原模图可以看作一个由极少变量节点和校验节点构成的 Tanner 图。与 LDPC 码的 Tanner 图的定义类似，原模图是由变量节点集合 V、校验节点集合 C，以及连接两者的边的集合 E 组成的。原模图中的每条边 $e\in E$ 分别连接一个变量节点 $v_i\in V$ 和一个校验节点 $c_j\in C$，每条边都被看作一类边。与 Tanner 图不同的是，在原模图中允许平行边存在，因此 $e\to(v_i,c_j)\in V\times C$ 并不是一一映射的关系，原模图对应的校验矩阵称为基础矩阵。

原模图 LDPC 码是与导出图相对应的 LDPC 码。导出图是由原模图经过重复后再对同类型的边进行交织得到的，原模图 LDPC 码的校验矩阵 $\boldsymbol{H}$ 的构造过程如下：首先选取一个原模图，然后对原模图重复使用 q 次，得到由 q 个相互独立的原模图组成的大原模图，再对大原模图中每个同类型的 q 条边用一个交织器进行重排，最后经过交织后得到的原模图就是导出图，导出图与 LDPC 码的因子图本质是一样的。由此可知，最终导出图的码长等于基础矩阵原模图的码长的 q 倍，且它们的变量节点和校验节点的度分布相同，码率也是一样的。

6.6.3 LDPC 码的编码方法

在获得校验矩阵 $\boldsymbol{H}$ 后，就可以根据校验矩阵 $\boldsymbol{H}$ 进行编码，从而得到相应的码字。常见的 LDPC 码的编码方法主要有以下三类。

1．传统编码方法

得到校验矩阵 $\boldsymbol{H}$ 后，如果矩阵 $\boldsymbol{H}$ 的各行都是线性无关的，通过矩阵的初等变换，就可以

得到生成矩阵 $\boldsymbol{G}$ 。设信息源为 $\boldsymbol{u}=(u_0,u_1,\cdots,u_k)$ ，则编出的码字 $\boldsymbol{c}=\boldsymbol{uG}$ 。

这种编码方法是由分组码的基本编码方法推出的。它存在的问题主要包括：由于矩阵 $\boldsymbol{H}$ 的行列重分布有一定的要求，尤其是规则 LDPC 码，其行列重分布相同，这样的矩阵 $\boldsymbol{H}$ 往往不能满足各行都是线性无关的要求，也就是无法通过线性变换得到生成矩阵 $\boldsymbol{G}$ ；并且当分组码长度为 n 时，编码复杂度为 $O(n^2)$ 。为了简化计算，数学家们设计了很多简便算法，但是这些算法要求校验矩阵 $\boldsymbol{H}$ 具有相应的特殊形式。例如，可以设置矩阵 $\boldsymbol{H}$ 具有系统形式或者接近于系统形式。然而，LDPC 码的稀疏属性使得这种形式很难实现。这种形式的矩阵 $\boldsymbol{H}$ 要求有一个单位矩阵，使得矩阵 $\boldsymbol{H}$ 的其余部分必须承担剩下的所有的“1”，那部分就会显得很密集，而不能实现矩阵 $\boldsymbol{H}$ 所要求的稀疏的特点。为了解决这个问题，目前从软件的角度对 LDPC 码进行编码一般采用下面的方法。

2．软件仿真情况下采用的编码方法

已知一个码字 $\boldsymbol{c}$ ，奇偶校验矩阵 $\boldsymbol{H}$ 为 $m\times n$ 维矩阵，编码前的信息源为 $\boldsymbol{u}$ 。假设编码后 $\boldsymbol{u}$ 位于 $\boldsymbol{c}$ 的后部，校验位 $\boldsymbol{p}$ 位于 $\boldsymbol{c}$ 的开头，即 $\boldsymbol{c}=[\boldsymbol{p}\,|\,\boldsymbol{u}]$ 。分解校验矩阵 $\boldsymbol{H}$ ，使之具有形式：$\boldsymbol{H}=[\boldsymbol{A}\,|\,\boldsymbol{B}]$，其中，$\boldsymbol{A}$ 是一个 $m\times m$ 维矩阵，$\boldsymbol{B}$ 是一个 $m\times(n-m)$ 维矩阵。因此

$$\boldsymbol{cH}^{\mathrm{T}}=\boldsymbol{0}\rightarrow\boldsymbol{A}^{\mathrm{T}}\boldsymbol{p}+\boldsymbol{B}^{\mathrm{T}}\boldsymbol{u}=\boldsymbol{0}\tag{6-6-4}$$

由此可以推出

$$\boldsymbol{p}=(\boldsymbol{A}^{\mathrm{T}})^{-1}\boldsymbol{B}^{\mathrm{T}}\boldsymbol{u}\tag{6-6-5}$$

因此只要矩阵 $\boldsymbol{A}$ 为可逆矩阵，就可以由此得到校验位。原始的矩阵 $\boldsymbol{H}$ 往往不能达到矩阵 $\boldsymbol{A}$ 可逆的要求，但是经过行列交换，绝大多数情况下都可以将矩阵 $\boldsymbol{H}$ 转换成为一个可逆的矩阵 $\boldsymbol{A}$ 和矩阵 $\boldsymbol{B}$ 的组合。由于对矩阵 $\boldsymbol{H}$ 进行交换，相当于交换双边图中校验点的位置，并不会影响矩阵 $\boldsymbol{H}$ 的编码结果，而列交换相当于对编码的码字顺序进行了重新排列，在编码结束后按照交换的顺序进行反交换，即可得到原校验矩阵 $\boldsymbol{H}$ 对应的编码后的码字。下面介绍一种可以快速编码的矩阵 $\boldsymbol{H}$ ，这种矩阵 $\boldsymbol{H}$ 容易实现，并且编码复杂度与分组长度呈线性关系，所达到的性能与常规编码无异，具有实际操作意义。

3．具有类似下三角形式的矩阵 H 的编码方法

由于在矩阵变换中只有行列交换，因此变换后的校验矩阵仍是稀疏矩阵，设新的校验矩阵为

$$\boldsymbol{H}=\begin{bmatrix}\boldsymbol{A}&\boldsymbol{B}&\boldsymbol{T}\\\boldsymbol{C}&\boldsymbol{D}&\boldsymbol{E}\end{bmatrix}\tag{6-6-6}$$

$\boldsymbol{A}$、$\boldsymbol{B}$、$\boldsymbol{C}$、$\boldsymbol{D}$、$\boldsymbol{E}$、$\boldsymbol{T}$ 分别是 $(m-g)\times(n-m)$ 、$(m-g)\times g$ 、$g\times(n-m)$ 、$g\times g$ 、$g\times(m-g)$、$(m-g)\times(m-g)$ 维矩阵。矩阵 $\boldsymbol{H}$ 中所有的子矩阵均是稀疏矩阵，并且 $\boldsymbol{T}$ 是下三角矩阵。矩阵 $\boldsymbol{H}$ 左乘一个矩阵得到式（6-6-7），$\boldsymbol{I}$ 是单位矩阵。

$$\begin{bmatrix}\boldsymbol{I}&\boldsymbol{0}\\-\boldsymbol{ET}^{-1}&\boldsymbol{I}\end{bmatrix}\boldsymbol{H}=\begin{bmatrix}\boldsymbol{A}&\boldsymbol{B}&\boldsymbol{T}\\-\boldsymbol{ET}^{-1}\boldsymbol{A}+\boldsymbol{C}&-\boldsymbol{ET}^{-1}\boldsymbol{B}+\boldsymbol{D}&\boldsymbol{0}\end{bmatrix}\tag{6-6-7}$$

码字向量 $\boldsymbol{c}$ 写成三部分，即 $\boldsymbol{c}=(\boldsymbol{u},\boldsymbol{p}_1,\boldsymbol{p}_2)$，其中，$\boldsymbol{u}$ 定义为信息向量；$\boldsymbol{p}_1$ 和 $\boldsymbol{p}_2$ 分别定义为一个校验向量。$\boldsymbol{u}$ 长为 $n-m$ ，$\boldsymbol{p}_1$ 长为 g ，$\boldsymbol{p}_2$ 长为 $m-g$ 。由 $\boldsymbol{Hc}^{\mathrm{T}}=\boldsymbol{0}$ 可得式（6-6-8）和式（6-6-9）。

$$Au^{\mathrm{T}}+Bp_1^{\mathrm{T}}+Tp_2^{\mathrm{T}}=0 \tag{6-6-8}$$

$$(-ET^{-1}A+C)u^{\mathrm{T}}+(-ET^{-1}B+D)p_1^{\mathrm{T}}=0 \tag{6-6-9}$$

设$-ET^{-1}B+D$可逆，令$\varphi=-ET^{-1}B+D$，则$p_1^{\mathrm{T}}=\varphi(-ET^{-1}A+C)u^{\mathrm{T}}$。求出$\varphi^{-1}=(-ET^{-1}A+C)$后可得第一个校验向量$p_1$。再根据式（6-6-8），求出第二个校验向量为$p_2^{\mathrm{T}}=-T^{\mathrm{T}}(Au^{\mathrm{T}}+Bp_1^{\mathrm{T}})$。为降低复杂度，这里并不求出$-\varphi^{-1}(-ET^{-1}A+C)$后乘$u^{\mathrm{T}}$，而是将求$p_1^{\mathrm{T}}$的过程分解成几步进行，如表 6.13 所示。第 1、2、4 步是稀疏矩阵与向量相乘，复杂度为$O(n)$；第 5 步是向量加，复杂度也为$O(n)$；第 3 步中，由于$T^{-1}Au^{\mathrm{T}}=y^{\mathrm{T}}\Leftrightarrow Au^{\mathrm{T}}=Ty^{\mathrm{T}}$，$T$为下三角的稀疏矩阵，可以利用回归算法求得$y^{\mathrm{T}}$，复杂度仍为$O(n)$，只有第 6 步中$\varphi^{-1}$是一个$g\times g$维高密度矩阵，复杂度为$O(g^2)$。$p_2$计算分解步骤及复杂度如表 6.14 所示。

表 6.13　p_1计算分解步骤及复杂度

步　骤	操　作	复 杂 度	注　释
1	Cu^{T}	$O(n)$	稀疏矩阵和向量乘
2	Au^{T}	$O(n)$	稀疏矩阵和向量乘
3	$T^{-1}Au^{\mathrm{T}}$	$O(n)$	$T^{-1}Au^{\mathrm{T}}=y^{\mathrm{T}}\Leftrightarrow Au^{\mathrm{T}}=Ty^{\mathrm{T}}$
4	$-E(T^{-1}Au^{\mathrm{T}})$	$O(n)$	稀疏矩阵和向量乘
5	$-E(T^{-1}Au^{\mathrm{T}})+Cu^{\mathrm{T}}$	$O(n)$	向量加
6	$\varphi^{-1}(-E(T^{-1}Au^{\mathrm{T}})+Cu^{\mathrm{T}})$	$O(g^2)$	$g\times g$ 维高密度矩阵和向量乘

表 6.14　p_2计算分解步骤及复杂度

步　骤	操　作	复 杂 度	注　释
1	Au^{T}	$O(n)$	稀疏矩阵和向量乘
2	Bp_1^{T}	$O(n)$	稀疏矩阵和向量乘
3	$Au^{\mathrm{T}}+Bp_1^{\mathrm{T}}$	$O(n)$	向量加
4	$-T^{-1}(Au^{\mathrm{T}}+Bp_1^{\mathrm{T}})$	$O(n)$	$-T^{-1}(Au^{\mathrm{T}}+Bp_1^{\mathrm{T}})=y^{\mathrm{T}}\Leftrightarrow Au^{\mathrm{T}}+Bp_1^{\mathrm{T}}=Ty^{\mathrm{T}}$

利用 LDPC 码校验矩阵的类似的三角结构进行编码的步骤：先对校验矩阵行列变换后得到等价矩阵式（6-6-7），应满足g尽可能小$g\approx 0.0270746n$，且$\varphi=-ET^{-1}B+D$可逆；然后根据表 6.14 计算式（6-6-7）；再根据表 6.13 和表 6.14 中的计算方法求p_1和p_2；最后求得发送码字向量$c=(u,p_1,p_2)$。

6.6.4　LDPC 码的译码算法

LDPC 码有多种译码算法，其核心思想主要是基于 Tanner 图的消息传递（Message Passing，MP）算法。根据消息迭代过程中消息传递的不同形式，LDPC 码的译码算法可以分为硬判决译码算法和软判决译码算法两类。Gallager 提出的比特翻转（Bit Flipping，BF）译码算法属于硬判决译码算法，其计算复杂度低，但译码性能较差。软判决译码算法的性能虽然明显好于硬判决译码算法，但计算复杂度较高。和积（Sum Product，SP）算法是消息传递算法中的一种软判决译码算法，由于传递的消息为节点的概率密度，因而又称为置信传播（Belief Propagation，BP）算法。BP 算法是一种较重要的消息传递算法，该算法通过各节点之间信息（也称为概率或置信信息）的传递来实现译码。下面介绍一种 BP 译码算法，为了便于描述算法，首先给出算法中符号的含义。

$V=\{v_i:i=1,2,\cdots,n\}$：变量节点集合。

$C=\{c_i:i=1,2,\cdots,m\}$：校验节点集合。

$\boldsymbol{Y}=(y_1,y_2,\cdots,y_n)$：接收端收到的有噪编码符号序列。

$\hat{\boldsymbol{X}}=(\hat{x}_1,\hat{x}_2,\cdots,\hat{x}_n)$：接收端的编码符号估计序列。

a：变量节点的值，在二元中 $a\in\{0,1\}$。

R_{ij}^a：由校验节点 c_j 更新后传递给变量节点 v_i 的消息，是在变量节点 $v_i=a$ 时和校验节点 c_j 中其他变量节点状态分布已知的条件下，校验节点 c_j 满足校验关系的置信度。

Q_{ij}^a：由变量节点 v_i 更新后传递给校验节点 c_j 的消息，是在除 c_j 外 v_i 参与的其他校验节点提供的 $v_i=a$ 时的置信度。

$E=\left\{e_i^a:i=1,2,\cdots,n\right\}$：变量节点 v_i 的伪后验概率集合，用于尝试译码。

$\hat{\boldsymbol{X}}$：一次尝试判决得到的变量节点的判决序列，如果 $\boldsymbol{H}\hat{\boldsymbol{X}}=\boldsymbol{0}$，或迭代次数达到预设的最大值，则迭代停止。

图 6.34 所示为(7,4)汉明码的 Tanner 图上的信息传递示意图。

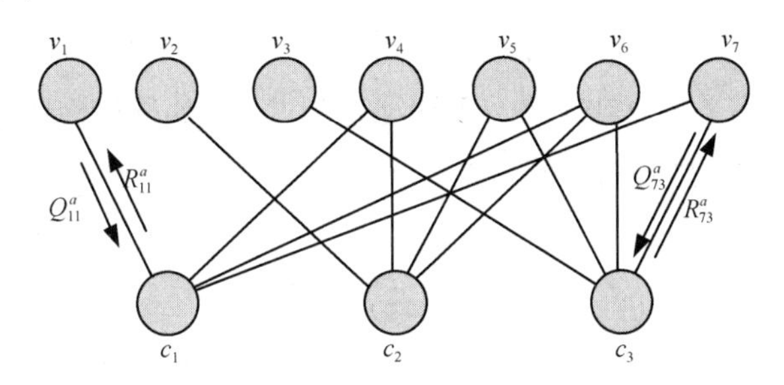

图 6.34　(7,4)汉明码的 Tanner 图上的信息传递示意图

在进行 AWGN 信道中的二元 LDPC 码的 BP 译码时，首先确定信道后验概率 $f_i^a=P(v_i=a\mid y_i)$ 和最大迭代次数 L，然后对奇偶校验矩阵中元素 $h_{ij}=1$ 的所有的 i 和 j 执行以下操作。

1）初始化

$$Q_{ij}^0=f_i^0\text{；}\quad Q_{ij}^1=f_i^1=1-f_i^0\text{；}\quad R_{ij}^0=R_{ij}^1=1/2$$

BPSK 调制下，0 调制为 -1，1 调制为+1，当单边噪声功率谱密度为 $N_0=2\sigma^2$ 时，信道后验概率为

$$f_i^0=1/[1+\exp(-2y_i/\sigma^2)]\text{；}\quad f_i^1=1-f_i^0$$

2）迭代过程

（1）更新 R_{ij}^a（水平更新步骤）。由校验节点 c_j 更新后传递给变量节点 v_i 的 R_{ij}^a 是在变量节点 v_i 状态为 a 和校验节点 c_j 中其他变量节点状态分布已知的条件下，校验节点 c_j 满足校验关系的置信度。

令 $\Delta Q_{ij}=Q_{ij}^0-Q_{ij}^1$，$\Delta R_{ij}=R_{ij}^0-R_{ij}^1=\prod_{i'\in\text{row}[j]\setminus[i]}\Delta Q_{i'j}^a$，则

$$R_{ij}^0=\frac{1}{2}\left[1+\prod_{i'\in\text{row}[j]\setminus[i]}\Delta Q_{i'j}^a\right] \tag{6-6-10}$$

$$R_{ij}^{1}=\frac{1}{2}\left[1+\prod\nolimits_{i'\in\mathrm{row}[j]\setminus[i]}\Delta Q_{i'j}^{a}\right] \tag{6-6-11}$$

式中，$i'\in\mathrm{row}[j]\setminus[i]$是指矩阵$\boldsymbol{H}$的第$j$（$1\leqslant j\leqslant m$）行中，非零比特对应的列号（不含$i$）。

（2）更新Q_{ij}^{a}（垂直更新步骤）。由变量节点v_i更新后传递给校验节点c_j的Q_{ij}^{a}是在除c_j外v_i参与的其他校验节点提供的v_i在状态a时的置信度。

$$Q_{ij}^{a}=\alpha_{ij}f_i^{a}\prod\nolimits_{j'\in\mathrm{col}[i]\setminus[j]}R_{i'j}^{a} \tag{6-6-12}$$

式中，$j'\in\mathrm{col}[i]\setminus[j]$是矩阵$\boldsymbol{H}$的第$i$（$1\leqslant i\leqslant n$）列中，非零比特对应的行号（不含$j$）；$\alpha_{ij}$是$Q_{ij}^{0}$、$Q_{ij}^{1}$的归一化因子，$\alpha_{ij}=1/(Q_{ij}^{0}+Q_{ij}^{1})$。

（3）尝试译码。计算变量节点v_i的伪后验概率e_i^{0}和e_i^{1}。

$$e_i^{0}=\prod\nolimits_{j\in\mathrm{col}[i]}R_{ij}^{0} \tag{6-6-13}$$

$$e_i^{1}=\prod\nolimits_{j\in\mathrm{col}[i]}R_{ij}^{1} \tag{6-6-14}$$

注意，选择合适的$\alpha_i=1/(e_i^{0}+e_i^{1})$，使得$e_i^{0}+e_i^{1}=1$。

在e_i^{0}或$e_i^{1}\geqslant 0.5$时，判定v_i为0或1，得到当前译码x_i。在所有比特被译出之后，得到译码向量$\hat{\boldsymbol{X}}=(\hat{x}_1,\hat{x}_2,\cdots,\hat{x}_n)$。最后是尝试判决算法。如果$\boldsymbol{H}\hat{\boldsymbol{X}}=\boldsymbol{0}$，则停止译码，输出$\hat{\boldsymbol{X}}=(\hat{x}_1,\hat{x}_2,\cdots,\hat{x}_n)$作为有效的输出值，否则继续迭代过程。如果达到预设定的迭代次数，还未找到满足$\boldsymbol{H}\hat{\boldsymbol{X}}=\boldsymbol{0}$的码字，则宣告译码失败。

6.7 极化码

经过各国学者半个多世纪的不懈研究，以Turbo码、LDPC码等为代表的新一代编码方法已经获得逼近香农限的性能了。然而，无论其性能有多接近香农限，始终是“逼近”，而非“达到”。比如，目前已知的最好的LDPC码在码长趋于无限大时，其理论性能距离香农限依然有0.0045dB。并且，无论是Turbo码还是LDPC码，在构造时都具有一定的随机性，如Turbo码的交织器构造及LDPC码节点分布的设计，因此在具体设计一种编码方案时，需要根据设计参数进行码结构的遍历或启发式构造。这种随机的构造使得最终得到的有限码长的编码方法很难达到这一类码的理论最佳性能；此外，在有限码长条件下通过搜索构造一个性能较理想的Turbo码或LDPC码的复杂度将非常高。

2008年，Arikan在国际信息论ISIT会议上首次提出了信道极化的概念；2009年，他在*IEEE Transaction on Information Theory*期刊上发表的一篇论文中进行了更详细的阐述，同时基于信道极化给出了一种编码方法，起名为极化码（Polar码）。极化码具有确定性的构造方法，并且是第一种，也是目前已知的唯一能够被严格证明“达到”信道容量的信道编码方法。

6.7.1 极化码的基本概念与信道极化

对$N=2^n$（n为自然数）个独立的二进制输入信道W（或先后N次反复使用同一个信道，即一个信道的N个可用时隙），进行所谓的信道合并操作和信道分裂操作，从而得到N个前后依赖的极化信道。这些极化信道相比原本未经极化的信道，在和容量保持不变的情况下，每个子信道的信道容量会呈现出极化现象：一部分信道的信道容量增大，另外一部分信道的信道容量减小。并且，理论上已证明，对接近无穷多个信道进行极化操作后，即 $N \to \infty$ 时，一部分信道的信道容量将趋于 1（通过该部分信道传输的比特一定会被正确接收），而其余信道的信道容量将趋于 0（完全无法在其上可靠地传输比特），同时，信道容量为 1 的信道占信道总数的比例正好为原二进制输入离散信道的信道容量 $I(W)$ 。这一现象被称为信道极化（Channel Polarization）。在信道极化的基础上，只需要在一部分信道容量趋于 1 的信道上传输承载信息的信息比特，而在剩下的信道容量趋于 1 的信道及信道容量趋于 0 的信道上传输对收发端都已知的冻结比特。用 K 表示用于传输信息比特的信道数，由此形成了一个从 K 个信息比特到 N 个发送比特的一一映射关系，这一映射即极化码编码。在译码端，根据信道极化时引入的各个比特之间的依赖关系，使用一种称为串行抵消（Successive Cancellation，SC）的算法进行译码。根据信道极化理论，在保证可靠传输的条件下，K 的最大允许取值可以达到 $N \times I(W)$，此时码率 $R_c = K / N = I(W)$，因此极化码是信道容量可达的。同时极化码的编码复杂度和译码复杂度低，均为 $O(N\log N)$ 。

为了便于描述极化码的基本原理和基本编码方法，下面对本章中使用的符号进行统一说明。

1．符号说明

使用 $\mathcal{X}$ 、$\mathcal{Y}$ 表示符号集，大写字母如 U 、X 、Y 等表示随机变量，小写字母如 u 、x 、y 等表示该随机变量对应的值，P_X 表示随机变量 X 的概率分布，$P_{X,Y}$ 表示一组随机变量 (X,Y) 的联合概率分布，$I(X,Y)$ 表示一组随机变量 (X,Y) 的互信息量，$I(X;Y|Z)$ 表示 (X,Y) 的条件互信息量。设定符号 $\boldsymbol{a}_1^N$ 表示行向量 $(a_1,a_2,\cdots,a_N)$，使用 $\boldsymbol{a}_i^j$ 表示 $(a_i,a_{i+1},\cdots,a_j)$，$1 \leqslant i \leqslant j \leqslant N$ 。给定 $\boldsymbol{a}_1^N$ 和 $\mathcal{A} \in \{1,2,\cdots,N\}$，使用 $\boldsymbol{a}_{\mathcal{A}}$ 表示子向量 $(a_i, i \in \mathcal{A})$；使用 $\boldsymbol{a}_{1,\mathrm{o}}^j$ 表示奇数指标集的子向量 $(a_k, 1 \leqslant k \leqslant j, k \text{ is odd})$；使用 $\boldsymbol{a}_{1,\mathrm{e}}^j$ 表示偶数指标集的子向量 $(a_k, 1 \leqslant k \leqslant j, k \text{ is even})$ 。例如，$\boldsymbol{a}_1^5$=(5,4,6,2,1)，则有 $\boldsymbol{a}_2^4 = (4,6,2)$，$\boldsymbol{a}_{1,\mathrm{e}}^5 = (4,2)$，$\boldsymbol{a}_{1,\mathrm{o}}^5 =$（5,6,1）。当然，$\boldsymbol{0}_1^N$ 表示一个包含 N 个零元素的全零行向量。

另外，除非特别说明，这里所阐述的都是二元域 GF(2) 上的极化码，对于 GF(2) 上的一些运算做如下的规定：$\boldsymbol{a}_1^N \oplus \boldsymbol{b}_1^N$ 表示两个向量相应位置上的模 2 加；一个 $m \times n$ 的矩阵 $\boldsymbol{A} = [A_{ij}]$ 与另一个 $r \times s$ 的矩阵 $\boldsymbol{B} = [B_{ij}]$ 的克罗内克积（Kronecker Product）定义为

$$\boldsymbol{A} \otimes \boldsymbol{B} = \begin{bmatrix} A_{11}\boldsymbol{B} & \cdots & A_{1n}\boldsymbol{B} \\ \vdots & & \vdots \\ A_{m1}\boldsymbol{B} & \cdots & A_{mn}\boldsymbol{B} \end{bmatrix} \tag{6-7-1}$$

$\boldsymbol{A} \otimes \boldsymbol{B}$ 的结果是一个 $mr \times ns$ 的矩阵，克罗内克积幂的定义为：$\boldsymbol{A}^{\otimes n} = \boldsymbol{A} \otimes \boldsymbol{A}^{\otimes(n-1)}$，其中，$n \geqslant 1$，且 $\boldsymbol{A}^{\otimes 0} = 1$ 。

另外，为了叙述方便，下面先给出信道容量 $I(W)$ 和巴氏参数 $Z(W)$ 的定义。

使用符号 $W: \mathcal{X} \to \mathcal{Y}$ 来表示一个任意的二进制离散无记忆信道（B-DMC）：信道 W 输入符号集为 $\mathcal{X}$，由于是二进制输入信道，因此 $\mathcal{X} = \{0,1\}$；信道 W 输出符号集为 $\mathcal{Y}$，$\mathcal{Y}$ 为任意实数；W 的信道转移概率为 $p(y|x)$，$x \in \mathcal{X}$，$y \in \mathcal{Y}$ 。使用符号 $W_N: \mathcal{X}^N \to \mathcal{Y}^N$ 来表示信道 W 的 N 次重复使用，则 $p_N(y_1^N | x_1^N) = \prod_{i=1}^{N}(y_i | x_i)$ 为 W_N 的信道转移概率，则对 B-DMC 的信道

容量$I(W)$和巴氏参数$Z(W)$的定义如下：

$$I(W)=\sum_{y\in\mathcal{Y}}\sum_{x\in\mathcal{X}}\frac{1}{2}p(y|x)\log\frac{p(y|x)}{\frac{1}{2}p(y|0)+\frac{1}{2}p(y|1)} \tag{6-7-2}$$

$$Z(W)=\sum_{y\in\mathcal{Y}}\sqrt{p(y|0)p(y|1)} \tag{6-7-3}$$

式中，$I(W)$是信道W在等概率输入的情况下，能可靠地通过信道传输信息的最大速率，用于衡量信道的速率；$Z(W)$是信道W在采用最大似然译码时错误率的上界，用于衡量信道的可靠性。从式(6-7-2)和式(6-7-3)可以看出，$I(W)\in[0,1]$，$Z(W)\in[0,1]$，当$I(W)\approx 1$时，$Z(W)\approx 0$，当$I(W)\approx 0$时，$Z(W)\approx 1$。从度量信道W的可靠性的方面来讲，$I(W)$和$Z(W)$刚好相反，当$I(W)\approx 1$、$Z(W)\approx 0$时，信道W的可靠性最高；当$I(W)\approx 0$、$Z(W)\approx 1$时，信道W的可靠性最低。也就是说，$I(W)$越大，信道W的可靠性越高；$Z(W)$越大，信道W的可靠性越低。当信道具有对称性时，即存在信道W输出符号集$\mathcal{Y}$的一个置换π满足$\pi=\pi^{-1}$，且对于任意的$y\in\mathcal{Y}$满足条件$p(y|0)=p(\pi(y)|0)$，我们就称信道W为对称信道，此时信道容量$I(W)$就是该二进制输入信道的香农容量。

极化码的基本原理就是信道极化。为了便于理解极化码的编译码原理，下面给出信道极化的具体过程。

2. 信道极化

信道极化的过程由信道合并和信道分裂两部分组成，信道极化的整体过程如图 6.35 所示。

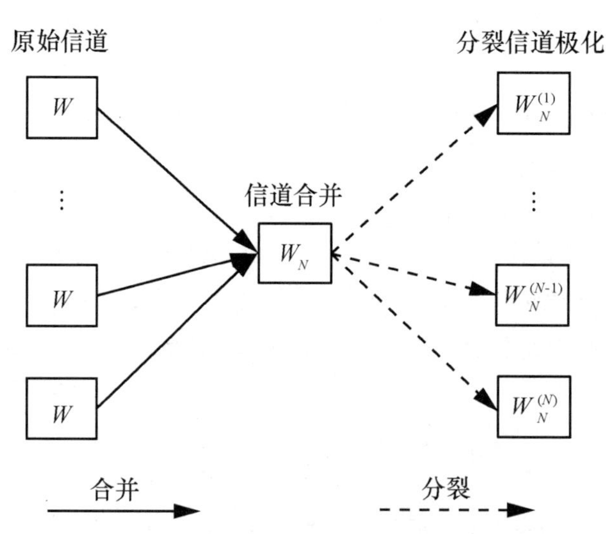

图 6.35 信道极化的整体过程

任意一个 B-DMC 信道W重复使用N次，得到N个相互独立且具有相同信道特性的信道W，然后将其转化为一组N个相互关联的信道$W_N^{(i)}$，$1\leqslant i\leqslant N$，其中定义极化信道$W_N^{(i)}:\mathcal{X}\to\mathcal{Y}\times\mathcal{X}^{i-1}$，运算×表示笛卡儿积。当$N$足够大，即对足够多的信道引入相关性转化后，就会出现一种极化信道趋向于两个极端的现象：一部分极化信道$W_N^{(i)}$的信道容量趋于 0，同时剩余的极化信道的信道容量趋于 1。将信道容量趋于 0 的极化信道定义为全噪信道，将信道容量趋于 1 的极化信道定义为无噪信道，在无噪信道传输信息比特，而在全噪信道传输冻结比特（一般情况为 0），这样既可提高传输速率，又能够保证可靠性。

定理 6.12　对于一个任意的 B-DMC 信道 W，信道 $\{W_N^{(i)}\}$ 极化就意味着，对于任意给定的常数 $\delta \in \{0,1\}$，当码长 N（$N=2^n$，$n>1$）以 2 的幂次方趋于无穷大时，$\{1,2,\cdots,N\}$ 中的部分指标所对应的极化信道的信道容量满足 $I(W_N^{(i)}) \in (1-\delta,1]$，且这部分极化信道所占的比例趋于 $I(W)$，而另一部分极化信道的信道容量满足 $I(W_N^{(i)}) \in [0,\delta)$，其所占比例趋于 $1-I(W)$。

为展示信道极化现象，给出一个典型的对称 B-DMC 信道的例子，比如二进制删除信道（BEC），对于一个删除概率为 ε 的 BEC，其转移概率函数为

$$p(y\mid x)=\begin{cases}1-\varepsilon, & y=x\\ \varepsilon, & y=E\end{cases} \tag{6-7-4}$$

式中，E 表示删除符号。经过该信道，接收端以 $1-\varepsilon$ 的概率接收到正确的发送符号；否则，接收端以概率 ε 接收到删除符号，而此时接收端是无法判断发送符号的。可以计算出该信道的信道容量为 $I(W)=1-\varepsilon$。

令 BEC 的删除概率为 $\varepsilon=0.5$，则信道容量为 $I(W)=0.5$，令信道的占用次数为 $N=1024$，$I(W_1^{(i)})=1-\varepsilon=0.5$，信道容量 $I(W_N^{(i)})$ 的计算公式根据式（6-7-5）和式（6-7-6）求出，式（6-7-5）和式（6-7-6）仅在 BEC 下成立（对于一般的 B-DMC 信道是没有这样的递归关系的），便得到极化信道的信道容量分布情况，如图 6.36 所示，可以看出，大部分较小的信道指标 i 所对应的极化信道容量 $I(W_1^{(i)})$ 趋于 0；大部分较大的信道指标 i 所对应的极化信道的信道容量 $I(W_1^{(i)})$ 趋于 1；对于一些信道指标 i，其对应的极化信道的信道容量 $I(W_1^{(i)})$ 没有稳定的趋向。在构造极化码时，极化信道的信道容量 $I(W_1^{(i)})$ 大于某一阈值所对应的指标集的选择是一个非常重要的问题。

$$I(W_N^{(2i-1)})=I(W_{N/2}^{(i)})^2 \tag{6-7-5}$$

$$I(W_N^{(2i)})=2I(W_{N/2}^{(i)})-I(W_{N/2}^{(i)})^2 \tag{6-7-6}$$

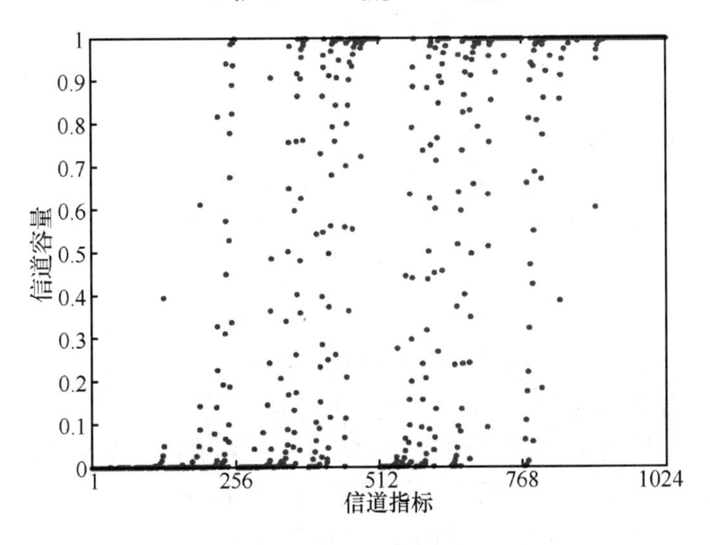

图 6.36　在 BEC（ε=0.5）下，N=1024 的极化信道的信道容量分布情况

6.7.2 极化信道的可靠性度量

各个极化信道的信道容量（或等价于传输错误率），可以通过计算各个极化信道的巴氏参数或者采用密度进化（Density Evolution，DE）等工具得到。

信道容量 $I(W)$，表示的是信道 W 在等概率输入的情况下，能可靠地通过信道传输信息的最大速率。在极化码的实际应用中，使用更多的是某个信道传输时出错的概率，也就是式（6-7-3）所描述的信道 W 的不可靠性 $Z(W)$。一般情况下，如果信道容量 $I(W)$ 越趋于1，传输错误率越趋于0，信道传输的可靠性越高；反之，如果信道容量 $I(W)$ 越趋于0，信道传输的可靠性越低，即 $Z(W)$ 越趋于1。当对 N 个任意 B-DMC 信道 W 进行信道极化得到极化信道 $W_N^{(i)}$（$i=1,2,\cdots,N$）后，令事件 A_i 表示"第 i 个极化信道 $W_N^{(i)}$ 所传输的信息比特在接收端出错"，即

$$A_i=\{u_1^N,y_1^N:W_N^{(i)}(y_1^N,u_1^{i-1})<W_N^{(i)}(y_1^N,u_1^{i-1}\mid u_i\oplus 1)\} \tag{6-7-7}$$

令极化信道 $W_N^{(i)}$ 的错误率为 $P(A_i)$。

目前，对极化信道的可靠性度量经常使用的方法包括：巴氏参数、DE 算法、高斯近似（GA）算法。巴氏参数在 BEC 下计算准确并且计算复杂度低，但在其他信道如二进制对称信道和 AWGN 信道下，计算所得到的极化信道可靠性是近似值。DE 算法在 LDPC 码和 Turbo 码中的应用比较广泛，适用于任意二进制输入对称信道，但该算法的计算复杂度比较高。通过将各个信道的输入输出近似为有限的等效信道，可大大地降低了 DE 算法的计算复杂度。GA 算法其实是 DE 算法的一种简化，它将原来的多维概率密度函数通过近似转化为一维，极大地降低了计算复杂度。下面就详细地介绍如何使用巴氏参数来计算极化信道的错误率。

$Z(W)$ 是信道 W 使用最大似然判定错误率的上界，主要用于衡量信道的可靠性。

定理 6.13 对任意 B-DMC 信道 W，有

$$I(W)\geqslant \log\frac{2}{1+Z(W)} \tag{6-7-8}$$

$$I(W)\leqslant \sqrt{1-Z(W)^2} \tag{6-7-9}$$

可以看出，当且仅当 $Z(W)\approx 1$ 时，$I(W)\approx 0$；当且仅当 $Z(W)\approx 0$ 时，$I(W)\approx 1$。

对于单步信道变换，其巴氏参数的计算如定理 6.14 所示。

定理 6.14 对于 $N=2$ 的任意二进制输入信道，若 $(W,W)\mapsto(W',W'')$，则

$$Z(W'')=Z(W)^2 \tag{6-7-10}$$

$$Z(W')\leqslant 2Z(W)-Z(W)^2 \tag{6-7-11}$$

$$Z(W')\geqslant Z(W)\geqslant Z(W'') \tag{6-7-12}$$

当且仅当信道 W 是 BEC 时，式（6-7-11）取等号。

当 $N=2^n$ 时，利用式（6-7-10）和式（6-7-11）可以得到巴氏参数的递推计算表达式为

$$Z(W_{2N}^{(2i-1)})\leqslant 2Z(W_N^{(i)})-Z(W_N^{(i)})^2 \tag{6-7-13}$$

$$Z(W_{2N}^{(2i)})=Z(W_N^{(i)})^2 \tag{6-7-14}$$

当且仅当信道 W 是 BEC 时，式（6-7-13）取等号。

当信道 W 是 BEC 时，各极化信道 $W_N^{(i)}$ 的错误率为

$$P(A_i)=0.5Z(W_N^{(i)}) \tag{6-7-15}$$

式中，0.5 表示接收端收到删除符号时，译码算法依然能够以 0.5 的概率通过猜测得到正确译码比特。图 6.37 给出了在 BEC（ε=0.5）下，码长为 N=1024、码率为 R_c=1/2 的极化信道的巴氏参数分布情况。

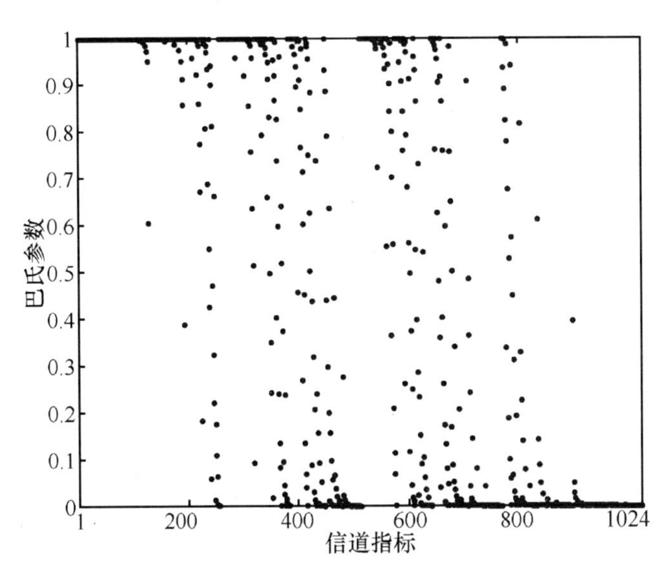

图 6.37　在 BEC（$\varepsilon=0.5$）下，码长为 N=1024、码率为 $R_c=1/2$ 的极化信道的巴氏参数分布情况

6.7.3　极化码的编码方法

极化码是一种线性分组码，可以使用一般分组码方式编码，即

$$\boldsymbol{x}_1^N=\boldsymbol{u}_1^N\boldsymbol{G}_N \tag{6-7-16}$$

式中，$\boldsymbol{u}_1^N$ 是包含信息比特与冻结比特的信息序列；$\boldsymbol{G}_N=\boldsymbol{B}_N\boldsymbol{F}^{\otimes n}$ 是生成矩阵，信息序列经过 $\boldsymbol{G}_N$ 编码成为码字 $\boldsymbol{x}_1^N$，码长 $N=2^n$（$n\geqslant 1$）被严格限定为 2 的幂次。令信息序列中所有要传输的信息比特所挑选的极化信道为信息信道，信息信道的序号集合定义为信息比特指标集 $\mathcal{A}$，其中，$\mathcal{A}\subset\{1,2,\cdots,N\}$，$|\mathcal{A}|=K$ 表示极化码的信息比特的个数，相应的 $\mathcal{A}^{\mathrm{C}}$ 为 $\mathcal{A}$ 的补集，$|\mathcal{A}^{\mathrm{C}}|=N-K$ 表示冻结比特的个数，码率为 $R_c=K/N=|\mathcal{A}|/N$，式（6-7-16）就变为

$$\boldsymbol{x}_1^N=\boldsymbol{u}_{\mathcal{A}}\boldsymbol{G}_N(\mathcal{A})\oplus\boldsymbol{u}_{\mathcal{A}^{\mathrm{C}}}\boldsymbol{G}_N(\mathcal{A}^{\mathrm{C}}) \tag{6-7-17}$$

式中，$\boldsymbol{G}_N(\mathcal{A})$ 是 $\boldsymbol{G}_N$ 中的一部分，$\boldsymbol{G}_N(\mathcal{A})$ 是由 $\boldsymbol{G}_N$ 中行数为 $\mathcal{A}$ 的行所组成的矩阵，$\boldsymbol{G}_N(\mathcal{A})$ 由 $\mathcal{A}^{\mathrm{C}}$ 和 $\boldsymbol{G}_N$ 来确定，符号 $\oplus$ 表示两个向量对应位置元素的模 2 加。可以看出，如果给定信息比特指标集 $\mathcal{A}$ 和信息比特序列 $\boldsymbol{u}_{\mathcal{A}}$ 得到码字 $\boldsymbol{x}_1^N$，则极化码可以由参数 $(N,K,\mathcal{A},\boldsymbol{u}_{\mathcal{A}^{\mathrm{C}}})$ 定义（冻结比特序列 $\boldsymbol{u}_{\mathcal{A}^{\mathrm{C}}}$ 一般为全零向量）。

为了更详细地描述极化码的编码过程，可以给出一个在 BEC（ε=0.5）下(8,4)极化码的编码例子，首先构造生成矩阵：

$$G_8 = \begin{bmatrix} 1 & 0 & 0 & 0 & 0 & 0 & 0 & 0 \\ 1 & 0 & 0 & 0 & 1 & 0 & 0 & 0 \\ 1 & 0 & 1 & 0 & 0 & 0 & 0 & 0 \\ 1 & 0 & 1 & 0 & 1 & 0 & 1 & 0 \\ 1 & 1 & 0 & 0 & 0 & 0 & 0 & 0 \\ 1 & 1 & 0 & 0 & 1 & 1 & 0 & 0 \\ 1 & 1 & 1 & 1 & 0 & 0 & 0 & 0 \\ 1 & 1 & 1 & 1 & 1 & 1 & 1 & 1 \end{bmatrix} \tag{6-7-18}$$

在 BEC 下删除概率 $\varepsilon = 0.5$，即巴氏参数 $Z(W) = 1-\varepsilon = 0.5$，$i = 1,2,\cdots,8$，则 $\{Z(W_8^{(i)})\}$ 的计算过程如图 6.38 所示。

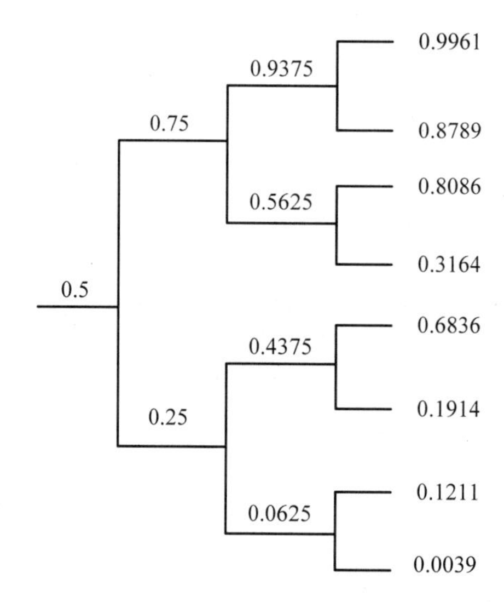

图 6.38　在 BEC（$\varepsilon = 0.5$）下，$N = 8$ 的极化码的巴氏参数 $\{Z(W_8^{(i)})\}$ 的计算过程

将得到的巴氏参数按从小到大的顺序排列，选择最小的 4 个巴氏参数的序号，则可以组成信息比特指标集 $\mathcal{A} = \{4,6,7,8\}$，然后根据信息比特指标集 $\mathcal{A}$ 和生成矩阵 G_8 可得到 $G_8(\mathcal{A})$ 和 $G_8(\mathcal{A}^{\mathrm{C}})$，根据式（6-7-17）便可以计算出码字序列 x_1^8，即

$$\begin{aligned} x_1^8 &= u_{\mathcal{A}} G_8(\mathcal{A}) \oplus u_{\mathcal{A}^{\mathrm{C}}} G_8(\mathcal{A}^{\mathrm{C}}) \\ &= (u_4, u_6, u_7, u_8) \begin{bmatrix} 1 & 0 & 1 & 0 & 1 & 0 & 1 & 0 \\ 1 & 1 & 0 & 0 & 1 & 1 & 0 & 0 \\ 1 & 1 & 1 & 1 & 0 & 0 & 0 & 0 \\ 1 & 1 & 1 & 1 & 1 & 1 & 1 & 1 \end{bmatrix} \oplus (0,0,0,0) G_8(\mathcal{A}^{\mathrm{C}}) \end{aligned}$$

若给定信源序列 $(u_4, u_6, u_7, u_8) = (1,0,1,1)$，则对应的码字序列为 $x_1^8 = (1,0,1,0,0,1,0,1)$。

6.7.4　极化码的译码算法

尽管极化码理论上能够在码长无限大的情况下达到信道容量，然而在有限码长下用 SC 译码得到的性能不够理想。各国学者将一些已在其他编码方案中有出色表现的译码算法应用到极化码译码中，如 BP 译码算法、线性规划（LP）译码算法、BCJR 译码算法等取得了一定的性能增益，但以上算法在复杂度或者适用范围上存在缺陷。BP 译码算法被广泛应用于 LDPC 码译码并取得了极大的成功，然而由于极化码的格图中存在大量短环，对其进行 BP 译码时，性能很大程度上依赖于具体的消息节点更新策略，而最优的更新策略因信道类型的不同而不同，并且与最大似然性能依然有一定的距离。LP 译码算法能够不用依赖于更新策略而达到最大似然性能，但是其复杂度受限的实现方案只能应用于 BEC。其他还有一些基于格图结构通过 Viterbi 算法和 BCJR 译码算法进行最大似然译码的方案，然而由于其复杂度非常高，只能应用于码长非常小的场景。下面主要阐述串行抵消（SC）译码算法，这种算法充分利用了极化码的极化思想，是极化码的主流译码算法的基础。

用 $\mathcal{A}$ 表示信息信道序号的集合，则 $\mathcal{A}^{\mathrm{C}}$ 表示固定信道序号的集合，因此对于任意的 $i\in\mathcal{A}$ 和 $j\in\mathcal{A}^{\mathrm{C}}$，满足错误率 $P(A_i)<P(A_j)$ 且 $|\mathcal{A}|=K$，$\mathcal{A}\cup\mathcal{A}^{\mathrm{C}}=\{1,2,\cdots,N\}$。整个编译码过程可以描述为，信息序列 $\boldsymbol{u}_1^N$ 经过极化码编码器得到码字 $\boldsymbol{x}_1^N$，码字经过信道，在接收端得到接收序列 $\boldsymbol{y}_1^N$，然后译码器从接收序列中恢复出信息序列 $\boldsymbol{u}_1^N$ 的估计值 $\hat{\boldsymbol{u}}_1^N$。

在进行译码时，由于序号为 i 的极化信道 $W_N^{(i)}$ 的输出包含接收信号 $\boldsymbol{y}_1^N$ 和前 $i-1$ 个信息比特的估计值 $\hat{\boldsymbol{u}}_1^{i-1}$，因此极化码译码时，信息比特 u_i 的估计值 $\hat{u}_i$ 是根据接收信号 $\boldsymbol{y}_1^N$ 和前 $i-1$ 个信息比特的估计值 $\hat{\boldsymbol{u}}_1^{i-1}$ 计算 $\hat{u}_i=0$ 和 $\hat{u}_i=1$ 时 $W_N^{(i)}$ 的转移概率并进行判决得到的。这种译码算法称为 SC 译码算法，信息 u_i 的判决为

$$\hat{u}_i=\begin{cases}u_i, & i\in\mathcal{A}^{\mathrm{C}}\\ h_i(\boldsymbol{y}_1^N,\hat{\boldsymbol{u}}_1^{i-1}), & i\in\mathcal{A}\end{cases}\tag{6-7-19}$$

式中，当 $i\in\mathcal{A}^{\mathrm{C}}$ 时，u_i 为冻结比特，直接判决为 $\hat{u}_i=u_i$；当 $i\in\mathcal{A}$ 时，u_i 为信息比特，$h_i:\mathcal{Y}^N\times\mathcal{X}^{i-1}\to\mathcal{X}$，$i\in\mathcal{A}$ 是一个判决方程，即

$$h_1(\boldsymbol{y}_1^N,\hat{\boldsymbol{u}}_1^{i-1})=\begin{cases}0, & \dfrac{p_N^i(\boldsymbol{y}_1^N,\hat{\boldsymbol{u}}_1^{i-1}\,|\,0)}{p_N^i(\boldsymbol{y}_1^N,\hat{\boldsymbol{u}}_1^{i-1}\,|\,1)}\geqslant 1\\ 1, & \text{否则}\end{cases}\tag{6-7-20}$$

定义似然比（LR）为

$$L_N^{(i)}(\boldsymbol{y}_1^N,\hat{\boldsymbol{u}}_1^{i-1})=\frac{p_N^i(\boldsymbol{y}_1^N,\hat{\boldsymbol{u}}_1^{i-1}\,|\,0)}{p_N^i(\boldsymbol{y}_1^N,\hat{\boldsymbol{u}}_1^{i-1}\,|\,1)}\tag{6-7-21}$$

则式（6-7-20）可以变为

$$\hat{u}_i=\begin{cases}0, & L_N^{(i)}(\boldsymbol{y}_1^N,\hat{\boldsymbol{u}}_1^{i-1})\geqslant 1\\ 1, & \text{否则}\end{cases}\tag{6-7-22}$$

式（6-7-21）可以递归计算，即

$$L_N^{(2i-1)}(\boldsymbol{y}_1^N,\hat{\boldsymbol{u}}_1^{2i-2})=\frac{L_{N/2}^{(i)}(\boldsymbol{y}_1^{N/2},\hat{\boldsymbol{u}}_{1,\mathrm{o}}^{2i-2}\oplus\hat{\boldsymbol{u}}_{1,\mathrm{e}}^{2i-2})L_{N/2}^{(i)}(\boldsymbol{y}_{N/2+1}^N,\hat{\boldsymbol{u}}_{1,\mathrm{e}}^{2i-2})+1}{L_{N/2}^{(i)}(\boldsymbol{y}_1^{N/2},\hat{\boldsymbol{u}}_{1,\mathrm{o}}^{2i-2}\oplus\hat{\boldsymbol{u}}_{1,\mathrm{e}}^{2i-2})L_{N/2}^{(i)}(\boldsymbol{y}_{N/2+1}^N,\hat{\boldsymbol{u}}_{1,\mathrm{e}}^{2i-2})}\tag{6-7-23}$$

$$L_N^{(2i)}(\boldsymbol{y}_1^N,\hat{\boldsymbol{u}}_1^{2i-1})=\left[L_{N/2}^{(i)}(\boldsymbol{y}_1^{N/2},\hat{\boldsymbol{u}}_{1,\mathrm{o}}^{2i-2}\oplus\hat{\boldsymbol{u}}_{1,\mathrm{e}}^{2i-2})\right]^{1-2\hat{u}_{2i-1}}L_{N/2}^{(i)}(\boldsymbol{y}_{N/2+1}^N,\hat{\boldsymbol{u}}_{1,\mathrm{e}}^{2i-2})\tag{6-7-24}$$

$$L_1^{(1)}(y_i)=\frac{W(y_i\,|\,0)}{W(y_i\,|\,1)}\tag{6-7-25}$$

因此通过式（6-7-23）～式（6-7-25）就可以计算出所有的极化信道的 $L_N^{(i)}(\boldsymbol{y}_1^N,\hat{\boldsymbol{u}}_1^{i-1})$，再根

据式（6-7-19）和式（6-7-20）得到信息比特u_i的估计值$\hat{u}_i$。

图 6.39 给出$N=8$的极化码的 SC 译码算法示意图。由于 SC 译码算法是一种逐比特译码算法，第i个信息比特u_i的译码所需的已知条件极化信道$W_N^{(i)}$的输出包含接收信号$\boldsymbol{y}_1^N$和前$i-1$个信息比特的估计值$\hat{\boldsymbol{u}}_1^{i-1}$，因此图 6.39 中应该首先计算的是$u_i$的估计值$\hat{u}_i$。按照式（6-7-19）首先确定该信息是不是冻结比特，若是则直接判决为$\hat{u}_i=u_1=0$；若不是，则根据图 6.39 执行译码过程。在图 6.39 中，SC 译码从最左边的节点 1 开始，需要计算的是$L_8^{(1)}(\boldsymbol{y}_1^8)$，由式（6-7-23）可以看出，需要计算节点 2 的$L_4^{(1)}(\boldsymbol{y}_1^4)$和节点 9 的$L_4^{(1)}(\boldsymbol{y}_5^8)$，同样根据式（6-7-23）可知，节点 2 需要计算节点 3 的$L_2^{(1)}(\boldsymbol{y}_1^2)$和节点 6 的$L_2^{(1)}(\boldsymbol{y}_3^4)$，节点 3 需要计算节点 4 和节点 5 的似然比$L_1^{(1)}(y_1)$和$L_1^{(1)}(y_2)$，同理计算出节点 9～节点 15 的似然比，综合上边的节点的似然比就可以求出u_i的似然比$L_8^{(1)}(\boldsymbol{y}_1^8)$，然后根据式（6-7-20）便可以确定$u_i$的估计值$\hat{u}_i$。

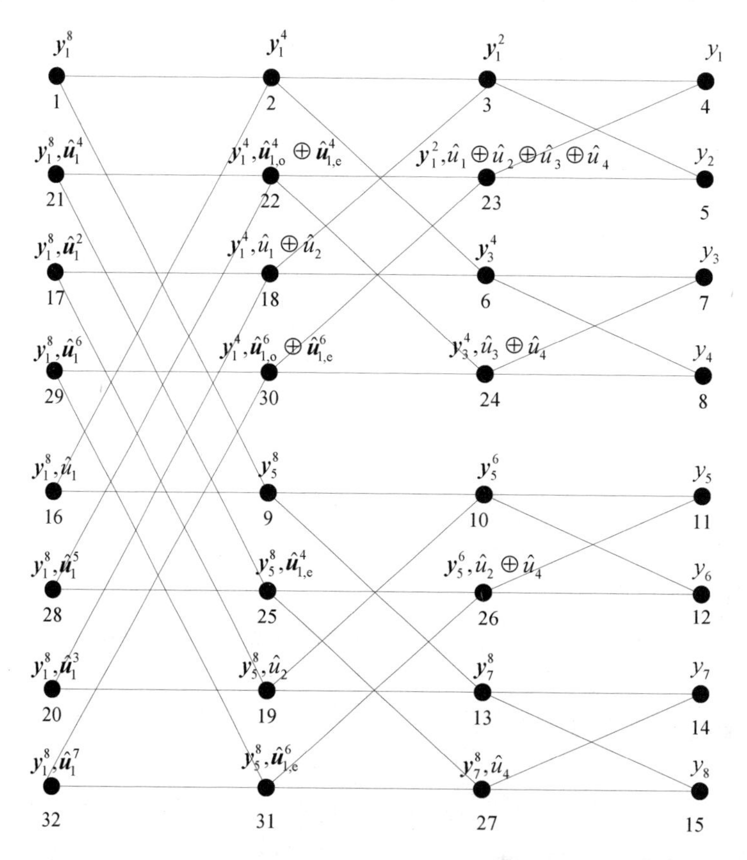

图 6.39　$N=8$的极化码的 SC 译码算法示意图

图 6.40 描述的是第 1 个信息比特u_i的估计值$\hat{u}_i$的计算过程，第 1 个信息比特u_i的估计值$\hat{u}_i$确定后，便可以确定第 2 个信息比特，过程与上面相似，但是会加上得到的估计值$\hat{u}_i$，直到第 8 个信息比特得到估计值后，译码结束。从图 6.40 可以看出，极化码的编码和译码复杂度都是$O(N\log N)$。

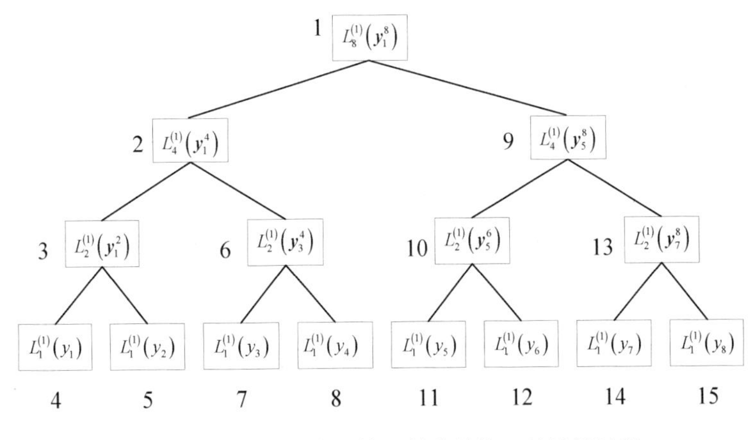

图 6.40　第 1 个信息比特 u_i 的估计值 $\hat{u}_i$ 的计算过程

6.8　信道编码的应用设计

前面讨论的信道编码，无论是经典的汉明码、循环码、卷积码，还是目前广泛应用的 Turbo 码、LDPC 码和极化码，这些码在构造时的码长、码率、信息位长等基本参数，往往是不能连续取值的，而在实际应用中为了适应不同的业务和信道状态，常常需要对码的这些基本参数进行调整，从而可以使信道编码能够灵活地适应不同通信系统的参数要求，这种调整通常称为码的速率匹配设计。此外，为了应对信道突发错误或者构造复杂度与可靠性兼具的信道编码，在实际应用中通常还可以运用一个或多个码的结构组合变化派生出新的码，这种派生方法称为码的组合构造，也是我们构造信道编码的重要手段。

6.8.1　码的速率匹配设计

码的速率匹配设计通常分为 3 类 6 种，分别是扩展与打孔、增广与删信、延长与缩短。

（1）扩展与打孔：码的扩展又称为增余，是指保持码字数 M 不变，增加冗余位数以增大码长。典型的一种扩展方法是全校验位扩展或增加一个全校验位，使 (n,k) 码扩展为 $(n+1,k)$ 码。若码字 $\boldsymbol{c}=(c_0,c_1,\cdots,c_{n-1})$ 扩展为 $\boldsymbol{c}^*=(c_0^*,c_1,\cdots,c_{n-1})$，则全校验位扩展是 $c_0^*=c_0+c_1+\cdots+c_{n-1}$，这里的加是模 2 加。若原码最小码距为 d 且为奇数，则全校验位扩展后码的最小码距为 $d^*=d+1$，系统码的扩展仍然为系统码。码的打孔（删余）是指保持码字数 M 不变，减少冗余位数。打孔可以认为是扩展的逆过程，但打孔位置（删除冗余位的位置，又称为打孔图案）的选择会比较复杂地影响码的性能变化，良好的打孔不减小最小码距或仅减小 1，打孔技术多用于卷积码的修正。

（2）增广与删信：码的增广是指保持码长 n 不变，增加码字数 M（或信息位长 k）。码的删信是指保持码长 n 不变，减少码字数 M（或信息位长 k）。删信是增广的逆过程。例如，若 (n,k) 码 C 的最小码距为 d 且为奇数，则挑选出全部偶数重量的码字组成的码 C^* 为 $(n,k-1,d+1)$ 码。

（3）延长与缩短：码的延长是指同时增加码字数 M（或信息位长 k）和码长 n。码的恰当延长可以不改变最小码距 d 而增加码率。码的缩短或截短是指同时减少码字数 M（或信息位长 k）和码长 n。缩短是延长的逆过程。

6.8.2 码的组合构造方法

码的组合构造方法主要有乘积、交织、级联和$(\boldsymbol{u},\boldsymbol{u}+\boldsymbol{v})$构造。另外，还有复制、笛卡儿积、直积、直和、链接等。下面主要讨论 4 种常见的构造方法。

码的乘积是指对消息阵列采用相同或不同的子码分别进行消息行和消息列的编码。记乘积码的列子码和行子码分别为(n_1,k_1,d_1)码和(n_2,k_2,d_2)码，则$k_1\times k_2$消息阵列的乘积码结构如图 6.41 所示。乘积码的行码、列码编码顺序不影响乘积码的最小距离d^*并且$d^*=d_1d_2$，乘积码的常规译码方法是行码和列码分别译码，尽管乘积码在应用迭代译码技术后有非常强的纠错能力，但是还没有一种代数译码方法可以保障纠正任意$[(d^*-1)/2]$个差错，即不能达到纠错的最小距离限。

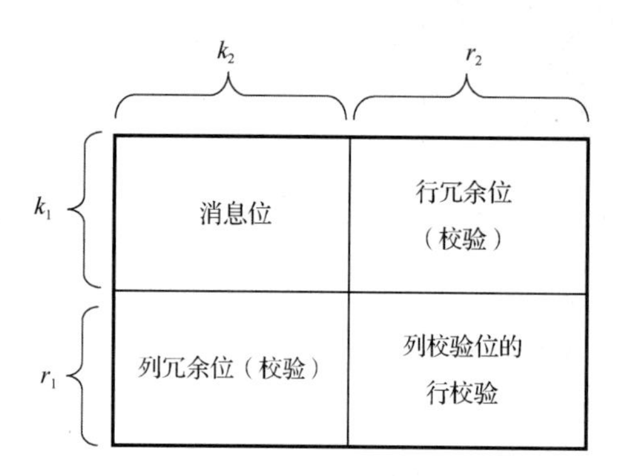

图 6.41 $k_1\times k_2$消息阵列的乘积码结构

码的级联是指对消息编码后的码字再进行一次（或多次）纠错编码。级联码第一次所用的码称为外码（离信道“更远”），通常是2^k元(N,K)码。级联码第二次所用的码称为内码（离信道“更近”），通常是二元(n,k)码或二元卷积码。级联码常用于既有随机差错又有突发差错的信道编码。级联码结构如图 6.42 所示，其中外码是八元(4,2)码，内码是二元(5,3)码，级联后为一个二元(20,6)码。分组码的级联码是一种具有非常强的纠错能力的(Nn,kK,d^*)分组码，并且$d^*\geqslant Dd$。采用 RS 码为外码，卷积码为内码的级联码已经成为一种工业标准，在深空通信等领域得到了非常成功的应用。

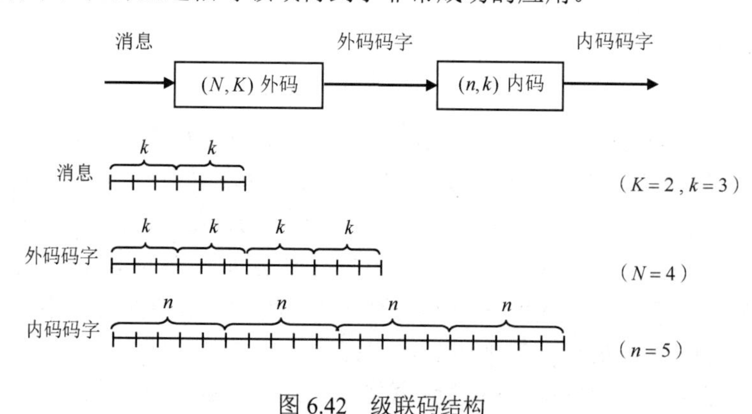

图 6.42 级联码结构

码的交织是指改变多个码字或者码字中码元的传送顺序。交织码分为分组交织和卷积交织两种基本类型。典型的分组交织过程如图 6.43 所示。D个n长码字作为$D\times n$阵列的D个行向量，交织码字则是阵列的n个列向量$\boldsymbol{a}^{(1)},\boldsymbol{a}^{(2)},\cdots,\boldsymbol{a}^{(n)}$，信道传送顺序为递增列序。参数$D$称为交织深度。显然，交织码可以认为是多个码字组合为一个码长更大的码字，但是分组交织不改变码率。交织码能够有效地纠正突发差错，在无线信道等有较强衰落的干扰环境的通信中几乎无一例外地都采用了各种形式的交织方案。

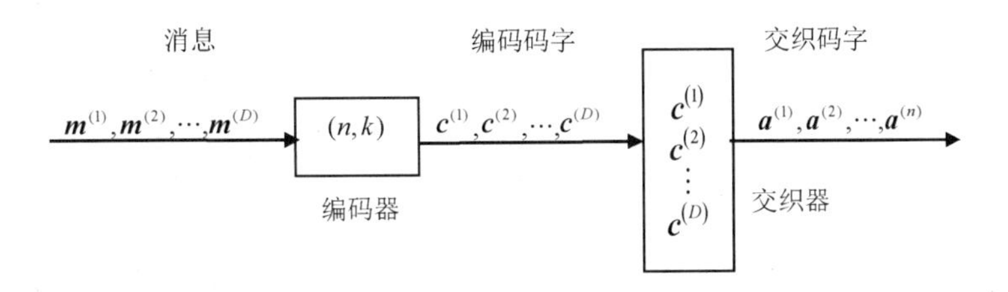

图 6.43　典型的分组交织过程

如果交织码所用的 (n,k) 码可以纠正 t 个随机差错，那么交织深度为 D 的交织码可以纠正小于或等于 $b_{\max}=D\cdot t$ 个连续差错或突发差错。因为接收解交织阵列 $\boldsymbol{v}$ 中，连续 b 个信道差错被均匀地分布到解交织阵列的各行中，所以每行上的差错数目小于 $\lceil b/D\rceil$，这里 $\lceil x\rceil$ 表示大于 x 的最小正整数。如果设计交织深度为 D，信道突发长度（最大连续差错数）为 $b=D+2$，则所需的纠随机差错的 (n,k) 码的纠错数为 $t=\lceil (D+2)/D\rceil=2$。一种可纠正的 $b=D+2$ 个突发差错的模式如下所示。

$$\boldsymbol{v}=\begin{bmatrix}\boldsymbol{c}^{(1)}\\\boldsymbol{c}^{(2)}\\\vdots\\\boldsymbol{c}^{(D)}\end{bmatrix}+\begin{bmatrix}e_{ij}\end{bmatrix}=\begin{bmatrix}\boldsymbol{a}^{(1)},\boldsymbol{a}^{(2)},\cdots,\boldsymbol{a}^{(n)}\end{bmatrix}+\begin{bmatrix}e_{ij}\end{bmatrix}=\begin{bmatrix}v_{1,1} & v_{1,2} & \cancel{v}_{1,3} & \cdots & v_{1,n}\\ v_{2,1} & \cancel{v}_{2,2} & \cancel{v}_{2,3} & \cdots & v_{2,n}\\ v_{3,1} & \cancel{v}_{3,2} & \cancel{v}_{3,3} & \cdots & v_{3,n}\\ v_{4,1} & \cancel{v}_{4,2} & \cancel{v}_{4,3} & \cdots & v_{4,n}\\ \vdots & \vdots & \vdots & & \vdots\\ v_{D-1,1} & \cancel{v}_{D-1,2} & v_{D-1,3} & \cdots & v_{D-1,n}\\ v_{D,1} & \cancel{v}_{D,2} & v_{D,3} & \cdots & v_{D,n}\end{bmatrix}$$

由二元 (n,k_1,d_1) 码 C_1 和二元 (n,k_2,d_2) 码 C_2 进行 $(\boldsymbol{u},\boldsymbol{u}+\boldsymbol{v})$ 构造得到的码 C^* 为 $(2n,M_1M_2,d^*)$ 码且 $C^*=\{(\boldsymbol{u},\boldsymbol{u}+\boldsymbol{v})\mid \boldsymbol{u}\in C_1,\boldsymbol{v}\in C_2\}$，$d^*=\min\{2d_1,d_2\}$，其中 $M_1=2^{k_1},M_2=2^{k_2}$，表示码字的个数。例如，由二元 $(8,7,2)$ 偶校验码 C_1 和一个 $(n,M,d)=(8,20,3)$ 码 C_2 进行 $(\boldsymbol{u},\boldsymbol{u}+\boldsymbol{v})$ 构造可得一个 $(n,M,d)=(16,5\times 2^9,3)$ 码，这个码参数 $M=5\times 2^9$，有趣的是，迄今还未发现具体构造出的 $M>5\times 2^9$ 的 $(16,M,3)$ 码。通常 $(\boldsymbol{u},\boldsymbol{u}+\boldsymbol{v})$ 构造的码 C^* 是非线性码。

习题

6.1　有一个二元对称信道，其信道矩阵为 $\begin{bmatrix}0.98 & 0.02\\0.02 & 0.98\end{bmatrix}$。设信源以每秒 1500 个二元符号的速率传输输入符号。现有一个消息序列共有 13500 个二元符号，并设 $p(0)=p(1)=1/2$，请问从信息传输的角度来考虑，10s 内能否将该消息序列无失真地传输完？

6.2　有一个信源，其概率分布为 $\begin{pmatrix}X\\P(X)\end{pmatrix}=\begin{pmatrix}x_1 & x_2\\0.8 & 0.2\end{pmatrix}$，该信源每秒发出 2.55 个信源符号。将该信源的输出符号送入某一个二元信道中进行传输（假设信道是无噪无损的），而信道每秒只传递 2 个二元符号。

（1）试问信源不通过编码能否直接与信道连接？

（2）通过适当编码能否在该信道中进行无失真传输？

6.3 设电话信号的信息传输速率为5.6×10^4 bit/s，在一个噪声功率谱为$N_0=5\times10^{-6}$ mW/Hz、限频为F、限输入功率为P的高斯信道中传输，设$F=4\text{kHz}$，问无差错传输所需的最小输入功率P是多少瓦？若$F\to\infty$，则P是多少瓦？

6.4 奇校验码码字是$\boldsymbol{c}=(m_0,m_1,\cdots,m_{k-1},p)$，其中，奇校验位$p$满足方程

$$m_0+m_1+\cdots+m_{k-1}+p=1\bmod 2$$

证明奇校验码的检错能力与偶校验码的检错能力相同，但奇校验码不是线性分组码。

6.5 一个(6,2)线性分组码的校验矩阵为

$$\boldsymbol{H}=\begin{bmatrix} h_1 & 1 & 0 & 0 & 0 & 1 \\ h_2 & 0 & 0 & 0 & 1 & 1 \\ h_3 & 0 & 0 & 1 & 0 & 1 \\ h_4 & 0 & 1 & 1 & 1 & 0 \end{bmatrix}$$

（1）求h_i（$i=1,2,3,4$）使该码的最小码距$d_{\min}\geqslant 3$。

（2）求该码的系统码生成矩阵$\boldsymbol{G}_\text{s}$及其所有的4个码字。

6.6 一个纠错码消息与码字的对应关系如下：

(00)—(00000), (01)—(00111), (10)—(11110), (11)—(11001)

（1）证明该码是线性分组码。

（2）求该码的码长、编码效率和最小码距。

（3）求该码的生成矩阵和校验矩阵。

（4）构造该码二元对称信道上的标准阵列。

（5）假设在转移概率为$p=10^{-3}$的二元对称信道上，消息等概率发送，求用标准阵列译码后的码字错误率和消息比特错误率。

6.7 证明线性分组码的码字重量为偶数（包括0），或者恰好一半为偶数（包括0），另一半为奇数。

6.8 一个通信系统消息比特速率为10kbit/s，信道为衰落信道，在衰落时间（最大为2ms）内可以认为完全发生数据比特传输差错。

（1）求衰落导致的突发差错的突发比特长度。

（2）假设采用汉明码和交织编码方法纠正突发差错，求汉明码的码长和交织深度。

（3）假设采用分组码交织来纠正突发差错并限定交织深度不大于256，求合适的码长和最小码距。

6.9 若循环码以$g(x)=1+x$为生成多项式，则

（1）证明$g(x)$可以构成任意长度的循环码。

（2）求该码的一致校验多项式$h(x)$。

（3）证明该码等价于一个偶校验码。

6.10 已知循环码生成多项式为$g(x)=1+x+x^4$。

（1）求该码的最小码长n，以及相应的一致校验多项式$h(x)$和最小码距d。

（2）求该码的生成矩阵、校验矩阵、系统码生成矩阵。

6.11 已知(8,5)线性分组码的生成矩阵为

$$G=\begin{bmatrix}1&0&0&0&0&1&1&1\\0&1&0&0&0&1&0&0\\0&0&1&0&0&0&1&0\\0&0&0&1&0&0&0&1\\0&0&0&0&1&1&1&1\end{bmatrix}$$

（1）证明该码为循环码。

（2）求该码的生成多项式 $g(x)$、一致校验多项式 $h(x)$ 和最小码距 d。

6.12　对如下 4 个由子生成元或生成序列确定的卷积码：

A）　$\boldsymbol{g}(1,1)=(10)$，$\boldsymbol{g}(1,2)=(11)$

B）　$\boldsymbol{g}(1,1)=(110)$，$\boldsymbol{g}(1,2)=(101)$

C）　$\boldsymbol{g}(1,1)=(111)$，$\boldsymbol{g}(1,2)=(111)$，$\boldsymbol{g}(1,3)=(101)$

D）$\boldsymbol{g}(1,1)=(10)$，$\boldsymbol{g}(1,2)=(00)$，$\boldsymbol{g}(1,3)=(01)$，$\boldsymbol{g}(2,1)=(11)$，$\boldsymbol{g}(2,2)=(10)$，$\boldsymbol{g}(2,3)=(10)$

分别做：

（1）求多项式生成矩阵 $\boldsymbol{G}(x)$、生成矩阵 $\boldsymbol{G}_\infty$、渐进编码效率 R、约束长度 K 和状态数 M。

（2）画出简化型的编码电路图。

（3）画出开放型的状态转移图、栅格图。

（4）求自由距离 d_f。

（5）求消息 $\boldsymbol{u}$=(100110)的卷积码码字序列 $\boldsymbol{v}=(v_0,v_1,v_2,\cdots)$。

（6）在栅格图上画出消息 $\boldsymbol{u}$=(100110)的编码路径。

6.13　举例说明题 6.12 的 B 码是一个恶性码，即少数差错可能导致无穷多差错。

6.14　对下图中的 A、B 两个卷积码分别做：

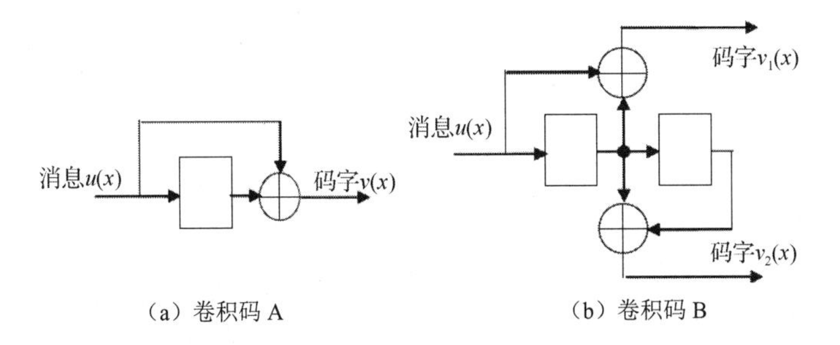

（a）卷积码 A　（b）卷积码 B

题 6.14 图

（1）求卷积码的生成序列 $\boldsymbol{g}(i,j)$、多项式生成矩阵 $\boldsymbol{G}(x)$、生成矩阵 $\boldsymbol{G}_\infty$、渐进编码效率 R、约束长度 K 和状态数 M。

（2）求自由距离 d_f。

（3）画出开放型的状态转移图、栅格图。

（4）求消息 $\boldsymbol{u}$=(100110)的卷积码码字序列 $\boldsymbol{v}=(v_0,v_1,v_2,\cdots)$。

（5）在栅格图上画出消息 $\boldsymbol{u}$=(100110)的编码路径。

（6）假设消息 $\boldsymbol{u}$=(100110)的相应码字序列 $\boldsymbol{v}=(v_0,v_1,v_2,\cdots)$ 在二元对称信道上传输，差错图案是 $\boldsymbol{e}=(1000000\cdots)$，给出 Viterbi 译码的译码过程和输出 $\hat{\boldsymbol{v}}$ 与 $\hat{\boldsymbol{u}}$。

（7）判断该码是否是恶性码。

6.15　第三代移动通信（3GPP）建议的 1/2 码率，约束长度 $K=9$ 的卷积码（$G(x)$八进制

表示）为

$$g(1,1)(x)=(561)_8，g(1,2)(x)=(753)_8$$

（1）写出此码的 $G(x)$正规多项式表达式，求状态数 M。

（2）画出此码的编码电路图。

（3）求此码的标准 Viterbi 译码在一个时隙内要做的 ACS 操作数。

（4）假设信道是转移概率为 $p=10^{-3}$ 的二元对称信道，估计采用此码和 Viterbi 译码后的误码率。

6.16 解释卷积码译码（如 Viterbi 译码）为什么在译码端所用的记忆单元数越多（大于发送端的记忆单元数），所获得的译码错误率越小（越逼近理想最佳的最大似然译码）。

6.17 下述矩阵 $\boldsymbol{H}$ 是一个 LDPC 码的低密度奇偶校验矩阵。

（1）请确定该矩阵的秩并给出其零空间的码字。

（2）求出（1）中得出的码字的最小码距。

$$\boldsymbol{H}=\begin{bmatrix}1&1&0&1&0&0&0\\0&1&1&0&1&0&0\\0&0&1&1&0&1&0\\0&0&0&1&1&0&1\\1&0&0&0&1&1&0\\0&1&0&0&0&1&1\\1&0&1&0&0&0&1\end{bmatrix}$$

6.18 设某消息序列为 $\boldsymbol{m}=(1,1,1,1)$，已知消息比特数 $K=4$，码长 $N=8$，BEC 的删除概率 $\varepsilon=0.5$，进行极化码编码，其中冻结比特设为 0，求编码后的码字。

第 7 章　保密编码

信息的安全性本质上源于信息的价值性。在开放的信息系统中，可能存在信息攻击者（包括信息的非授权获取者和信息的非授权发布者）的介入。因此，最基本的信息安全涉及信息保密和信息认证两个方面。

香农在 1949 年发表的《保密系统的信息理论》论文中，提出了完美保密通信的必要条件是密钥空间熵大于密文空间熵，且更大于明文空间熵，进而提出了“一次一密”的完美保密机理和保密编码算法设计需遵循的“混乱”与“扩散”两大准则，以及乘积加密方法。由此，推动密码术深化发展成为密码科学，同时使得信息论成为现代密码学与密码分析学的重要理论基础。

7.1　密码通信的基本模型

7.1.1　通信模型

1949 年，香农发表了论文《保密系统的信息理论》，该论文用信息论的观点对信息保密问题进行了全面的阐述，使信息论成为密码学的重要理论基础，也宣告了现代密码学时代的到来。

香农从概率统计的观点出发，研究信息的传输和保密问题，将通信系统归纳为图 7.1 所示的原理图，将保密系统归纳为图 7.2 所示的原理图。通信系统设计的目的是在信道有干扰的情况下，使接收的信息无误或差错尽可能小。保密系统设计的目的是使窃听者（或攻击者）即使完全准确地收到了接收信号，也无法恢复出原始信息。

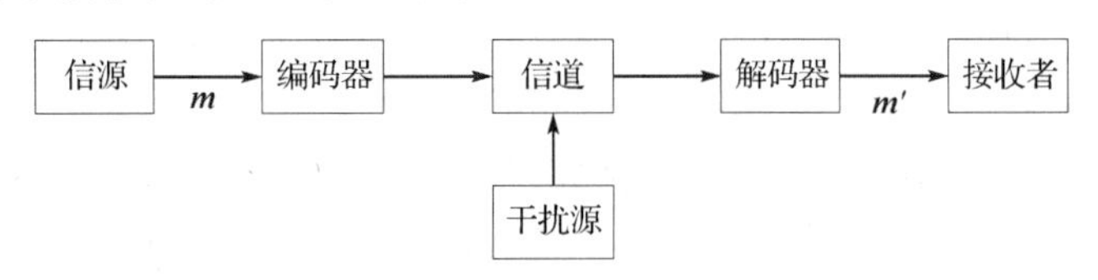

图 7.1　通信系统原理图

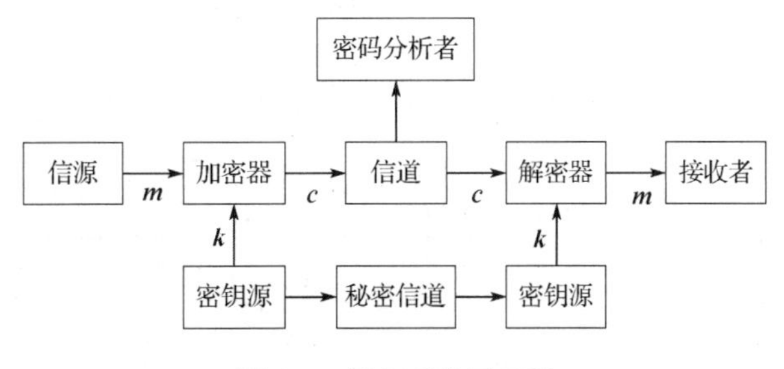

图 7.2　保密系统原理图

在保密系统中，信源是信息的发送者，离散信源可以产生字符或字符串。设信源的字母表（明文字母表）为 $A=\{a_i \mid i=0,1,2,\cdots,q-1\}$ ，其中，q 为正整数，表示明文字母表中字母的个数。字母a_i出现的概率记为$p_r(a_i)$，$0\leqslant p_r(a_i)\leqslant 1$，$0\leqslant i\leqslant q-1$，并且$\sum_{i=0}^{q-1}p_r(a_i)=1$。

若只考虑长为r的信源输出，则明文空间为

$$M=\{\boldsymbol{m}=(m_1,m_2,\cdots,m_r)\mid m_i\in A,1\leqslant i\leqslant r\} \tag{7-1-1}$$

若信源是无记忆的，则

$$p_r(\boldsymbol{m})=p_r(m_1,m_2,\cdots,m_r)=\prod_{i=1}^{r}p_r(m_i) \tag{7-1-2}$$

若信源是有记忆的，则需要考虑明文空间M中各元素的概率分布。

信源的统计特性对于密码的设计和分析有着重要的影响。

密钥产生于密钥源，密钥源通常是离散的。设密钥源字母表为$W=\{w_i\mid i=0,1,2,\cdots,p-1\}$，其中，$p$是正整数，表示密钥源字母表中字母的个数。字母$w_i$出现的概率记为$p_r(w_i)$，$0\leqslant p_r(w_i)\leqslant 1$，$0\leqslant i\leqslant p-1$，并且$\sum_{i=0}^{p-1}p_r(w_i)=1$。

密钥源通常是无记忆的，并且一般服从均匀分布，因此

$$p_r(w_i)=\frac{1}{p},\quad 0\leqslant i\leqslant p-1 \tag{7-1-3}$$

若只考虑长为s的密钥，则密钥空间为

$$K=\{\boldsymbol{k}=(k_1,k_2,\cdots,k_s)\mid k_i\in W,1\leqslant i\leqslant s\} \tag{7-1-4}$$

一般而言，密钥空间与明文空间是相互独立的，合法的密文接收者知道密钥空间K和所使用的密钥$\boldsymbol{k}$。

加密器主要用于将明文$\boldsymbol{m}=(m_1,m_2,\cdots,m_r)$在密钥$\boldsymbol{k}=(k_1,k_2,\cdots,k_s)$的控制下变换为密文$\boldsymbol{c}=(c_1,c_2,\cdots,c_t)$，即$\boldsymbol{c}=(c_1,c_2,\cdots,c_t)=E_k(m_1,m_2,\cdots,m_r)$，其中，$t$是密文的长度，所有可能的密文构成密文空间$C$。设密文字母表为$B$（密文中出现的所有不同字母的集合），则密文空间为$C=\{\boldsymbol{c}=(c_1,c_2,\cdots,c_t)\mid c_i\in B,1\leqslant i\leqslant t\}$。

通常密文字母表与明文字母表相同，即$A=B$。一般而言，密文的长度与明文的长度也相同，即$t=r$。

密文空间的统计特性是由明文空间和密钥空间的统计特性决定的，对于任意的密钥$\boldsymbol{k}\in K$，令$C_{\boldsymbol{k}}=\{E_{\boldsymbol{k}}(\boldsymbol{m})\in C\mid \boldsymbol{m}\in M\}$。

由于密文空间与明文空间是相互独立的，所以对于任意的$\boldsymbol{c}\in C$，有

$$p_r(\boldsymbol{c})=\sum_{\boldsymbol{k}\in\{\boldsymbol{k}\mid \boldsymbol{c}\in C_{\boldsymbol{k}}\}}p_r(\boldsymbol{k})p_r(D_{\boldsymbol{k}}(\boldsymbol{c})) \tag{7-1-5}$$

又由于$p_r(\boldsymbol{c}\mid\boldsymbol{m})=\sum_{\boldsymbol{k}\in\{\boldsymbol{k}\mid \boldsymbol{m}=D_{\boldsymbol{k}}(\boldsymbol{c})\}}p_r(\boldsymbol{k})$，所以根据 Bayes 公式可得

$$p_r(\boldsymbol{m}\mid\boldsymbol{c})=\frac{p_r(\boldsymbol{m})p_r(\boldsymbol{c}\mid\boldsymbol{m})}{p_r(\boldsymbol{c})}=\frac{p_r(\boldsymbol{m})\sum_{\boldsymbol{k}\in\{\boldsymbol{k}\mid \boldsymbol{m}=D_{\boldsymbol{k}}(\boldsymbol{c})\}}p_r(\boldsymbol{k})}{\sum_{\boldsymbol{k}\in\{\boldsymbol{k}\mid \boldsymbol{c}\in C_{\boldsymbol{k}}\}}p_r(\boldsymbol{k})p_r(D_{\boldsymbol{k}}(\boldsymbol{c}))} \tag{7-1-6}$$

由此可以看出，知道明文空间和密钥空间的概率分布，就可确定密文空间的概率分布，密文空间关于明文空间的概率分布，以及明文空间关于密文空间的概率分布。

在保密系统中，如果假定信道是无干扰的，则合法的密文接收者能够利用解密变换和密钥从密文中恢复明文，即$\boldsymbol{m}=D_{\boldsymbol{k}}(\boldsymbol{c})=D_{\boldsymbol{k}}(E_{\boldsymbol{k}}(\boldsymbol{m}))$。

如果假定密码分析者能够从信道上截获密文，还假定密码分析者知道所有的密码体制，且知道明文空间和密钥空间及其统计特性（这就是所谓的 Kerckhoffs 假设，也是所谓的 Kerckhoffs 原则），那么密码体制的安全性完全取决于所选用的密钥的安全性，即如果攻击者不知道密文所用的密钥，在 Kerckhoffs 原则下，密码算法的安全性完全寓于密钥的安全性之中。

7.1.2　密码体制的基本要求

密码学是研究密码系统或通信系统的安全问题的科学。它包含密码编码学和密码分析学两个分支。密码编码学是研究和设计各种密码体制，使信息得到安全的隐藏体制的科学；密码分析学是在未知密钥情况下研究分析破译密码，以便获取已隐藏的信息的科学，也就是使窃听者在仅知密文或仅知明文，或者既知密文又可自选任意数量的明文而获得密文的条件下，分析推导出明文。这是矛盾的双方，密码学就是在矛盾双方的不断推动和促进下发展的。密码体制的基本思想是隐藏和伪装需要保密的信息，使非授权者不能获取信息。

香农早在 20 世纪 40 年代末就提出了用五项准则来衡量一个密码体制的优劣。虽然随着计算机技术和微电子技术的进步，现代密码学在新的理论和新的技术手段支持下，获得了飞速的发展，但香农所提出的五项准则作为现代密码体制优劣的衡量标准仍有重要意义。

香农所提出的衡量密码体制优劣的五项准则如下。

- 系统的保密强度。
- 密钥的规模。
- 加密和解密运算的简易性。
- 错误的扩散程度。
- 信息的扩散程度。

显然，上述五项准则并不是平行的、同等重要的。其中，最为重要的是第一项，而其余四项，在现代的技术条件下来说，都较容易满足。因此，本节将重点讨论系统的保密强度。

1. 系统的保密强度

众所周知，在保密强度上不能满足给定应用要求的任何密码体制，都不具有存在的价值。在讨论信息加密时，有必要分清保密含义的两个不同的概念，即理论保密与实际保密，针对系统而言又称为绝对安全与计算性安全。所谓理论保密的密码体制，是假定密码分析者对该体制进行破译分析时拥有无限的时间、设备和资金也无法实现对其破译，因为这类密码体制的设计基于数学上无法破解的原理。香农证明了一密一钥密码体制属于理论上不可破译的密码体制。事实上，理论上不可破译的密码体制在实际应用上不一定是不可破译的密码体制，有时，甚至是十分脆弱的体制。以一密一钥密码体制为例，该体制要求的随机密钥长度和待加密信息长度一样，在证明该体制理论上不可破译时，假定了所有随机密钥能够安全地从发送方传递到接收方。但在实际应用中，如果该随机密钥被密码分析者截获，则该体制也就被破译了。所以，从密钥的分类和管理上看，一密一钥密码体制在实际应用上不一定是保密的。

对于任何利用密码进行保护的重要机密信息，其保密性总是与一定的时间要求紧密联系。在超过了规定的时间后，系统就不再需要保密了。密码分析者可以利用的资源是有限的。例如，现代的破译分析总是离不开计算机，而密码分析者可能利用的存储单元和可能实现的运算次数都是有限的；一个密码体制理论上是可破译的，但是破译该密码体制需要 10^{50} 个存储单元，而为了达到对存储器的这一要求，则可能需要一个能够覆盖地球全部陆地表面达 10km 厚的存储器；为了破译某体制，计算机至少需要 10^{18} 次运算，这样，哪怕利用每执行一次运算仅需 1μs 的高速运算设备，也需要运算 30 年以上才能够破译该体制。因此，对此密码体制而言，凡要求保护的时间小于 30 年的，都是安全的。该体制将破译一个理论上可破译的密码体制所需的最少存储单元数和运算次数作为衡量保密强度的一个标志。凡是破译所需的最少存储单元数和运算次数在可预见的技术条件下无法达到的，则称该体制为在计算上不可破译的安全密码体制，即计算性安全。

2. 密钥的规模

密钥是密码体制的核心机密。一个密码体制的实质就是利用较少量需要严加保密的信息，即密钥，掩盖大量的待加密信息。密钥需要传送、妥善保管、严格保密，有时甚至只能靠记忆。因此，一般都希望密钥的规模有着严格的限制。然而，由于半导体技术和计算机技术的发展，现在对密钥规模的限制已经大大放宽了。

一密一钥密码体制是密钥的规模不受限制的一个极限例子。它能够提供完全的保密，但如前所述，密钥管理上的困难使得它在实际应用中比较脆弱。

3. 加密和解密运算的简易性

在早期的密码体制中，限制是非常苛刻的。在手工密码中，复杂的运算不仅会导致很长的加密、解密时间，而且容易出错。在机械密码装置中，复杂的运算会导致需要体积庞大且昂贵的设备，使得用户难以承受。在现代密码体制中，高性能计算设备的采用使得用复杂的数学函数进行加密和解密运算成为可能。尽管如此，用户还是不希望加密、解密运算过于复杂。

4. 错误的扩散程度

所谓错误的扩散，是指密文在传输过程中如果发生一个比特的错误，在解密时可能引起连续比特的错误。对大多数密码通信而言，这种错误的扩散越小越好。序列密码一般不存在错误的扩散，而分组密码必然存在错误的扩散。不过，在特定的时候，这种错误的扩散是允许的，甚至是有利的，有时还可利用这种错误的扩散来对信息进行认证。

5. 信息的扩散程度

所谓信息的扩散，是指信息在加密过程中所占用的比特数增加了，即密文长度大于相应的明文长度。例如，在早期的密码体制中，加入某些无意义的虚字符，以扰乱消息的统计特性；在现代公开密钥密码体制中，消息被加密后，占用的比特数也会增加。对多数密码通信而言，希望信息扩散得小，否则会降低信息传送的速率，增加额外的传输开销。

7.1.3 常见威胁

在介绍密码分析中常见的攻击方法（威胁）之前，先介绍密码攻击中所遵循的重要原则——Kerckhoffs 原则。

在密码攻击时总是假设密码分析者除加密时使用的密钥外，已经掌握了被分析密码体制的一切知识，包括密码算法的全部细节，此假定称为 Kerckhoffs 原则。这是一切密码设计者必须时刻想到的。当然，在实际情况中并不总是如此，密码分析者不一定知道所使用的密码算法，也不一定有密码体制的详细资料。但从理论上讲，这种假定是非常合理的，也是一种常用的假定。由此可知，一个密码体制的保密性如果依赖于密码算法的保密，那么这种体制的保密性是最低级的，也是不实际的。一个好的密码算法，决不担心被公开并讨论，因为只要不知道密钥，即使算法设计者也不能解密恢复出明文。

在遵从 Kerckhoffs 原则的前提下，密码分析者的攻击方法有 6 种，分别是唯密文攻击、已知明文攻击、选择性明文攻击、自适应选择明文攻击、选择性密文攻击、选择性密钥攻击。

1．唯密文攻击

唯密文攻击是密码攻击中最弱的一类密码破译威胁。密码分析者的任务是利用获得的一些密文恢复出尽可能多的明文或者相应的密钥。此时，密码分析者掌握了一些关于常规系统和消息语言的知识，但唯一有价值的数据就是截获的密文。

2．已知明文攻击

已知明文攻击是比唯密文攻击严重的威胁。密码分析者已知一些密文及其对应的明文，其任务是推导出加密消息的密钥，或者推导出一个算法，以便对用同一密钥加密的任何新的密文进行解密。

3．选择性明文攻击

选择性明文攻击是指密码分析者不仅可得到一些消息的明文-密文对，而且可以按照他自己的要求，选择被加密的明文及其对应的密文。这相当于密码分析者得到了加密设备（但不知道密钥），因此这种方法比已知明文攻击更有效。密码分析者的任务是推导出用来加密的密钥，或者推导出一个算法，用此算法可以对用同一密钥加密的任何消息进行解密。例如，在二战时期著名的中途岛战役中，盟军提前截获了日本的一个作战计划。虽然当时盟军已知日本使用的足够多的密码，可以破译大多数消息，但仍然对一些重要的部分无法确定，如该计划的袭击地点。分析认为，截获的密文中“AF”可能代表中途岛，但不确定。故盟军决定采用“选择性明文攻击”方法，引诱日本提供确凿证据，证明“AF”为中途岛，随即命令中途岛守军发出一则密文消息“淡水蒸馏厂已毁”。两天后，盟军果然从截获的日本密文中破译出“AF 缺少淡水”。这是二战时期一个成功运用选择性明文攻击的案例。

4．自适应选择明文攻击

自适应选择明文攻击是选择性明文攻击的特殊情况。密码分析者不仅能选择被加密的明文，而且能基于以前加密的结果修正这种选择，因此自适应选择明文攻击比常规的选择性明文攻击更为有效，所需的明文-密文对可以更少。

5．选择性密文攻击

利用选择性密文攻击，密码分析者能够选择不同的待解密密文及相应的明文。这相当于密码分析者得到了解密设备（但不知道密钥）。密码分析者的任务是推导出密钥。这种攻击方法适用于公钥体制，也适用于私钥体制，在计算复杂性上等价于选择性明文攻击。

6．选择性密钥攻击

选择性密钥攻击并不意味着密码分析者能够选择密钥，仅仅说明他有一些不同密钥之间关系的知识，如前面提到的相关密钥分析就属此类。密码分析者已知消息被一对有一定关系的密钥加密（但不知密钥），以及用该对密钥加密的对应的密文。这种攻击方法当然不一定实际，但它对某些密码体制的攻击可能有效。

除了上面的这些方法，还可以采用其他方法得到密钥。

在上述 6 种方法中，已知明文攻击和选择性明文攻击是相对常用的，并且上述不同攻击方法的排列次序也代表了攻击或安全性的等级，即唯密文攻击是最低级的，而选择性密文攻击和选择性密钥攻击处于最高级。如果一个密码体制在选择性密钥攻击下是安全的，那么它在已知明文攻击和唯密文攻击下也一定是安全的，但反过来就不一定成立。

采用何种方法进行破译取决于很多因素，但攻击的复杂性，也就是破译密码体制所花费的代价是首先要考虑的。通常用数据复杂性、时间复杂性和空间复杂性度量攻击的复杂性。

（1）数据复杂性，即破译一个密码所需的密文量、明文-密文对或明文量等。

（2）时间复杂性，即完成破译所需的计算时间或工作因子。

（3）空间复杂性，即完成破译所需的存取单元。

上述三种情况中谁的复杂性最高，谁就作为衡量破译密码体制复杂性的主要标准。一般情况下，后两者的复杂性往往高于第一种情况。

7.1.4 保密系统的安全性测度

评价一个密码算法是否安全，有很多标准。要做全面评价其实很难，因为安全性实际上是一个相对概念。二战时期的密码在当时是安全的，现在已经不安全了。因为科技发展了，密码分析者拥有更先进的破译工具和技术，以前破译不了的，现在可以了。对密码算法安全性的评价至少可以分成两类：理论安全和实际安全。理论安全指密码攻击者无论拥有多少金钱、资源和工具都不能破译密码，例如香农证明“一次一密”的密码算法是完全保密的密码算法。实际安全指密码攻击者的破译代价超过了信息本身的价值，或者密码攻击者在现有条件下破译所花费的时间超过了信息的有效期限。以前认为攻击在计算上不可行即可做到实际安全，但 1998 年，Paul Kocher 等人发明了差分功耗分析（Differential Power Analysis，DPA）攻击，使密码攻击所需的数学推导和计算量大幅度降低，给密码算法的实际安全带来了严重的威胁。最初的信息安全概念是狭义的，主要指保密性，即信息内容不会被泄露。现在的安全性内涵已远不止保密性。本节仅讨论信息保密问题。

密码算法的安全性通常针对某种攻击方法而言。以下仅研究唯密文攻击下密码算法的安全性，以此说明密码与信息论的关系。

对于一般的图 7.2 所示的保密系统，若 P、C 和 K 分别代表明文空间、密文空间和密钥空间，$H(P)$、$H(C)$、$H(K)$ 分别代表明文空间、密文空间和密钥空间的熵，$H(P|C)$、$H(K|C)$ 分别代表已知密文条件下明文的疑义度、密钥的疑义度。从唯密文攻击角度来看，密码分析的任务是从截获的密文中提取明文信息：

$$I(P;C)=H(P)-H(P|C) \tag{7-1-7a}$$

或从密文中提取密钥信息：

$$I(K;C)=H(K)-H(K|C) \tag{7-1-7b}$$

显然，$H(P|C)$ 越大，密码攻击者从密文中获得的明文信息就越少；$H(K|C)$ 越大，密码

攻击者从密文中获得的密钥信息就越少。

合法用户掌握密钥，收到密文后，用密钥控制解密函数通过运算恢复出原始明文。此时必有

$$H(P|CK)=0 \tag{7-1-8}$$

于是

$$I(P;CK)=H(P)-H(P|CK)=H(P) \tag{7-1-9}$$

说明合法用户在掌握密钥并已知密文的情况下，可以提取全部明文信息。

定理 7.1　对任意保密系统，有

$$I(P;C)\geqslant H(P)-H(K) \tag{7-1-10}$$

证明：由熵的性质可导出

$$\begin{aligned}H(K|C)&=H(K|C)+H(P|CK)=H(KP|C)\\&=H(P|C)+H(K|CP)\geqslant H(P|C)\end{aligned} \tag{7-1-11}$$

考虑到

$$H(K)\geqslant H(K|C) \tag{7-1-12}$$

故有

$$I(P;C)=H(P)-H(P|C)\geqslant H(P)-H(K) \tag{7-1-13}$$

即保密算法的密钥空间越大，破译就越困难。

7.2　古典密码

古典密码相对比较简单，大多采用手工或机械方式对明文进行加密、对密文进行解密。理解古典密码的基本设计思想和原理，对于掌握和分析现代密码学是有意义的。

7.2.1　单表密码

所谓单表密码，是一种代换密码，利用字母间的一一对应关系，实现对明文信息的加密。随着字母间对应代换规律的不同，出现了几种不同的单表密码。

1. 加法密码

加法密码的最早使用实例，要数公元前 100 年意大利凯撒大帝所使用的凯撒密码。在这种密码中，明文消息中的每个字母均用在它后面的第三个字母（按正常字母表顺序）来代换，如表 7.1 所示，表中正常顺序的明文字母表用小写字母表示；相对明文字母表，循环左移三个字母的密文字母表用大写字母表示。

表 7.1　凯撒密码表

明文字母数字	1	2	3	4	5	6	7	8	9	10	11	12	13
明文字母表	a	b	c	d	e	f	g	h	i	j	k	l	m
密文字母表	D	E	F	G	H	I	J	K	L	M	N	O	P
明文字母数字	14	15	16	17	18	19	20	21	22	23	24	25	26
明文字母表	n	o	p	q	r	s	t	u	v	w	x	y	z
密文字母表	Q	R	S	T	U	V	W	X	Y	Z	A	B	C

对明文消息进行加密，就是将明文中的每个字母用它下面相对应的字母代换。对密文消息的解密，其代换过程相反，即密文中的每个字母用它上面相对应的字母代换。例如，下面的一条明文及其对应的密文。

明文：chengdu institute of radio engineering

密文：FKHQJGX LQVWLWXWH RI UDGLR HQJLQHHULQJ

由于代换字母表是通过正常字母移位获得的，故又称此类密码为移位密码。

凯撒密码加密变换的数学模型为

$$C \equiv P + 3 \pmod{26} \tag{7-2-1}$$

式中，P 代表明文字母；C 代表经过加密变换与 P 相对应的密文字母。在变换过程中，各类字母均用凯撒密码表中所对应的数字来表示。

同样，凯撒密码解密变换的数学模型为

$$P \equiv C - 3 \pmod{26} \tag{7-2-2}$$

将凯撒密码加以推广，可以获得不同的代换关系，即加法密码的加密和解密的数学模型为

$$C \equiv P + \beta \pmod{26} \tag{7-2-3}$$

$$P \equiv C - \beta \pmod{26} \tag{7-2-4}$$

式（7-2-3）和式（7-2-4）中，β 就是密钥，可以为 1～26 的任意整数。

当 $\beta = 26$ 时，明文和密文完全相同，称这类变换为恒等变换，称这种密码为恒等密码。在时间加密中，必须避免出现此类情况。因此，在加法密码中，要求密钥 β 不能是 26 的整数倍，即有效的加法密码只能够取到 $\beta = 1, 2, \cdots, 25$ 共 25 种不同的密钥。

2．乘法密码

加法密码的代换字母表是通过将字母移位产生的。这种代换字母表还可以通过正常字母表的等间隔抽取来获得，即乘法密码的加密变换的数学模型为

$$C \equiv \alpha P \pmod{26} \tag{7-2-5}$$

式中，α 满足

$$(\alpha, 26) = 1 \tag{7-2-6}$$

也即 α 必须是和 26 互素的任意整数。只有当式（7-2-6）成立时，按式（7-2-5）进行的变换才是从明文空间到密文空间的一一对应的变换。

设乘数 $\alpha = 3$，则由式（7-2-5）的乘法变换关系，可以构成表 7.2 所示的乘法密码表。

由表 7.2 可知，产生密文字母表的办法是：从明文字母表中，依次取出其后第三（乘 α ）个字母排列成密文字母表。

表 7.2 乘法密码表

明文字母表	a	b	c	d	e	f	g	h	i	j	k	l	m
密文字母表	C	F	I	L	O	R	U	X	A	D	G	J	M
明文字母表	n	o	p	q	r	s	t	u	v	w	x	y	z
密文字母表	P	S	V	Y	B	E	H	K	N	Q	T	W	Z

由于此类变换是按照同余乘法来完成的，故称为乘法密码。在乘法密码中，密钥就是乘数 α。由式（7-2-6）可知，满足条件的 α 取值为：α =1,3,5,7,9,11,13,15,17,21,23,25 共 12 个

数，且当$\alpha=1$时，产生恒等密码。故有效的乘法密码的密钥只有 11 种。

3．仿射密码

将上述加法密码和乘法密码相结合，可以得到拥有更多密钥的新的密码。从加密变换的数学模型上看，即将加同余和乘同余进行如下的线性同余变换：

$$C \equiv \alpha P + \beta \pmod{26} \qquad (7\text{-}2\text{-}7)$$

从构成方法上看，式（7-2-7）实际上将等间隔（α）抽取和移位（β）相结合，称此类密码为仿射密码。

假设$\alpha=3$，$\beta=4$，即先将正常字母表向左移 4 位，然后以 3 的间隔进行抽取，如表 7.3 所示。

表 7.3　仿射密码表（$\alpha=3$，$\beta=4$）

明文字母表	a	b	c	d	e	f	g	h	i	j	k	l	m
密文字母表	G	J	M	P	S	V	Y	B	E	H	K	N	Q
明文字母表	n	o	p	q	r	s	t	u	v	w	x	y	z
密文字母表	T	W	Z	C	F	I	L	O	R	U	X	A	D

事实上，加法密码和乘法密码都属于仿射密码，它们是仿射密码的特例。当$\alpha=1$时，仿射密码就变成了加法密码；当$\beta=0$时，仿射密码就变成了乘法密码。

在仿射密码中，密钥就是α和β。由于α有 12 种选法，β有 26 种选法，因而共可组成 12×26＝312 种选法，除去一种恒等变换的恒等密码，可知仿射密码的密钥共有 311 种。

4．随机代换密码

在前述几种代换密码中，代换字母表是由正常顺序字母表按某种简单规律变换而得的，具有便于记忆的优点，但缺点是密钥量小、保密强度低。如果代换字母表是由 26 个字母随机抽取（不重复）排列而成的（见表 7.4），则总共有 26！种不同的排列顺序，即共有 26！种不同的密钥。

表 7.4　随机代换密码表（一种）

明文字母表	a	b	c	d	e	f	g	h	i	j	k	l	m
密文字母表	B	W	E	K	Q	M	F	U	Y	A	L	V	C
明文字母表	n	o	p	q	r	s	t	u	v	w	x	y	z
密文字母表	O	H	S	I	D	P	X	T	J	Z	G	R	N

通过计算可知，26！近似等于 4×10^{26}，密钥量非常大。从密钥量上而言，可以大大提高系统的保密性。那么，这类密码体制的加密、解密密钥的保管就变得非常重要。否则，一旦密钥丢失，就会造成泄密，而且发送者无法加密，接收者无法正确解密。

为了保留随机代换密码的密钥量大的优点，同时克服其密钥不便于记忆的缺点，密钥词组密码被提出。

5．密钥词组密码

可以任意选择一个词组来作为密钥，构成代换字母表，方法如下。

首先，写出正常顺序的密文字母表，从特定字母（该特定字母也作为密钥的一个组成部分)开始写出密钥词组,但要删除密钥词组中的重复字母。例如,选择 monoal phabetic cipher 作为密钥词组，删除重复的字母得到 monal phbetic r，选择字母 e 作为开始书写密钥词组的特定字母，则得到表 7.5 所示的密码表。

表 7.5 密钥词组密码表（密钥词组部分）

明文字母表	a	b	c	d	e	f	g	h	i	j	k	l	m
密文字母表					M	O	N	A	L	P	H	B	E
明文字母表	n	o	p	q	r	s	t	u	v	w	x	y	z
密文字母表	T	I	C	R									

然后，将未出现在密钥词组中的其他字母，按照字母顺序，填写在密钥词组之后，当在 z 字母下填写了字母后，再接着填写到 a 字母下面，直至完成包含密钥词组的代换字母表，如表 7.6 所示。

表 7.6 密钥词组密码表

明文字母表	a	b	c	d	e	f	g	h	i	j	k	l	m
密文字母表	W	X	Y	Z	M	O	N	A	L	P	H	B	E
明文字母表	n	o	p	q	r	s	t	u	v	w	x	y	z
密文字母表	T	I	C	R	D	F	G	J	K	Q	S	U	V

由于密钥词组和特定字母可以任意选择,因此可以构成的代换字母表的数量是极大的(当然不会超过 26！个)，足以对付密码分析者用穷举法进行的攻击。同时，密钥词组和特定字母可以随意选择，且易于记忆，故密钥词组密码既克服了随机代换密码的密钥不便于记忆的缺点，又保留了密钥量大的优点。

6. 密码分析的统计方法

尽管随机代换密码和密钥词组密码可能产生的密钥数量极大，利用穷举法进行密码分析难以奏效。但它们均属于单表密码，是利用字母的一一对应的代换实现对明文的加密的，因而明文所用语言的各种统计特性都会反映到密文中。这样，只要所截获的明文具有适当的长度，足以反映出所用语言的某些统计特性，利用统计方法就可以很快破译出这类单表密码。

在 26 个英文字母中，各字母出现的相对概率是不一样的、稳定的，而且完全可以预测，如表 7.7 所示。

表 7.7 各英文字母出现的相对概率

英文字母	a	b	c	d	e	f	g	h	i
相对概率	0.06680	0.01179	0.02260	0.03100	0.10730	0.02395	0.16330	0.04305	0.05190
英文字母	j	k	l	m	n	o	p	q	r
相对概率	0.00108	0.00344	0.02775	0.02075	0.05810	0.06540	0.01623	0.00099	0.05590
英文字母	s	t	u	v	w	x	y	z	
相对概率	0.04990	0.08560	0.02010	0.00752	0.01260	0.00136	0.01623	0.00063	

由表 7.7 可知，字母 g 出现的相对概率最高。因此，在单表密码中，只要密文具有适当长度，那么出现概率最高的字母几乎肯定就是字母 h 的等价密文字母。

在英文中，下面 30 个双字母：

th,he,in,er,an,re,ed,on,es,st,en,at,to,nt,ha,

nd,ou,ea,ng,as,or,ti,is,et,it,ar,te,se,hi,of

出现的概率要比其他双字母高得多。因此，可以由密文中双字母出现的概率来推测它们的等价明文双字母。此外，如果在密文中出现相邻的相同字母（如 oo、ee 这种特殊的双字母），则更易于推断它们的等价明文双字母。

在英文中，下列 12 个三字母组合

the,ing,and,her,ere,ent,tha,nth,was,eth,for,dth

出现的概率很高，尤以 the 更为突出。这些三字母组合对密码分析也有重要的作用。

此外，英文中的某些习惯用语，如信的开头、末尾等称谓，有时也为密码分析者提供有价值的信息。

总之，综合利用英文本身的各种统计特性，对单表代换密码进行统计分析，不难破译单表密码。

7.2.2　多表密码

在单表密码中，每个密文字符唯一地代替了一个明文字符。因此，在明文中，各字母和常用字母组合出现的概率等统计规律，必然同样地反映在密文中，密码分析者可以利用语言的统计特性成功地破译各种单表密码。因此，如果一个明文字母可用多个密文字母代替，那么明文字母中的统计特性就不至于全部反映在密文中，从而提高密文的抗攻击性，这类密码体制称为多表密码体制。

信息加密的一个基本要求，就是一篇密文只能唯一地被译成一篇确定的明文，反之亦然。而在多表密码体制中，一个密文字母可能代表多个明文字母，而究竟应该是哪个明文字母，则必然与该字母在密文中的位置和所给定的密钥有关，可以根据密钥的指示和密文字母的位置，将密文字母唯一地译成它的等价明文字母。

可以实现上述思路的密码较多，最著名的就是维吉尼亚密码，该密码由法国密码学家维吉尼亚提出。它利用了表 7.8 所示的维吉尼亚多表密码方阵来实现对明文的加密。

表 7.8　维吉尼亚多表密码方阵

	a	b	c	d	e	f	g	h	i	j	k	l	m	n	o	p	q	r	s	t	u	v	w	x	y	z
a	A	B	C	D	E	F	G	H	I	J	K	L	M	N	O	P	Q	R	S	T	U	V	W	X	Y	Z
b	B	C	D	E	F	G	H	I	J	K	L	M	N	O	P	Q	R	S	T	U	V	W	X	Y	Z	A
c	C	D	E	F	G	H	I	J	K	L	M	N	O	P	Q	R	S	T	U	V	W	X	Y	Z	A	B
d	D	E	F	G	H	I	J	K	L	M	N	O	P	Q	R	S	T	U	V	W	X	Y	Z	A	B	C
e	E	F	G	H	I	J	K	L	M	N	O	P	Q	R	S	T	U	V	W	X	Y	Z	A	B	C	D
f	F	G	H	I	J	K	L	M	N	O	P	Q	R	S	T	U	V	W	X	Y	Z	A	B	C	D	E
g	G	H	I	J	K	L	M	N	O	P	Q	R	S	T	U	V	W	X	Y	Z	A	B	C	D	E	F
h	H	I	J	K	L	M	N	O	P	Q	R	S	T	U	V	W	X	Y	Z	A	B	C	D	E	F	G
i	I	J	K	L	M	N	O	P	Q	R	S	T	U	V	W	X	Y	Z	A	B	C	D	E	F	G	H
j	J	K	L	M	N	O	P	Q	R	S	T	U	V	W	X	Y	Z	A	B	C	D	E	F	G	H	I
k	K	L	M	N	O	P	Q	R	S	T	U	V	W	X	Y	Z	A	B	C	D	E	F	G	H	I	J
l	L	M	N	O	P	Q	R	S	T	U	V	W	X	Y	Z	A	B	C	D	E	F	G	H	I	J	K

续表

	a	b	c	d	e	f	g	h	i	j	k	l	m	n	o	p	q	r	s	t	u	v	w	x	y	z
m	M	N	O	P	Q	R	S	T	U	V	W	X	Y	Z	A	B	C	D	E	F	G	H	I	J	K	L
n	N	O	P	Q	R	S	T	U	V	W	X	Y	Z	A	B	C	D	E	F	G	H	I	J	K	L	M
o	O	P	Q	R	S	T	U	V	W	X	Y	Z	A	B	C	D	E	F	G	H	I	J	K	L	M	N
p	P	Q	R	S	T	U	V	W	X	Y	Z	A	B	C	D	E	F	G	H	I	J	K	L	M	N	O
q	Q	R	S	T	U	V	W	X	Y	Z	A	B	C	D	E	F	G	H	I	J	K	L	M	N	O	P
r	R	S	T	U	V	W	X	Y	Z	A	B	C	D	E	F	G	H	I	J	K	L	M	N	O	P	Q
s	S	T	U	V	W	X	Y	Z	A	B	C	D	E	F	G	H	I	J	K	L	M	N	O	P	Q	R
t	T	U	V	W	X	Y	Z	A	B	C	D	E	F	G	H	I	J	K	L	M	N	O	P	Q	R	S
u	U	V	W	X	Y	Z	A	B	C	D	E	F	G	H	I	J	K	L	M	N	O	P	Q	R	S	T
v	V	W	X	Y	Z	A	B	C	D	E	F	G	H	I	J	K	L	M	N	O	P	Q	R	S	T	U
w	W	X	Y	Z	A	B	C	D	E	F	G	H	I	J	K	L	M	N	O	P	Q	R	S	T	U	V
x	X	Y	Z	A	B	C	D	E	F	G	H	I	J	K	L	M	N	O	P	Q	R	S	T	U	V	W
y	Y	Z	A	B	C	D	E	F	G	H	I	J	K	L	M	N	O	P	Q	R	S	T	U	V	W	X
z	Z	A	B	C	D	E	F	G	H	I	J	K	L	M	N	O	P	Q	R	S	T	U	V	W	X	Y

由表 7.8 可知，基本方阵是 26×26 的，在表的上边附加一行，左边附加一列，分别依次写上从 a 至 z 的 26 个字母。表的第一行与附加列上的字母 a 相对应，按正常顺序从 A 排列至 Z；第二行与附加列上的字母 b 相对应，是上一行向左循环移动一位而成的，以此类推，得到了维吉尼亚多表密码方阵。加密时，到底采用哪一个"单表"，则要按照密钥的指示，到附加列上找到对应的字母，用该行密码表进行单表代换。

多表密码和单表密码相似，加密可以用同余方程来表示：

$$c_i \equiv p_i + k_i \quad (\text{mod } 26) \quad i = 1,2,\cdots,26 \tag{7-2-8}$$

第 i 个明文字母 p_i 加上密钥 k_i，再进行模 26 运算，可得到相应的第 i 个密文字母 c_i。多表密码和单表加法密码的区别仅仅在于，式（7-2-8）中的位移量 k_i 由密钥指定，不同位置的字母采用不同的位移量，而非一个固定量。

下面举一个简单例子来说明维吉尼亚密码的加密和解密原理。

设选用的密钥是 Cipher，而要加密的消息是 Polyalphabetic cipher。由于密钥比明文消息短，可以有两种方法来加长密钥。

方法一，当一个密钥用完后，重复书写该密钥，以得到和明文消息等长的密钥序列，如表 7.9 所示。

该方法的密钥呈现固定的周期性，其周期是密钥的长度。显然，密钥越长，密文对明文中字母和字母组合出现的统计规律的掩盖作用就越好，密码分析者就越难以利用统计方法破译。

表 7.9　维吉尼亚密码加密、解密举例一

密钥	c	i	p	h	e	r	c	i	p	h	e	r	c	i	p	h	e	r	c	i
明文	p	o	l.	y	a	l	p	h	a	b	e	t	i	c	c	i	p	h	e	r
密文	R	W	A	F	E	C	R	P	P	I	I	K	K	K	R	P	T	Y	G	Z

方法二，当一个密钥用完后，不是重复书写该密钥，而是将明文本身接在密钥后面，以得到和明文消息等长的密钥序列，如表 7.10 所示。

表 7.10　维吉尼亚密码加密、解密举例二

密钥	c	i	p	h	e	r	p	o	l	y	a	l	p	h	a	b	e	t	i	c
明文	p	o	l	y	a	l	p	h	a	b	e	t	i	c	c	i	p	h	e	r
密文	R	W	A	F	E	C	E	V	L	Z	E	E	X	J	C	J	T	A	M	T

此种改进方案解决了维吉尼亚密码中重复利用密钥所带来的周期性问题，提高了密码分析者破译的困难程度。

消除维吉尼亚密码周期性的另一种方法是采用流动密钥密码（Running Key Cipher），它属于非周期性的多表密码。它所采用的密钥 k_i 是从发、收双方都拥有的一本书上摘下来的文字，具体就是从所用书的第几页第几行第几列起始的有关信息。

例如，规定密钥是从书 *Essential English, student's book* 4 的第 11 页倒数第 3 行第 2 列起始的文字，即“It would make us both very happy to know that our…”。设需要加密的明文信息为“This material is enciphered in a running key”。将明文和密钥写成两行。

明文：This material is enciphered in a running key

密钥：It would make us both very happy to know that our…

为了利用密钥实现加密，用数字 0,1,…,25 分别代表英文字母 a,b,…,z，并将明文与密钥按照式（7-2-8）逐个字母相加，并进行模 26 运算，即获得相应的密文。

7.2.3　换位密码

换位密码又称为转置密码，在加密方式和密文形式上均不同于前面所述的代换密码。这类密码体制的加密，不改变明文消息所含的字母本身，而只是对明文消息所含的全部字母在文中的位置进行重新排列。

可以采用多种不同的方法，实现对明文消息所含字母的重新排列。

如果需要传送如下明文：transposition cipher，则可以按照以下几种简单的方法对明文字母加以重排。

1．倒序密码

该密码颠倒字母书写顺序，即从尾至首依次书写，且每 5 个字母写为一组，得

密文：REHPI CNOIT ISOPS NART

2．栅栏密码

该密码将明文字母交替书写在两行上，按行读出即为密文。

明文的书写形式为

t　a　s　o　i　i　n　i　h　r

r　n　p　s　t　o　c　p　e

密文：TASOI INIHR RNPST OCPE

由二行栅栏原理不难推论，如果将明文字母交替写成三行、四行、…，再逐项读出，即可构成密文。

3．图形密码

该密码是先选定一种几何图形，然后按照一种确定的路线或书写方向，将明文消息书写到该图形上，最后按第二种路线写出上面的消息，即可获得密文。

例如，按照下面图形加密：

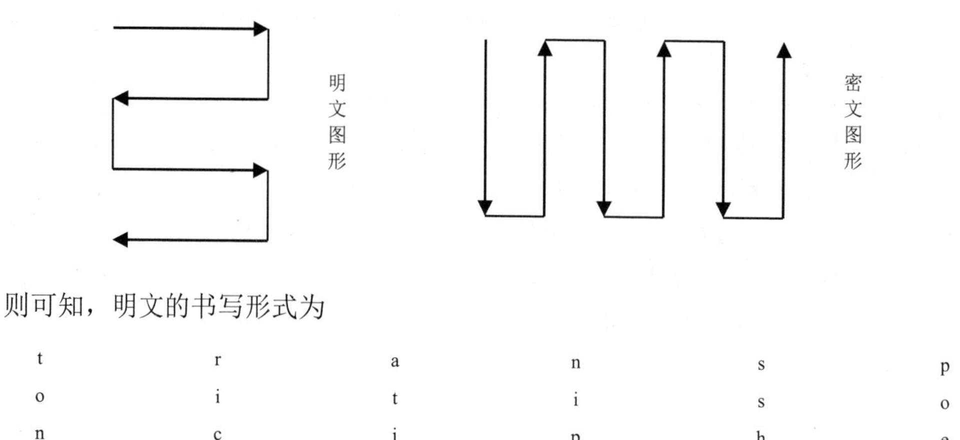

则可知，明文的书写形式为

t	r	a	n	s	p
o	i	t	i	s	o
n	c	i	p	h	e
					r

密文为：TONCI RATIP INSSH REOP

换位密码的数学基础是排列。按明文消息中每个字母所在位置的序号赋以相应的数字。在前面包含 19 个字母的明文消息中，从 t 到 r 赋以数字 1～19。这样，对倒序加密而言，重排情况是

明文：	1	2	3	4	5	6	7	8	9	10	11	12	13	14	15	16	17	18	19
密文：	19	18	17	16	15	14	13	12	11	10	9	8	7	6	5	4	3	2	1

由上可见，排列是同一集合内的元素进行一一对应的相互代换。

对于倒序情况，这种变换用函数可以表示为

$$f:k \to 20-k,\ k=1,2,\cdots,19 \tag{7-2-9}$$

如果对倒序变换所得的密文再重复一次倒序变换，则可从密文中恢复出原始的明文。

对于栅栏密码，其重排规律是

明文：	1	2	3	4	5	6	7	8	9	10	11	12	13	14	15	16	17	18	19
密文（一次变换）：	1	3	5	7	9	11	13	15	17	19	2	4	6	8	10	12	14	16	18
密文（二次变换）：	1	5	9	13	17	2	6	10	14	18	3	7	11	15	19	4	8	12	16

由上可见，在栅栏密码中，实际上以 2 为间隔对明文进行等间隔抽取，以获得密文。如果对密文再进行一次变换，即对密文再以 2 为间隔进行等间隔抽取，这就相当于以 4 为间隔对原文进行抽取。不难理解，如果重复实施重排变换，经过一定次数后，即可恢复出原始的明文。

4．列转置密码

在换位密码中，比较有代表性的是列转置密码。该密码方案加密的基本思路是将明文消息逐行写到一个事先规定了宽度（列数）的矩形中，再按列读出，即构成密文。显然，为了提

高保密性，在从矩形中提取密文时，不应该从左至右依序读取各列，而应该按随机次序读取，同时要方便记忆。一般是选取一个密钥，该密钥既决定了书写明文时的矩形宽度（列数），又决定了读取各列时的先后次序。

例如，对下列明文消息进行加密：

Laser beams can be modulated to carry more intelligence than radio waves

解：假设选取的密钥为 sorcery。

该密钥含有 7 个字母，即明文将被写到宽度为 7 的矩形中。现对这 7 个字母按它们在字母表中出现的先后顺序依次编号，如果遇到相同的字母，则从左至右依次编号，即知：c 为 1，e 为 2，o 为 3，第一个 r 为 4，第二个 r 为 5，s 为 6，y 为 7。将明文消息逐行填入宽度为 7 的矩形中，则有

s	o	r	c	e	r	y
6	3	4	1	2	5	7
l	a	s	e	r	b	e
a	m	s	c	a	n	b
e	m	o	d	u	l	a
t	e	d	t	o	c	a
r	r	y	m	o	r	e
i	n	t	e	l	l	i
g	e	n	c	e	t	h
a	n	r	a	d	i	o
w	a	v	e	s		

为完成加密，按上面所编列号，依次逐列由上到下读取各列字母，同时把 5 个字母写成一组，即得到如下密文：

ECDTM ECAER AUOOL EDSAM MERNE NASSO

DYTNR VBNLC RLTIL AETRI GAWEB AAEIH O

为了对上述信息进行解密，首先要解密书写明文消息的图形。为此，要数出密文的总字数，以便决定图形中各列的长度。密文共有 61 个字母，密钥长度为 7。以密文长度除以密钥长度，可得商为 8，余数为 5。这就意味着解密图形中有 7 列、9 行，但第 9 行中只有前 5 列中才有字母。解密图形如下所示。

s	o	r	c	e	r	y
6	3	4	1	2	5	7
L	A	S	E	R	B	E
A	M	S	C	A	N	B
E	M	O	D	U	L	A
T	E	D	T	O	C	A
R	R	Y	M	O	R	E
I	N	T	E	L	L	I
G	E	N	C	E	T	H
A	N	R	A	D	I	O
W	A	V	E	S		

当把全部密文填满解密图形后，按行依次读取，即可得到原始明文。

换位密码的加密方法完全不同于代换密码，这两类加密方法所形成的密文也具有完全不同的特性。因而，密码分析者不难通过密文的统计特性来识别这两种加密方法。如果密文中各字母出现的相对概率与该语言明文中各字母出现的相对概率完全一致，说明加密并未改变明文中的字母本身，而只是对各字母出现的位置做了交换，就可以断定该密文是换位密码，而不是代换密码。因为代换密码必然要改变密文中的各字母和字母组合出现的相对概率。

换位密码实质上就是完全打乱明文中字母的排列次序，从而使通信双方以外的第三者无法辨认密文信息的内容。尽管简单的换位密码禁不住现代密码分析者的攻击，但这种加密方法可作为现代密码体系的一个重要组成部分，如著名的 DES（数据加密标准）密码体制。

7.2.4 线性反馈移位寄存器密码

利用线性反馈移位寄存器产生的伪随机二进制序列构成的电子密码器，是出现较早并获得广泛应用的一种近代电子密码器。线性反馈移位寄存器密码器在一个较短的密钥的控制下，产生一串周期极长的伪随机二进制序列，这串序列作为在一密一钥密码体制中实现加密和解密的密钥序列。

1. 线性反馈移位寄存器的基本工作原理

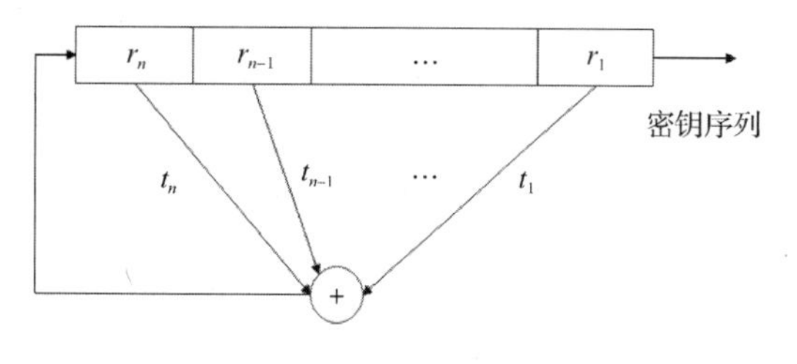

图 7.3 n 级线性反馈移位寄存器

n 级线性反馈移位寄存器如图 7.3 所示。

该 n 级线性反馈移位寄存器由一个 n 级移位寄存器 $\boldsymbol{R}=(r_n,r_{n-1},\cdots,r_1)$ 和一个抽头序列 $\boldsymbol{T}=(t_n,t_{n-1},\cdots,t_1)$ 组成，r_i 和 t_i 的取值均为二进制的 0 或 1。在每步中，r_1 比特被附加到密钥序列上，并使 $r_n,r_{n-1},\cdots,r_1$ 比特都向右移一位，同时，从 $\boldsymbol{T}$ 和 $\boldsymbol{R}$ 运算导出的一个新的比特反馈到移位寄存器的左端。

令 $\boldsymbol{R}'=(r_n',r_{n-1}',\cdots,r_1')$ 表示移位寄存器 $\boldsymbol{R}$ 的下一个状态，即有

$$r_i'=r_{i+1},\quad i=1,2,\cdots,n-1 \tag{7-2-10}$$

$$\begin{aligned} r_n' &= \boldsymbol{TR} \\ &= \sum_{i=1}^{n} t_i r_i \pmod 2 \\ &= t_1r_1+t_2r_2+\cdots+t_nr_n \end{aligned} \tag{7-2-11}$$

因此，有

$$\boldsymbol{R}'=\boldsymbol{HR} \pmod 2 \tag{7-2-12}$$

式中，$\boldsymbol{H}$ 为 $n\times n$ 的矩阵：

$$\boldsymbol{H}=\begin{bmatrix} t_n & t_{n-1} & t_{n-2} & \cdots & t_3 & t_2 & t_1 \\ 1 & 0 & 0 & \cdots & 0 & 0 & 0 \\ 0 & 1 & 0 & \cdots & 0 & 0 & 0 \\ \vdots & \vdots & \vdots & & \vdots & \vdots & \vdots \\ 0 & 0 & 0 & \cdots & 1 & 0 & 0 \\ 0 & 0 & 0 & \cdots & 0 & 1 & 0 \end{bmatrix} \tag{7-2-13}$$

矩阵 $\boldsymbol{H}$ 决定了移位寄存器的反馈抽头情况，它的第一行为抽头序列 $\boldsymbol{T}=(t_n,t_{n-1},\cdots,t_1)$ 在主对角线下面恰好为 1，其他位置均为 0。

一个 n 级线性反馈移位寄存器有 2^n 个不同的状态，考虑到全 0 状态将引起循环，恒为 $(0,0,\cdots,0)$，因此可以产生的最长周期为 2^n-1。理论分析表明，如果由抽头序列 $\boldsymbol{T}$ 的各个比特再加常数 1 所构成的生成多项式

$$T(X)=t_nx^n+t_{n-1}x^{n-1}+\cdots+t_1x^1+1 \tag{7-2-14}$$

为本原多项式，则可以保证获得最长周期，即 2^n-1。一个 n 次本原多项式是一个不可约多项式。它能够整除 $x^{2^n-1}+1$，而不能整除 x^d+1，其中，d 能够整除 2^n-1，形式为 $T(X)=x^n+x^d+1$ 的本原多项式只要对线性反馈移位寄存器中的二级进行抽头，就能保证周期等于 2^n-1。

2．线性反馈移位寄存器的举例

图 7.4 给出了一个四级线性反馈移位寄存器，其抽头序列为 $\boldsymbol{T}$=(1,0,0,1)，即在移位寄存器的 r_1 和 r_4 级上有抽头，矩阵 $\boldsymbol{H}$ 为

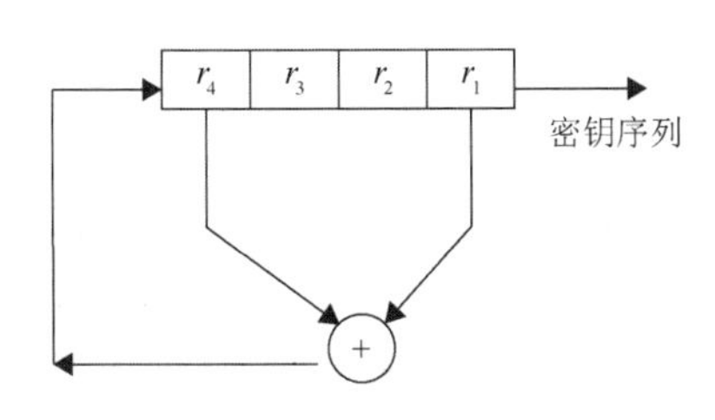

图 7.4　四级线性反馈移位寄存器

$$\boldsymbol{H}=\begin{bmatrix}1&0&0&1\\1&0&0&0\\0&1&0&0\\0&0&1&0\end{bmatrix} \tag{7-2-15}$$

由于生成多项式 $T(X)=x^4+x+1$ 为本原多项式，因此移位寄存器在开始周期前要经过 GF(2^4)域上所有（15 个）非零比特的组合。

设 $\boldsymbol{R}$ 从初始状态 0001 开始，根据图 7.4 可得到每步的线性反馈，即 r_n' 值，则在一个反馈周期（14 步）后，各级状态的取值如下所示。

$\boldsymbol{R}$:

0	0	0	1
1	0	0	0
1	1	0	0
1	1	1	0
1	1	1	1
0	1	1	1
1	0	1	1
0	1	0	1
1	0	1	0
1	1	0	1
0	1	1	0
0	0	1	1
1	0	0	1
0	1	0	0
0	0	1	0

2^n−1 比特的密钥序列 $\boldsymbol{K}$

最右边一列代表移位寄存器最右边一级 r_1 在各步的状态，它的输出构成了密钥序列：

$$\boldsymbol{K}=100011110101100 \tag{7-2-16}$$

在产生二进制密钥序列 $\boldsymbol{K}$ 的同时，按图 7.5 所示的方式对二进制信息序列进行加密。

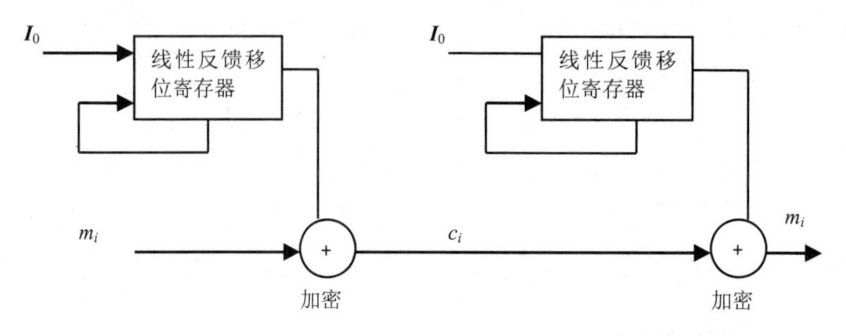

图 7.5 利用线性反馈移位寄存器进行加密

加密过程如下式所示：

$$c_i \equiv p_i + k_i \tag{7-2-17}$$

可用完全相同的方法实现解密，即接收方在产生密钥序列 $\boldsymbol{K}$ 的同时，进行图 7.5 所示的计算。

为了正确地进行加密和解密，必须保证收、发双方所产生的解密和加密密钥序列完全相同。除了要求收、发双方线性反馈移位寄存器的抽头情况相同，还要求它们的初始状态相同。为此，利用一个种子向量 $\boldsymbol{I}_0$，使收、发双方的线性反馈移位寄存器初始化到相同状态。

由此可见，线性反馈移位寄存器工作的实质是把易于记忆和变换的短密钥 $\boldsymbol{I}_0$ 变换成长伪随机序列 $\boldsymbol{K}$，以模拟一密一钥密码体制。遗憾的是，上述方案的性能并未逼近一密一钥密码体制的性能。尽管线性反馈移位寄存器是一种性能良好的伪随机数发生器，其产生的序列具有良好的随机特性，但如果将该序列直接用作密钥序列，就暴露了严重的弱点。

3．线性反馈移位寄存器的破译

利用已知明文攻击的密码分析，可以很容易地决定抽头序列 $\boldsymbol{T}$。只要利用 $2n$ 比特的明文-密文对，就可以做到这一点。令明文 $\boldsymbol{M}=m_1,m_2,\cdots,m_{2n}$ 是与密文 $\boldsymbol{C}=c_1,c_2,\cdots,c_{2n}$ 相对应的 $2n$ 比特的明文。

按下式可以计算出密钥序列 $\boldsymbol{K}=k_1,k_2,\cdots,k_{2n}$：

$$m_i+c_i=m_i+(m_i+k_i)=k_i \qquad (\bmod 2) \quad i=1,2,\cdots,2n \tag{7-2-18}$$

令 $\boldsymbol{R}_i$ 是在进行第 i 步计算时，移位寄存器 $\boldsymbol{R}$ 状态的列向量，则

$$\begin{aligned} \boldsymbol{R}_1&=(k_n,k_{n-1},\cdots,k_1) \\ \boldsymbol{R}_2&=(k_{n+1},k_n,\cdots,k_2) \\ &\vdots \\ \boldsymbol{R}_{n+1}&=(k_{2n},k_{2n-1},\cdots,k_{n+1}) \end{aligned} \tag{7-2-19}$$

令 $\boldsymbol{X}$ 和 $\boldsymbol{Y}$ 为两个矩阵：

$$\begin{aligned} \boldsymbol{X}&=(\boldsymbol{R}_1,\boldsymbol{R}_2,\cdots,\boldsymbol{R}_n) \\ \boldsymbol{Y}&=(\boldsymbol{R}_2,\boldsymbol{R}_3,\cdots,\boldsymbol{R}_{n+1}) \end{aligned} \tag{7-2-20}$$

由于线性反馈移位寄存器的线性特性，矩阵 $\boldsymbol{X}$ 和 $\boldsymbol{Y}$ 具有如下关系：

$$\boldsymbol{Y}=\boldsymbol{HX} \qquad (\bmod 2) \tag{7-2-21}$$

因为 $\boldsymbol{X}$ 总是为非奇异矩阵，故有

$$\boldsymbol{H}=\boldsymbol{Y}\boldsymbol{X}^{-1} \quad (\bmod 2) \tag{7-2-22}$$

由矩阵 $\boldsymbol{H}$ 的特性可知，一旦获得矩阵 $\boldsymbol{H}$，则从矩阵 $\boldsymbol{H}$ 的头一行就可以获得抽头序列 $\boldsymbol{T}$。

线性反馈移位寄存器的上述弱点是由它的线性特性引起的。为了克服上述弱点，使它在密码技术中获得实际应用，一般采用以下两种改进方案：一种是在移位寄存器中引入非线性逻辑；另一种是在反馈逻辑中使用非线性器件。

7.2.5 序列密码和分组密码

根据密钥对明文变换控制方式的不同，近代密码学常把全部密码分为两大类，即分组密码和序列密码。

1. 分组密码的定义

令 M 为明文信息，分组密码是指将 M 分拆成相连的分组 $m_1,m_2,\cdots$，并用同一个密钥序列 $\boldsymbol{K}$ 对每个分组进行加密，即

$$E_{\boldsymbol{K}}(M)=E_{\boldsymbol{K}}(m_1)E_{\boldsymbol{K}}(m_2)\cdots \tag{7-2-23}$$

分组的长度视具体方案而定，可为 1～n 比特，典型情况是每个分组有 n 个字符。

分组密码举例如表 7.11 所示。

表 7.11　分组密码举例

密码种类	分组大小
周期为 d 的换位	d 个字符
单表代换	1 个字符
$d\times d$ 矩阵的 Hill 密码	d 个字符
DES	64 比特
RSA（模为 n）	$\log n$ 比特（推荐用 664 比特）
背包（长度为 n）	n 比特（推荐用 200 比特）

2. 序列密码的定义

序列密码是指把信息 M 拆成相连的字符或比特 $m_1,m_2,\cdots$，并用密钥序列 $\boldsymbol{K}=k_1,k_2,\cdots$ 中的第 i 个成分 k_i 对信息序列中的第 i 个成分 m_i 进行加密，即

$$E_{\boldsymbol{K}}(M)=E_{k_1}(m_1)E_{k_2}(m_2)\cdots \tag{7-2-24}$$

如果在 d 个字符（d 为固定值）后，密钥序列重复，则序列密码是周期序列密码。否则，序列密码就是非周期序列密码。序列密码举例如表 7.12 所示。

表 7.12　序列密码举例

同步序列密码	周　期
周期为 d 的维吉尼亚密码位	d
t 个转轮的转轮密码机	26^t
流动密钥密码	∞
Vernam 一密一钥密码	∞
线性反馈移位寄存器（n 比特）	2^n-1

续表

同步序列密码	周　　期
用 DES 的输出分组反馈方式	2^{64}
自同步序列密码	∞
自生密钥密码	∞
密码反馈方式	∞

3．两种密码的联系

周期较短的周期性代换密码（如维吉尼亚密码）通常被看作序列密码，因为它对明文字符是逐个加密的，且相邻字符又利用密钥的不同部分进行加密，所以它兼有两类密码的特征。

令密钥序列 $\boldsymbol{K}=(k_1,k_2,\cdots,k_d)$，这里 d 为密码的周期。

一方面，可把这类密码看作分组密码，这里每个 m_i 都是具有 d 个字母的一个分组：

$$E_{\boldsymbol{K}}(M)=E_{\boldsymbol{K}}(m_1)E_{\boldsymbol{K}}(m_2)\cdots \tag{7-2-25}$$

另一方面，可把这类密码看作序列密码，这里 m_i 就是一个字母，在密钥序列中的重复周期为 K，即密钥序列可以表示为

$$\overbrace{k_1k_2\cdots k_d}^{K}\quad\overbrace{k_1k_2\cdots k_d}^{K}\quad\overbrace{k_1k_2\cdots k_d}^{K}\quad\cdots \tag{7-2-26}$$

当周期较短时，这类密码更像分组密码，不过它是一种保密强度很弱的分组密码。随着周期长度的增加，这类密码变得更像序列密码。

7.3　数据加密标准 DES

1973 年，美国国家标准局（National Bureau of Standards，NBS）开始研究除国防部外的其他部门的计算机系统的数据加密标准，并于 1973 年 5 月 15 日和 1974 年 8 月 27 日先后两次向公众发出了征求加密算法的公告。

加密算法要达到的目的主要有以下 4 点。

（1）提供高质量的数据保护功能，防止数据被泄露和被修改。

（2）具有相当高的复杂性，使得破译的开销超过可能获得的利益，同时又要便于理解和掌握。

（3）密码体制的安全性应不依赖于算法的保密，其安全性仅以加密密钥的保密为基础。

（4）实现经济，运行有效，并且适用于多种完全不同的应用。

1977 年 1 月，由美国的国际商业机器公司（IBM）提出的 LUCIFER 算法，经过修改和简化，成为非机密数据的正式数据加密标准（Data Encryption Standard，DES）算法。

7.3.1　DES 算法基本原理

DES 算法是一种分组加密算法，也是一种对称算法，即加密和解密用的是同一种算法（仅密钥编排不同）。DES 算法最重要的特点是，其加密过程、解密过程及密钥加工过程都是公开的，安全性主要依赖于密钥的复杂性。图 7.6 给出了 DES 算法的主要结构。

DES 算法的主要特点如下。

（1）DES 算法是在换位密码和代换密码的基础上发展的。

（2）DES 算法将输入明文序列分组，每组 64 位，用 64 位密钥加密 64 位明文。

（3）DES 算法中 64 位的密钥源循环移位产生 16 个 48 位子密钥。64 位密钥中有 8 位用于校验，真正有效的密钥是 56 位的。

DES 算法以 64 位分组，对数据进行加密。64 位一组的明文从算法的一端输入，64 位一组的密文从算法的另一端输出。加密密钥的长度为 64 位，采用 64 位密钥加密 64 位明文，但这 64 位密钥中有 8 位用于奇偶校验，真正有效的密钥是 56 位的。密钥可以是任意的 56 位数，且可以在任意的时刻改变。

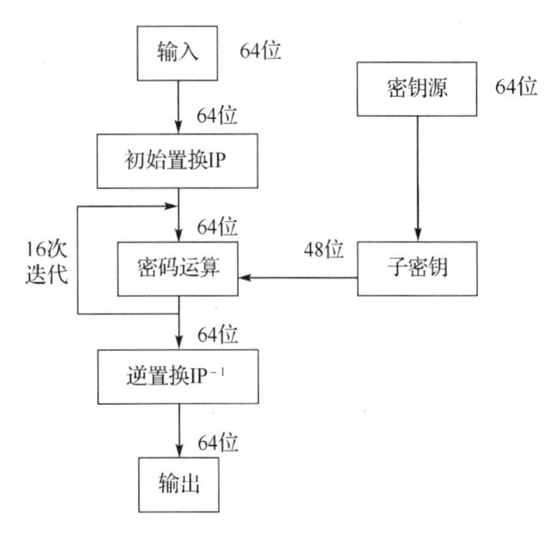

图 7.6　DES 算法的主要结构

DES 算法的入口参数有 3 个：Key、Data、Mode。其中，Key 为 8 字节共 64 位，是 DES 算法的工作密钥；Data 也为 8 字节共 64 位，是要被加密或被解密的数据；Mode 为 DES 算法的工作方式，有两种，即加密和解密。

DES 算法的工作过程如下。

若 Mode 为加密，则用 Key 对 Data 进行加密，生成 Data 的密文（64 位）作为 DES 算法的输出结果；若 Mode 为解密，则用 Key 对密码形式的 Data 进行解密，还原为 Data 的明文（64 位）作为 DES 算法的输出结果。

例如，在通信网络的两端，双方首先约定了一致的 Key，在通信的源点用 Key 对核心数据进行 DES 加密，然后以密码形式将密码数据通过公共通信网络（如电话网）传输到通信网络的终点，数据到达目的地后，用同样的 Key 对密码数据进行解密，便再现了明码形式的核心数据。这样便保证了核心数据在公共通信网络中传输的安全性和可靠性。定期在通信网络的源端和目的端同时改用新的 Key，便能更进一步提高数据的保密性，这正是现在金融界交易网络的流行做法。

7.3.2　DES 算法运算过程

DES 算法把 64 位的明文输入块变为 64 位的密文输出块，所使用的密钥也是 64 位的，DES 算法对 64 位的明文分组进行操作。通过一个初始置换，首先将明文分组分成左、右两部分，各长 32 位。然后进行 16 轮相同的运算，这些相同的运算称为函数。在运算过程中，数据和密钥相结合。经过 16 轮运算，左、右两部分合在一起经过一个置换（初始置换的逆置换），再输出，则算法完成。

1. 初始置换（IP）

初始置换是将输入的 64 位数据块按位重新组合，并把输出分为 L_0、R_0 两部分，每部分长 32 位，置换规则如表 7.13 所示。

表 7.13 初始置换的置换规则

58	50	42	34	26	18	10	2
60	52	44	36	28	20	12	4
62	54	46	38	30	22	14	6
64	56	48	40	32	24	16	8
57	49	41	33	25	17	9	1
59	51	43	35	27	19	11	3
61	53	45	37	29	21	13	5
63	55	47	39	31	23	15	7

由表 7.13 可知，初始置换将输入的第 58 位换到第 1 位，将第 50 位换到第 2 位，以此类推，最后 1 位是原来的第 7 位。L_0、R_0 则是换位输出后的两部分，L_0 是输出的左 32 位，R_0 是输出的右 32 位。例如，设置换前的输入值为 $D_1D_2D_3\cdots D_{64}$，则经过初始置换的结果为：$L_0 = D_{58}D_{50}\cdots D_8$，$R_0 = D_{57}D_{49}\cdots D_7$。

2. 密码运算

通过初始置换后，算法在密钥控制下进行 16 次迭代运算，每次迭代运算都进行同样的操作，可以表示为

$$L_i = R_{i-1},\ R_i = L_{i-1} + f(R_{i-1}, K_i)(\bmod 2) \quad i = 1, 2, \cdots, 16 \tag{7-3-1}$$

DES 算法的密码运算结构如图 7.7 所示。密码运算为 DES 算法的核心内容，主要是密码计算函数。

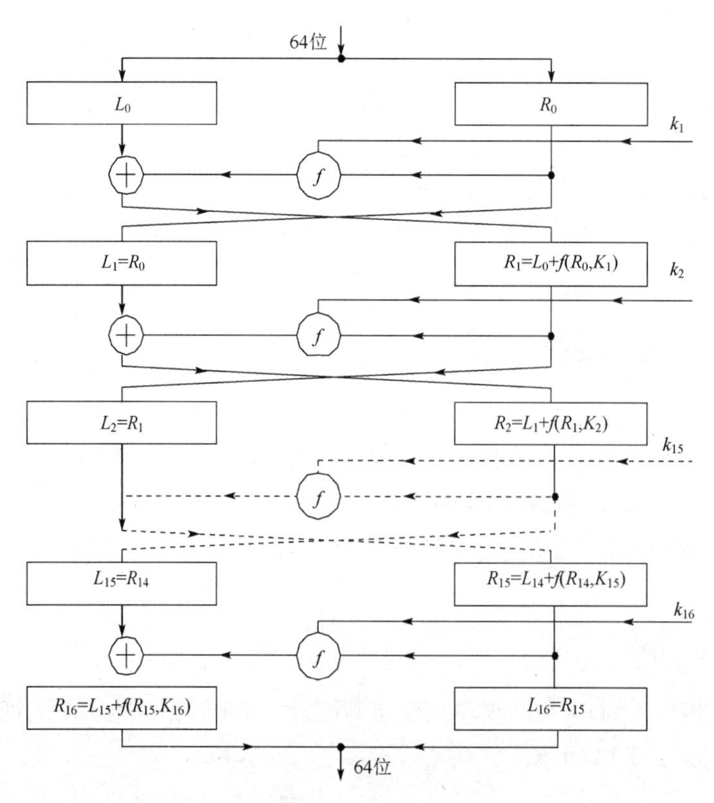

图 7.7 DES 算法的密码运算结构

扩充函数 E 将 32 位数据放大成 48 位数据，R_{i-1} 的第 i 位作为第 j 位输出。扩充函数 E 的扩充规则如表 7.14 所示。

表 7.14　扩充函数 E 的扩充规则

32	1	2	3	4	5	4	5	6	7	8	9
8	9	10	11	12	13	12	13	14	15	16	17
16	17	18	19	20	21	20	21	22	23	24	25
24	25	26	27	28	29	28	29	30	31	32	1

P 函数，又称换位函数，简称 P 盒，功能是实现 32 位数据到 32 位数据的换位，换位规则如表 7.15 所示。

表 7.15　换位函数的换位规则

16	7	20	21	29	12	28	17	1	15	23	26	5	18	31	10
2	8	24	14	32	27	3	9	19	13	30	6	22	11	4	25

S 函数，又称替代函数，简称 S 盒，功能是把 6 位数据变为 4 位数据，具体规则如下。

（1）将 6 位数据中的第 1、6 位组成的二进制数作为行号。

（2）将 6 位数据中的第 2、3、4、5 位组成的二进制数作为列号。

（3）寻找替代函数功能表的行、列交叉处，即可获得要输出的 4 位数据。

下面以替代函数 S_1 为例说明其功能。替代函数 S_1 的功能表如表 7.16 所示。

表 7.16　替代函数 S_1 的功能表

		列号															
		0	1	2	3	4	5	6	7	8	9	10	11	12	13	14	15
行号	0	14	4	13	1	2	15	11	8	3	10	6	12	5	9	0	7
	1	0	15	7	4	14	2	13	1	10	6	12	11	9	5	3	8
	2	4	1	14	8	13	6	2	11	15	12	9	7	3	10	5	0
	3	15	12	8	2	4	9	1	7	5	11	3	14	10	0	6	3

通过表 7.16 可以看到，S_1 中的数据共有 4 行，命名为 0,1,2,3 行；每行有 16 列，命名为 0,1,2,3,…,14,15 列。

现设输入为二进制数，即 $D = D_1D_2D_3D_4D_5D_6$。

根据替代函数的规则，令：列 $= D_2D_3D_4D_5$，行 $= D_1D_6$。

将列和行数据换算成十进制数，在表 7.16 中查得对应的数，以 4 位二进制数表示，即替代函数的输出。

3．子密钥 K_i 的生成算法

DES 算法的子密钥由同一个 64 位的密钥源 K 经过 16 次循环左移位产生。子密钥的产生结构如图 7.8 所示。

由于不考虑每字节的第 8 位，DES 算法的密钥从 64 位经过置换选择 1，变为 56 位，首先 56 位密钥被分成两部分，每部分 28 位，然后根据轮数，两部分分别循环左移 1 或 2 位。需要注意的是，16 次循环左移位对应的左移位数要遵守表 7.17 所示的规则。

DES 算法规定，DES 密钥源的第 8,16,…,64 位是奇偶校验位，不参与 DES 算法运算。故密钥实际可用位数只有 56 位，即经过表 7.18 所示的变换，密钥的位数由 64 位变成了 56 位，这 56 位分为C_0、D_0两部分，各 28 位，分别进行第一次循环左移，得到C_1、D_1，将C_1（28 位）、D_1（28 位）合并得到 56 位，经过表 7.19 所示的变换，得到密钥 K_1（48 位）。以此类推，便可得到$K_2, K_3, \cdots, K_{16}$。

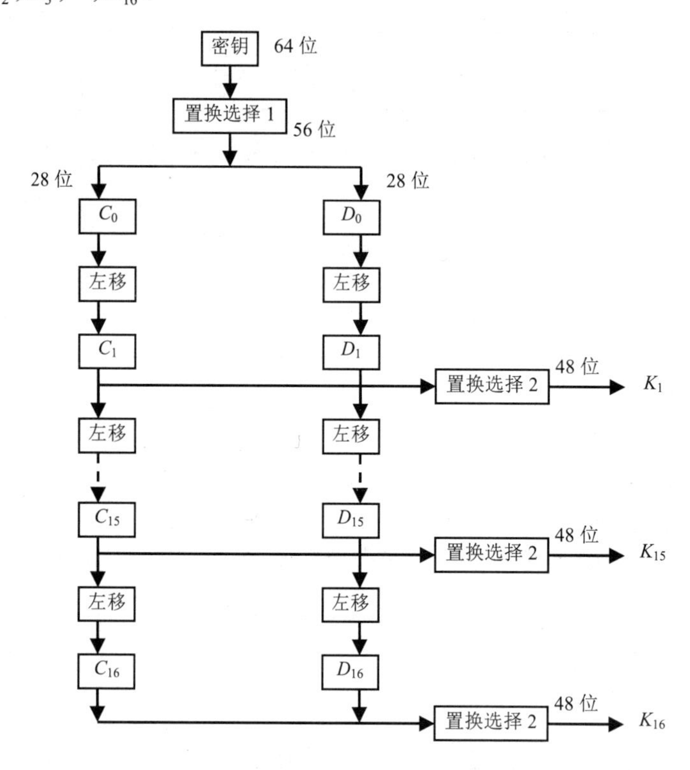

图 7.8 子密钥的产生结构

表 7.17 循环左移位数

序号	1	2	3	4	5	6	7	8	9	10	11	12	13	14	15	16
左移位数	1	1	2	2	2	2	2	2	1	2	2	2	2	2	2	1

表 7.18 置换选择 1

57	49	41	33	25	17	9	1	58	50	42	34	26	18
10	2	59	51	43	35	27	19	11	3	60	52	44	36
63	55	47	39	31	23	15	7	62	54	46	38	30	22
14	6	61	53	45	37	29	21	13	5	28	20	12	4

表 7.19 置换选择 2

14	17	11	24	1	5	3	28	15	6	21	10
23	19	12	4	26	8	16	7	27	20	13	2
41	52	31	37	47	55	30	40	51	45	33	48
44	49	39	56	34	53	46	42	50	36	29	32

4．逆初始置换（IP^{-1}）

逆初始置换的转换规则如表 7.20 所示。

表 7.20　逆初始置换的转换规则

40	8	48	16	56	24	64	32
39	7	47	15	55	23	63	31
38	6	46	14	54	22	62	30
37	5	45	13	53	21	61	29
36	4	44	12	52	20	60	28
35	3	43	11	51	19	59	27
34	2	42	10	50	18	58	26
33	1	41	9	49	17	57	25

经过 16 次迭代运算，得到 L_{16}、R_{16}，将二者作为输入进行逆初始置换，即可得到密文输出。逆初始置换正好是初始置换的逆运算。例如，明文分组的第 1 位经过初始置换，处于第 40 位，而通过逆初始置换，又将第 40 位换回第 1 位，即可以方便地进行验证，按照逆初始置换可以将数据的位置复原。

以上介绍了 DES 算法的加密过程。DES 算法的解密过程是一样的，区别仅在于，第一次迭代时用 K_{15}，第二次迭代时用 K_{14}，以此类推，最后一次迭代时用 K_0，算法本身并没有任何变化。

DES 算法解密运算按照相反的顺序进行同样的置换和迭代：

$$R_{i-1} = L_i,\ \ L_{i-1} = R_i + f(R_{i-1}, K_i) \quad (\text{mod}\, 2) \quad i = 16, 15, \cdots, 2, 1 \tag{7-3-2}$$

7.3.3　DES 算法的弱点

由上述 DES 算法介绍可以看到，DES 算法中只用到了 64 位密钥中的 56 位，而第 8、16、24、32、40、48、56、64 位这 8 位并未参与 DES 运算。根据 DES 算法的这一特点，可以提出一个应用 DES 算法的要求，即 DES 算法的安全性是基于除第 8、16、24、32、40、48、56、64 位外的其余 56 位的组合变化才得以保证的。因此，在实际应用中，应避开使用第 8、16、24、32、40、48、56、64 位作为 DES 密钥的有效数据位，以保证 DES 算法安全可靠。违反上述规则，会导致数据存在被破译的危险。

避开 DES 算法中弱点的具体操作：在 DES 密钥的使用、管理及密钥更换的过程中，绝对不能把密钥的第 8、16、24、32、40、48、56、64 位作为有效数据位对密钥进行管理。这一点对应用 DES 算法加密的用户来说需要高度重视。

当然随着计算方法的改进，计算机运行速度的加快，以及网络的发展，以 DES 算法为代表的许多加密算法面临密码分析破译的挑战。例如，1998 年，电子前沿基金会用专用计算机，耗时 56h 破解了 DES 算法的密钥，一年后，其破译效率提高了近 30 倍。

7.4　数据加密标准 AES

美国政府于 1997 年开始公开征集新的先进加密标准（Advanced Encryption Standard，AES），以取代于 1998 年底被废止的 DES。2000 年 10 月 2 日，美国政府选中比利时密码学家 Joan Daemen 和 Vincent Rijmen 提出的一种密码算法 RIJNDAEL 作为 AES。2001 年 11 月 26 日，美国政府正式颁布美国国家标准 AES（编号为 PIST PUBS 197）。目前，AES 已经被 ISO、IETP、IEEE 802.11 等采纳作为标准。

RIJNDAEL 算法之所以能够最终被选为 AES，是因为其安全、性能好、效率高、实用、灵活。

7.4.1 AES 的数学基础

RIJNDAEL 算法中的许多运算是按照字节和 4 字节的字来定义的。把 1 字节看成是有限域的一个元素。

有限域的元素有几种不同的表示方法，当然不同的表示方法的实现效率不一样。为了方便，在 AES 算法中采用的是多项式表示法。

定义 7.1 一个由位 $b_7b_6b_5b_4b_3b_2b_1b_0$ 组成的字节 B 可以表示成系数为 $\{0,1\}$ 的二进制多项式：$b_7x^7+b_6x^6+b_5x^5+b_4x^4+b_3x^3+b_2x^2+b_1x^1+b_0$。

上述定义在 1 字节与一个次数低于 8 的多项式之间建立了一种对应关系，给出 1 字节，便得到对应的次数低于 8 的多项式。反之，对于一个次数低于 8 的多项式，其系数便可组成字节。

例如，设字节 B=01100010，则对应的多项式为 x^6+x^5+x。又如，设多项式为 $x^7+x^4+x^2+x+1$，则对应的字节为 B=10010111。

定义 7.2 在 AES 中，加法定义为二进制多项式的加法，其系数模 2 相加。

例如，$(x^7+x^4+x^3+x)+(x^6+x^5+x^3+x^2+1)=(x^7+x^6+x^5+x^4+x^3+x^2+x+1)$，对应的二进制字节加为 $(10011010)\oplus(01101101)=(11111111)$。

定义 7.3 在 AES 中，乘法定义为二进制多项式的乘积模一个次数为 8 的不可约二进制多项式。

在 AES 中，此不可约二进制多项式为

$$m(x)=x^8+x^4+x^3+x+1 \tag{7-4-1}$$

其系数的十六进制表示为 11B。

例如，$(x^6+x^4+x^2+x+1)\cdot(x^7+x+1)=x^{13}+x^{11}+x^9+x^8+x^6+x^5+x^4+x^3+1$，而 $(x^{13}+x^{11}+x^9+x^8+x^6+x^5+x^4+x^3+1)\bmod(x^8+x^4+x^3+x+1)=x^7+x^6+1$。

定义 7.4 二进制多项式 $b(x)$ 的乘法逆为满足式（7-4-1）的二进制多项式 $a(x)$，并记为 $a(x)=b^{-1}(x)$。

$$a(x)b(x)\ \bmod\ m(x)=1 \tag{7-4-2}$$

定义 7.5 倍乘函数 xtime$(b(x))$ 定义为 $x\cdot b(x)\ \bmod\ m(x)$。

具体运算时可得到：把字节 B 左移 1 位（最右位补 0），若 $b_7=1$，则异或 11B。

函数 xtime(x) 也称为 x 乘或者 x 倍乘。例如，xtime(57) $=x(x^6+x^4+x^2+x+1)=(x^7+x^5+x^3+x^2+x)\bmod(x^8+x^4+x^3+x+1)=x^7+x^5+x^3+x^2+x=$ AE。又如，xtime (AE) $=x(x^7+x^5+x^3+x^2+x)=(x^8+x^6+x^4+x^3+x^2)\ \bmod\ (x^8+x^4+x^3+x+1)=47$。

定义 7.6 有限域的多项式是系数取自域元素的多项式。

这样，一个 4 字节的字与一个次数小于 4 的多项式相对应。例如，字 c='03010102'与多项式 $c(x)$= '03' x^3 +'01' x^2 +'01' x +'02'相对应。知道了字 c，取出其各字节作为系数便得到

多项式 $c(x)$。反过来，知道了多项式 $c(x)$，取出其各系数便得到字 c。

定义 7.7　多项式的加法定义为相应项系数相加。

因为在域上的加是简单的按位异或，所以在域上的两个 4 字节字的加也就是简单的按位异或。

定义 7.8　多项式 $a(x)=a_3x^3+a_2x^2+a_1x^1+a_0$ 和 $b(x)=b_3x^3+b_2x^2+b_1x^1+b_0$ 相乘模 x^4+1 的积（表示为 $c(x)=a(x)\cdot b(x)$）为 $c(x)=c_3x^3+c_2x^2+c_1x^1+c_0$，其系数由式（7-4-3）得到。利用定义 7.8 有：$x\cdot b(x)=(b_2x^3+b_1x^2+b_0x^1+b_3)\bmod(x^4+1)$。

$$\begin{cases} c_0=a_0\cdot b_0\oplus a_3\cdot b_1\oplus a_2\cdot b_2\oplus a_1\cdot b_3 \\ c_1=a_1\cdot b_0\oplus a_0\cdot b_1\oplus a_3\cdot b_2\oplus a_2\cdot b_3 \\ c_2=a_2\cdot b_0\oplus a_1\cdot b_1\oplus a_0\cdot b_2\oplus a_3\cdot b_3 \\ c_3=a_3\cdot b_0\oplus a_2\cdot b_1\oplus a_2\cdot b_2\oplus a_0\cdot b_3 \end{cases} \tag{7-4-3}$$

7.4.2　AES 加密过程

AES 加密时，明文块与子密钥首先进行一次轮密钥加，然后各轮 AES 加密循环（除最后一轮外）。AES 加密过程如图 7.9 所示。

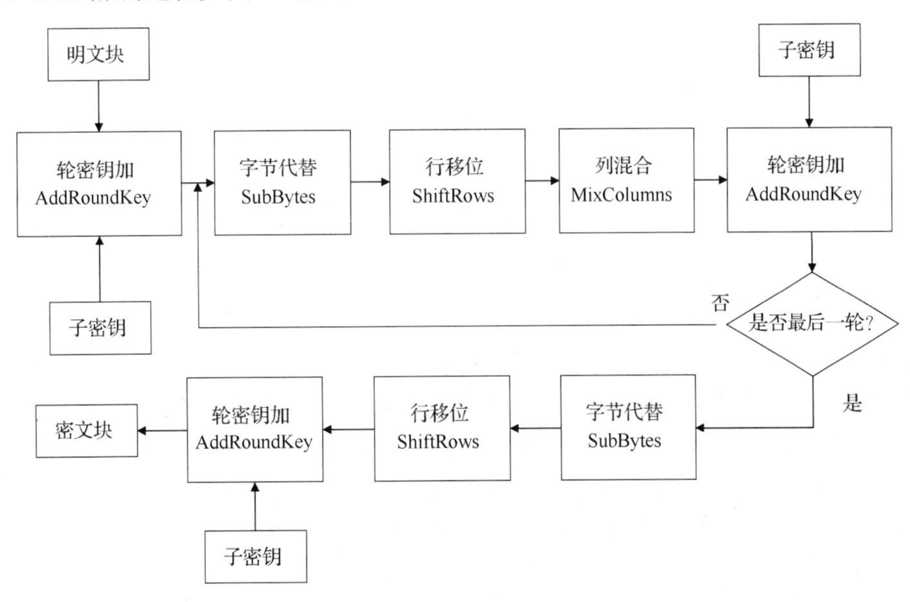

图 7.9　AES 加密过程

字节代替：通过一个非线性替换函数，用查找表的方式把每字节替换成对应字节。

行移位：对矩阵中的每行以字节为单位进行循环左移位。

列混合：为了充分混合矩阵中各个直行的操作，这个步骤使用线性转换来混合每行内的 4 字节。

轮密钥加：矩阵中的每字节都与该次循环的子密钥做异或逻辑运算，每个子密钥由密钥生成方案产生。

最后一个加密循环中省略列混合步骤。

7.4.3 AES解密过程

AES解密过程是AES加密过程的逆过程，如图7.10所示。

AES解密过程中的基本运算，除了轮密钥加与AES加密过程中的一样，其他均为AES加密过程的基本运算（如字节代替、行移位、列混合）的逆，因此AES解密过程中的基本运算为逆字节代替、逆行移位、逆列混合。

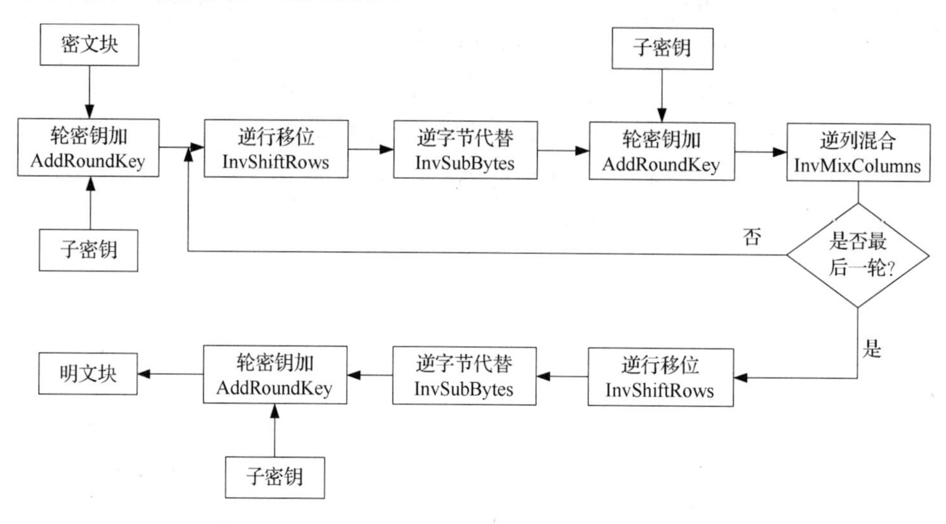

图7.10 AES解密过程

7.5 公开密钥密码体制RSA

7.5.1 非对称加密算法

在非对称加密算法中，加密密钥和解密密钥各不相同，其基于这样的思想，假设有一种挂锁，在它没被锁上的情况下，任何人都可以轻松将它挂上。但挂上它后，只有有该挂锁匹配钥匙的人，才可以打开该挂锁。假设A把他的这种锁放在了邮局，则任何想与他秘密通信的人都可以把消息放在一个箱子里，然后用挂锁锁上箱子，寄给A。由于只有A有开锁的钥匙，故只有A能打开挂锁。非对称加密算法的模型可以用图7.11表示。

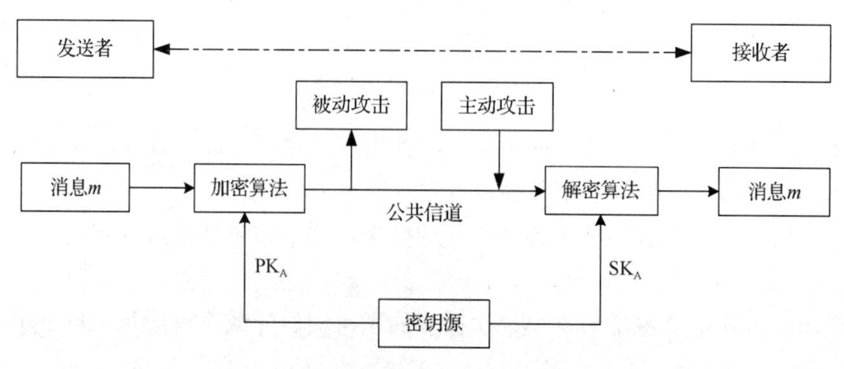

图7.11 非对称加密算法的模型

根据图 7.11 可知，利用非对称加密算法进行保密通信的过程如下。

（1）主体 A 若需要其他主体利用非对称密码体制向他发送秘密消息，则先要生成一对密钥，其中一个用于加密，另一个用于解密。用于加密的密钥在非对称密码体制中称为公开密钥，也称为公开钥或公钥，是不需要保密的。A 的公开密钥通常表示为PK_A（Public Key of A）。用于解密的密钥称为秘密密钥，也称为秘密钥或私钥，需要解密方严格保密。A 的秘密密钥通常表示为SK_A（Secret Key of A）。在知道加密解密算法和公开密钥的情况下，要得到秘密密钥在计算上是不可行的。

（2）B 若要向 A 发送秘密消息 m，先要获取 A 的加密密钥，即公开密钥。计算$c = E_{PK_A}(m)$，得到消息 m 对应的密文 c，然后把 c 发送给 A。其中，c 表示加密消息得到的密文；$E_{PK_A}(m)$ 表示用加密算法 E 和公开密钥 PK_A 对消息 m 进行加密。

（3）在 A 接收到密文 c 后，计算 $m = D_{SK_A}(c)$，得到密文 c 对应的消息 m。其中，$D_{SK_A}(c)$ 表示用解密算法 D 和秘密密钥 SK_A 对密文 c 进行解密。

由于只有接收者 A 有解密密钥，故密文 c 在公共信道的传输过程中是安全的。如果非对称加密算法的模型能够实现，假设传递的消息就是通信双方将要在对称密码体制中使用的密钥，则前面提到的密钥传递问题就容易解决了。现实中，RSA 算法就是该模型的一个实现，并且得到了广泛的应用。

7.5.2 RSA 算法描述

1．密钥的产生

（1）选择两个满足需要的大素数 p 和 q，计算 $n = p \times q$，$\varphi = (p-1) \times (q-1)$。其中，$\varphi$ 是 n 的欧拉函数值。

（2）选择一个整数 e，满足 $1 < e < \varphi(n)$，且 $\gcd(\varphi(n), e) = 1$。通过 $d \times e = 1 \bmod \varphi(n)$ 计算出 d。

（3）以 $\{e, n\}$ 为公开密钥，以 $\{d, n\}$ 为秘密密钥。

假设 A 是秘密消息的接收方，则只有 A 知道秘密密钥 $\{d, n\}$，所有人都可以知道公开密钥 $\{e, n\}$。

2．加密

如果发送方想向 A 发送需要保密的消息 m，就首先选择 A 的公开密钥 $\{e, n\}$，然后计算 $c = m^e \bmod n$，最后把密文 c 发送给 A。

3．解密

A 收到密文 c，根据自己掌握的秘密密钥计算 $m = c^d \bmod n$，所得结果 m 为发送方欲发送的消息。解密过程如图 7.12 所示。

对算法的几点说明如下。

（1）因为要将算法放到保密通信模型中去理解，所以不能忽略算法应用的背景。

（2）按照现在的计算能力，大素数 p 和 q 的长度按照二进制计算，应该在 1024 比特左右，且 p 和 q 只相差几比特。关于这一点，后面还有说明。

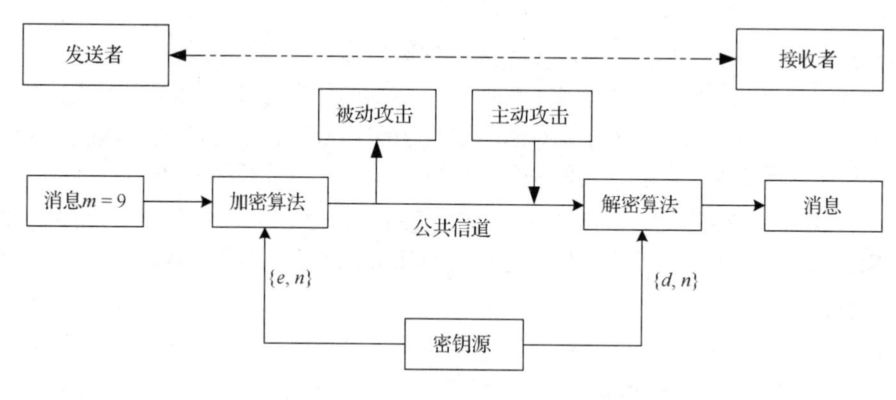

图 7.12 解密过程

（3）大素数 p 和 q 是奇数，$\varphi(n)=(p-1)\times(q-1)$ 是偶数。因要求 $\gcd(\varphi(n),e)=1$，故 e 一定是奇数。

（4）因为满足 $\gcd(\varphi(n),e)=1$，即 $\varphi(n)$ 与 e 互素，所以 e 模 $\varphi(n)$ 的逆一定存在，可以通过辗转相除法求得。

（5）加密时，要求明文 m 要小于 n。若 $m>n$，由于计算时使用了模运算，则不能通过解密算法正确求得明文 m，只能得到比 n 小且与 $m \pmod n$ 同余的整数。

（6）至于密钥生成过程中的 p、q、$\varphi(n)$，一般是安全地销毁。p、q 可以用于提高 RSA 算法的解密速度。

（7）在公开密钥密码体制中，通常认为公开密钥具有较长的使用周期，如一年或者三五年，就像学生证或者工作证一样，在一定时间内可以认为代表了公开密钥持有者的身份。

7.6 现代密码学的研究趋势

密码理论与技术分成两大类，一类是基于数学的密码理论与技术，包括公开密钥密码、分组密码、序列密码、认证码、数字签名、Hash 函数、身份识别、密钥管理、PKI 技术、VPN 技术等；另一类是非数学的密码理论与技术，包括信息隐藏、量子密码、基于生物特征的识别理论与技术等。

7.6.1 公开密钥密码

自从 1976 年公开密钥密码的思想提出以来，国际上已经提出了许多种公开密钥密码体制，如基于大整数因子分解问题的 RSA 体制和 Rabin 体制、基于有限域上的离散对数问题的 Diffie-Hellman 体制和 ElGamal 体制、基于椭圆曲线上的离散对数问题的 Diffie-Hellman 体制和 ElGamal 体制、基于背包问题的 Merkle-Hellman 体制和 Chor-Rivest 体制、基于代数编码理论的 MeEliece 体制、基于有限自动机理论的公开密钥体制等。

用抽象的观点来看，公开密钥密码体制就是一种陷门单向函数。一个函数 f 是单向函数，若对它的定义域中的任意 x 都易于计算 $f(x)$，而对 f 值域中的几乎所有的 y，即使 f 已知，求 $f^{-1}(y)$ 在计算上也是不可行的。若给定某些辅助信息（陷门信息）时易于计算 $f^{-1}(y)$，则称单向函数 f 是一个陷门单向函数。公开密钥密码体制就是基于这一原理而设计的，将辅助信息（陷门信息）作为秘密密钥。这类密码的安全强度取决于它所依据的问题的计算复杂性。

比较流行的公开密钥密码体制主要有两类：一类是基于大整数因子分解问题的公开密钥密码体制，其中最典型的代表是 RSA 体制；另一类是基于离散对数问题的公开密钥密码体制，如 ElGamal 体制和影响比较大的椭圆曲线公开密钥密码体制。由于硬件的算力增长和整数因子分解算法的优化，解密系统分解大整数的能力日益增强，因此为保证 RSA 体制的安全性总要增加模长。目前，768 比特模长的 RSA 体制已不安全，一般建议使用 1024 比特模长，预计要保证 20 年的安全性就要选择 2048 比特模长。增加模长带来了实现上的难度。而基于离散对数问题的公开密钥密码，在目前技术下，512 比特模长就能够保证其安全性。特别是椭圆曲线上的离散对数的计算要比有限域上的离散对数的计算更困难，在目前技术下只需要 160 比特模长即可保证其安全性，适合于智能卡的实现，因而受到国际上的广泛关注。国际上制定了椭圆曲线公开密钥密码标准 IEEEP1363。

公开密钥密码的重点研究方向如下。

（1）用于设计公开密钥密码的新的数学模型和陷门单向函数的研究。

（2）针对实际应用环境的公开密钥密码的设计。

（3）公开密钥密码的快速实现的研究，包括算法优化和程序优化、软件实现和硬件实现的研究。

（4）公开密钥密码的安全性评估问题，特别是椭圆曲线公开密钥密码的安全性评估问题。

7.6.2　分组密码

美国早在 1977 年就制定了自己的数据加密标准 DES。随着 DES 的出现，人们对分组密码展开了深入的研究和讨论。由于计算机运算能力的增强，原版 DES 密码的密钥长度变得容易被暴力破解。3DES 通过增加 DES 密码的密钥长度来避免类似的攻击，而不是设计一种全新的块密码算法。

3DES（或称为 Triple DES）是三重数据加密算法（Triple Data Encryption Algorithm，TDEA）块密码的通称。它相当于对每个数据块应用三次 DES 加密算法。3DES 加密算法是 DES 向 AES 过渡的加密算法，是 DES 加密算法的一个更安全的变形。

AES 活动使得国际上掀起了一次研究分组密码的新高潮。继美国征集 AES 活动之后，欧洲国家和日本也不甘落后，启动了相关标准的征集和制订计划，这些计划看起来比美国的计划更宏伟。同时，美国等国家为适应技术发展的需求，加快了其他密码标准（如 SHA-1 和 FIPS140-1）的更新。我国在国家“863”计划中将制定密码的标准化问题列入了议程。

分组密码的重点研究方向如下。

（1）新型分组密码的研究。

（2）分组密码安全性综合评估原理与准则的研究。

（3）分组密码的实现研究，包括软件优化、硬件实现和专用芯片等的研究。

（4）用于设计分组密码的各种组件的研究。

（5）AES 的分析及应用研究。

7.6.3　序列密码

序列密码虽然主要用于国家要害部门，并且用于这些部门的理论和技术都是保密的，但由于一些数学工具（如代数、数论、概率等）可用于研究序列密码，其理论和技术相对而言比较成熟。从 20 世纪 80 年代中期到 20 世纪 90 年代初，序列密码的研究热度非常高，特别是在序列密码的设计方法、序列密码的安全性度量指标、序列密码的分析方法、用于设计序列密码的各种组件（如密码布尔函数的构造与分析、非线性资源的生成和分析）等方面取得了一大批有理论和应用价值的成果。

为了提高序列密码的安全性和效率，研究人员采用了多种方法进行设计和分析。这些方法包括复杂性理论方法、信息论方法和随机化方法等。其中，一种常见的方法是分解密钥流生成器方法，即将同步流密码的密钥流生成器分解成驱动部分和非线性组合部分，不仅结构简单，而且便于从理论上分析这类生成器。除了分解密钥流生成器方法，研究人员还提出了许多具体的设计方法，以进一步改进序列密码的生成器。其中包括非线性组合生成器、非线性滤波生成器和钟控生成器等多种具体设计方法。

在序列密码的安全性度量指标方面，研究人员提出了线性复杂度轮廓、*K*-错误复杂度（球复杂度）、球周期、非线性复杂度等多种度量序列随机性和稳定性的指标，并对指标进行了深入研究。在序列密码的分析方法方面，研究人员提出了分别征服攻击方法、线性攻击方法、线性伴随式攻击方法、线性一致性攻击方法、快速相关攻击方法、线性时序逻辑逼近方法等多种有效的分析方法。

在密码布尔函数的构造与分析方面，研究人员提出了构造布尔函数的多种设计准则，如相关免疫性、线性结构、严格雪崩特性、扩散特性、平衡性、非线性性、差分均匀性等，构造了一大批满足上述若干准则的布尔函数，同时对这些准则之间的关系进行了深入研究。在非线性资源的生成和分析方面，研究人员对环上序列的生成和结构进行了深入研究和刻画，诱导出的二元序列具有良好的密码学特性。在研究方法方面，研究人员将谱技术、概率统计方法、纠错编码技术、有限域理论等有效地用于序列密码的研究。

近年来，序列密码的研究虽然不像原来那么热门，但有很多有价值的公开问题需要进一步研究或探索，如自同步流密码的研究、有记忆前馈网络密码系统的研究、多输出密码函数的研究、混沌序列密码和新研究方法的探索等。另外，虽然没有制定序列密码标准，但在一些系统中广泛使用了序列密码，比如 RC4，用于存储加密。事实上，欧洲的 Nessie 计划中已经包括了序列密码标准的制定。

7.6.4 杂凑函数

杂凑函数（也称为 Hash 函数）就是把任意长的输入消息串变化成固定长的输出串的一种函数。这个输出串称为该消息的杂凑值。一个安全的杂凑函数应该至少满足以下几个条件。

（1）输入长度是任意的。

（2）输出长度是固定的，根据目前的计算技术，应至少取 128 比特长，以便抵抗生日攻击。

（3）对于每个给定的输入，计算输出是很容易的。

（4）给定杂凑函数的描述，找到两个不同的输入消息杂凑到同一个值在计算上是不可行的，或者给定杂凑函数的描述和一个随机选择的消息，找到另一个与该消息不同的消息，使得它们杂凑到同一个值在计算上也是不可行的。

攻击杂凑函数的典型方法是生日攻击方法。理论上，安全的杂凑函数的存在性依赖于单向函数的存在性，已形成一套理论。

杂凑函数主要用于完整性校验和提高数字签名的有效性，现已有很多方案。这些方案都是伪随机函数，任何杂凑值都是等可能的。输出并不以可辨别的方式依赖于输入。在任何输入串中单个比特的变化，会导致输出比特串中大约一半的比特发生变化。设计杂凑函数的基本方法如下。

（1）利用某些数学难题（如因子分解问题、离散对数问题等）设计杂凑函数。已设计出的算法有 Davies Price 平方杂凑算法、Jueneman 杂凑算法、Damgard 平方杂凑算法、Damgard 背包杂凑算法和 Schnorr 的 FFT 杂凑算法等。

（2）利用某些秘密密钥密码体制（如 DES 等）设计杂凑函数。这种杂凑函数的安全性与所使用的基础密码算法有关。这类杂凑算法有 Rabin 杂凑算法、Winternitz 杂凑算法、Quisquater Girault 杂凑算法、Merkle 杂凑算法等。

（3）直接设计杂凑函数。这类算法不基于任何假设和密码体制，受到了人们的广泛关注和青睐，是当今比较流行的一种算法。美国的安全杂凑算法（SHA）就是这类算法，此类算法还有 MD4、MD5、MD2、RIPEMD、HAVAL 等。

美国国家标准与技术研究院和美国国家安全局共同设计了一个与美国数字签名算法（DSA）一起使用的 SHA。SHA 是用于安全杂凑标准（SHS）的算法。它于 1992 年 1 月 31 日在联邦记录中公布，从 1993 年 5 月 11 日起被采纳为标准，1994 年 7 月 11 日做了一次修改，1995 年 4 月 17 日正式公布。SHA 的设计原则与 MD4 算法的设计原则极其相似，它很像是 MD4 算法的一种变形，但它的设计者没有公开它的详细设计准则。SHA 的输入长度限制在 2～64 比特范围内，输出长度为 160 比特。由于技术的原因，美国目前正准备更新其 Hash 标准，加之欧洲也要制定 Hash 标准，这必然导致杂凑函数的研究特别是实用技术的研究成为热点。

7.6.5　量子密码

量子密码学（Quantum Cryptography）是量子力学与现代密码学相结合的产物。1970 年，美国科学家威斯纳（Wiesner）首先将量子力学用于密码学，指出可以利用单量子状态制造不可伪造的“电子钞票”。1984 年，贝内特（Bennett）和布拉萨德（Brassard）提出了第一个量子密码学方案（基于量子理论的编码方案及密钥分配协议），称为 BB84 协议。1991 年，Ekert 提出了基于 EPR 的量子密钥分配协议（E91），它可以更加灵活地实现密钥分配。1992 年，贝内特提出了 B92 协议，至此量子密码通信三大主流协议基本形成。从 2003 年开始，位于日内瓦的 ID Quantique 公司和位于纽约的 MagiQ 技术公司，推出了传送量子密钥的距离超越了贝内特实验中 30cm 的商业产品。

因为在未来可能出现具备一定规模的量子计算机，所以研究可抵抗量子攻击的密码架构更为重要，这类研究常被归类为“后量子密码学”。对后量子密码学的需求，源于现今许多公开密钥加密和签章（如 RSA 和椭圆曲线）将被量子计算机上的 Shor 算法破解。目前，McEliece 和 lattice-based 的架构仍被认为可以抵抗此类量子攻击。

习题

7.1　计算

（1）15+19　　(mod26)=

（2）6+11　(mod26)=

（3）5+(6+19)　(mod26)=

（4）(5+6)+19　(mod26)=

（5）46+51　(mod26)=

（6）16+27　(mod26)=

（7）13−20　(mod26)=

（8）72+65　(mod26)=

（9）72(mod 26)+65　(mod26)=

（10）17+13+9　(mod26)=

7.2　已知 MHRL 是用加法密码加密的密文，求其相应的明文。

7.3　计算

（1）5×7　(mod26)=

（2）11×20　(mod26)=

（3）11×9　(mod26)=

（4）4×13　(mod26)=

（5）17＋8×9　(mod26)=

（6）15×13＋20　(mod26)=

（7）24×7＋25　(mod26)=

（8）15÷7　(mod26)=

（9）19÷10　(mod26)=

（10）22÷12　(mod26)=

7.4　当乘法密码参数 α =7 时，找出与明文 e 相对应的密文字母。

7.5　假设仿射密码参数是[α , β]=[11,2]，译解 VMWZ。

7.6　已知仿射密码的移位参数是 β =17，明文单词 cat 的密文是 FVM，求 α 。

7.7　破译下列栅栏密码：

CSRTP EEPDN　AEEQC　RCEIR　RSSOD　NLDUE

OOLOO TOERO　DASES　SRANP　IFUAM　RTEN

7.8　假设数字 0～25 表示 26 个英文字母 a～z 的编码，用图 7.4 所示的四级线性反馈移位寄存器对英文明文 Public key cryptosystem based on neural network 进行加密，写出其相应密文的数字序列和字母序列。

7.9　DES 算法和 AES 算法相比较，各自的优缺点是什么？

7.10　对于 RSA 算法，素数 p=5，q=7，模数 m=35，公开密钥 e=5，密文 c=10，求明文。

7.11　对于 RSA 算法，需要加密的明文信息为 m=14，e=3，p=5，q=11，求密文。

附录　预备知识

附录 A　概率论基本公式

（1）$0 \leqslant p(x_i), p(y_i), p(x_i \mid y_j), p(y_j \mid x_i), p(x_i y_j) \leqslant 1$

（2）$\sum_{i=1}^{n} p(x_i) = 1$，$\sum_{j=1}^{m} p(y_j) = 1$

$\sum_{i=1}^{n} p(x_i \mid y_j) = 1$，$\sum_{j=1}^{m} p(y_j \mid x_i) = 1$，$\sum_{i=1}^{n}\sum_{j=1}^{m} p(x_i y_j) = 1$

（3）$\sum_{i=1}^{n} p(x_i y_j) = p(y_j)$，$\sum_{j=1}^{m} p(x_i y_j) = p(x_i)$

（4）$p(x_i y_j) = p(x_i)p(y_j \mid x_i) = p(y_j)(p(x_i \mid y_j))$

（5）当 X 和 Y 相互独立时，$p(y_j) = p(y_j \mid x_i)$，$p(x_i)=(p(x_i \mid y_j)$

（6）$p(x_i \mid y_j)=p(x_i y_j) / \sum_{i=1}^{n} p(x_i y_j)$，$p(y_j \mid x_i)=p(x_i y_j) / \sum_{j=1}^{m} p(x_i y_j)$

附录 B　有限域

B.1　群

设 G 是一组元素的集合，在 G 上定义一个二元运算*，具体规则是：对于 G 中的每对元素 a 和 b，可在 G 中唯一确定第三个元素 $c = a * b$。若在 G 上定义了这样一种二元运算*，则称 G 在*下是封闭的。例如，取 G 为全体整数的集合，同时取 G 上的二元运算为实数的加法+，对于 G 中任意两个整数 i 和 j，$i + j$ 是 G 上唯一确定的整数。因此，整数集合在实数加法运算下是封闭的。如果 G 上的二元运算*对于 G 上任意 a、b、c 满足

$$a * (b * c) = (a * b) * c$$

则称二元运算*满足结合律。在此基础上，引出一个代数系统——群。

定义 B.1　一个定义了二元运算*的集合 G 如果满足以下条件，则称其为群。

（1）G 的二元运算*满足结合律。

（2）G 中包含一个元素 e，使得对于 G 中任意元素 a，有

$$a * e = e * a = a$$

元素 e 称为 G 的单位元。

（3）对于 G 中任意元素 a，在 G 中存在另外一个元素 a'，满足

$$a * a' = a' * a = e$$

元素 a' 称为 a 的逆元，a 同样是 a' 的逆元。

如果群 G 上的二元运算*同时满足下面的条件，则称群 G 是交换群：对于 G 中任意的 a 和 b，有

$$a*b=b*a$$

可以证明，群G的单位元是唯一的， 群中每个元素的逆元也是唯一的。

例 B.1 设G是一个只含两个整数的集合$G=\{0,1\}$，定义G上的一个二元运算$\oplus$，具体规则如下：

$$0\oplus 0=0，\ 0\oplus 1=1，\ 1\oplus 0=1，\ 1\oplus 1=0$$

这样的二元运算称为模 2 加法。集合$G=\{0,1\}$在模 2 加法下是一个群。由模 2 加法$\oplus$的定义可知，G在下是封闭的，同时$\oplus$满足交换律、结合律。元素 0 是单位元，0 的逆元是它本身，1 的逆元也是它本身。这样，定义了$\oplus$的G也是一个交换群。

群中元素的个数称为群的阶，有限阶的群称为有限群。对于任意正整数m，可以在一个非常类似于实数加法的二元运算下构造一个m阶的群。

下面在群的基础上引出另一种代数系统——域。

B.2 域

简单地说，域是一组元素的集合，在这个集合中进行加、减、乘、除运算后，运算结果仍在这个集合中，并且加法和乘法必须满足交换律、结合律和分配律。域的具体定义如下。

定义 B.2 设F为一组元素的集合，在其上定义了加法"+"和乘法"·"两种二元运算。如果满足下列条件，则集合F与这两种二元运算"+"和"·"一起称为域。

（1）在加法"+"下，F是一个交换群。关于加法运算的单位元称为F的零元或加法单位元，记为 0。

（2）F中的非零元素在乘法"·"下构成一个交换群。关于乘法运算的单位元称为F的幺元或乘法单位元，记为 1。

（3）乘法对加法满足分配律，即对于F中任意三个元素a、b、c，有

$$a\cdot(b+c)=a\cdot b+a\cdot c$$

从定义 B.2 可以看出，一个域至少包含两个元素，即加法单位元和乘法单位元。

域中元素的个数称为域的阶，一个含有限个元素的域称为有限域。在一个域中，元素a的加法逆元记为$-a$；当$a\neq 0$时，a的乘法逆元记为a^{-1}。域中一个元素a减去域中另一个元素b定义为a加上b的加法逆元$-b$，即$a-b=a+(-b)$。如果b是一个非零元素，a除以b定义为用a乘b的乘法逆元b^{-1}，即$a\div b=a\cdot(b^{-1})$。

根据域的定义，可以得到域的以下性质。

（1）对于域中任一元素a，有$a\cdot 0=0\cdot a=0$。

（2）对于域中任意两个非零元素a和b，有$a\cdot b\neq 0$。

（3）若$a\cdot b=0$且$a\neq 0$，则$b=0$。

（4）对于域中任意两个元素a和b，有$-(a\cdot b)=(-a)\cdot b=a\cdot(-b)$

（5）若$a\neq 0$且$a\cdot b=a\cdot c$，则$b=c$。

容易验证实数集在实数加法和乘法下是一个域，该域有无穷多个元素。下面给出两个有限域的例子。

例 B.2 设集合$G=\{0,1\}$，在集合G上定义的模 2 加法和模 2 乘法分别如表 B.1 和表 B.2 所示。可以证明$G=\{0,1\}$在模 2 加法下是一个交换群，$\{1\}$在模 2 乘法下是一个交换群。只要简单地计算$a\cdot(b+c)$和$a\cdot b+a\cdot c$在a、b、c的可能组合（$a=\{0,1\}$，$b=\{0,1\}$，$c=\{0,1\}$）下的

结果，就容易验证模 2 乘法对模 2 加法满足分配律。因此，集合 $G=\{0,1\}$ 在模 2 加法和模 2 乘法下是一个含两个元素的域。

以上所给的域 G 通常称为二元域，记作 $\mathrm{GF}(2)$。二元域 $\mathrm{GF}(2)$ 在编码理论中发挥着重要的作用，并被广泛地应用于数字计算机和数字数据通信（或存储）系统。

表 B.1　模 2 加法

+	0	1
0	0	1
1	1	0

表 B.2　模 2 乘法

•	0	1
0	0	0
1	0	1

例 B.3　设 p 是一个素数，由群的定义可知，整数集合 $\{0,1,2,\cdots,p-1\}$ 在模 p 加法下是一个交换群，非零元素集合 $\{1,2,\cdots,p-1\}$ 在模 p 乘法下是一个交换群。根据模 p 加法和模 p 乘法的定义，以及实数乘法对实数加法满足分配律的结论，可以证明模 p 乘法对模 p 加法也满足分配律。因此，集合 $\{0,1,2,\cdots,p-1\}$ 在模 p 加法和模 p 乘法下是一个 p 阶域。因为这个域是由一个素数 p 构造的，所以称为素域，记作 $\mathrm{GF}(p)$，当 $p=2$ 时，它就是二元域 $\mathrm{GF}(2)$。

令 $p=7$，模 7 加法和模 7 乘法分别由表 B.3 和表 B.4 给出。整数集合 $\{0,1,2,3,4,5,6\}$ 在模 7 加法和模 7 乘法下是一个含有 7 个元素的域，记为 $\mathrm{GF}(7)$。加法表也可用来做减法。例如，如果计算 3 减 6，首先用加法表找到 6 的加法逆元 1，然后用 1 加上 3 可得到结果，即 $3-6=3+(-6)=3+1=4$。对于除法，可以用乘法表。例如，计算 3 除以 2，首先找到 2 的乘法逆元 4，然后用 3 乘 4 可得到结果，即 $3\div 2=3\cdot(2^{-1})=3\cdot 4=5$。因此，一个有限域中的加、减、乘、除与普通算术计算类似。

表 B.3　模 7 加法

+	0	1	2	3	4	5	6
0	0	1	2	3	4	5	6
1	1	2	3	4	5	6	0
2	2	3	4	5	6	0	1
3	3	4	5	6	0	1	2
4	4	5	6	0	1	2	3
5	5	6	0	1	2	3	4
6	6	0	1	2	3	4	5

表 B.4　模 7 乘法

·	0	1	2	3	4	5	6
0	0	0	0	0	0	0	0
1	0	1	2	3	4	5	6
2	0	2	4	6	1	3	5
3	0	3	6	2	5	1	4
4	0	4	1	5	2	6	3
5	0	5	3	1	6	4	2
6	0	6	5	4	3	2	1

例 B.3 证明了对于任意的素数 p，都存在一个含 p 个元素的有限域。事实上，对于任意正整数 m，都可以把一个素域 $\mathrm{GF}(p)$ 扩展成为一个有 p^m 个元素的域，称为 $\mathrm{GF}(p)$ 的扩域，记作 $\mathrm{GF}(p^m)$。更进一步地说，已经证明任何有限域的阶都是一个素数的幂。为纪念它们的发现者，有限域也称为伽罗华域。

对于有限域 $\mathrm{GF}(q)$ 上的乘法单位元 1 的和，可以证明必然存在一个使得 $\sum_{i=1}^{\lambda}1=0$ 的最小正整数 λ，这个整数 λ 称为域 $\mathrm{GF}(q)$ 的特征值。二元域 $\mathrm{GF}(2)$ 的特征值为 2，因为 1+1=0。素域 $\mathrm{GF}(p)$ 的特征值为 p，因为对 $1<k<p$，$\sum_{i=1}^{k}1=k\neq 0$，而 $\sum_{i=1}^{p}1=0$。也可以证明，有限域的特征值 λ 是一个素数。

令a为GF(q)中的非零元素。因为GF(q)中的非零元素的集合在乘法下是封闭的，下列a的幂

$$a^1 = a，\ a^2 = a \cdot a，\ a^3 = a \cdot a \cdot a \cdots$$

必然也是GF(q)中的非零元素。由于GF(q)中只含有有限个元素，所给的a的幂不可能各不相同。因此，在a的幂序列的某处必然出现重复，也就是说，必然存在两个正整数k和m，使得$m > k$且$a^k = a^m$。令a^{-1}为a的乘法逆元，则$(a^{-1})^k = a^{-k}$是a^k的乘法逆元。在$a^k = a^m$的两端同时乘a^{-k}，得

$$1 = a^{m-k}$$

这个等式说明必然存在一个使得公式成立的最小正整数n。这个整数n称为域元素a的阶。因此，序列$a^1, a^2, a^3, \cdots$在$a^n = 1$后将出现重复，幂$a^1, a^2, a^3, \cdots, a^{n-1}, a^n = 1$是互不相同的。可以证明：

（1）设a为有限域GF(q)中的一个非零元素，则$a^{q-1} = 1$。

（2）设a为有限域GF(q)中的一个非零元素，n为a的阶，则n必定能整除$q-1$。

在有限域GF(q)中，如果a的阶为$q-1$，则非零元素称为本原元。因此，本原元的幂生成了有限域GF(q)中的所有非零元素。任何一个有限域都有一个本原元。

表B.3和表B.4描述的素域GF(7)的特征值是7。如果用乘法表在GF(7)中计算整数3的幂，有

$$3^1 = 3，\ 3^2 = 3 \cdot 3 = 2，\ 3^3 = 3 \cdot 3^2 = 6$$

$$3^4 = 3 \cdot 3^3 = 4，\ 3^5 = 3 \cdot 3^4 = 5，\ 3^6 = 3 \cdot 3^5 = 1$$

因此，整数3的阶是6，3是GF(7)的本原元。GF(7)中的整数4的幂为

$$4^1 = 4，\ 4^2 = 4 \cdot 4 = 2，\ 4^3 = 4 \cdot 4^2 = 1$$

显然，整数4的阶是3，是6的因数。

代数编码理论、码的构造和译码的很大一部分内容都是围绕有限域建立起来的。因为有限域算术和普通的算术非常相似，大部分普通算术的规则都能应用到有限域算术中，所以大部分的代数技巧都能够应用到有限域的计算中。

B.3 二元域上的多项式

通常情况下，可以通过任意伽罗华域GF(q)中的符号构造码，其中，q要么是一个素数p，要么是p的幂。然而，在数字通信和存储系统中最常用的还是由二元域GF(2)或其扩域GF(2^m)构造出的码，这是因为在这些系统中由于实际的原因，信息往往使用二进制码形式。在本书中，我们只关心二进制码和从GF(2^m)中的符号生成的码。本书中的大部分结果都可以推广到$q \neq 2$或2^m的任意有限域GF(q)生成的码。在本附录中，我们讨论二元域GF(2)上的算术，这会在本书中用到。

在二元算术中我们采用分别在表B.1和表B.2中定义的模2加法和模2乘法。除认为2等于0（1+1=2=0）外，这种算术和普通的算术实际上是相同的。注意到1+1=0，$1 = -1$，因此，在二元算术中，减法和加法是相同的。为了说明普通算术可以用到二元算术中的思想，考虑下列方程组：

$$\begin{cases} X+Y=1 \\ X+Z=0 \\ X+Y+Z=1 \end{cases}$$

这个方程组可以这样解：把第一个方程与第三个方程相加，得到$Z=0$；因为$Z=0$及$X+Z=0$，得$X=0$；因为$X=0$及$X+Y=1$，得$Y=1$。可以将解代入原方程组来验证它们是否正确。

下面，我们考虑系数是二元域GF(2)中元素的多项式的计算。以X为变量，GF(2)中元素为系数的多项式$f(X)$有如下形式：

$$f(X)=f_0+f_1X+f_2X^2+\cdots+f_nX^n$$

式中，$f_i=0$或1，$0\leqslant i\leqslant n$。多项式的次数是系数非零的X的最高幂次。对前面的多项式，如果$f_n=1$，则$f(X)$是一个n次多项式；如果$f_n=0$，则$f(X)$是一个低于n次的多项式，$f(X)=f_0$的次数是0。在后面的讨论中，用"GF(2)上的多项式"来表示"以GF(2)中元素为系数的多项式"。GF(2)上有2个一次多项式，即X和$1+X$；4个二次多项式，即X^2、$1+X^2$、$X+X^2$和$1+X+X^2$。一般来说，GF(2)上有2^n个n次多项式。

GF(2)上的多项式可以按通常的方式进行多项式的加法、减法、乘法和除法运算。令

$$g(X)=g_0+g_1X+g_2X^2+\cdots+g_mX^m$$

为GF(2)上的另一个多项式。$f(X)$和$g(X)$相加，只需简单地把$f(X)$和$g(X)$中X的同次幂的系数按如下方式加起来即可（假设$m\leqslant n$）：

$$f(X)+g(X)=(f_0+g_0)+(f_1+g_1)X+\cdots+(f_m+g_m)X^m+f_{m+1}X^{m+1}+\cdots+f_nX^n$$

式中，f_i+g_i使用模2加法。例如，当$a(X)=1+X+X^3+X^5$和$b(X)=1+X^2+X^3+X^4+X^7$相加时，可得到下面的和：

$$a(X)+b(X)=(1+1)+X+X^2+(1+1)X^3+X^4+X^5+X^7=X+X^2+X^4+X^5+X^7$$

当$f(X)$和$g(X)$相乘时，可得到下面的积：

$$f(X)\cdot g(X)=c_0+c_1X+c_2X^2+\cdots+c_{n+m}X^{n+m}$$

式中，

$$\begin{gathered} c_0=f_0g_0,\ c_1=f_0g_1+f_1g_0,\ c_2=f_0g_2+f_1g_1+f_2g_0 \\ \vdots \\ c_i=f_0g_i+f_1g_{i-1}+f_2g_{i-2}+\cdots+f_ig_0 \\ \vdots \\ c_{n+m}=f_ng_m \end{gathered} \tag{B-3-1}$$

系数的加法和乘法都是模2运算。根据式（B-3-1），明显可以得到，如果$g(X)=0$，则

$$f(X)\cdot 0=0 \tag{B-3-2}$$

可以很容易地验证GF(2)上的多项式满足下列结论：

（1）交换律：

$$a(X)+b(X)=b(X)+a(X),\ a(X)\cdot b(X)=b(X)\cdot a(X)$$

（2）结合律：

$$a(X)+[b(X)+c(X)]=[a(X)+b(X)]+c(X)$$
$$a(X)\cdot[b(X)\cdot c(X)]=[a(X)\cdot b(X)]\cdot c(X)$$

（3）分配律：

$$a(X)\cdot[b(X)+c(X)]=[a(X)\cdot b(X)]+[a(X)\cdot c(X)] \tag{B-3-3}$$

假设 $g(X)$ 的次数不为零，当 $f(X)$ 除以 $g(X)$ 时，可得到GF(2)上的唯一的一对多项式，分别称为商式 $q(X)$ 和余式 $r(X)$，满足

$$f(X)=q(X)g(X)+r(X)$$

且 $r(X)$ 的次数低于 $g(X)$ 的次数，上面的表达式就是著名的欧几里得除法。例如，用 $f(X)=1+X+X^4+X^5+X^6$ 除以 $g(X)=1+X+X^3$，采用长除法规则，有

$$\begin{array}{r|l}
 & X^3+X^2 \qquad \text{（商式）} \\ \hline
X^3+X+1 & X^6+X^5+X^4 \qquad\qquad +X+1 \\
 & X^6 \qquad +X^4+X^3 \\ \cline{2-2}
 & \qquad X^5 \qquad +X^3 \qquad +X+1 \\
 & \qquad X^5 \qquad +X^3+X^2 \\ \cline{2-2}
 & \qquad\qquad\qquad X^2+X+1 \quad \text{（余式）}
\end{array}$$

可以很容易地验证：

$$X^6+X^5+X^4+X+1=(X^3+X^2)(X^3+X+1)+X^2+X+1$$

当 $f(X)$ 被 $g(X)$ 除时，若余式 $r(X)$ 的根等于 0，则称 $f(X)$ 能被 $g(X)$ 整除，$g(X)$ 是 $f(X)$ 的一个因式。

对于实数，如果 a 是多项式 $f(X)$ 的根，则 $f(X)$ 能被 $X-a$ 整除（这可由欧几里得除法得到）。该结论对GF(2)上的 $f(X)$ 仍然成立。例如，令 $f(X)=1+X^2+X^3+X^4$，将 $X=1$ 代入式中，得到

$$f(1)=1+1^2+1^3+1^4=1+1+1+1=0$$

因此，$f(X)$ 有一个根为 1，它应该能被 $X+1$ 整除，如下所示：

$$\begin{array}{r|l}
 & X^3+X+1 \\ \hline
X+1 & X^4+X^3+X^2 \qquad +1 \\
 & X^4+X^3 \\ \cline{2-2}
 & \qquad\quad X^2 \qquad +1 \\
 & \qquad\quad X^2+X \\ \cline{2-2}
 & \qquad\qquad\quad X \quad +1 \\
 & \qquad\qquad\quad X \quad +1 \\ \cline{2-2}
 & \qquad\qquad\qquad 0
\end{array}$$

对GF(2)上的多项式 $f(X)$，若其含有的项数为偶数，则其能被 $X+1$ 整除。GF(2)上的 m 次多项式 $p(X)$ 若不能被GF(2)上任意次数小于 m 且大于0的多项式整除，则称 $p(X)$ 在GF(2)上是不可约的。在4个二次多项式中，X^2、X^2+1、X^2+X 都是可约的，因为它们要么可以被 X 整除，要么可以被 $X+1$ 整除；然而，0和1都不是 X^2+X+1 的根，因此 X^2+X+1 不能被任何一次多项式整除。因此，X^2+X+1 是二次不可约多项式。多项式 X^3+X+1 是三次不可约多项式。首先，注意到0和1都不是 X^3+X+1 的根，因此 X^3+X+1 不能被 X 或 $X+1$ 整除。因为 X^3+X+1 不能被任何一次多项式整除，也就不能被二次多项式整除，所以它在GF(2)上

是不可约的。可以验证 X^4+X+1 是四次不可约多项式。已经证明，对任意 $m\geqslant 1$，都存在一个 m 次不可约多项式。下面给出一个关于GF(2)上不可约多项式的定理（不做证明）。

定理 B.1　GF(2)上的任意 m 次不可约多项式能整除 $X^{2^m-1}+1$。

举一个定理B.1的例子，可以验证 $X^{2^3-1}+1=X^7+1$ 能被 X^3+X+1 整除：

$$
\begin{array}{r|lllllll}
 & X^4 & & +X^2 & +X & +1 & & \\
\hline
X^3+X+1 & X^7 & & & & & & +1 \\
 & X^7 & & X^5+X^4 & & & & \\
\cline{2-8}
 & & & X^5+X^4 & & & & +1 \\
 & & & X^5 & & +X^3+X^2 & & +1 \\
\cline{4-8}
 & & & & X^4+X^3+X^2 & & & +1 \\
 & & & & X^4 & +X^2+X & & \\
\cline{5-8}
 & & & & & X^3 & & +X+1 \\
 & & & & & X^3 & & +X+1 \\
\cline{6-8}
 & & & & & & & 0
\end{array}
$$

m 次不可约多项式 $p(X)$ 若满足能被 $p(X)$ 整除的 X^n+1 的最小正整数 n 为 2^m-1，则称 $p(X)$ 为本原多项式。可以验证 $p(X)=X^4+X+1$ 能整除 $X^{15}+1$，但是不能整除任何 X^n+1（$1\leqslant n\leqslant 15$）。因此，X^4+X+1 是一个本原多项式。多项式 $X^4+X^3+X^2+X+1$ 是不可约的，但不是本原的，因为它能整除 X^5+1。对于一个给定的 m，可能存在不止一个 m 次本原多项式。表B.5给出了一个本原多项式列表。对于每个 m，只列出了一个项数最少的本原多项式。

表 B.5　本原多项式列表

m	本原多项式	m	本原多项式
3	$1+X+X^3$	14	$1+X+X^6+X^{10}+X^{14}$
4	$1+X+X^4$	15	$1+X+X^{15}$
5	$1+X^2+X^5$	16	$1+X+X^3+X^{12}+X^{16}$
6	$1+X+X^6$	17	$1+X^3+X^{17}$
7	$1+X^3+X^7$	18	$1+X^7+X^{18}$
8	$1+X^2+X^3+X^4+X^8$	19	$1+X+X^2+X^5+X^{19}$
9	$1+X^4+X^9$	20	$1+X^3+X^{20}$
10	$1+X^3+X^{10}$	21	$1+X^2+X^{21}$
11	$1+X^2+X^{11}$	22	$1+X+X^{22}$
12	$1+X+X^4+X^6+X^{12}$	23	$1+X^5+X^{23}$
13	$1+X+X^3+X^4+X^{13}$	24	$1+X+X^2+X^7+X^{24}$

引出GF(2)上多项式的另一个有用的性质，考虑

$$
\begin{aligned}
f^2(X) &= (f_0+f_1X+\cdots+f_nX^n)^2 \\
&= [f_0+(f_1X+f_2X^2+\cdots+f_nX^n)]^2 \\
&= f_0^2+f_0\cdot(f_1X+f_2X^2+\cdots+f_nX^n)+
\end{aligned}
$$

$$f_0 \cdot (f_1 X + f_2 X^2 + \cdots + f_n X^n) +$$
$$(f_1 X + f_2 X^2 + \cdots + f_n X^n)^2$$
$$= f_0^2 + (f_1 X + f_2 X^2 + \cdots + f_n X^n)^2$$

反复展开前面的等式，最终可以得到

$$f^2(X) = f_0^2 + (f_1 X)^2 + (f_2 X^2)^2 + \cdots + (f_n X^n)^2$$

因为 $f_i = 0$ 或1，$f_i^2 = f_i$。因此，有

$$f^2(X) = f_0^2 + f_1 X^2 + f_2 (X^2)^2 + \cdots + f_n (X^2)^n = f(X^2) \tag{B-3-4}$$

根据式（B-3-4），对于任意 $i \geqslant 0$，有

$$[f(X)]^{2^i} = f(X^{2^i}) \tag{B-3-5}$$

B.4 伽罗华域 GF(2^m) 的构造

下面给出一种由二元域 GF(2) 构造含有 2^m（$m > 1$）个元素的伽罗华域的方法。

令 $p(X)$ 是 GF(2) 上的一个 m 次本原多项式，α 是 $p(X)$ 的一个根（$p(\alpha) = 0$）。对于 GF(2) 中的两个元素 0、1 和一级元素 α，定义以下乘法“·”：

$$\alpha^j = \alpha \cdot \alpha \cdot \cdots \cdot \alpha \quad (j \text{次})$$

$$0 \cdot \alpha^j = \alpha^j \cdot 0 = 0, \quad 1 \cdot \alpha^j = \alpha^j \cdot 1 = 1, \quad \alpha^i \cdot \alpha^j = \alpha^j \cdot \alpha^i = \alpha^{i+j}$$

设集合 $F^* = \{0, \alpha^0, \alpha^1, \alpha^2, \cdots, \alpha^{2^m - 2}\}$，可以证明 F^* 中的任意非零元素可以由 GF(2) 中的多项式 $f(x) = f_0 + f_1 x + \cdots f_{m-1} x^{m-1}$，$f_i \in \{0,1\}$，$i = 0,1,\cdots,m-1$ 唯一表示，F^* 中的零元素可以用零多项式表示，即 F^* 中的 2^m 个互异元素可以用 GF(2) 中的 2^m 个互异的 α 的 $m-1$ 次或更低次的多项式表示。具体表示形式可以用 $p(X)$ 去除多项式 X^i 得到，即

$$X^i = q_i(X) p(X) + a_i(X), \quad a_i(X) = a_{i,0} + a_{i,1} X + a_{i,2} X^2 + \cdots + a_{i,m-1} X^{m-1}$$

$$\alpha^i = a_i(\alpha) = a_{i,0} + a_{i,1}\alpha + a_{i,2}\alpha^2 + \cdots + a_{i,m-1}\alpha^{m-1}$$

现在定义 F^* 上的加法“+”如下：

$$0+0=0$$

且对 $0 \leqslant i, j < 2^m - 1$，$0 + \alpha^i = \alpha^i + 0 = \alpha^i$，

$$\alpha^i + \alpha^j = (a_{i,0} + a_{i,1}\alpha + \cdots + a_{i,m-1}\alpha^{m-1}) + (a_{j,0} + a_{j,1}\alpha + \cdots + a_{j,m-1}\alpha^{m-1})$$
$$= (a_{i,0} + a_{j,0}) + (a_{i,1} + a_{j,1})\alpha + \cdots + (a_{i,m-1} + a_{j,m-1})\alpha^{m-1}$$

式中，对于 $0 \leqslant k < m$，$a_{i,k} + a_{j,k}$ 使用的是模 2 加法。从上式可以看出，对于 $i = j$，有

$$\alpha^i + \alpha^i = 0$$

对于 $i \neq j$，$(a_{i,0} + a_{j,0}) + (a_{i,1} + a_{j,1})\alpha + \cdots + (a_{i,m-1} + a_{j,m-1})\alpha^{m-1}$ 是非零的且必然是 F^* 中的某个 α^k 的多项式表达式。

在以上定义的乘法和加法运算下，集合 $F^* = \{0, \alpha^0, \alpha^1, \alpha^2, \cdots, \alpha^{2^m - 2}\}$ 是一个含有 2^m 个元素的伽罗华域 GF(2^m)。

例如，设 $m = 4$，多项式 $p(X) = 1 + X + X^4$ 是 GF(2) 上的一个本原多项式。设 $p(\alpha) = 1 + \alpha + \alpha^4 = 0$，即 $\alpha^4 = 1 + \alpha$，用这个关系式可以构造 GF(2^4)。表 B.6 给出了 GF(2^4) 中的所有元素。在构造 GF(2^4) 元素的多项式表达式时，重复使用等式 $\alpha^4 = 1 + \alpha$。

GF(2^m)中的域元素还有另一种有用的表示方法，令 $a_0 + a_1\alpha + a_2\alpha^2 + \cdots + a_{m-1}\alpha^{m-1}$ 为域中一个元素 β 的多项式表达式，可以将 β 表示为 m 个元素的有序序列，称为 m 维向量，如下所示：

$$(a_0, a_1, a_2, \cdots, a_{m-1})$$

式中，m 个元素就是 β 的多项式表达式的 m 个系数。很明显，β 的多项式表达式与它的 m 维向量之间存在一一对应的关系。GF(2^m)中的零元素可以用 m 维零向量(0,0,$\cdots$,0)表示。令 $(b_0, b_1, \cdots, b_{m-1})$ 为GF(2^m)中 γ 的 m 维向量表达式。将 β 和 γ 相加，只需简单地将它们的 m 维向量中的对应元素相加：

$$(a_0 + b_0, a_1 + b_1, \cdots, a_{m-1} + b_{m-1})$$

式中，$a_i + b_i$ 使用的是模 2 加法。显然，得到的 m 维向量就是 $\beta + \gamma$ 的多项式表达式的系数。GF(2^4)中所有元素的三种表示方法都在表 B.6 中给出了。

表 B.6 由 $p(X) = 1 + X + X^4$ 生成的 GF(2^4)的元素的三种表示方法

幂 表 示	多项式表示	4 维向量表示
0	0	(0000)
1	1	(1000)
α	α	(0100)
α^2	α^2	(0010)
α^3	α^3	(0001)
α^4	$1+\alpha$	(1100)
α^5	$\alpha+\alpha^2$	(0110)
α^6	$\alpha^2+\alpha^3$	(0011)
α^7	$1+\alpha+\alpha^3$	(1101)
α^8	$1+\alpha^2$	(1010)
α^9	$\alpha+\alpha^3$	(0101)
α^{10}	$1+\alpha+\alpha^2$	(1110)
α^{11}	$\alpha+\alpha^2+\alpha^3$	(0111)
α^{12}	$1+\alpha+\alpha^2+\alpha^3$	(1111)
α^{13}	$1+\alpha^2+\alpha^3$	(1011)
α^{14}	$1+\alpha^3$	(1001)

B.5 最小多项式

下面给出伽罗华域的几条性质和最小多项式的概念，这些是 BCH 码设计中经常用到的知识。

定理 B.2 设 $f(X)$ 是 GF(2) 中元素为系数的一个多项式，β 是 GF(2) 扩域中的一个元素。如果 β 是 $f(X)$ 的一个根，则对于任意 t，β^{2^t} 也是 $f(X)$ 的根。

元素 β^{2^t} 称为 β 的一个共轭。定理 B.2 说明，如果GF(2^m)中的一个元素 β 是GF(2)中的多项式 $f(X)$ 的一个根，则所有 β 的互异共轭是GF(2^m)中的元素也是 $f(X)$ 的根。例如，对于多项式 $f(X) = 1 + X^3 + X^4 + X^5 + X^6$，由表 B.6 中给出的GF($2^4$)中的一个元素 α^4 是它的一个

根。为验证这一点，根据表 B.6 和 $\alpha^{15}=1$，有

$$f(\alpha^4)=1+\alpha^{12}+\alpha^{16}+\alpha^{20}+\alpha^{24}=1+\alpha^{12}+\alpha+\alpha^5+\alpha^9$$
$$=1+(1+\alpha+\alpha^2+\alpha^3)+\alpha+(\alpha+\alpha^2)+(\alpha+\alpha^3)=0$$

α^4 的共轭为 $(\alpha^4)^2=\alpha^8$，$(\alpha^4)^{2^2}=\alpha^{16}=\alpha$，$(\alpha^4)^{2^3}=\alpha^{32}=\alpha^2$。

因为 $(\alpha^4)^{2^4}=\alpha^{64}=\alpha^4$，根据定理 B.2，$\alpha^8$、$\alpha$、$\alpha^2$ 必然也是 $f(X)=1+X^3+X^4+X^5+X^6$ 的根。可以验证 α^5 和它的共轭 α^{10} 是 $f(X)=1+X^3+X^4+X^5+X^6$ 的根。因此，$f(X)=1+X^3+X^4+X^5+X^6$ 在 $\mathrm{GF}(2^4)$ 中有 6 个互异的根。

令 $\phi(X)$ 为 GF(2) 中满足 $\phi(\beta)=0$ 的最低次数的多项式（容易验证 $\phi(X)$ 是唯一的），多项式 $\phi(X)$ 称为 β 的最小多项式。

定理 B.3 域中元素 β 的最小多项式 $\phi(X)$ 是不可约的。

定理 B.4 设 $\phi(X)$ 是 $\mathrm{GF}(2^m)$ 中元素 β 的最小多项式，e 是满足 $\beta^{2^e}=\beta$ 的最小整数，则

$$\phi(X)=\prod_{i=0}^{e-1}(X+\beta^{2^i})$$

例 B.4 考虑表 B.6 中给出的伽罗华域 $\mathrm{GF}(2^4)$。令 $\beta=\alpha^3$，则 β 的共轭如下：

$$\beta^2=\alpha^6，\ \beta^{2^2}=\alpha^{12}，\ \beta^{2^3}=\alpha^{24}=\alpha^9$$

$\beta=\alpha^3$ 的最小多项式为

$$\phi(X)=(X+\alpha^3)(X+\alpha^6)(X+\alpha^{12})(X+\alpha^9)$$

用表 B.6 将上式右端乘积展开得

$$\phi(X)=\left[X^2+(\alpha^3+\alpha^6)X+\alpha^9\right]\left[X^2+(\alpha^{12}+\alpha^9)X+\alpha^{21}\right]$$
$$=(X^2+\alpha^2X+\alpha^9)(X^2+\alpha^8X+\alpha^6)$$
$$=X^4+(\alpha^2+\alpha^8)X^3+(\alpha^6+\alpha^{10}+\alpha^9)X^2+(\alpha^{17}+\alpha^8)X+\alpha^{15}$$
$$=X^4+X^3+X^2+X+1$$

下面的例子给出了求域中元素的最小多项式的另一种方法。

例 B.5 假设要确定 $\mathrm{GF}(2^4)$ 中 $\gamma=\alpha^7$ 的最小多项式 $\phi(X)$。γ 的互异共轭为

$$\gamma^2=\alpha^{14}，\ \gamma^{2^2}=\alpha^{28}=\alpha^{13}，\ \gamma^{2^3}=\alpha^{56}=\alpha^{11}$$

因此，$\phi(X)$ 的次数为 4，且必然可以表示为如下形式：

$$\phi(X)=a_0+a_1X+a_2X^2+a_3X^3+X^4$$

将 $X=\gamma$ 代入上式中，得

$$\phi(\gamma)=a_0+a_1\gamma+a_2\gamma^2+a_3\gamma^3+\gamma^4=0$$

在上式中采用 γ、γ^2、γ^3 和 γ^4 的多项式形式，可以得到下面的结果：

$$a_0+a_1(1+\alpha+\alpha^3)+a_2(1+\alpha^3)+a_3(\alpha^2+\alpha^3)+(1+\alpha^2+\alpha^3)=0$$
$$(a_0+a_1+a_2+1)+a_1\alpha+(a_3+1)\alpha^2+(a_1+a_2+a_3+1)\alpha^3=0$$

上式要成立，其系数必然等于 0，即

$$\begin{cases}a_0+a_1+a_2+1=0\\a_1=0\\a_3+1=0\\a_1+a_2+a_3+1=0\end{cases}$$

求解上述线性方程组，得 $a_0=1$，$a_1=a_2=0$，$a_3=1$。因此，$\gamma=\alpha^7$ 的最小多项式 $\phi(X)=1+X^3+X^4$。表 B.7 给出了 GF(2^4) 中所有元素的最小多项式。

定理 B.5　令 $\phi(X)$ 为 GF(2^m) 中元素 β 的最小多项式，e 为 $\phi(X)$ 的次数，则 e 是满足 $\beta^{2^e}=\beta$ 的最小整数，并且有 $e\leqslant m$。

特别地，GF(2^m) 中任意元素的最小多项式的次数能够整除 m。该性质的证明从略。表 B.7 说明了 GF(2^4) 中每个元素的最小多项式的次数能够整除 4。

表 B.7　GF(2^4) 中所有元素的最小多项式

共　轭　根	最小多项式
0	X
1	$X+1$
$\alpha,\alpha^2,\alpha^4,\alpha^8$	X^4+X+1
$\alpha^3,\alpha^6,\alpha^9,\alpha^{12}$	$X^4+X^3+X^2+X+1$
α^5,α^{10}	X^2+X+1
$\alpha^7,\alpha^{11},\alpha^{13},\alpha^{14}$	X^4+X^3+1

在伽罗华域 GF(2^m) 的构造中，用到了 m 次本原多项式 $p(X)$ 且要求元素 α 是 $p(X)$ 的一个根。因为 α 的幂可生成 GF(2^m) 的所有非零元素，所以 α 是一个本原元。

定理 B.6　若 β 是 GF(2^m) 的一个本原元，则 β 的所有共轭 $\beta^2,\beta^{2^2},\cdots$ 也是 GF(2^m) 的本原元。

在 BCH 码和里德-所罗门码等码的译码中，经常用到 GF(2^m) 上的计算，下面举一个 GF(2^m) 上算术的计算例子。例如，考虑 GF(2^4) 上的下列线性方程组（见表 B.7）：

$$X+\alpha^7Y=\alpha^2,\quad \alpha^{12}X+\alpha^8Y=\alpha^4 \tag{B-5-1}$$

仅将式（B-5-1）的第二个方程两侧乘 α^3 得

$$X+\alpha^7Y=\alpha^2,\quad X+\alpha^{11}Y=\alpha^7$$

将上面两个方程相加，得

$$(\alpha^7+\alpha^{11})Y=\alpha^2+\alpha^7,\quad \alpha^8Y=\alpha^{12},\quad Y=\alpha^4$$

将 $Y=\alpha^4$ 代入式（B-5-1）的第一个方程，得 $X=\alpha^9$。因此，式（B-5-1）的解为 $X=\alpha^9$，$Y=\alpha^4$。

前面这种典型的计算，可以在通用计算机上通过简单的编程来实现。

附录 C　向量空间

设 V 是一个定义了二元运算加法“+”的集合，F 是一个域。在 F 中的元素和 V 中的元素之间定义一个乘法运算，记为“·”。若满足下列条件，则称集合 V 为域 F 上的一个向量空间：

（1）V 对于加法是一个交换群。

（2）对于 F 中的任意元素 a 和 V 中的任意元素 $\boldsymbol{v}$，$a\cdot\boldsymbol{v}$ 是 V 中的元素。

（3）（分配律）对于 V 中的任意元素 $\boldsymbol{u}$ 和 $\boldsymbol{v}$，以及 F 中的任意元素 a 和 b，有

$$a\cdot(\boldsymbol{u}+\boldsymbol{v})=a\cdot\boldsymbol{u}+a\cdot\boldsymbol{v},\quad (a+b)\cdot\boldsymbol{v}=a\cdot\boldsymbol{v}+b\cdot\boldsymbol{v}$$

（4）（结合律）对于任意 $\boldsymbol{v} \in V$ 和任意 $a, b \in F$，有

$$(a \cdot b) \cdot \boldsymbol{v} = a \cdot (b \cdot \boldsymbol{v})$$

（5）设 1 为 F 的乘法单位元，则对任意 $\boldsymbol{v} \in V$，$1 \cdot \boldsymbol{v} = \boldsymbol{v}$。

V 中的元素称为向量，F 中的元素称为标量，V 中的加法称为向量加法，F 中的一个标量与 V 中的一个向量相乘得到 V 中的一个向量的乘法称为标乘或标积，V 中的加法单位元记为 0。

根据上述定义，可以得到域 F 上向量空间 V 的一些基本性质。

性质 1 设 0 为域 F 的加法单位元，则对 V 中的任意向量 $\boldsymbol{v}$，$0 \cdot \boldsymbol{v} = 0$。

证明：因为在 F 中，1+0=1，有 $1 \cdot \boldsymbol{v} = (1+0) \cdot \boldsymbol{v} = 1 \cdot \boldsymbol{v} + 0 \cdot \boldsymbol{v}$。由前述向量空间定义中的条件得 $\boldsymbol{v} = \boldsymbol{v} + 0 \cdot \boldsymbol{v}$。令 $-\boldsymbol{v}$ 为 $\boldsymbol{v}$ 的加法逆元，在 $\boldsymbol{v} = \boldsymbol{v} + 0 \cdot \boldsymbol{v}$ 的两端同时加上 $-\boldsymbol{v}$ 得到

$$0 = 0 + 0 \cdot \boldsymbol{v}$$

$$0 = 0 \cdot \boldsymbol{v}$$

性质 2 对 F 中的任意标量 c，$c \cdot 0 = 0$。

性质 3 对 F 中的任意标量 c 和 V 中的任意向量 $\boldsymbol{v}$，有

$$(-c) \cdot \boldsymbol{v} = c \cdot (-\boldsymbol{v}) = -(c \cdot \boldsymbol{v})$$

也就是说，$(-c) \cdot \boldsymbol{v}$ 或 $c \cdot (-\boldsymbol{v})$ 是向量 $c \cdot \boldsymbol{v}$ 的加法逆元。

下面给出 GF(2) 上的向量空间，它在编码理论中起着核心的作用。设一个包含 n 个元素的有序序列为

$$(a_0, a_1, \cdots, a_{n-1})$$

式中，每个元素 a_i 是二元域 GF(2) 上的元素（$a_i = 0$ 或 1）。这个序列通常称为 GF(2) 上的 n 维向量。因为每个 a_i 有两种取值，所以可以构造出 2^n 种不同的 n 维向量。用 V_n 表示 GF(2) 上 2^n 个不同 n 维向量的集合。现在，定义 V_n 上的加法“+”如下：对于 V_n 中任意的 $\boldsymbol{u} = (u_1, u_2, \cdots, u_{n-1})$ 和 $\boldsymbol{v} = (v_1, v_2, \cdots, v_{n-1})$，有

$$\boldsymbol{u} + \boldsymbol{v} = (u_1 + v_1, u_2 + v_2, \cdots, u_{n-1} + v_{n-1}) \tag{C-1-1}$$

式中，$u_i + v_i$ 使用的是模 2 加法。显然，$\boldsymbol{u} + \boldsymbol{v}$ 也是 GF(2) 上的一个 n 维向量。因此，V_n 在式（C-1-1）定义的加法下是封闭的。可以验证 V_n 在式（C-1-1）定义的加法下是一个交换群。首先，注意到全零 n 维向量 $\boldsymbol{0} = (0, 0, \cdots, 0)$ 是加法单位元。对任意 $\boldsymbol{v} \in V_n$，有

$$\boldsymbol{v} + \boldsymbol{v} = (v_0 + v_0, v_1 + v_1, \cdots, v_{n-1} + v_{n-1}) = (0, 0, \cdots, 0) = \boldsymbol{0}$$

因此，V_n 中每个 n 维向量的加法逆元都是它本身。由于模 2 加法满足交换律和结合律，容易验证式（C-1-1）定义的加法也满足交换律和结合律。因此，V_n 在式（C-1-1）定义的加法下是一个交换群。

下面定义 V_n 中一个 n 维向量 $\boldsymbol{v}$ 与 GF(2) 中元素 a 的标乘规则如下：

$$a \cdot (v_0, v_1, \cdots, v_{n-1}) = (a \cdot v_0, a \cdot v_1, \cdots, a \cdot v_{n-1}) \tag{C-1-2}$$

式中，$a \cdot v_i$ 使用的是模 2 乘法。很明显，$a \cdot (v_0, v_1, \cdots, v_{n-1})$ 也是 V_n 中的一个 n 维向量。若 $a = 1$，则

$$1 \cdot (v_0, v_1, \cdots, v_{n-1}) = (1 \cdot v_0, 1 \cdot v_1, \cdots, 1 \cdot v_{n-1}) = (v_0, v_1, \cdots, v_{n-1})$$

容易证明向量加法和标乘分别满足分配律和结合律。因此，GF(2) 上所有 n 维向量的集合 V_n 构成 GF(2) 上的一个向量空间。

例 C.1 设 $n = 5$，GF(2) 上的所有 5 维向量组成的向量空间 V_5 由下面 32 个向量构成：

$$
\begin{array}{llll}
(0\ 0\ 0\ 0\ 0), & (0\ 0\ 0\ 0\ 1), & (0\ 0\ 0\ 1\ 0), & (0\ 0\ 0\ 1\ 1),\\
(0\ 0\ 1\ 0\ 0), & (0\ 0\ 1\ 0\ 1), & (0\ 0\ 1\ 1\ 0), & (0\ 0\ 1\ 1\ 1),\\
(0\ 1\ 0\ 0\ 0), & (0\ 1\ 0\ 0\ 1), & (0\ 1\ 0\ 1\ 0), & (0\ 1\ 0\ 1\ 1),\\
(0\ 1\ 1\ 0\ 0), & (0\ 1\ 1\ 0\ 1), & (0\ 1\ 1\ 1\ 0), & (0\ 1\ 1\ 1\ 1),\\
(1\ 0\ 0\ 0\ 0), & (1\ 0\ 0\ 0\ 1), & (1\ 0\ 0\ 1\ 0), & (1\ 0\ 0\ 1\ 1),\\
(1\ 0\ 1\ 0\ 0), & (1\ 0\ 1\ 0\ 1), & (1\ 0\ 1\ 1\ 0), & (1\ 0\ 1\ 1\ 1),\\
(1\ 1\ 0\ 0\ 0), & (1\ 1\ 0\ 0\ 1), & (1\ 1\ 0\ 1\ 0), & (1\ 1\ 0\ 1\ 1),\\
(1\ 1\ 1\ 0\ 0), & (1\ 1\ 1\ 0\ 1), & (1\ 1\ 1\ 1\ 0), & (1\ 1\ 1\ 1\ 1)
\end{array}
$$

$(1\ 0\ 1\ 1\ 1)$和$(1\ 1\ 0\ 0\ 1)$的向量和为

$$(1\ 0\ 1\ 1\ 1)+(1\ 1\ 0\ 0\ 1)=(0\ 1\ 1\ 1\ 0)$$

用式（C-1-2）定义的标乘规则，得到

$$0\cdot(1\ 1\ 0\ 1\ 0)=(0\cdot1\ \ 0\cdot1\ \ 0\cdot0\ \ 0\cdot1\ \ 0\cdot0)=(0\ 0\ 0\ 0\ 0)$$

$$1\cdot(1\ 1\ 0\ 1\ 0)=(1\cdot1\ \ 1\cdot1\ \ 1\cdot0\ \ 1\cdot1\ \ 1\cdot0)=(1\ 1\ 0\ 1\ 0)$$

任意域F上的所有n维向量构成的向量空间都能用类似的方式构造。

因为V是域F上的向量空间，V的子集S可能也是F上的向量空间。这样的子集称为V的一个子空间。

定理 C.1　设S为域F上向量空间V的一个非空子集。若满足下列条件，则S是V的一个子空间。

（1）对于S中的任意两个向量$\boldsymbol{u}$和$\boldsymbol{v}$，$\boldsymbol{u}+\boldsymbol{v}$也是$S$中的一个向量。

（2）对于F中的任意元素a和S中的任意向量$\boldsymbol{u}$，$a\cdot\boldsymbol{u}$也在S中。

证明：条件（1）和（2）说明S在V向量加法和标乘下是封闭的。条件（2）保证了S中任意向量$\boldsymbol{v}$的加法逆元$(-1)\cdot\boldsymbol{v}$也在S中，所以$\boldsymbol{v}+(-1)\cdot\boldsymbol{v}=\boldsymbol{0}$也在$S$中。因此，$S$是$V$的一个子群。由于$S$中的向量也是$V$中的向量，交换律和分配律在$S$中仍然成立，所以$S$是$F$上的一个向量空间，且是$V$的一个子空间。

例 C.2　考虑例 C.1 中所给的 GF(2) 上所有 5 维向量构成的向量空间V_5，集合

$$\{(0\ 0\ 0\ 0\ 0),(0\ 0\ 1\ 1\ 1),(1\ 1\ 0\ 1\ 0),(1\ 1\ 1\ 0\ 1)\}$$

满足定理 C.1 的两个条件，所以它是V_5的一个子空间。

设$\boldsymbol{v}_1,\boldsymbol{v}_2,\cdots,\boldsymbol{v}_k$为域$F$上向量空间$V$中的$k$个向量，$a_1,a_2,\cdots,a_k$是$F$上的$k$个标量。下面和式

$$a_1\boldsymbol{v}_1+a_2\boldsymbol{v}_2+\cdots+a_k\boldsymbol{v}_k$$

称为$\boldsymbol{v}_1,\boldsymbol{v}_2,\cdots,\boldsymbol{v}_k$的线性组合。显然，$\boldsymbol{v}_1,\boldsymbol{v}_2,\cdots,\boldsymbol{v}_k$的两个线性组合的和

$$(a_1\boldsymbol{v}_1+a_2\boldsymbol{v}_2+\cdots+a_k\boldsymbol{v}_k)+(b_1\boldsymbol{v}_1+b_2\boldsymbol{v}_2+\cdots+b_k\boldsymbol{v}_k)=(a_1+b_1)\boldsymbol{v}_1+(a_2+b_2)\boldsymbol{v}_2+\cdots+(a_k+b_k)\boldsymbol{v}_k$$

也是$\boldsymbol{v}_1,\boldsymbol{v}_2,\cdots,\boldsymbol{v}_k$的一个线性组合，且$F$中的标量$c$与$\boldsymbol{v}_1,\boldsymbol{v}_2,\cdots,\boldsymbol{v}_k$的线性组合的积

$$c\cdot(a_1\boldsymbol{v}_1+a_2\boldsymbol{v}_2+\cdots+a_k\boldsymbol{v}_k)=(c\cdot a_1)\boldsymbol{v}_1+(c\cdot a_2)\boldsymbol{v}_2+\cdots+(c\cdot a_k)\boldsymbol{v}_k$$

也是$\boldsymbol{v}_1,\boldsymbol{v}_2,\cdots,\boldsymbol{v}_k$的一个线性组合。由定理 C.1 可以得到下面的结论。

定理 C.2　设$\boldsymbol{v}_1,\boldsymbol{v}_2,\cdots,\boldsymbol{v}_k$为域$F$上向量空间$V$中的$k$个向量，则所有$\boldsymbol{v}_1,\boldsymbol{v}_2,\cdots,\boldsymbol{v}_k$的线性组合的集合构成$V$的一个子空间。

例 C.3　考虑例 C.2 给出的 GF(2) 上所有 5 维向量构成的向量空间V_5，$(0\ 0\ 1\ 1\ 1)$和$(1\ 1\ 1\ 0\ 1)$的线性组合为

$$0\cdot(0\ 0\ 1\ 1\ 1)+0\cdot(1\ 1\ 1\ 0\ 1)=(0\ 0\ 0\ 0\ 0)$$

$$0\cdot(0\ \ 0\ \ 1\ \ 1\ \ 1)+1\cdot(1\ \ 1\ \ 1\ \ 0\ \ 1)=(1\ \ 1\ \ 1\ \ 0\ \ 1)$$
$$1\cdot(0\ \ 0\ \ 1\ \ 1\ \ 1)+0\cdot(1\ \ 1\ \ 1\ \ 0\ \ 1)=(0\ \ 0\ \ 1\ \ 1\ \ 1)$$
$$1\cdot(0\ \ 0\ \ 1\ \ 1\ \ 1)+1\cdot(1\ \ 1\ \ 1\ \ 0\ \ 1)=(1\ \ 1\ \ 0\ \ 1\ \ 0)$$

这 4 个向量构成与例 C.2 相同的子空间。

域 F 上向量空间 V 的一组向量 $\boldsymbol{v}_1,\boldsymbol{v}_2,\cdots,\boldsymbol{v}_k$ 是线性相关的，当且仅当存在 F 中的 k 个不全为 0 的标量 $a_1,a_2,\cdots,a_k$ 时，使得

$$a_1\boldsymbol{v}_1+a_2\boldsymbol{v}_2+\cdots+a_k\boldsymbol{v}_k=\boldsymbol{0}$$

一组向量 $\boldsymbol{v}_1,\boldsymbol{v}_2,\cdots,\boldsymbol{v}_k$ 如果不是线性相关的，则称它是线性独立的。也就是说，如果 $\boldsymbol{v}_1,\boldsymbol{v}_2,\cdots,\boldsymbol{v}_k$ 是线性独立的，则除非 $a_1=a_2=\cdots=a_k=0$，否则

$$a_1\boldsymbol{v}_1+a_2\boldsymbol{v}_2+\cdots+a_k\boldsymbol{v}_k\neq\boldsymbol{0}$$

例 C.4　向量 $(1\ \ 0\ \ 1\ \ 1\ \ 0)$、$(0\ \ 1\ \ 0\ \ 0\ \ 1)$ 和 $(1\ \ 1\ \ 1\ \ 1\ \ 1)$ 是线性相关的，因为 $1\cdot(1\ \ 0\ \ 1\ \ 1\ \ 0)+1\cdot(0\ \ 1\ \ 0\ \ 0\ \ 1)+1\cdot(1\ \ 1\ \ 1\ \ 1\ \ 1)=(0\ \ 0\ \ 0\ \ 0\ \ 0)$，而 $(1\ \ 0\ \ 1\ \ 1\ \ 0)$、$(0\ \ 1\ \ 0\ \ 0\ \ 1)$ 和 $(1\ \ 1\ \ 0\ \ 1\ \ 1)$ 是线性独立的。这三个向量的所有（8个）可能的线性组合如下。

$$0\cdot(1\ \ 0\ \ 1\ \ 1\ \ 0)+0\cdot(0\ \ 1\ \ 0\ \ 0\ \ 1)+0\cdot(1\ \ 1\ \ 0\ \ 1\ \ 1)=(0\ \ 0\ \ 0\ \ 0\ \ 0)$$
$$0\cdot(1\ \ 0\ \ 1\ \ 1\ \ 0)+0\cdot(0\ \ 1\ \ 0\ \ 0\ \ 1)+1\cdot(1\ \ 1\ \ 0\ \ 1\ \ 1)=(1\ \ 1\ \ 0\ \ 1\ \ 1)$$
$$0\cdot(1\ \ 0\ \ 1\ \ 1\ \ 0)+1\cdot(0\ \ 1\ \ 0\ \ 0\ \ 1)+0\cdot(1\ \ 1\ \ 0\ \ 1\ \ 1)=(0\ \ 1\ \ 0\ \ 0\ \ 1)$$
$$0\cdot(1\ \ 0\ \ 1\ \ 1\ \ 0)+1\cdot(0\ \ 1\ \ 0\ \ 0\ \ 1)+1\cdot(1\ \ 1\ \ 0\ \ 1\ \ 1)=(1\ \ 0\ \ 0\ \ 1\ \ 0)$$
$$1\cdot(1\ \ 0\ \ 1\ \ 1\ \ 0)+0\cdot(0\ \ 1\ \ 0\ \ 0\ \ 1)+0\cdot(1\ \ 1\ \ 0\ \ 1\ \ 1)=(1\ \ 0\ \ 1\ \ 1\ \ 0)$$
$$1\cdot(1\ \ 0\ \ 1\ \ 1\ \ 0)+0\cdot(0\ \ 1\ \ 0\ \ 0\ \ 1)+1\cdot(1\ \ 1\ \ 0\ \ 1\ \ 1)=(0\ \ 1\ \ 1\ \ 0\ \ 1)$$
$$1\cdot(1\ \ 0\ \ 1\ \ 1\ \ 0)+1\cdot(0\ \ 1\ \ 0\ \ 0\ \ 1)+0\cdot(1\ \ 1\ \ 0\ \ 1\ \ 1)=(1\ \ 1\ \ 1\ \ 1\ \ 1)$$
$$1\cdot(1\ \ 0\ \ 1\ \ 1\ \ 0)+1\cdot(0\ \ 1\ \ 0\ \ 0\ \ 1)+1\cdot(1\ \ 1\ \ 0\ \ 1\ \ 1)=(0\ \ 0\ \ 1\ \ 0\ \ 0)$$

若 V 中的每个向量都是某个集合中向量的线性组合，则称该向量集合张成向量空间 V。对任意向量空间或子空间，至少存在一个线性独立的向量集合 B 张成这个空间，这个集合称为向量空间的基。向量空间的基中的向量个数称为向量空间的维数。注意，任意两个基中的向量个数相同。

考虑 GF(2) 上所有 n 维向量的向量空间 V_n，构造下列 n 维向量：

$$\boldsymbol{e}_0=(1,0,0,0,\cdots,0,0)$$
$$\boldsymbol{e}_1=(0,1,0,0,\cdots,0,0)$$
$$\vdots$$
$$\boldsymbol{e}_{n-1}=(0,0,0,0,\cdots,0,1)$$

式中，n 维向量 $\boldsymbol{e}_i$ 仅在第 i 列上有一个非零元素，则 V_n 中每个 n 维向量 $(a_0,a_1,a_2,\cdots,a_{n-1})$ 可以表示为如下 $\boldsymbol{e}_0,\boldsymbol{e}_1,\cdots,\boldsymbol{e}_{n-1}$ 的线性组合：

$$(a_0,a_1,a_2,\cdots,a_{n-1})=a_0\boldsymbol{e}_0+a_1\boldsymbol{e}_1+a_2\boldsymbol{e}_2+\cdots+a_{n-1}\boldsymbol{e}_{n-1}$$

因此，$\boldsymbol{e}_0,\boldsymbol{e}_1,\cdots,\boldsymbol{e}_{n-1}$ 张成 GF(2) 上所有 n 维向量的向量空间 V_n。由前面的方程也可以看出，$\boldsymbol{e}_0,\boldsymbol{e}_1,\cdots,\boldsymbol{e}_{n-1}$ 是线性独立的。因此，它们构成 V_n 的一个基，V_n 的维数为 n。若 $k<n$，且 $\boldsymbol{v}_1,\boldsymbol{v}_2,\cdots,\boldsymbol{v}_k$ 是 V_n 的 k 个线性独立的向量，则所有如下形式的 $\boldsymbol{v}_1,\boldsymbol{v}_2,\cdots,\boldsymbol{v}_k$ 的线性组合

$$\boldsymbol{u}=c_1\boldsymbol{v}_1+c_2\boldsymbol{v}_2+\cdots+c_k\boldsymbol{v}_k$$

构成 V_n 的一个 k 维子空间 S。因为每个 $c_i=\{0,1\}$，$\boldsymbol{v}_1,\boldsymbol{v}_2,\cdots,\boldsymbol{v}_k$ 有 2^k 种可能的不同的线性组合。

因此，S 由 2^k 个向量构成，是 V_n 的一个 k 维子空间。

设 $\boldsymbol{u}=(u_0,u_1,\cdots,u_{n-1})$ 和 $\boldsymbol{v}=(v_0,v_1,\cdots,v_{n-1})$ 是 V_n 中的两个 n 维向量。定义 $\boldsymbol{u}$ 和 $\boldsymbol{v}$ 的内积或点积为

$$\boldsymbol{u}\cdot\boldsymbol{v}=u_0\cdot v_0+u_1\cdot v_1+\cdots+u_{n-1}\cdot v_{n-1} \tag{C-1-3}$$

式中，$u_i\cdot v_i$ 和 $u_i\cdot v_i+u_{i+1}\cdot v_{i+1}$ 使用的是模 2 乘法和模 2 加法。因此，内积 $\boldsymbol{u}\cdot\boldsymbol{v}$ 是 GF(2) 中的一个标量。若 $\boldsymbol{u}\cdot\boldsymbol{v}=0$，则称 $\boldsymbol{u}$ 和 $\boldsymbol{v}$ 彼此正交。内积有以下性质：

①$\boldsymbol{u}\cdot\boldsymbol{v}=\boldsymbol{v}\cdot\boldsymbol{u}$。

②$\boldsymbol{u}\cdot(\boldsymbol{v}+\boldsymbol{w})=\boldsymbol{u}\cdot\boldsymbol{v}+\boldsymbol{u}\cdot\boldsymbol{w}$。

③$(a\boldsymbol{u})\cdot\boldsymbol{v}=a(\boldsymbol{u}\cdot\boldsymbol{v})$。

内积的概念可以推广到任意伽罗华域。

设 S 为 V_n 的一个 k 维子空间，S_d 为 V_n 中满足对于任意 $\boldsymbol{u}\in S$，$\boldsymbol{v}\in S_d$，有 $\boldsymbol{u}\cdot\boldsymbol{v}=0$ 的向量的集合。由于对于任意 $\boldsymbol{u}\in S$，有 $0\cdot\boldsymbol{u}=0$，集合 S_d 至少包含全零 n 维向量 $\boldsymbol{0}=(0,0,\cdots,0)$，因此 S_d 非空。对于 GF(2) 中的任意元素 a 和 S_d 中的任意向量 $\boldsymbol{v}$，有

$$a\cdot\boldsymbol{v}=\begin{cases}0, & a=0\\ \boldsymbol{v}, & a=1\end{cases}$$

因此，$a\cdot\boldsymbol{v}$ 也在 S_d 中。设 $\boldsymbol{v}$ 和 $\boldsymbol{w}$ 为 S_d 中任意两个向量，对于任意向量 $\boldsymbol{u}\in S$，$\boldsymbol{u}\cdot(\boldsymbol{v}+\boldsymbol{w})=\boldsymbol{u}\cdot\boldsymbol{v}+\boldsymbol{u}\cdot\boldsymbol{w}=0$。这说明若 $\boldsymbol{v}$ 和 $\boldsymbol{w}$ 都与 $\boldsymbol{u}$ 正交，则向量和 $\boldsymbol{v}+\boldsymbol{w}$ 也与 $\boldsymbol{u}$ 正交。也就是说，$\boldsymbol{v}+\boldsymbol{w}$ 也是 S_d 中的向量。由定理 C.1 可知，S_d 也是 V_n 的一个子空间。子空间 S_d 称为 S 的零空间或对偶空间。反过来，S 也是 S_d 的零空间。S_d 的维数由定理 C.3 给出，其证明在这里省略。

定理 C.3　设 S 为 GF(2) 上所有 n 维向量的向量空间 V_n 的一个 k 维子空间，则它的零空间 S_d 的维数为 $n-k$。换言之，$\dim(S)+\dim(S_d)=n$。

例 C.5　考虑例 C.1 给出的 GF(2) 上所有 5 维向量构成的向量空间 V_5，下列 8 个向量构成 V_5 的一个三维子空间 S：

(0 0 0 0 0)，(1 1 1 0 0)，(0 1 0 1 0)，(1 0 0 0 1)，

(1 0 1 1 0)，(0 1 1 0 1)，(1 1 0 1 1)，(0 0 1 1 1)

S 的零空间 S_d 包含下面 4 个向量：

(0 0 0 0 0)，(1 1 1 0 0)，(0 1 1 1 0)，(1 1 0 1 1)

S_d 由线性独立的(1 0 1 0 1)和(0 1 1 1 0)张成，因此 S_d 的维数为 2。

本附录中的所有结论都可以直接推广到 GF(q) 上所有 n 维向量构成的向量空间，其中，q 是一个素数的幂。

附录 D　矩阵

一个 GF(2)（或任意其他的域）上的 $k\times n$ 矩阵是一个 k 行 n 列的矩形阵列，即

$$\boldsymbol{G}=\begin{bmatrix} g_{0,0} & g_{0,1} & g_{0,2} & \cdots & g_{0,n-1}\\ g_{1,0} & g_{1,1} & g_{1,2} & \cdots & g_{1,n-1}\\ \vdots & \vdots & \vdots & & \vdots\\ g_{k-1,0} & g_{k-1,1} & g_{k-1,2} & \cdots & g_{k-1,n-1}\end{bmatrix} \tag{D-1-1}$$

式中，每个元素 $g_{i,j}$ （$0 \leqslant i < k$，$0 \leqslant j < n$）都是GF(2)中的一个元素。下标 i 表示 $g_{i,j}$ 所在的行，下标 j 表示 $g_{i,j}$ 所在的列。有时将式（D-1-1）的矩阵简记为 $[g_{i,j}]$。注意到 $\boldsymbol{G}$ 的每行是GF(2)上的一个 n 维向量，每列是GF(2)上的一个 k 维向量。矩阵 $\boldsymbol{G}$ 也可以用它的 k 行 $\boldsymbol{g}_0,\boldsymbol{g}_1,\cdots,\boldsymbol{g}_{k-1}$ 表示如下：

$$\boldsymbol{G}=\begin{bmatrix}\boldsymbol{g}_0\\ \boldsymbol{g}_1\\ \vdots\\ \boldsymbol{g}_{k-1}\end{bmatrix}$$

若 $\boldsymbol{G}$ 的这 k 行（$k \leqslant n$）是线性独立的，则这些行的 2^k 个线性组合构成GF(2)上所有 n 维向量的向量空间 V_n 的一个 k 维子空间。该子空间称为 $\boldsymbol{G}$ 的行空间。可以交换 $\boldsymbol{G}$ 的任意两行或把一行加到另一行上，这些操作称为行初等变换。对 $\boldsymbol{G}$ 进行行初等变换，得到GF(2)上的矩阵 $\boldsymbol{G}'$，而且 $\boldsymbol{G}$ 和 $\boldsymbol{G}'$ 给出相同的行空间。

例 D.1 考虑GF(2)上的 3×6 矩阵 $\boldsymbol{G}$，即

$$\boldsymbol{G}=\begin{bmatrix}1&1&0&1&1&0\\0&0&1&1&1&0\\0&1&0&0&1&1\end{bmatrix}$$

将第三行加到第一行，再交换第二行和第三行，得到下面的矩阵：

$$\boldsymbol{G}'=\begin{bmatrix}1&0&0&1&0&1\\0&1&0&0&1&1\\0&0&1&1&1&0\end{bmatrix}$$

$\boldsymbol{G}$ 和 $\boldsymbol{G}'$ 均给出下面的行空间：

$$(0\,0\,0\,0\,0\,0)，(1\,0\,0\,1\,0\,1)，(0\,1\,0\,0\,1\,1)，(0\,0\,1\,1\,1\,0)，$$
$$(1\,1\,0\,1\,1\,0)，(1\,0\,1\,0\,1\,1)，(0\,1\,1\,1\,0\,1)，(1\,1\,1\,0\,0\,0)$$

这是GF(2)上所有6维向量的向量空间 V_6 的一个三维子空间。

设 S 为GF(2)上一个 $k\times n$ 矩阵 $\boldsymbol{G}$ 的行空间，其 k 行 $\boldsymbol{g}_0,\boldsymbol{g}_1,\cdots,\boldsymbol{g}_{k-1}$ 线性独立。令 S_d 为 S 的零空间，则 S_d 的维数为 $n-k$。令 $\boldsymbol{h}_0,\boldsymbol{h}_1,\cdots,\boldsymbol{h}_{n-k-1}$ 为 S_d 中 $n-k$ 个线性独立的向量。显然，这些向量张成 S_d。可以用 $\boldsymbol{h}_0,\boldsymbol{h}_1,\cdots,\boldsymbol{h}_{n-k-1}$ 作为行构造一个 $(n-k)\times n$ 矩阵 $\boldsymbol{H}$：

$$\boldsymbol{H}=\begin{bmatrix}\boldsymbol{h}_0\\ \boldsymbol{h}_1\\ \vdots\\ \boldsymbol{h}_{n-k-1}\end{bmatrix}=\begin{bmatrix}h_{0,0}&h_{0,1}&\cdots&h_{0,n-1}\\h_{1,0}&h_{1,1}&\cdots&h_{1,n-1}\\ \vdots&\vdots&&\vdots\\h_{n-k-1,0}&h_{n-k-1,1}&\cdots&h_{n-k-1,n-1}\end{bmatrix}$$

$\boldsymbol{H}$ 的行空间为 S_d。因为 $\boldsymbol{G}$ 的每行 $\boldsymbol{g}_i$ 是 S 的一个向量，且 $\boldsymbol{H}$ 的每行 $\boldsymbol{h}_j$ 是 S_d 的一个向量，所以 $\boldsymbol{g}_i$ 和 $\boldsymbol{h}_j$ 的内积必然为0，即 $\boldsymbol{g}_i\cdot\boldsymbol{h}_j=0$。因为 $\boldsymbol{G}$ 的行空间 S 是 $\boldsymbol{H}$ 的行空间 S_d 的零空间，所以称 S 是 $\boldsymbol{H}$ 的零空间（或对偶空间）。总结前面的结果，得到定理D.1。

定理 D.1 对于任意GF(2)上有 k 个线性独立行的 $k\times n$ 矩阵 $\boldsymbol{G}$，在GF(2)上存在一个有 $n-k$ 个线性独立行的 $(n-k)\times n$ 矩阵 $\boldsymbol{H}$，使得对于 $\boldsymbol{G}$ 中任意行 $\boldsymbol{g}_i$ 和 $\boldsymbol{H}$ 中任意行 $\boldsymbol{h}_j$，有 $\boldsymbol{g}_i\cdot\boldsymbol{h}_j=0$。$\boldsymbol{G}$ 的行空间是 $\boldsymbol{H}$ 的行空间的零空间，反之亦然。

例 D.2 考虑GF(2)上的如下 3×6 矩阵：

$$G = \begin{bmatrix} 1 & 1 & 0 & 1 & 1 & 0 \\ 0 & 0 & 1 & 1 & 1 & 0 \\ 0 & 1 & 0 & 0 & 1 & 1 \end{bmatrix}$$

这个矩阵的行空间是下面矩阵的行空间的零空间：

$$H = \begin{bmatrix} 1 & 0 & 1 & 1 & 0 & 0 \\ 0 & 1 & 1 & 0 & 1 & 0 \\ 1 & 1 & 0 & 0 & 0 & 1 \end{bmatrix}$$

容易验证 $\boldsymbol{G}$ 的每行与 $\boldsymbol{H}$ 的每行正交。

如果两个矩阵的行数相同且列数相同，则这两个矩阵可以相加。将两个 $k \times n$ 矩阵 $\boldsymbol{A} = [a_{i,j}]$ 和 $\boldsymbol{B} = [b_{i,j}]$ 相加，只需将它们对应的元素 $a_{i,j}$ 和 $b_{i,j}$ 相加：

$$[a_{i,j}] + [b_{i,j}] = [a_{i,j} + b_{i,j}]$$

因此，所得的结果仍然是一个 $k \times n$ 矩阵。若第一个矩阵的列数等于第二个矩阵的行数，则这两个矩阵可以相乘。将一个 $k \times n$ 矩阵 $\boldsymbol{A} = [a_{i,j}]$ 和一个 $n \times l$ 的矩阵 $\boldsymbol{B} = [b_{i,j}]$ 相乘，得到积

$$\boldsymbol{C} = \boldsymbol{A} \times \boldsymbol{B} = [c_{i,j}]$$

在得到的 $k \times l$ 矩阵中，元素 $c_{i,j}$ 等于 $\boldsymbol{A}$ 的第 i 行 $\boldsymbol{a}_i$ 与 $\boldsymbol{B}$ 的第 j 列 $\boldsymbol{b}_j$ 的内积，即

$$c_{i,j} = \boldsymbol{a}_i \cdot \boldsymbol{b}_j = \sum_{t=0}^{n-1} a_{i,t} b_{t,j}$$

设 $\boldsymbol{G}$ 是 GF(2) 上的一个 $k \times n$ 矩阵。$\boldsymbol{G}$ 的转置记为 $\boldsymbol{G}^{\mathrm{T}}$，是一个 $n \times k$ 矩阵，它的行是 $\boldsymbol{G}$ 的列，列是 $\boldsymbol{G}$ 的行。如果一个 $k \times k$ 矩阵的主对角线上全是 1，而其余全为 0，则称它为单位矩阵，通常记为 $\boldsymbol{I}_k$。$\boldsymbol{G}$ 的子矩阵是从 $\boldsymbol{G}$ 中去掉给定的行或列而构成的矩阵。

本附录的概念和结论可以直接推广到元素在 GF(q) 中的矩阵，其中，q 是一个素数的幂。

参考文献

[1] 徐政五，甘露，汪利辉. 信息论导引[M]. 2 版. 成都：电子科技大学出版社，2017.
[2] 史治平. 5G 先进信道编码技术[M]. 北京：人民邮电出版社，2018.
[3] 陈运，周亮，陈新，等. 信息论与编码[M]. 3 版. 北京：电子工业出版社，2015.
[4] 曹雪虹，张宗橙. 信息论与编码[M]. 3 版. 北京：清华大学出版社，2016.
[5] 傅祖芸，赵建中. 信息论与编码[M]. 2 版. 北京：电子工业出版社，2014.
[6] COVER T M, THOMAS J A. 信息论基础[M]. 阮吉寿，张华，译. 北京：机械工业出版社，2007.
[7] LIN S, COSTELLO D J. 差错控制编码[M]. 晏坚，何元智，潘亚汉，等译. 北京：机械工业出版社，2007.
[8] ARIKAN E. Channel polarization: A method for constructing capacity-achieving codes for symmetric binary-input memoryless channels[J]. IEEE transactions on information theory, 2009, 55(7): 3051-3073.
[9] MACKAY D J C, NEAL R M. Near Shannon limit performance of low density parity check codes[J]. Electronics letters, 1996, 32(18): 1645-1646.
[10] GALLAGER R. Low-density parity-check codes[J]. IRE transactions on information theory, 1962, 8(1): 21-28.